C# PROGRAMMING

C# 7.0 프로그래밍

실·전·프·로·젝·트

조호묵 저

C# 7.0 프로그래밍 실전 프로젝트

C#으로 개발할 수 있는 기초부터 응용까지 완벽한 예제 제공

다양한 예제로 C# 문법과 고급 테크닉 완벽 마스터

최단기간 윈도우 애플리케이션 개발을 위한 지침서

실무 개발에 활용 가능한 프로그래밍 능력 습득

GM - 좋은 책 · 알찬 내용 -
가메출판사

머리말

인터넷과 IT 기술이 날로 발전하여 초등학생이 프로그래밍을 공부하고 인공지능 시스템이 대신 개발을 해주는 첨단 시대로 접어들었습니다. 하지만 생각만으로는 쉬울 것 같은 프로그래밍 공부가 우리에게만은 왜 이렇게 어려울까 한 번쯤 생각해 보았을 것입니다. 사실 어려운 것이 맞고 쉽게 할 수도 없습니다. 프로그래밍은 어느 정도 힘들게 공부를 해야 그만큼의 가치가 있습니다. 필자가 생각하는 프로그래밍 공부는 항상 어렵고 외로운 길이며 쉽게 결론을 얻을 수 없지만, 어느 정도 수준에 도달하면 쉽고도 쉬운 것이 프로그래밍 세계라고 생각합니다.

이 책은 어떻게 하면 프로그래밍이 쉽고도 쉽게 느껴질 수 있는 수준에 가장 빨리 도달할 수 있을지의 관점에서 집필하였습니다. 물론 문법을 중점적으로 공부하고 간단히 예제를 구현하는 방식으로 프로그래밍을 공부하는 기존 개념서도 좋지만, 이 책은 어느 정도 C#의 기본 지식이 있는 독자들이 바로 프로젝트와 윈도우 애플리케이션을 구현할 수 있도록 그리고 좀 더 다양한 기능을 습득할 수 있도록 50여 개의 프로젝트 중심의 예제를 구현하면서 더욱 높은 수준에 도달할 수 있게 도움을 주는 개발 서적입니다.

본 책을 처음부터 끝까지 성실히 공부한다면, C#의 모든 기능 및 문법에 대해 마스터할 수는 없지만 윈도우 애플리케이션을 더욱 쉽게 개발할 수 있는 능력과 이전보다 프로젝트 개발 능력이 월등하게 향상됨을 느끼리라 단언합니다. 꼭 처음부터 끝까지 모든 예제를 성실히 공부하여 훌륭한 개발자가 되길 바랍니다.

이 책을 집필하면서 필자도 여러 개발 가이드를 참고하고, 다른 서적을 뒤적이며 어떻게 하면 독자들께 좋은 지식을 전달할까, 조금이라도 더 쉽게 문법 및 기능에 대해 전달할 수 있을까 하는 마음으로 집필하였습니다. 하지만 필자도 사람인지라 부족한 부분이 있을 수 있고 실수한 부분이 있을 것입니다. 이런 부분과 다른 문의 사항은 'mook79@empas.com'으로 메일을 보내주시면 성심성의껏 답변해 드리겠습니다.

끝으로 항상 필자의 곁을 지켜주는 사랑하는 가족, 친구들, 선·후배들 그리고 이 책이 나올 수 있도록 수고해 주신 가메출판사 직원들께 진심으로 감사드립니다.

언제나 노력하는 개발자 조효목
문의 : mook79@empas.com

목차

CHAPTER 01 C# 7.0 개요

CHAPTER 02 윈도우 기본 컨트롤 I

CHAPTER 08

네트워크 프로그래밍

CHAPTER 01

C# 7.0 개요

이 장에서는 C#과 Visual Studio 2017의 개발 환경에 대한 개념을 간략히 살펴본다. 또한, Visual Studio 2017을 통해 .NET Framework 4.7 기반으로 구동되는 C# 7.0에 대한 개념적 흐름에 대해 간단히 알아보고 다음 장으로 넘어가 본격적으로 각 예제 애플리케이션을 구현함으로써 C# 프로그래밍에 대해서 알아본다.

이 책은 기본적인 C#의 문법과 Visual Studio 개발 환경에 대해 선행적으로 자세히 설명한 다음 예제를 통해 학습하는 다른 C# 프로그래밍 서적과는 달리 C#에 대해 기본적 지식이 초급 이상 수준의 숙달된 상태라 가정하고 실제 애플리케이션을 다양하게 구현하면서 개발 지식 및 프로젝트 수행 노하우를 배우는 것에 초점을 맞추어 집필하였다. 이 때문에 C# 문법 또는 .NET Framework 개념(수행 논리)에 대해 자세한 설명보다는 프로젝트 기본 단위의 개발이 가능할 만큼의 간단하면서 애플리케이션 구현의 개념을 그릴 수 있도록 예제 중심으로 C# 언어를 설명하였다.

이 장은 C# 언어에 대해 정의와 C#, .Net Framework, Visual Studio의 버전에 관하여 설명하고, 프로젝트 구현을 위해 개발 환경 준비에 대해 살펴보도록 한다.

1. C#은 어떤 언어인가?

1.1 C# 언어

초기 C#의 문은 90개 넘지 않는 키워드를 사용하면서도 표현력이 뛰어나고 단순하여 C#을 배우고자 기존 개발자 또는 초급 개발자에게 매력적인 언어였다. 이렇게 쉽게 접할 수 있었던 큰 이유로 가독성과 기존 개발 언어와의 유사성을 뽑을 수 있는데 C#의 중괄호 문은 C, C++ 또는 Java에 익숙한 사용자라면 누구나 쉽게 알아볼 수 있으며, 이러한 언어에 익숙한 개발자는 일반적으로 매우 짧은 기간 내에 C#을 사용하여 애플리케이션을 구현할 수 있다.

또한, 복잡한 문의 단순화와 직관적인 기능을 통해 C#의 문은 C++의 여러 복잡한 문을 단순화하는 한편 Java에서 제공하지 않는 nullable 값 형식과 열거형, 대리자, 무명 메서드, 직접 메모리 액세스와 같은 강력한 기능을 제공한다. 그리고 C#에서는 향상된 형식 안전성과 성능을 제공하는 제너릭 메서드와 형식 및 컬렉션 클래스의 구현자를 클라이언트 코드에서 쉽게 사용할 수 있도록 사용자 정의 기능을 지원한다.

C#은 개체지향 언어로서 캡슐화, 상속 및 다형성과 같은 개념을 완벽히 지원한다. 응용 프로그램의 진입점인 Main 메서드를 비롯한 모든 메서드와 모든 변수는 클래스 정의 안에 캡슐화된다. 클래스가 직접 상속할 수 있는 부모 클래스는 하나뿐이지만 구현할 수 있는 인터페이스의 개수에는 제한이 없어 인터페이스를 이용한 확장성이 뛰어나다. 또한, 실수로 재정의하는 것을 피하고자 부모 클래스에 있는 가상 메서드를 재정의하는 메서드에는 override 키워드를 사용하여 안정성을 유지한다.

이러한 기본적인 개체지향 원리 이외에도 C#은 다음과 같은 여러 가지 혁신적인 언어 문을 통해 소프트웨어 구성 요소 개발 환경을 제공한다.

- 형식 안전적 이벤트 알림을 가능하게 하는 캡슐화된 메서드 대리자
- 전용 멤버 변수에 대한 접근자 역할을 하는 속성
- 런타임시 형식에 대한 선언적 메타데이터를 제공하는 특성
- 인라인(inline) XML 문서 주석

COM 개체 또는 네이티브 Win32 DLL과 같은 기타 Windows 소프트웨어와 상호 작용해야 하는 경우 "Interop"라는 프로세스를 통해 상호 작용을 구현할 수 있다. "Interop"를 사용하면 네이티브 C++ 응용 프로그램에서 할 수 있는 모든 작업을 C# 프로그램에서 쉽게 연동하여 사용할 수 있다. 이는 기존의 C/C++로 구현된 응용 프로그램과의 연동 작업을 C# 언어로 새로 작성할 필요 없이 Interop 기능을 통해 쉽게 구현할 수 있어 개발 생산성이 향상된다. 또한, C#은 직접 메모리 액세스가 필요한 경우를 위해 포인터와 "unsafe code" 개념을 지원한다.

C#의 개발 절차는 C와 C++에 비해 간단하며 Java보다 유연하다. 별도의 헤더 파일 사용이 없으며, 메서드와 형식을 특정 순서대로 선언해야 할 필요가 없다. C# 소스 파일에서 정의할 수 있는 클래스, 구조체, 인터페이스 및 이벤트의 개수에도 제한이 없는 특징이 있다.

1.2 C#의 버전 연관성

C#은 다음 표와 같이 .Net Framework 및 Visual Studio 버전과 밀접하게 연관되어 있다.

.NET Framework 버전	C# 버전	Visual Studio
.NET Framework 1.0	C# 1.0	Visual Studio .NET
.NET Framework 1.1	C# 1.1	Visual Studio .NET 2003
.NET Framework 2.0	C# 2.0	Visual Studio 2005
.NET Framework 3.0	C# 2.0	Visual Studio 2005 Extensions
.NET Framework 3.5	C# 3.0	Visual Studio 2008
.NET Framework 4.0	C# 4.0	Visual Studio 2010
.NET Framework 4.5	C# 5.0	Visual Studio 2012 Visual Studio 2013
.NET Framework 4.6	C# 6.0	Visual Studio 2015
.NET Framework 4.7	C# 7.0	Visual Studio 2017

C#의 주요 버전별 새롭게 추가된 기능을 요약하면 다음과 같다.

C# 버전	주요 기능
C# 2.0	Generics Anonymous Method Nullable Type Partial Type yield 키워드
C# 3.0	Lambda Anonymous Type Extension Method var 키워드 LINQ
C# 4.0	dynamic Named Argument Optional Argument Indexed Property
C# 5.0	async / await
C# 6.0	Null-conditional operator String Interpolation Dictionary Initializer nameof 연산자 catch/finally의 await Exception Filter Auto-Property Initializer

C# 7.0	Deconstructors Working with Tuples Pattern Matching with Is Expressions Pattern Matching with the Switch Statement Local Functions Return by Reference Out Variables Literal improvements Generalized Async Return Types More Expression-Bodied Members Throw Expressions Wrapping Up

1.3 Visual Studio 2017 설치

Visual Studio 2017 설치는 간단히 설치 화면에서 요구하는 버튼을 클릭하는 것만으로 완료할 수 있다. 먼저 Visual Studio 2017 설치하기 위한 마이크로소프트에서 권장하는 시스템 요구사항에 대해 알아보자.

(1) 지원되는 운영 체제

- **Windows 10 버전 1507 이상** : Home, Professional, Education 및 Enterprise(LTSB 및 S는 지원되지 않음)
- **Windows Server 2016** : Standard 및 Datacenter
- **Windows 8.1(업데이트 2919355 포함)** : Core, Professional 및 Enterprise
- **Windows Server 2012 R2(업데이트 2919355 포함)** : Essentials, Standard, Datacenter
- **Windows 7 SP1(최신 Windows 업데이트 포함)** : Home Premium, Professional, Enterprise, Ultimate

(2) 하드웨어 요구 사항

- **프로세서** : 1.8GHz 이상의 프로세서 듀얼 코어 이상 권장
- **RAM** : 2GB 이상, 4GB의 RAM을 권장(가상 컴퓨터에서 실행하는 경우 최소 2.5GB)
- **하드 디스크 공간** : 설치된 기능에 따라 최대 130GB의 사용 가능한 공간, 일반적인 설치에는 20~50GB의 여유 공간 필요
- **하드 디스크 속도** : 성능을 개선하려면 SSD에 Windows 및 Visual Studio 설치를 권장
- 최소 디스플레이 해상도 720p(1280x720)를 지원하는 비디오 카드
  ※ Visual Studio는 WXGA(1366x768) 이상 해상도에서 가장 잘 작동함

Visual Studio 2017은 몇 번의 버튼 클릭으로 간단히 설치할 수 있다. 설치 파일은 다운로더 파일("vs_community__1104335265.1515240338.exe")을 이용하여 설치한다.

Visual Studio Community 2017의 다운로드 파일은 다음 사이트에서 다운로드할 수 있다.

Download URL
https://www.visualstudio.com/ko/downloads/ ※ 다운로드 링크가 변경될 수 있으니, 다운로드 되지 않을 때는 상위 페이지에서 검사하자.

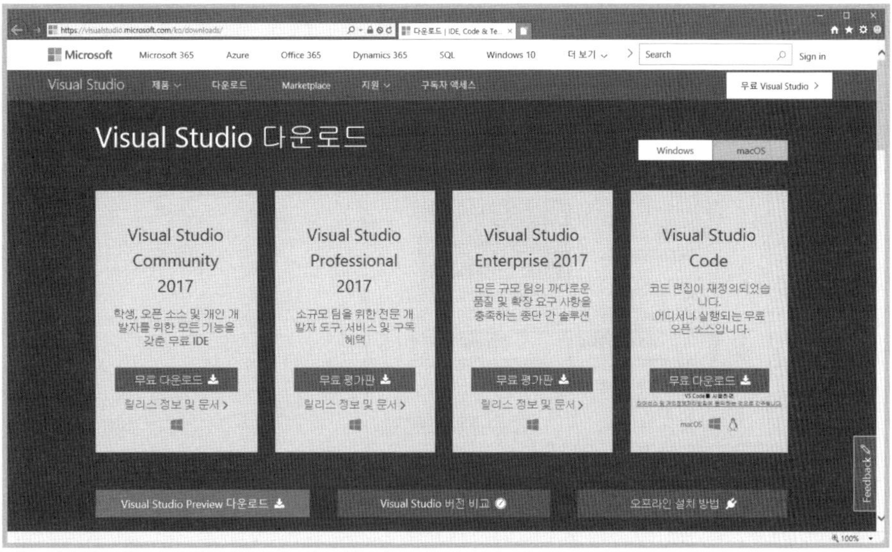

Visual Studio Community 2017(이후 VS2017) 설치는 몇 번의 버튼 클릭으로 간단히 설치를 완료할 수 있어 설치 과정에 관한 설명은 생략한다.

VS2017의 설치가 완료되고 컴퓨터를 다시 시작하면 다음과 같이 VS2017을 시작하는 화면이 나타난다. 마이크로소프트 계정이 있으면 [로그인] 버튼을 클릭하여 로그인을 진행하며, 없으면 [나중에 로그인] 링크를 클릭한다.

다음 그림은 VS2017의 환경을 설정하는 화면으로 [개발 설정] 옵션은 'Visual C#'으로 선택하고, [색 테마 선택] 옵션은 '광원'(본인이 원하는 색 테마 선택)을 선택한 뒤에 [Visual Studio 시작] 버튼을 클릭하여 VS2017을 시작한다.

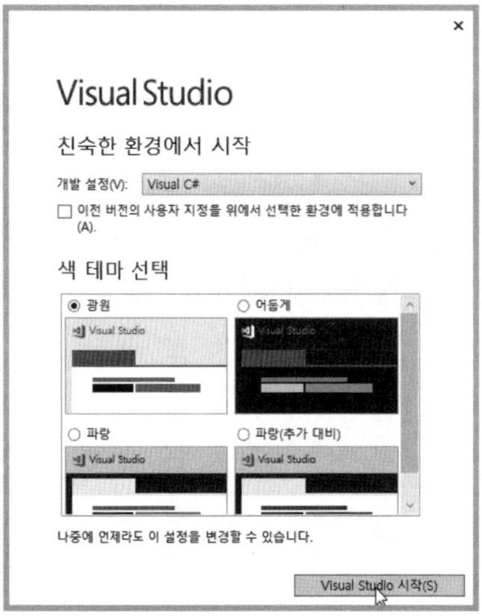

VS2017을 실행하면 다음과 같은 화면을 확인할 수 있다. 이전의 Visual Studio를 사용해 본 독자라면 구성이나 메뉴 등이 친숙할 것이다. 이러한 구성과 메뉴는 Visual Studio 2010 이후부터 유지되었기 때문에 VS2017의 UI 구성 또한 큰 변화는 없다. 하지만 내부적으로 다양하고 강력한 기능들이 추가되었기 때문에 새로운 기능에 대해서는 예제를 통해 살펴보고 더욱 자세히 살펴보고자 하면 MSDN을 참고하길 바란다.

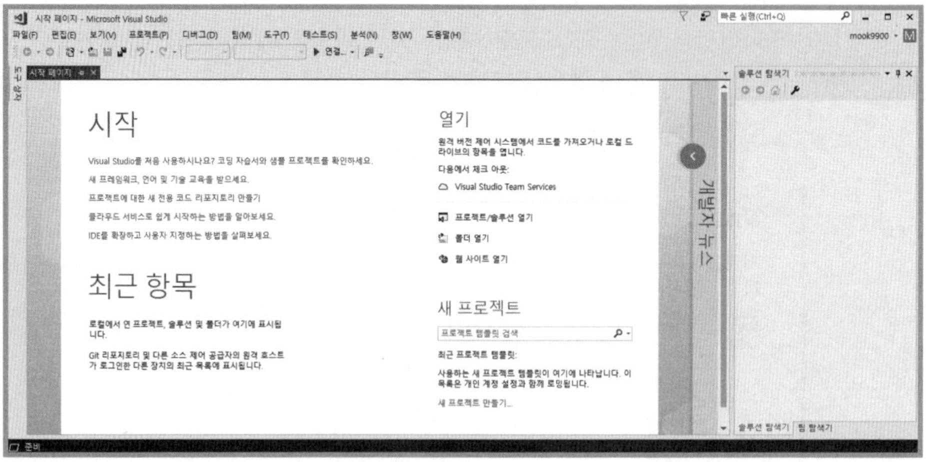

1.4 프로젝트 생성

이 절에서는 간단히 문자열 'Hello C#'을 출력하는 콘솔 프로젝트와 윈도우 폼 프로젝트를 생성하고 컴파일하는 방법에 대해 살펴보도록 한다.

(1) 콘솔 프로젝트 생성 및 활용

먼저 가메출판사의 홈페이지(http://www.kame.co.kr) 자료실에서 예제 소스를 다운로드하여 "C:\CSharpProject"에 저장하고, 압축을 해제한다.

VS2017의 [파일]-[열기]-[프로젝트/솔루션] 메뉴를 클릭한다. [프로젝트 열기] 대화상자가 실행되면 "C:\CSharpProject\Chap01\mook_Hello.sln" 파일을 선택한 뒤에 [열기] 버튼을 클릭하여 프로젝트 연다.

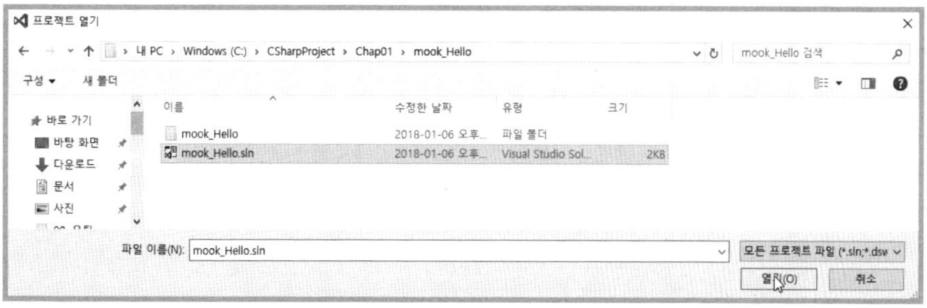

프로젝트 생성은 VS2017의 [파일]-[새로 만들기]-[프로젝트] 메뉴를 선택하여 다음 그림과 같이 [새 프로젝트] 대화상자가 실행되면 ① Visual C#, ② .NET Framework 4.7, ③ 콘솔 앱, ④ 'mook_ConHello', ⑤ 'C:\CSharpProject\Chap01\'을 차례대로 선택하고 입력한 뒤에 [확인] 버튼을 클릭하여 프로젝트를 생성한다.

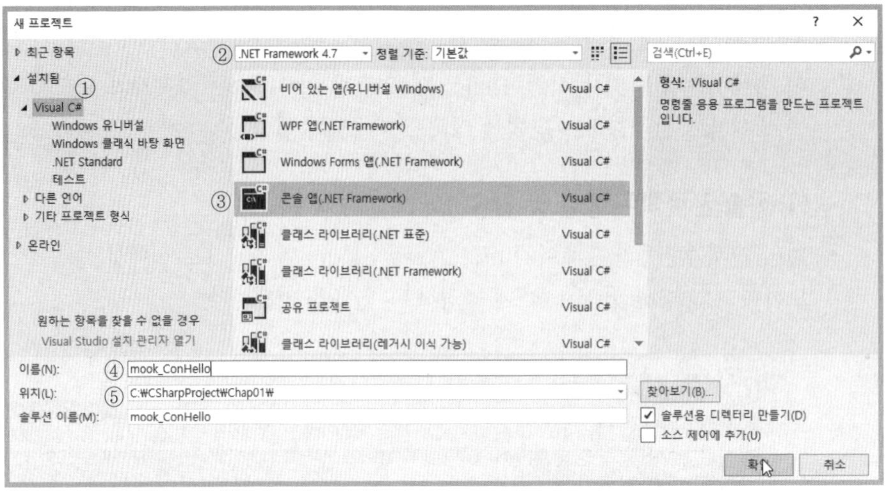

TIP

.NET Framework 4.7이 없으면?

https://www.microsoft.com/net/download/visual-studio-sdks 사이트에서 해당하는 .Net Framework 버전을 찾아 설치하고 컴퓨터를 다시 시작하면 새 프로젝트 창에 해당 버전이 나타난다.

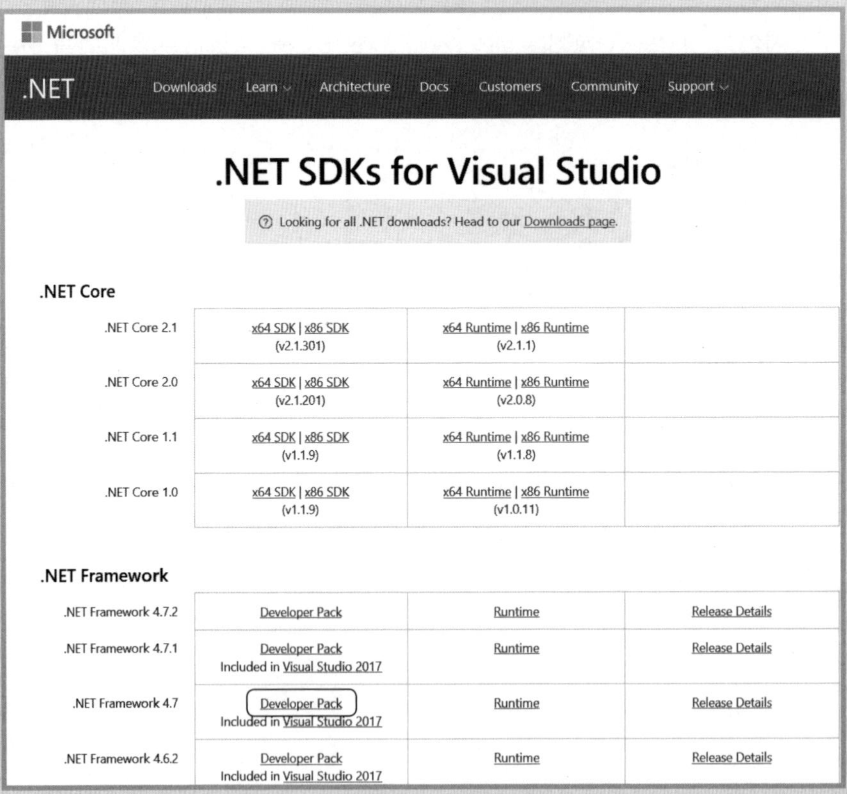

'mook_ConHello' 프로젝트를 열거나 생성했으면 다음 그림과 같이 프로젝트가 열리는 것을 확인할 수 있다. 프로젝트를 생성했다면 다음 코드를 그림에서 해당하는 위치에 추가한다.

```
Console.WriteLine("Hello C#");
```

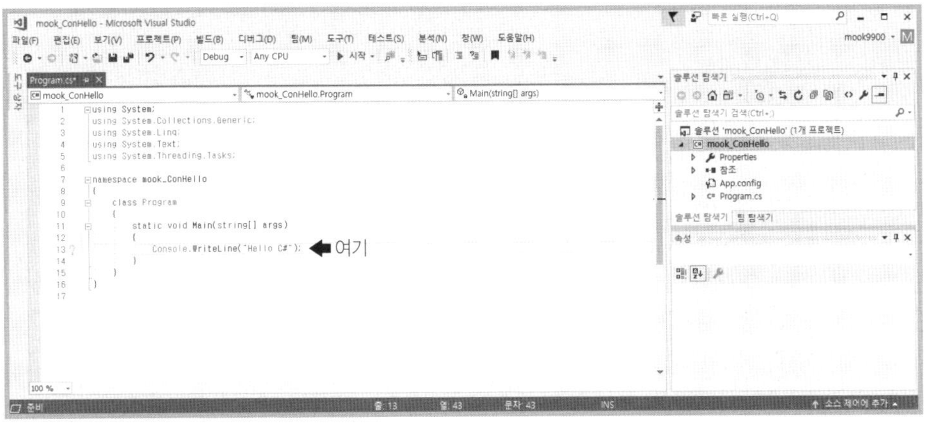

프로젝트를 컴파일하고 실행하기 위해 Ctrl+F5를 눌러 예제를 실행한다. Windows Form 프로젝트는 디버깅을 위해 F5를 눌러 실행하지만, 콘솔 프로젝트에서는 F5를 눌러 실행할 경우 프로젝트 실행 후 자동으로 종료되어 콘솔 창이 닫히기 때문에 결과를 확인할 수 없다.

예제가 실행되면 다음 그림과 같이 명령프롬프트 창에 'Hello C#' 문자열이 출력되는 것을 확인할 수 있다.

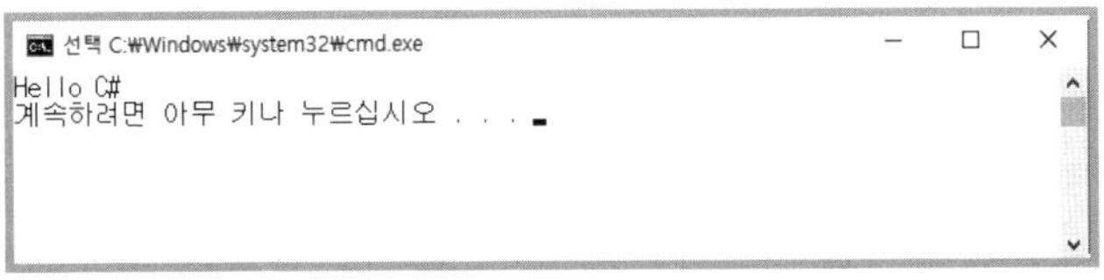

TIP

콘솔 창이 닫히는 것을 막으려면

위의 예에서 추가한 코드 다음 행에 아래의 코드를 추가하면 디버깅 모드로 실행(F5)하더라도 콘솔 창이 닫히는 것을 방지할 수 있다.

```
Console.Read();
```

(2) 윈도우 폼 프로젝트 생성 및 활용

VS2017의 [파일]–[새로 만들기]–[프로젝트] 메뉴를 선택하여 [새 프로젝트] 대화상자가 실행되면 ① Visual C#, ② .NET Framework 4.7, ③ Windows Forms 앱, ④ 'mook_WinHello', ⑤ 'C:\CSharpProject\Chap01\'을 차례대로 선택하거나 입력하고 [확인] 버튼을 클릭하여 프로젝트를 생성한다.

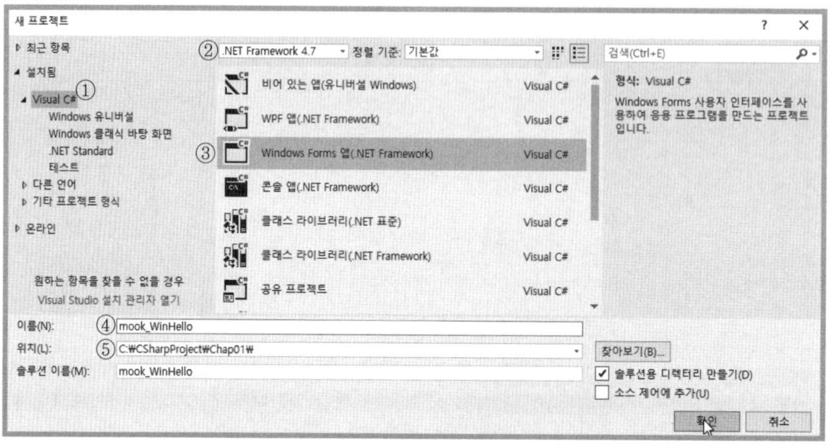

'mook_WinHello' 프로젝트를 열거나 생성하면 다음 그림과 같이 프로젝트가 열리는 것을 확인할 수 있다. 프로젝트를 생성하였다면 왼쪽 [도구 상자] 탭을 펼쳐 [공용 컨트롤] 그룹에서 [Label] 컨트롤을 드래그하여 그림과 같이 폼 위에 위치시킨다.

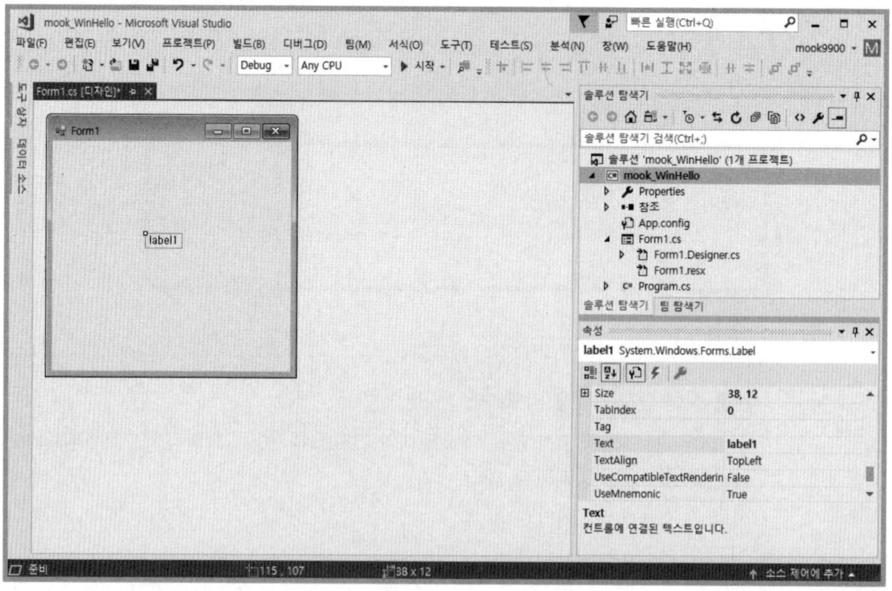

폼의 빈 공간을 더블클릭하면 Form1_Load() 이벤트 핸들러가 자동 생성된다. 생성된 이벤트 핸들러의 코드 블록에 그림에서와 같이 다음의 코드를 추가한다.

```
private void Form1_Load(object sender, EventArgs e)
{
    this.label1.Text = "Hello C#";
}
```

```
using System.Threading.Tasks;
using System.Windows.Forms;

namespace mook_WinHello
{
    public partial class Form1 : Form
    {
        public Form1()
        {
            InitializeComponent();
        }

        private void Form1_Load(object sender, EventArgs e)
        {
            this.label1.Text = "Hello C#";
        }
    }
}

```

'mook_WinHello' 프로젝트 예제를 컴파일하고 실행하기 위해서 F5를 눌러 예제를 실행하면 다음과 같이 'Hello C#' 문자열이 폼에 출력되는 것을 확인할 수 있다.

이 장은 콘솔 프로젝트 및 윈도우 프로젝트 생성과 활용에 대해 살펴보는 것으로 마무리하고 2장에서는 필수 윈도우 컨트롤을 이용하여 윈도우 애플리케이션을 구현하고 코드에 대해 살펴보도록 한다.

CHAPTER 02 윈도우 기본 컨트롤 I

이 장에서는 간단한 프로그램을 구현하면서 윈도우 애플리케이션에서 가장 많이 사용되는 기본적인 윈도우 컨트롤에 대해 살펴본다. 이 장의 예제들은 간단한 구조로 구성되어 있기 때문에 애플리케이션을 구현하기 위한 아키텍처와 코드의 문법 및 구성에 대해 별도의 추가 설명이 필요 없이 이해가 쉽게 되리라 생각한다. 이 장 이후 예제 구현을 위하여 사용되는 C#의 문법에 대해서는 필요에 따라 애플리케이션 구현 흐름에 맞춰 본문에서 설명하거나 추가적인 절을 할애하여 설명을 진행한다.

이 장에서 구현하는 예제는 다음과 같다.

- 문자 입출력
- 메시지 박스 보기
- 메뉴 선택 추가
- 타이머
- 리스트 추가
- 입력 목록 보기
- 그림 보기
- 진행 상태 보기

1. 문자 입출력

이 절에서 살펴보는 문자 입출력 예제는 Text, Label, Button 컨트롤을 이용하여 문자를 입력하고 입력된 문자열을 화면에 나타내는 애플리케이션 예제이다.

다음 그림은 문자 입출력 애플리케이션을 구현하여 실행한 결과 화면이다.

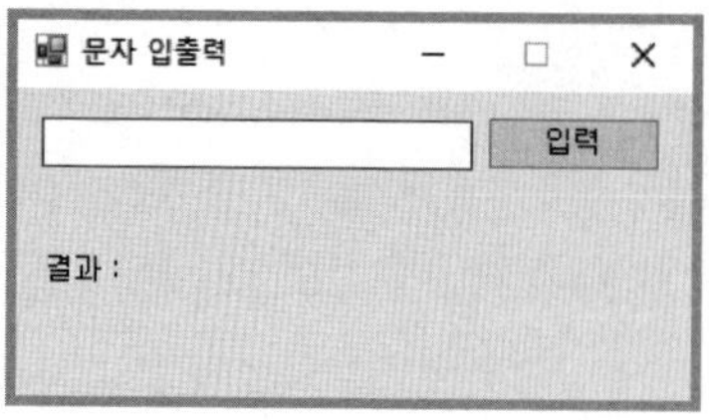

[결과 미리 보기]

1.1 문자 입출력 폼 디자인

프로젝트 이름을 'mook_TextView'로 하여 'C:\CSharpProject\Chap02' 경로에 새 프로젝트를 생성한다. 다음 그림과 같이 윈도우 폼에 필요한 컨트롤을 위치시켜 폼을 디자인하고, 각 컨트롤의 속성값을 설정한다.

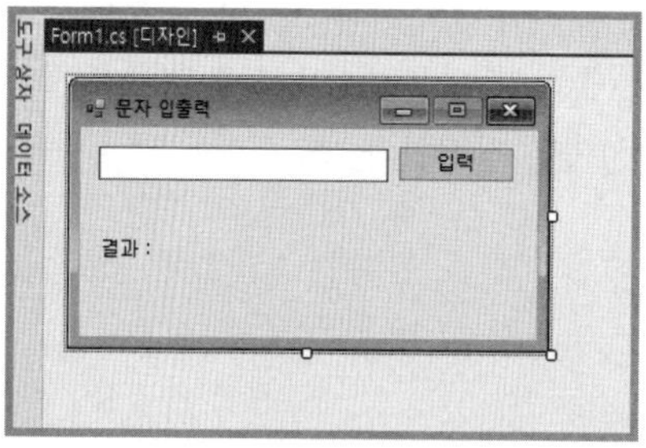

폼 디자인에 사용된 컨트롤의 주요 속성값은 다음과 같다.

폼 컨트롤	속 성	값
Form1	Name	Form1
	Text	문자 입출력
	FormBorderStyle	FixedSingle
	MaximizeBox	False
TextBox1	Name	txtEdit
Button1	Name	btnEdit
	Text	입력
Label1	Name	lblResult
	Text	결과 :

1.2 문자 입출력 코드 구현

다음의 소스 코드를 그림과 같이 클래스 내부 상단에 멤버 변수를 추가한다.

```
string OrgStr = "";      // 결과 : 문자열 저장
```

```
using System.Linq;
using System.Text;
using System.Threading.Tasks;
using System.Windows.Forms;

namespace mook_TextView
{
    public partial class Form1 : Form
    {
        public Form1()
        {
            InitializeComponent();
        }

        string OrgStr = ""; //결과 : 문자 저장

        private void txtEdit_KeyPress(object sender, KeyPressEventArgs e)
        {
            if (e.KeyChar == (char)13) //엔터 키를 누를때
            {
                e.Handled = true; //소리 없앰
                if (TextCheck() == true)
```

다음의 Form1_Load() 이벤트 핸들러는 폼을 더블클릭하여 생성한 프로시저로, 폼이 실행될 때 OrgStr 멤버 변수에 lblResult 컨트롤의 Text 속성값을 저장하는 작업을 수행한다. 즉, "결과 : "라는 lblResult 컨트롤의 초기 Text 속성값을 변수에 저장하기 위함이다.

```
private void Form1_Load(object sender, EventArgs e)
{
    OrgStr = this.lblResult.Text;
}
```

다음의 btnEdit_Click() 이벤트 핸들러는 [입력] 버튼을 더블클릭하여 생성한 프로시저로, txtEdit 컨트롤에 입력된 문자열을 OrgStr 멤버 변수에 저장된 초기 문자열과 합성하여 lblResult 컨트롤에 나타내는 작업을 수행한다.

```
01  private void btnEdit_Click(object sender, EventArgs e)
02  {
03      if (TextCheck() == true)
04      {
05          this.lblResult.Text = OrgStr + this.txtEdit.Text;
06      }
07  }
```

3행 txtEdit 컨트롤에 문자가 입력되었는지 검사하는 TextCheck() 메서드를 호출하고 반환 값이 true이면 5행을 수행한다.

5행 txtEdit 컨트롤에 입력된 문자열을 초기 문자열과 합성하고 lblResult 컨트롤의 Text 속성에 입력하여 화면에 출력하는 작업을 수행한다.

다음의 TextCheck() 메서드는 txtEdit 컨트롤에 문자열이 정상적으로 입력되었는지를 검사하는 입력 유효성 검사 메서드이다.

```
01  private bool TextCheck()
02  {
03      if (this.txtEdit.Text != "") return true;
04      else
05      {
06          MessageBox.Show("텍스트를 입력하세요!", "알림",
07                      MessageBoxButtons.OK, MessageBoxIcon.Error);
08          this.txtEdit.Focus();
09          return false;
10      }
11  }
```

3행 txtEdit 컨트롤의 Text 속성값의 존재 여부를 판단하여 입력된 문자가 있는 경우 return 키워드를 이용하여 true를 반환한다.

4-10행 txtEdit 컨트롤의 Text 속성값이 없을 때 수행되며 메시지 박스를 출력하여 텍스트 입력을 유도하고, return 키워드를 이용하여 false를 반환한다. 메시지 박스(MessageBox)에 대해 자세한 사용법은 "2.2 메시지 박스 보기" 예제를 참고한다.

8행 txtEdit.Focus() 메서드를 이용하여 txtEdit 컨트롤에 커서가 위치되도록 한다.

다음의 txtEdit_KeyPress() 이벤트 핸들러는 txtEdit 컨트롤을 선택하고 이벤트 목록 창에서 [KeyPress] 이벤트 항목을 더블클릭하여 생성한 프로시저로, txtEdit 컨트롤에 문자를 입력하고 엔터를 누르면 [입력] 버튼을 누른 것과 같은 효과가 발생하도록 하는 작업을 수행한다.

```
private void txtEdit_KeyPress(object sender, KeyPressEventArgs e)
{
    if (e.KeyChar == (char)13)    // 엔터 키를 누를 때
    {
        e.Handled = true;          // 소리 없앰
        if(TextCheck() == true)
        {
            this.lblResult.Text = OrgStr + this.txtEdit.Text;
        }
    }
}
```

3행　　e.KeyChar 속성을 이용하여 입력된 값이 Enter 키를 누른 것과 같은지 판단하는 if 문장이다. Enter 키의 키값은 (char)13에 해당하기 때문에 txtEdit 컨트롤에 텍스트를 입력하고 Enter 키를 누르면 4~10행을 수행한다.

5행　　e.Handled 속성은 Enter 키를 눌렀을 때 시스템 비프음을 출력할지를 설정하는 것이다. e.Handled 속성값을 true로 설정하면 비프음이 출력되지 않는다. 비프음을 출력하고자 한다면 e.Handled 속성값을 false로 설정하거나, 5행을 삭제하면 기본적으로 비프음이 출력된다.

6행　　txtEdit 컨트롤에 텍스트가 입력되었는지를 검사하고 정상적으로 입력되었으면 8행을 수행하여 lblResult 컨트롤에 입력된 결과를 출력하는 작업을 수행한다.

TIP

KeyCode 목록

←(백스페이스) = 8		윈도우(왼쪽) = 91
TAB = 9		윈도우(오른쪽) = 92
ENTER = 13		기능키 = 93
SHIFT = 16		0(오른쪽) = 96
CTRL = 17		1(오른쪽) = 97
ALT = 18	A = 65	2(오른쪽) = 98
PAUSEBREAK = 19	B = 66	3(오른쪽) = 99
CAPSLOOK = 20	C = 67	4(오른쪽) = 100
한/영 = 21	D = 68	5(오른쪽) = 101
한자 = 25	E = 69	6(오른쪽) = 102
ESC = 27	F = 70	7(오른쪽) = 103
	G = 71	8(오른쪽) = 104
스페이스 = 32	H = 72	9(오른쪽) = 105
PAGEUP = 33	I = 73	.(오른쪽) = 110
PAGEDN = 34	J = 74	/(오른쪽) = 111
END = 35	K = 75	*(오른쪽) = 106
HOME =36	L = 76	+(오른쪽) = 107
	M = 77	−(오른쪽) = 109
←(중간) = 37	N = 78	F1 = 112
↑(중간) = 38	O = 79	F2 = 113
→(중간) = 39	P = 80	F3 = 114
↓(중간) = 40	Q = 81	F4 = 115
	R = 82	F5 = 116
0 = 48	S = 83	F6 = 117
1 = 49	T = 84	F7 = 118
2 = 50	U = 85	F8 = 119
3 = 51	V = 86	F9 = 120
4 = 52	W = 87	F10 = 121
5 = 53	X = 88	F11 = 122
6 = 54	Y = 89	F12 = 123
7 = 55	Z = 90	Num Lock = 144
8 = 56		Scroll Lock = 145
9 = 57		=(중간) = 187
INSERT = 45		−(중간) = 189
DELETE = 46		

TIP

이벤트 핸들러 프로시저 생성

폼 디자인에 사용된 각각의 컨트롤에서 발생할 수 있는 이벤트를 처리하기 위한 이벤트 핸들러 프로시저를 생성할 때는 가장 기본적인 방법으로 해당 컨트롤을 더블클릭하면 대상 컨트롤에서 처리할 수 있는 기본 이벤트 핸들러 프로시저가 자동으로 생성된다. 기본 이벤트 핸들러가 아니라면, 많은 종류의 이벤트 중 선택하여 이벤트 핸들러 프로시저를 생성해야 한다.

이벤트 핸들러 프로시저를 생성하려면, VS2017의 오른쪽 하단에 표시된 속성 창에서 [⚡] 버튼을 클릭하여 처리 가능한 이벤트 목록을 나열한다. 이벤트 목록에서 처리하려는 이벤트 항목을 더블클릭하면 해당 이벤트 핸들러 프로시저가 생성된다.

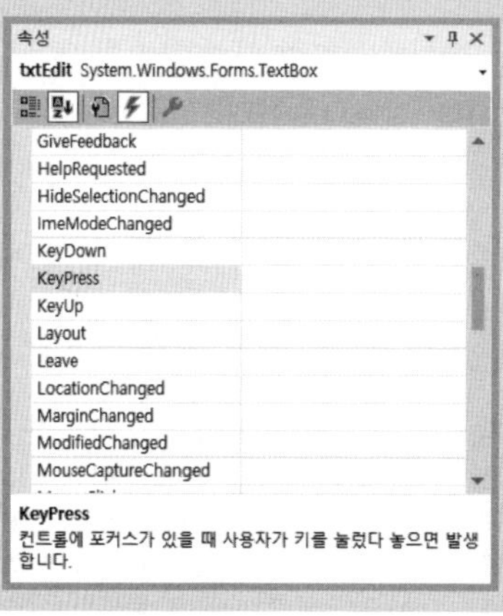

1.3 문자 입출력 예제 실행

다음 그림은 문자 입출력 예제를 F5를 눌러 실행한 화면이다. txtEdit 컨트롤에 문자를 입력하고 [입력] 버튼을 누르면 lblResult 컨트롤에 입력된 문자열이 출력되는 것을 알 수 있다.

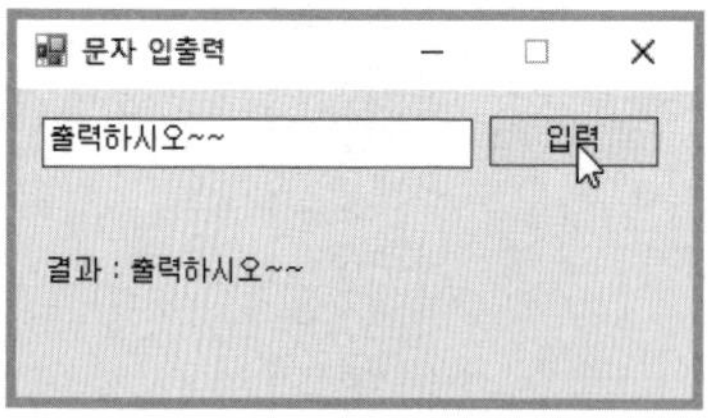

2. 메시지 박스 보기

이 절에서 살펴보는 메시지 박스 보기 예제는 GroupBox, RadioButton, Button 컨트롤을 이용하여 메시지 박스를 선택적으로 나타내는 애플리케이션 예제이다.

다음 그림은 메시지 박스 보기 애플리케이션을 구현하고 실행한 결과 화면이다.

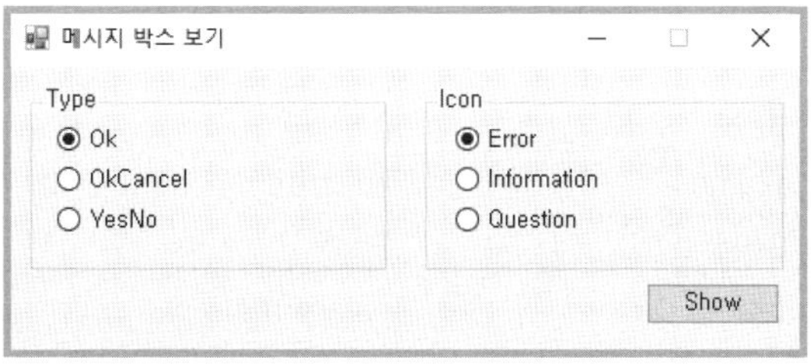

[결과 미리 보기]

2.1 메시지 박스 보기 디자인

프로젝트 이름을 'mook_RBMsg'로 하여 'C:\CSharpProject\Chap02' 경로에 새 프로젝트를 생성한다. 다음 그림과 같이 윈도우 폼에 필요한 컨트롤을 위치시켜 폼을 디자인하고, 각 컨트롤의 속성값을 설정한다.

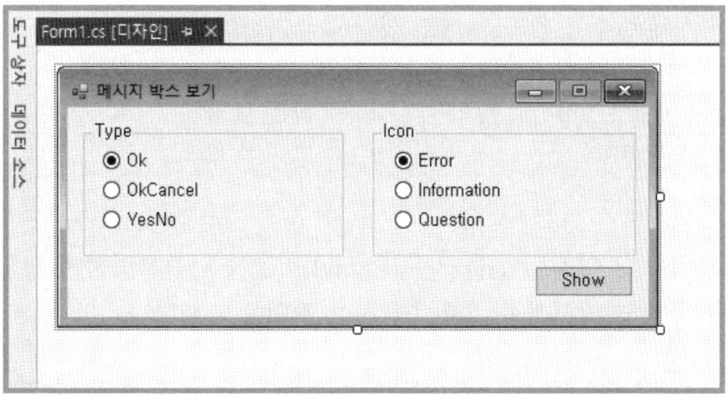

폼 디자인에 사용된 컨트롤의 주요 속성값은 다음과 같다.

폼 컨트롤	속 성	값
Form1	Name	Form1
	Text	메시지 박스 보기
	FormBorderStyle	FixedSingle
	MaximizeBox	False
GroupBox1	Name	gbOption1
	Text	Type
GroupBox2	Name	gbOption2
	Text	Icon
RadioButton1	Name	rbOk
	Text	Ok

RadioButton2	Name	rbOkCancel
	Text	OkCancel
RadioButton3	Name	rbYesNo
	Text	YesNo
RadioButton4	Name	rbError
	Text	Error
RadioButton5	Name	rbInformation
	Text	Information
RadioButton6	Name	rbQuestion
	Text	Question
Button1	Name	btnShow
	Text	Show

2.2 메시지 박스 보기 코드 구현

다음과 같이 멤버 개체 변수를 클래스 내부 상단에 추가한다.

```
MessageBoxButtons mbb;   // 메시지 버튼 옵션 설정
MessageBoxIcon mbi;      // 메시지 버튼 아이콘 설정
```

다음의 btnShow_Click() 이벤트 핸들러는 [Show] 버튼을 더블클릭하여 생성한 프로시저로, 선택된 옵션에 따라 메시지 박스를 출력하는 작업을 수행한다.

```
private void btnShow_Click(object sender, EventArgs e)
{
   if (this.rbOk.Checked == true)
      mbb = MessageBoxButtons.OK;              // [확인] 버튼
   else if (this.rbOkCancel.Checked == true)
      mbb = MessageBoxButtons.OKCancel;        // [확인], [취소] 버튼
   else if (this.rbYesNo.Checked == true)
      mbb = MessageBoxButtons.YesNo;           // [예], [아니오] 버튼

   if (this.rbError.Checked == true)
      mbi = MessageBoxIcon.Error;              // Error Icon
   else if (this.rbInformation.Checked == true)
      mbi = MessageBoxIcon.Information;        // Information Icon
   else if (this.rbQuestion.Checked == true)
      mbi = MessageBoxIcon.Question;           // Question Icon

   MessageBox.Show("메지시 박스를 확인하세요.", "알림", mbb, mbi);
}
```

3–8행 메시지 박스를 위한 버튼을 설정하는 문장으로, if ~ else if ~ else 문을 이용하여 RadioButton 컨트롤의 선택 여부에 따라 MessageBoxButtons 개체의 멤버 변수 mbb의 값을 설정하는 작업을 수행한다.

9–14행 메시지 박스를 위한 아이콘을 설정하는 문장으로, if ~ else if ~ else 문을 이용하여 RadioButton 컨트롤의 선택 여부에 따라 MessageBoxIcon 개체의 멤버 변수 mbi의 값을 설정하는 작업을 수행한다.

15행 RadioButton의 선택에 따라 설정된 멤버 개체 변수 mbb와 mbi의 값을 이용하여 메시지 박스를 나타낸다.

2.3 메시지 박스 보기 예제 실행

다음 그림은 메시지 박스 보기 예제를 F5를 눌러 실행한 화면이다.

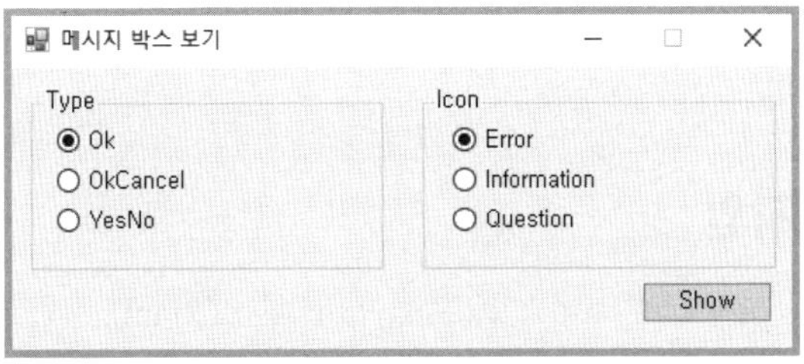

[Ok와 Error]

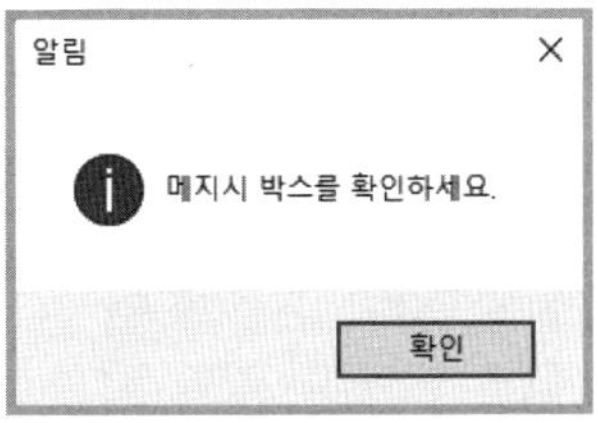

[Ok와 Information]

[OkCancel과 Information]

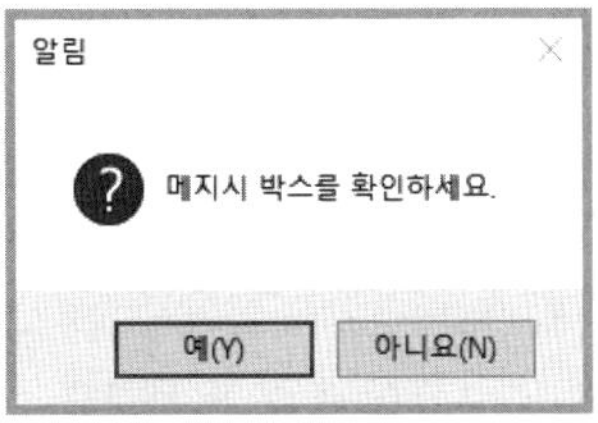

[YesNo와 Question]

3. 메뉴 선택 추가

이 절에서 살펴보는 메뉴 선택 추가 예제는 ComboBox, TextBox, Button, Label 컨트롤을 이용하여 리스트 메뉴를 추가하고 선택하는 기능과 선택된 메뉴의 텍스트를 화면에 나타내는 애플리케이션 예제이다.

다음 그림은 메뉴 선택 추가 애플리케이션을 구현하고 실행한 결과 화면이다.

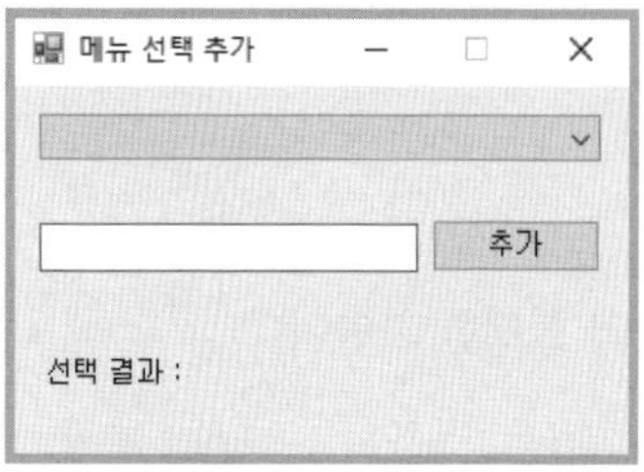

[결과 미리 보기]

3.1 메뉴 선택 추가 디자인

프로젝트 이름을 'mook_CBChoice'로 하여 'C:\CSharpProject\Chap02' 경로에 새 프로젝트를 생성한다. 다음 그림과 같이 윈도우 폼에 필요한 컨트롤을 위치시켜 폼을 디자인하고, 각 컨트롤의 속성값을 설정한다.

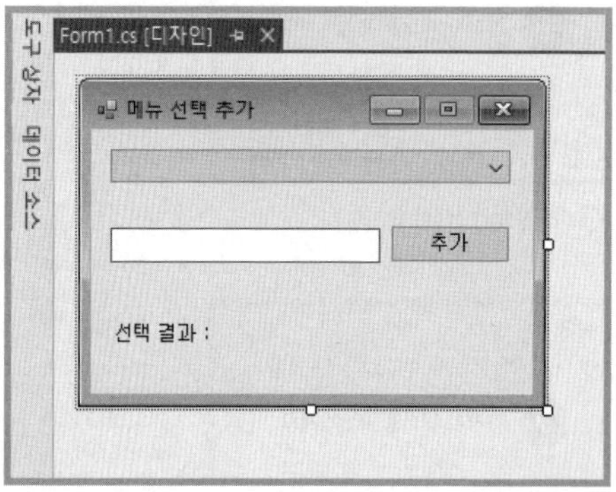

폼 디자인에 사용된 컨트롤의 주요 속성값은 다음과 같다.

폼 컨트롤	속 성	값
Form1	Name	Form1
	Text	메뉴 선택 추가
	FormBorderStyle	FixedSingle
	MaximizeBox	False

ComboBox1	Name	cbList
	DropDownStyle	DropDownList
TextBox1	Name	txtList
Button1	Name	btnAdd
	Text	추가
Label1	Name	lblResult
	Text	선택 결과 :

3.2 메뉴 선택 추가 코드 구현

다음과 같이 멤버 개체와 변수를 클래스 내부 상단에 추가한다.

```
// 초기 콤보박스 데이터 설정
string[] SList = new string[] { "스테이크", "카레라이스", "라면", "만두국", "김밥" };
string orgStr = "";    // 선택 결과 저장
```

다음의 Form1_Load() 이벤트 핸들러는 폼을 더블클릭하여 생성한 프로시저로, 폼이 실행될 때 cbList 컨트롤의 Items 속성값에 초기 데이터를 설정하고 orgStr 멤버 변수에 값을 저장하는 작업을 수행한다.

```
01  private void Form1_Load(object sender, EventArgs e)
02  {
03      for(int i =0; I < SList.Length; i++)
04      {
05          this.cbList.Items.Add(SList[i]);
06      }
07      orgStr = this.lblResult.Text;
08  }
```

3-6행 for 문을 이용하여 SList 배열형 멤버 개체의 문자열 컬렉션을 cbList 컨트롤의 Items 속성에 입력하는 작업을 수행한다. 5행의 cbList.Items.Add() 메서드를 이용하여 cbList 컨트롤의 Items 속성값에 문자열을 저장하여 콤보박스의 리스트에 항목을 추가하는 작업을 수행한다.

7행 lblResult 컨트롤의 Text 속성값을 orgStr 멤버 변수에 저장하는 작업을 수행한다.

다음의 btnAdd_Click() 이벤트 핸들러는 [추가] 버튼을 더블클릭하여 생성한 프로시저로, txtList 컨트롤에 입력된 문자열을 cbList 컨트롤의 Items 속성에 입력하는 작업을 수행한다.

```
01  private void btnAdd_Click(object sender, EventArgs e)
02  {
03      if (this.txtList.Text != "")
04      {
05          this.cbList.Items.Add(this.txtList.Text);
06          MessageBox.Show("아이템을 추가하였습니다.", "알림",
07                  MessageBoxButtons.OK, MessageBoxIcon.Information);
08      }
09      else
10          this.txtList.Focus();
11      this.txtList.Text = "";
12  }
```

3행 txtList 컨트롤에 텍스트가 입력되었는지를 확인하는 if 문으로 텍스트가 입력되었을 경우 4~8행을 수행하여 cbList 컨트롤에 아이템을 추가하고 메시지 박스를 출력한다.

5행 ComboBox.Items.Add() 메서드를 이용하여 cbList 컨트롤에 아이템을 추가하는 작업을 수행한다.

10행 3행에서 txtList 컨트롤에 입력된 텍스트가 없는 경우에 수행되며, Focus() 메서드를 이용하여 데이터 입력을 위한 커서가 txtList 컨트롤에 위치하도록 한다.

다음의 cbList_SelectedIndexChanged() 이벤트 핸들러는 cbList 컨트롤을 더블클릭하여 생성한 프로시저로, cbList 컨트롤에 설정된 목록 아이템 중 하나를 선택했을 때 발생하는 이벤트를 처리하는 작업을 수행한다. cbList 컨트롤의 목록 아이템을 선택하면 선택된 항목은 cbList 컨트롤의 Text 속성값으로 설정되므로 cbList 컨트롤 Text 속성값을 lblResult 컨트롤에 입력하여 화면에 출력하는 작업을 수행한다.

```
01  private void cbList_SelectedIndexChanged(object sender, EventArgs e)
02  {
03      if (this.cbList.Text != "")
04          this.lblResult.Text = orgStr + this.cbList.Text;
05  }
```

3행 cbList 컨트롤에서 아이템을 선택했는지를 검사하는 if 문이다.

4행 cbList 컨트롤에서 선택된 아이템의 값을 lblResult 컨트롤에 대입하여 화면에 출력하는 작업을 수행한다.

3.3 메뉴 선택 추가 예제 실행

다음 그림은 메뉴 선택 추가 예제를 F5를 눌러 실행한 화면이다. "김밥" 아이템을 선택하여 결과를 출력한 화면과, "막국수", "닭갈비" 텍스트를 아이템으로 추가한 결과 화면을 확인할 수 있다.

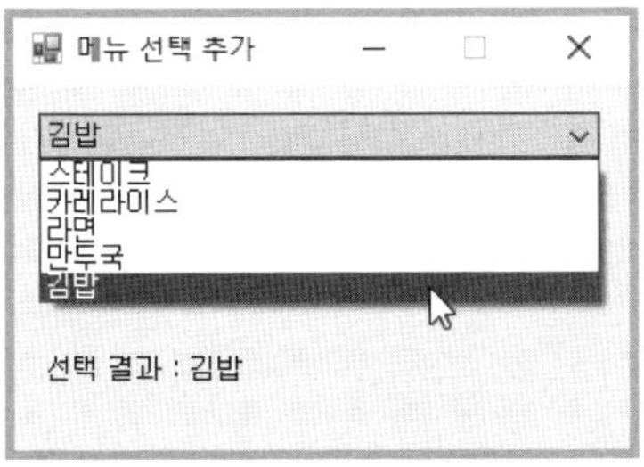

["김밥" 아이템을 ComboBox에서 선택 결과]

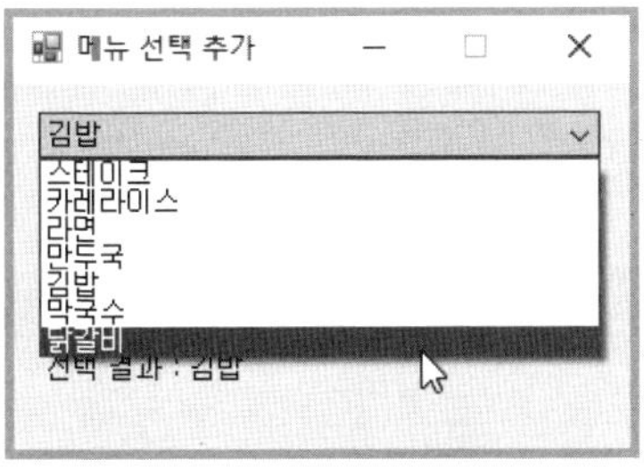

["막국수"와 "닭갈비" 아이템을 ComboBox 컨트롤에 추가한 결과]

4. 타이머

이 절에서 살펴보는 타이머 예제는 Timer, TextBox, Button 컨트롤을 이용하여 타이머를 구현하는 애플리케이션 예제이다.

다음 그림은 타이머 애플리케이션을 구현하고 실행한 결과 화면이다.

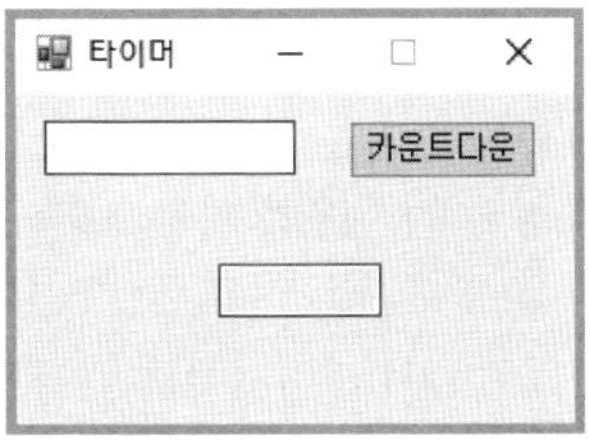

[결과 미리 보기]

4.1 타이머 디자인

프로젝트 이름을 'mook_Timer'로 하여 'C:\CSharpProject\Chap02' 경로에 새 프로젝트를 생성한다. 다음 그림과 같이 윈도우 폼에 필요한 컨트롤을 위치시켜 폼을 디자인하고, 각 컨트롤의 속성값을 설정한다.

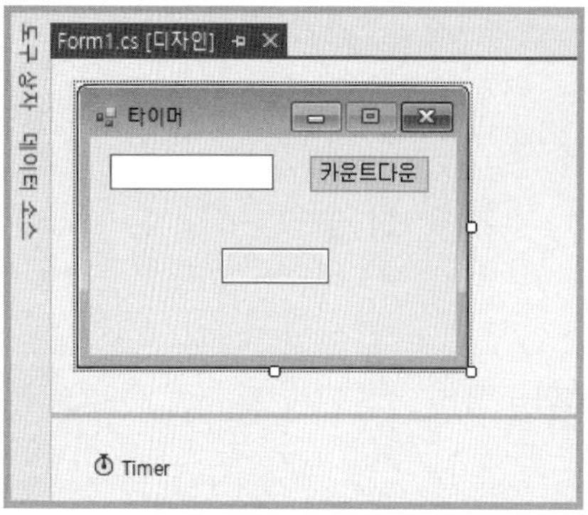

폼 디자인에 사용된 컨트롤의 주요 속성값은 다음과 같다.

폼 컨트롤	속 성	값
Form1	Name	Form1
	Text	타이머
	FormBorderStyle	FixedSingle
	MaximizeBox	False
TextBox1	Name	txtNum
TextBox2	Name	txtCountDown
	ReadOnly	True
Button1	Name	btnCount
	Text	카운트다운
Timer1	Name	Timer
	Interval	1000

4.2 참조 추가

VS2017에서 기본으로 지원하지 않는 클래스 및 속성 등의 네임스페이스를 수동으로 추가하기 위해서 솔루션 탐색기에서 [참조] 항목을 마우스 오른쪽 버튼으로 누르고 표시되는 단축메뉴에서 [참조 추가] 메뉴를 클릭하여 [참조 관리자] 대화상자를 호출한다.

다음 그림과 같이 [참조 관리자] 대화상자가 나타나면 왼쪽 참조 카테고리 목록에서 [어셈블리] 항목을 선택하고 창의 중앙에 표시되는 참조 가능 목록에서 [Microsoft.

VisualBasic] 항목에 체크하고 [확인] 버튼을 클릭하여 프로젝트에 필요한 참조를 추가한다.

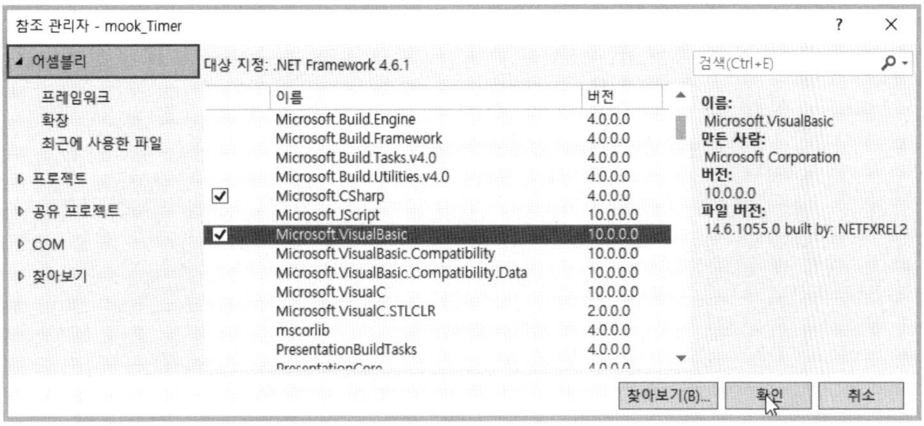

[Microsoft.VisualBasic] 참조를 완료하면 다음 그림과 같이 솔루션 탐색기의 [참조] 목록에 추가된 것을 확인할 수 있다.

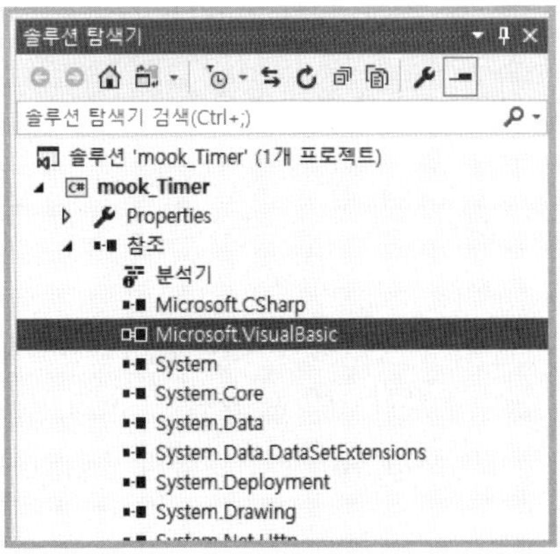

4.3 타이머 코드 구현

추가된 참조 항목은 using 키워드를 이용하여 필요한 네임스페이스를 소스 코드에 등록해야 한다. 추가된 참조 항목을 사용하기 위해 그림을 참고하여 다음의 코드를 소스 코드의 상단에 추가한다.

```
using Microsoft.VisualBasic;
```

```
using System;
using System.Collections.Generic;
using System.ComponentModel;
using System.Data;
using System.Drawing;
using System.Linq;
using System.Text;
using System.Threading.Tasks;
using System.Windows.Forms;

using Microsoft.VisualBasic;

namespace mook_Timer
{
    public partial class Form1 : Form
    {
        public Form1()
        {
            InitializeComponent();
        }
```

Microsoft.VisualBasic 네임스페이스는 Visual Basic에서 Visual Basic 런타임을 지원하는 형식이 포함되어 있는데, 이 절에서는 Information 모듈에서 정보를 반환하고, 테스트하고, 확인하는 프로시저인 IsNumeric을 사용하기 위해 추가한다. IsNumeric은 식이 숫자로 계산될 수 있는지를 나타내는 boolean 값으로 반환한다.

다음과 같이 멤버 개체 및 변수를 클래스 내부 상단에 추가한다.

```
int CountOrgNum = 0;   // 초기 카운터
```

다음의 btnCount_Click() 이벤트 핸들러는 [카운트다운] 버튼을 더블클릭하여 생성한 프로시저로, txtNum 컨트롤에 입력된 값이 숫자인지를 판단하는 IntCheck() 메서드를 호출하여 txtNum 컨트롤에 입력된 값이 숫자이면 Timer 컨트롤의 Enabled 속성을 설정하여 타이머를 시작한다.

```
01  private void btnCount_Click(object sender, EventArgs e)
02  {
03      if(IntCheck() == true)
04      {
05          CountOrgNum = Convert.ToInt32(this.txtNum.Text);
06          this.txtNum.ReadOnly = true;
07          this.Timer.Enabled = true;
08      }
09  }
```

3행 IntCheck() 메서드를 호출하여 txtNum 컨트롤에 입력된 값이 숫자인지를 확인한다.

5행 Convert.ToInt32() 메서드를 이용하여 string 타입의 입력된 값을 int 타입의 정수로 변환하는 작업을 수행한다.

6행 txtNum 컨트롤의 ReadOnly 속성을 true로 설정하여 txtCountDown 컨트롤에 쓰기를 차단한다.

7행 Timer 컨트롤의 Enabled 속성을 true로 설정하여 컨트롤을 활성화하여 초기에 설정한 Interval 속성값에 따라 주기적으로 이벤트 핸들러를 호출하도록 한다.

다음의 IntCheck() 메서드는 txtNum 컨트롤에 입력된 값이 숫자인지를 판단하는 메서드이다.

```
01  private bool IntCheck()
02  {
03      if (Information.IsNumeric(this.txtNum.Text))
04          return true;
05      else
06      {
07          MessageBox.Show("숫자를 입력하세요", "알림",
08                  MessageBoxButtons.OK, MessageBoxIcon.Error);
09          return false;
10      }
11  }
```

3행 Information.IsNumeric() 메서드를 이용하여 txtNum 컨트롤에 입력된 값이 숫자인지를 검사하는 작업을 수행하며, txtNum 컨트롤에 입력된 값이 숫자이면 true를 반환한다.

7행 입력된 값이 숫자가 아닐 경우 메시지 박스를 실행하여 사용자에게 무엇이 잘못되었는지 알려주는 작업을 수행한다.

다음의 Timer_Tick() 이벤트 핸들러는 Timer 컨트롤을 더블클릭하여 생성한 프로시저로, Timer 컨트롤의 Interval 속성값에 따라 주기적으로 호출되어 프로시저 내의 코드를 실행한다.

```
private void Timer_Tick(object sender, EventArgs e)
{
    if(CountOrgNum < 1)
    {
        this.Timer.Enabled = false;
        this.txtNum.ReadOnly = false;
        this.txtNum.Text = "";
        MessageBox.Show("펑", "알림",
                MessageBoxButtons.OK, MessageBoxIcon.Information);
```

```
10        }
11        else
12        {
13            CountOrgNum--;
14            this.txtCountDown.Text = Convert.ToString(CountOrgNum);
15        }
16    }
```

3-10행 CountOrgNum의 값이 1보다 작으면 실행되는 문장으로 타이머를 멈추고 메시지 박스를 호출하여 카운트가 모두 진행되었음을 알리는 작업을 수행한다.

11-15행 13행의 문장을 이용하여 숫자가 카운트되도록 1씩 수를 감하고, 14행은 감소한 값을 txtCountDown 컨트롤에 입력하여 화면에 나타나도록 한다.

4.4 타이머 예제 실행

다음 그림은 타이머 예제를 F5를 눌러 실행한 화면이다. 숫자를 입력하고 [카운트다운] 버튼을 클릭하면 카운트다운 되는 숫자를 볼 수 있다. 오른쪽 그림은 카운트다운이 완료되었을 때 메시지 박스의 모습이다.

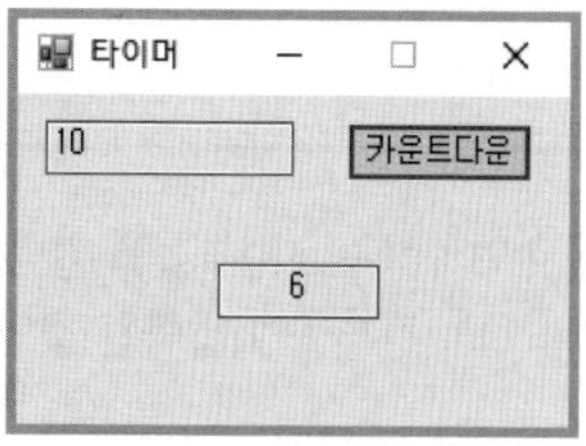

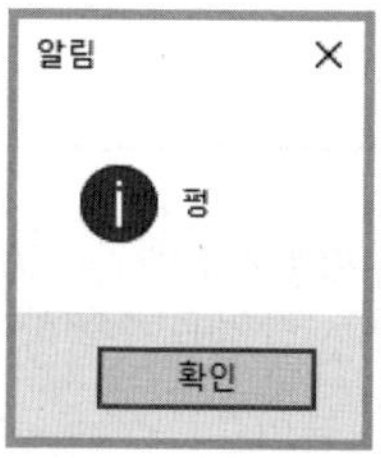

5. 리스트 추가

이 절에서 살펴보는 리스트 추가 예제는 ListBox, TextBox, Button, Label 컨트롤을 이용하여 리스트를 추가하고 리스트의 아이템을 선택하여 화면에 출력하는 애플리케이션 예제이다.

다음 그림은 리스트 추가 애플리케이션을 구현하고 실행한 결과 화면이다.

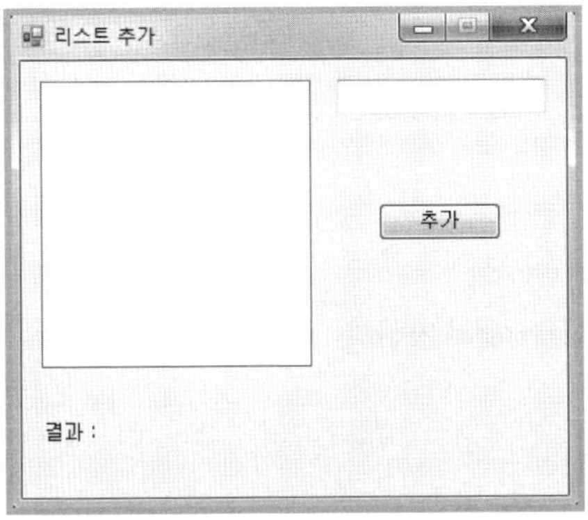

[결과 미리 보기]

5.1 리스트 추가 디자인

프로젝트 이름을 'mook_ListBox'로 하여 'C:\CSharpProject\Chap02' 경로에 새 프로젝트를 생성한다. 다음 그림과 같이 윈도우 폼에 필요한 컨트롤을 위치시켜 폼을 디자인하고, 각 컨트롤의 속성값을 설정한다.

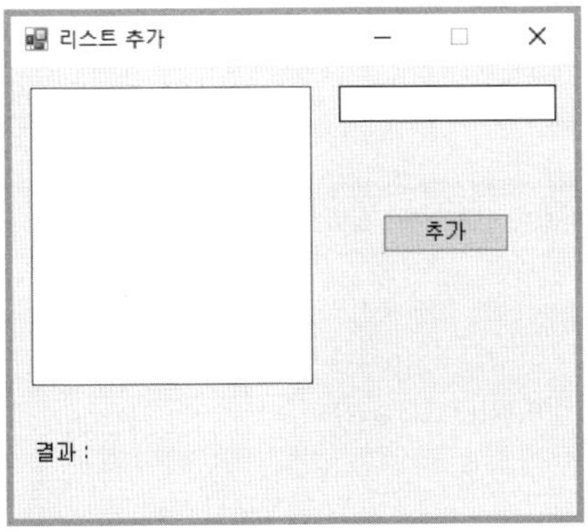

폼 디자인에 사용된 컨트롤의 주요 속성값은 다음과 같다.

폼 컨트롤	속 성	값
Form1	Name	Form1
	Text	리스트 추가
	FormBorderStyle	FixedSingle
	MaximizeBox	False
ListBox1	Name	lbView
TextBox1	Name	txtList
Button1	Name	btnAdd
	Text	추가

Label1	Name	lblResult
	Text	결과 :

5.2 리스트 추가 코드 구현

다음과 같이 멤버 변수를 클래스 내부 상단에 추가한다.

```
string OrgStr = "";    // 결과 : 저장
```

다음의 Form1_Load() 이벤트 핸들러는 폼을 더블클릭하여 생성한 프로시저로, 폼이 실행될 때 lblResult 컨트롤의 초기값을 멤버 변수에 저장하는 작업을 수행한다.

```
private void Form1_Load(object sender, EventArgs e)
{
    OrgStr = this.lblResult.Text;
}
```

다음의 btnAdd_Click() 이벤트 핸들러는 [추가] 버튼을 더블클릭하여 생성한 프로시저로, txtList 컨트롤에 입력된 문자를 lbView 컨트롤에 추가하는 작업을 수행한다.

```
01  private void btnAdd_Click(object sender, EventArgs e)
02  {
03      if (this.txtList.Text != "")
04      {
05          this.lbView.Items.Add(this.txtList.Text);
06          this.txtList.Text = "";
07      }
08      else
09      {
10          MessageBox.Show("아이템을 입력하세요", "알림",
11                  MessageBoxButtons.OK, MessageBoxIcon.Error);
12          this.txtList.Focus();
13      }
14  }
```

5행 lbView.Items.Add() 메서드를 이용하여 txtList 컨트롤의 Text 속성값을 lbView 컨트롤의 Items 속성에 추가하는 작업을 수행한다.

10-11행 txtList 컨트롤에 입력된 텍스트가 없다는 메시지 박스를 출력하여 아이템으로 추가할 데이터가 입력되지 않았음을 사용자에게 알리는 작업을 수행한다.

다음의 lbView_SelectedIndexChanged() 이벤트 핸들러는 lbView 컨트롤을 더블클릭하여 생성한 프로시저로, 선택된 리스트의 값을 lblResult 컨트롤에 출력하는 작업을 수행한다.

```
01  private void lbView_SelectedIndexChanged(object sender, EventArgs e)
02  {
03      this.lblResult.Text = OrgStr + this.lbView.SelectedItem.ToString();
04  }
```

3행 lbView.SelectedItem.ToString() 문을 이용하여 lbView 컨트롤에서 선택된 항목의 문자열을 가져와 lblResult 컨트롤에 출력하는 작업을 수행한다.

5.3 리스트 추가 예제 실행

다음 그림은 리스트 추가 예제를 F5를 눌러 실행한 화면이다. 리스트에 표시된 아이템을 선택하여 결과가 표시되는 것을 확인해 보고, 텍스트 상자에 값을 입력한 뒤에 [추가] 버튼을 클릭하여 리스트에 항목이 추가되는 것을 확인해 본다.

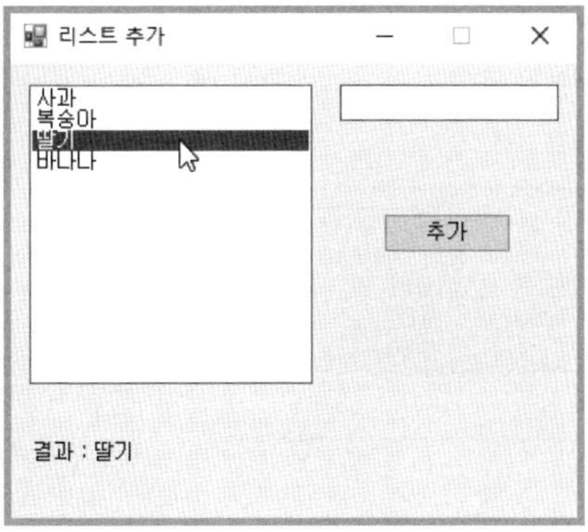

6. 입력 목록 보기

이 절에서 살펴보는 입력 목록 보기 예제는 ListView, TextBox, Button, Label 컨트롤을 이용하여 목록을 추가하고 목록을 출력하는 애플리케이션 예제이다.

다음 그림은 입력 목록 보기 애플리케이션을 구현하고 실행한 결과 화면이다.

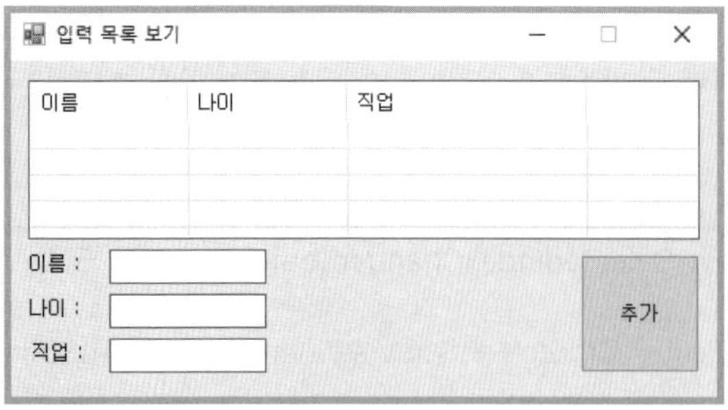

[결과 미리 보기]

6.1 입력 목록 보기 디자인

프로젝트 이름을 'mook_ListView'로 하여 'C:\CSharpProject\Chap02' 경로에 새 프로젝트를 생성한다. 다음 그림과 같이 윈도우 폼에 필요한 컨트롤을 위치시켜 폼을 디자인하고, 각 컨트롤의 속성값을 설정한다.

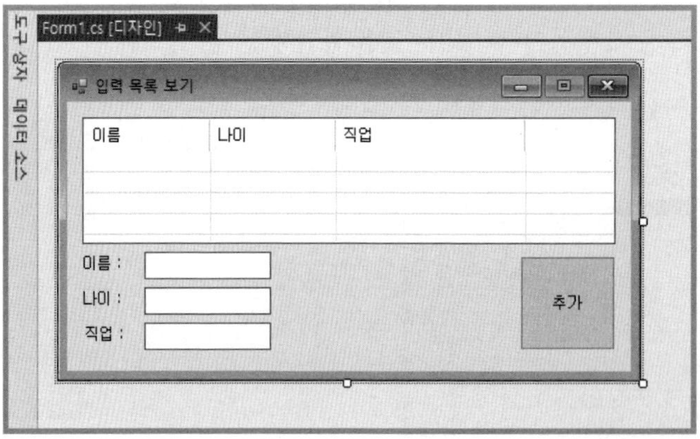

폼 디자인에 사용된 컨트롤의 주요 속성값은 다음과 같다.

폼 컨트롤	속 성	값
Form1	Name	Form1
	Text	입력 목록 보기
	FormBorderStyle	FixedSingle
	MaximizeBox	False
ListView1	Name	lvView
	FullRowSelect	True
	GridLines	True
	View	Details
Label1	Name	lblName
	Text	이름 :

Label2	Name	lblAge
	Text	나이 :
Label3	Name	lblWork
	Text	직업 :
TextBox1	Name	txtName
TextBox2	Name	txtAge
TextBox3	Name	txtWork
Button1	Name	btnAdd
	Text	추가

lvView 컨트롤의 Columns 속성값을 설정하기 위해서 폼에 위치한 lvView 컨트롤을 선택하고 속성 목록 창에서 [Columns] 항목의 ...(컬렉션) 버튼을 클릭한다.

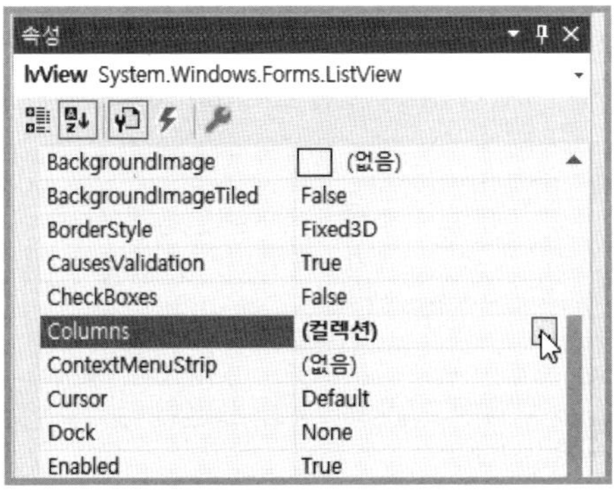

[ColumnHeader 컬렉션 편집기] 대화상자가 나타나면 [멤버] 항목 아래에서 [추가] 버튼을 클릭하여 멤버를 추가하고 멤버의 속성값을 설정한다.

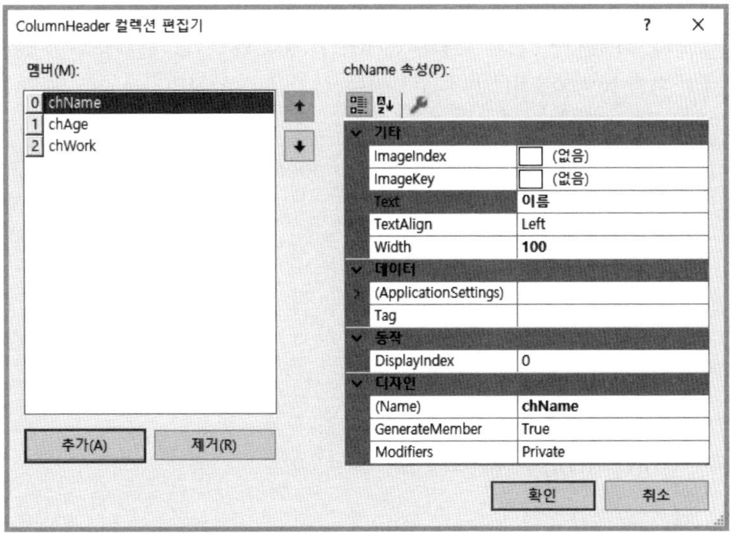

추가된 3개의 멤버에 대한 속성은 다음과 같이 설정한다.

컬렉션 멤버	속 성	값
ColumnHeader1	Name	chName
	Text	이름
	With	100
ColumnHeader2	Name	chAge
	Text	나이
	With	100
ColumnHeader3	Name	chWork
	Text	직업
	With	150

[ColumnHeader 컬렉션 편집기] 대화상자에서 멤버를 추가하고 속성을 설정을 완료하면, 폼에 위치한 lvView 컨트롤은 다음 그림과 같은 모습으로 표시된다.

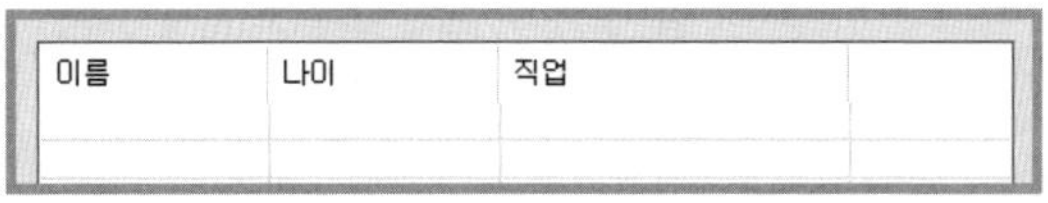

6.2 입력 목록 보기 코드 구현

다음과 같이 멤버 변수를 클래스 내부 상단에 추가한다.

```
string strName, strAge, strWork;    // 나이, 이름, 직업 문자 저장
```

다음의 btnAdd_Click() 이벤트 핸들러는 [추가] 버튼을 더블클릭하여 생성한 프로시저로, 입력된 문자를 lvView 컨트롤에 추가하는 작업을 수행한다.

```
private void btnAdd_Click(object sender, EventArgs e)
{
    if (TextCheck() == true)
    {
        strName = this.txtName.Text;
        strAge = this.txtAge.Text;
        strWork = this.txtWork.Text;
        this.txtName.Text = "";
        this.txtAge.Text = "";
        this.txtWork.Text = "";
    }
    else return;
    ListViewItem lvi =
```

```
14            new ListViewItem(new string[] { strName, strAge, strWork });
15        this.lvView.Items.Add(lvi);
16    }
```

3행 입력 컨트롤에 문자가 정상적으로 입력되었는지 확인하는 TextCheck() 메서드를 호출한다. 정상적으로 문자가 입력되었으면 멤버 변수에 값을 저장하고 13행으로 이동하며, 정상적이지 않으면 12행의 return 문을 통해 프로시저 실행을 종료한다.

12행 TextBox 컨트롤에 입력된 데이터가 없으면 return 키워드를 이용하여 13행 부터의 이벤트 핸들러 수행을 차단하는 작업을 수행한다.

13-14행 ListViewItem 클래스의 개체 lvi를 생성하는 문장으로 ListViewItem 클래스의 생성자에 배열 개체로 이름(strName), 나이(strAge), 직업(strWork)에 해당하는 값을 전달하여 개체를 생성한다.

15행 lvView.Items.Add() 메서드를 이용하여 13~14행에서 생성한 개체 lvi를 lvView 컨트롤에 추가하여 화면에 보이도록 한다.

다음의 lvView_Click() 이벤트 핸들러는 lvView 컨트롤을 선택한 뒤 이벤트 창에서 [Click] 이벤트 란을 더블클릭하여 생성한 프로시저로, lvView 컨트롤에 목록을 선택하였을 때 선택된 값을 메시지 박스를 이용하여 나타내는 작업을 수행한다.

```
01    private void lvView_Click(object sender, EventArgs e)
02    {
03        if (this.lvView.SelectedItems.Count == 0)
04            MessageBox.Show("아이템을 선택하세요", "알림",
05                MessageBoxButtons.OK, MessageBoxIcon.Error);
06        else
07        {
08            MessageBox.Show("이름 : " +
09                this.lvView.SelectedItems[0].SubItems[0].Text +
10                "\n나이 : " + this.lvView.SelectedItems[0].SubItems[1].Text +
11                "\n직업 : " + this.lvView.SelectedItems[0].SubItems[2].Text, "알림",
12                MessageBoxButtons.OK, MessageBoxIcon.Information);
13        }
14    }
```

3행 lvView 컨트롤을 클릭하였을 때 정상적으로 아이템을 선택하였는지 판단하는 if 문장으로 lvView.SelectedItems.Count 속성값이 0이면 lvView 컨트롤의 아이템이 선택되지 않은 것으로 아이템을 선택하라는 메시지 박스를 출력하는 4~5행이 실행된다.

8-12행 lvView 컨트롤에서 아이템이 선택되었을 때 선택된 아이템을 메시지 박스에 출력하기 위해서 lvView.SelectedItems[0].SubItems[0].Text 속성을 이용하여 아이템의 값을 가져온다. lvView.SelectedItems[0]은 선택된 행을 나타내며, SubItems[0].Text는 이름, SubItems[1].Text는 나이 그리고 SubItems[2].Text는 직업을 나타낸다.

6.3 입력 목록 보기 예제 실행

다음 그림은 입력 목록 보기 예제를 F5를 눌러 실행한 화면이다. 텍스트 상자에 값을 입력하고 [추가] 버튼을 클릭하여 입력한 값이 리스트 뷰 컨트롤에 표시되는 것을 확인해 본다. 이어서 리스트 뷰 컨트롤의 값을 선택했을 때 선택된 값이 메시지 박스를 통해 표시되는 것을 확인해 본다.

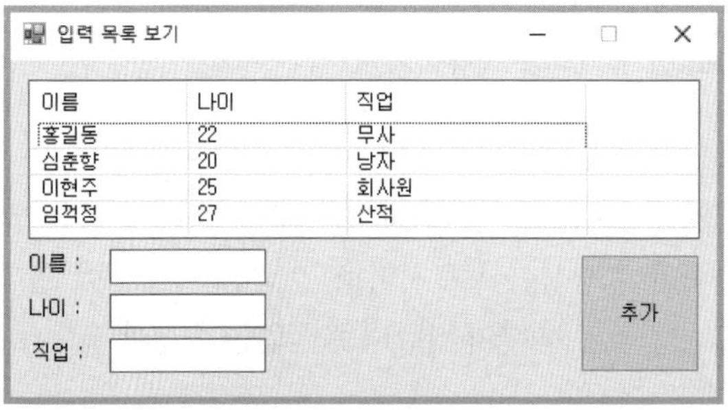

7. 그림 보기

이 절에서 살펴보는 그림 보기 예제는 PictureBox, ImageList, Button 컨트롤을 이용하여 목록화된 이미지를 출력하는 애플리케이션 예제이다.

다음 그림은 그림 보기 애플리케이션을 구현하고 실행한 결과 화면이다.

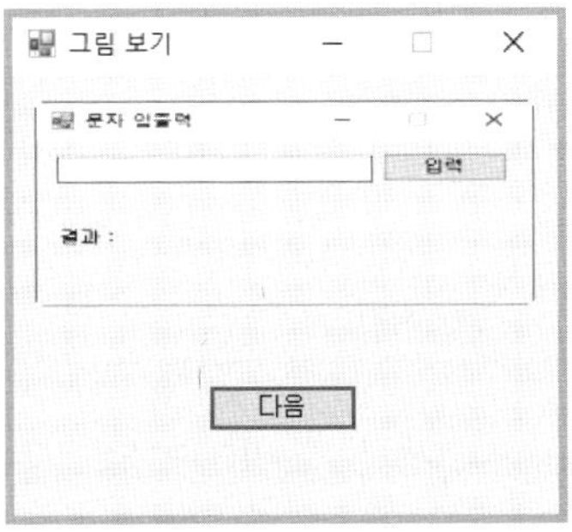

[결과 미리 보기]

7.1 그림 보기 디자인

프로젝트 이름을 'mook_Image'로 하여 'C:\CSharpProject\Chap02' 경로에 새 프로젝트를 생성한다. 다음 그림과 같이 윈도우 폼에 필요한 컨트롤을 위치시켜 폼을 디자인하고, 각 컨트롤의 주요 속성값을 설정한다.

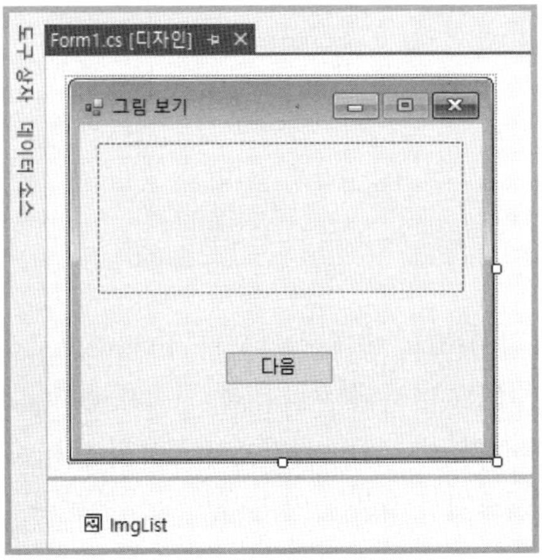

폼 디자인에 사용된 컨트롤의 주요 속성값은 다음과 같다.

폼 컨트롤	속 성	값
Form1	Name	Form1
	Text	그림 보기
	FormBorderStyle	FixedSingle
	MaximizeBox	False
PictureBox1	Name	picImg
	SizeMode	StretchImage
	Size	250, 100

Button1	Name	btnNext
	Text	다음
ImageList1	Name	ImgList
	ImageSize	250, 100
	Images	[설정]

ImgList 컨트롤을 선택하고 속성 창에서 [Images] 속성의 ...(컬렉션) 버튼을 눌러 다음 그림과 같이 [이미지 컬렉션 편집기] 대화상자가 나타나면 [추가] 버튼을 눌러 사용할 이미지를 추가한다.

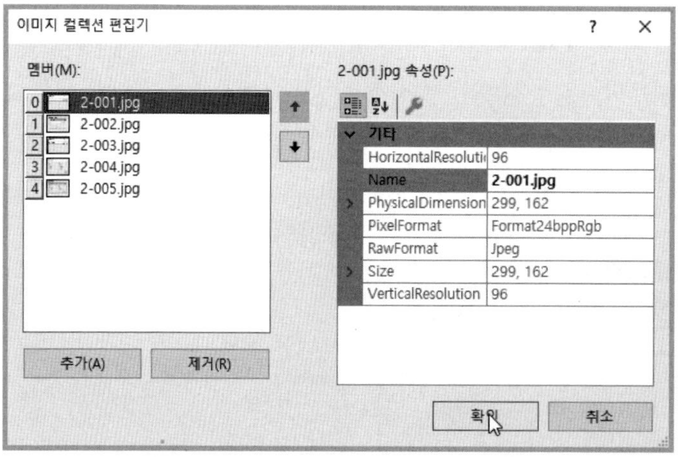

이 예제에서 사용할 이미지를 저장하기 위해서 솔루션 탐색기 창에서 프로젝트 이름을 마우스 오른쪽 버튼으로 클릭하고 표시되는 단축메뉴에서 [추가]-[새 폴더] 메뉴를 선택하여 프로젝트 하위에 'img' 폴더를 생성하고 파일 탐색기에서 사용할 이미지 파일을 복사해 'img' 폴더에 붙여넣기하여 프로젝트에서 사용할 이미지를 저장해 둔다.

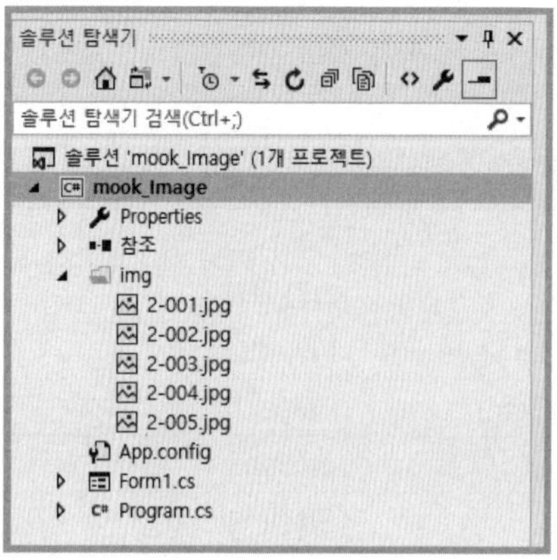

7.2 그림 보기 코드 구현

다음과 같이 멤버 변수를 클래스 내부 상단에 추가한다.

```
int ImgCount = 0;   // 이미지 번호
```

다음의 Form1_Load() 이벤트 핸들러는 폼을 더블클릭하여 생성한 프로시저로, 폼이 시작할 때 ImgList 컨트롤에 설정한 초기 이미지 중 첫 번째 이미지를 picImg 컨트롤에 보여주는 작업을 수행한다.

```
01  private void Form1_Load(object sender, EventArgs e)
02  {
03     this.picImg.Image = (Image)this.ImgList.Images[0];
04     ImgCount = this.ImgList.Images.Count;
05  }
```

3행 picImg.Image 속성에 이미지를 대입하는 문장으로 이미지는 ImgList 컨트롤에 저장된 Images 속성에서 가져와 대입한다. ImgList 컨트롤의 첫 번째 이미지 즉, Images[0]을 이미지 객체로 변환하기 위해 (Image) 키워드를 이용하여 명시적으로 변환하여 대입한다.

4행 ImgList.Images.Count 속성을 이용하여 ImgList 컨트롤에 저장된 이미지의 개수를 ImgCount 멤버 변수에 저장한다.

다음의 btnNext_Click() 이벤트 핸들러는 [다음] 버튼을 더블클릭하여 생성한 프로시저로, [다음] 버튼을 클릭할 때 ImgList 컨트롤에 저장된 다음 순서의 이미지를 picImg 컨트롤에 출력하는 작업을 수행한다.

```
01  private void btnNext_Click(object sender, EventArgs e)
02  {
03     ImgCount--;
04     if (ImgCount < 0)
05        ImgCount = this.ImgList.Images.Count - 1;
06     this.picImg.Image = (Image)this.ImgList.Images[ImgCount];
07  }
```

3행 ImgCount 멤버 변수는 이미지의 전체 수를 나타내기 때문에 1씩 감산하여 6행에서 배열의 인덱스로 사용한다.

4-5행 만약 ImgCount 값이 0보다 작을 때 즉, 나타낼 이미지가 없을 때 다시 이미지의 전체 수를 ImgCount 값에 대입하는 작업을 수행한다.

6행 ImgCount(인덱스) 순서에 해당하는 이미지를 ImgList 컨트롤에서 가져와 picImg 컨트롤에 출력하는 작업을 수행한다.

7.3 그림 보기 예제 실행

다음 그림은 그림 보기 예제를 F5를 눌러 실행한 화면이다. ImgLists 컨트롤에 초기값으로 설정한 다섯 개의 이미지 중 첫 번째와 두 번째 이미지를 확인해 본 것이다.

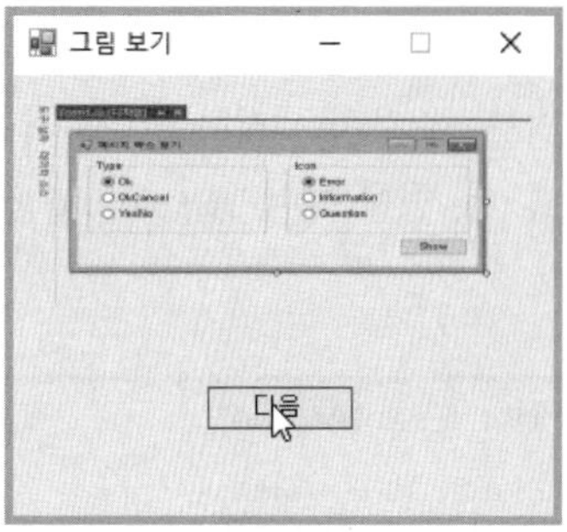

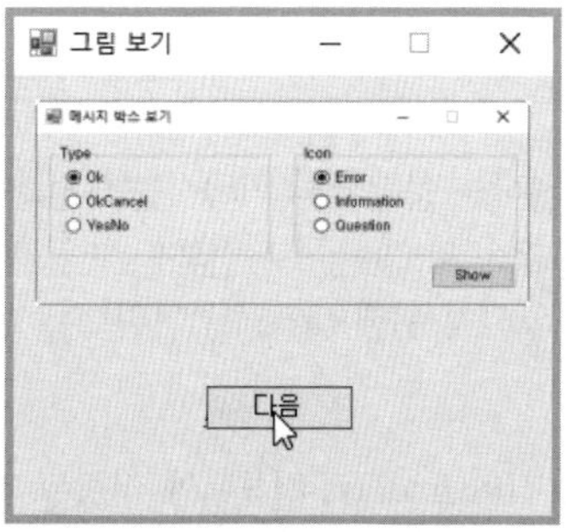

8. 상태 진행

이 절에서 살펴보는 상태 진행 예제는 ProgressBar, Timer, Label, Button 컨트롤을 이용하여 상태 진행을 나타내는 애플리케이션 예제이다.

다음 그림은 상태 진행 애플리케이션을 구현하고 실행한 결과 화면이다.

[결과 미리 보기]

8.1 상태 진행 디자인

프로젝트 이름을 'mook_Progress'로 하여 'C:\CSharpProject\Chap02' 경로에 새 프로젝트를 생성한다. 다음 그림과 같이 윈도우 폼에 필요한 컨트롤을 위치시켜 폼을 디자인하고, 각 컨트롤의 속성값을 설정한다.

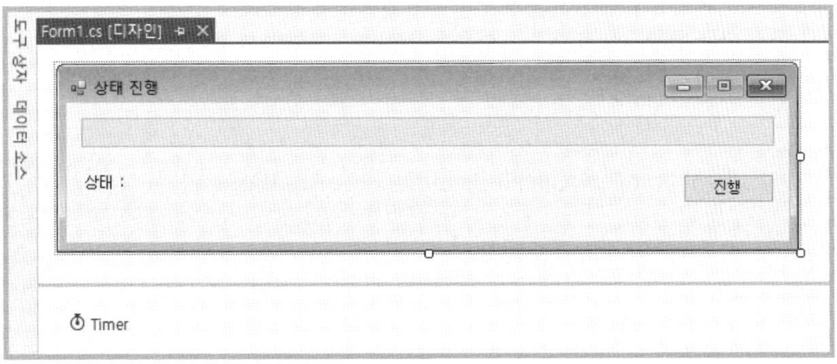

폼 디자인에 사용된 컨트롤의 주요 속성값은 다음과 같다.

폼 컨트롤	속 성	값
Form1	Name	Form1
	Text	상태 진행
	FormBorderStyle	FixedSingle
	MaximizeBox	False
ProgressBar1	Name	pbStatus
Label1	Name	lblStatus
	Text	상태 :
Button1	Name	btnRun
	Text	진행
Timer1	Name	Timer
	Interval	1000

8.2 상태 진행 코드 구현

다음과 같이 멤버 변수를 클래스 내부 상단에 추가한다.

```
int Num = 0;             // 진행 숫자
string OrgStr = "";      // 결과 : 저장
```

다음의 Form1_Load() 이벤트 핸들러는 폼을 더블클릭하여 생성한 프로시저로, 폼이 실행되면 lblStatus 값을 멤버 변수에 저장하는 작업을 수행한다.

```
private void Form1_Load(object sender, EventArgs e)
{
    OrgStr = this.lblStatus.Text;
}
```

다음의 btnRun_Click() 이벤트 핸들러는 [진행] 버튼을 더블클릭하여 생성한 프로시저로, Timer 컨트롤의 Enabled 속성을 true로 설정하면서 활성화하여 pbStatus 컨트롤에 상태 표시 진행을 수행한다.

```
private void btnRun_Click(object sender, EventArgs e)
{
    this.Timer.Enabled = true;
}
```

다음의 Timer_Tick() 이벤트 핸들러는 Timer 컨트롤을 더블클릭하여 생성한 프로시저로, Timer 컨트롤이 활성화되었을 때 Timer 컨트롤의 Interver 속성값에 따라 주기적으로 호출되어 pbStatus 값을 수정하면서 상태 진행을 표시한다.

```
01  private void Timer_Tick(object sender, EventArgs e)
02  {
03      Num++;
04      if (Num > 100)
05      {
06          this.Timer.Enabled = false;
07          return;
08      }
09      this.pbStatus.Value = Num;
10      this.lblStatus.Text = OrgStr + Num.ToString() + "%";
11  }
```

3행 멤버 변수 Num을 1씩 증가시켜 상태 진행에 필요한 값으로 사용한다.

4-8행 Num 값이 100을 초과하면 Timer 컨트롤의 Enabled 속성을 false로 설정하고 return 키워드를 이용하여 이벤트 핸들러 진행을 종료한다.

9행 pbStatus.Value 속성에 3행에서 연산한 멤버 변수 Num 값을 대입하여 상태 진행을 표시한다.

10행 lblStatus 컨트롤에 현재 진행 상태로 수치화하여 나타낸다.

8.3 상태 진행 예제 실행

다음 그림은 상태 진행 예제를 F5를 눌러 실행한 화면이다. [진행] 버튼을 클릭하면 상태 진행이 시작되는 것을 확인할 수 있다.

이 장은 상태 진행 예제 설명을 끝으로 마치고 다음 장에서는 이 장에서 살펴본 윈도우 기본 컨트롤과 함께 더욱 다양한 윈도우 기본 컨트롤을 이용하여 더욱 응용된 애플리케이션을 구현하여 문법 및 애플리케이션 구현 방법에 대해 살펴보도록 한다.

3장에서는 트레이 아이콘, 폼 꾸미기, 트레이 메시지, 프로세스 종료 방지, 보안 스크린 방지 등 다양한 예제에 대해 살펴본다.

CHAPTER 03

윈도우 기본 컨트롤 II

이 장에서는 2장에서 살펴본 기본 윈도우 컨트롤과 애플리케이션을 구현하기 위해 자주 사용되는 기본 윈도우 컨트롤을 추가로 살펴보도록 한다. 실제 많은 윈도우 애플리케이션은 이 책의 2장과 3장에서 살펴보는 윈도우 기본 컨트롤을 필수적으로 사용하여 구현되며, 4장부터의 예제들 또한 2장과 3장에서 살펴보는 윈도우 컨트롤을 다양한 방법으로 활용하여 애플리케이션을 구현한다. 따라서 각 컨트롤의 모든 기능에 대해 자세히 다루지는 않지만, 윈도우 애플리케이션 구현을 위한 기초 활용 개념과 지식을 다루는 2장과 3장의 예제에 대해 완벽히 이해하고 다음 장으로 넘어가기 바란다.

이 장에서 살펴보는 예제는 다음과 같다.

- 트레이 아이콘
- 폼 꾸미기(모달/모달리스)
- 폰트 바꾸기
- 트레이 메시지
- 웹 다운로드
- 프로세스 보기

1. 트레이 아이콘

이 절에서 살펴보는 트레이 아이콘 예제는 NotifyIcon, ContextMenuStrip 컨트롤을 이용하여 구현되며, 윈도우 애플리케이션에서 창을 최소화하거나 숨기기 기능을 실행할 경우 윈도우 화면 오른쪽 아래의 트레이 아이콘으로 내려가는 것을 구현한 예제이다. 이후 2장에서 살펴본 윈도우 기본 컨트롤에 대해서는 언급을 생략한다.

다음 그림은 트레이 아이콘 애플리케이션을 구현하고 실행한 결과 화면이다.

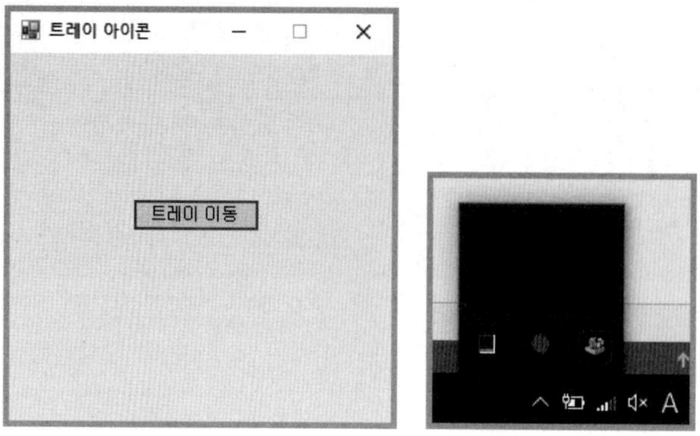

[결과 미리 보기]

1.1 트레이 아이콘 디자인

프로젝트 이름을 'mook_TrayIcon'으로 하여 'C:\CSharpProject\Chap03' 경로에 새 프로젝트를 생성한다. 다음 그림과 같이 윈도우 폼에 필요한 컨트롤을 위치시켜 폼을 디자인하고, 각 컨트롤의 속성값을 설정한다.

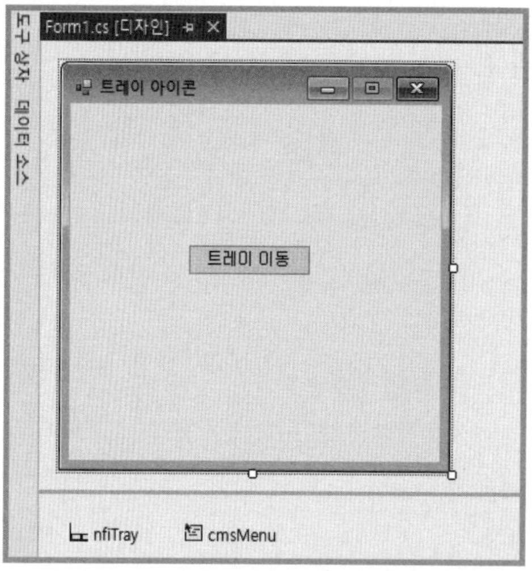

폼 디자인에 사용된 컨트롤의 주요 속성값은 다음과 같다.

폼 컨트롤	속 성	값
Form1	Name	Form1
	Text	트레이 아이콘
	FormBorderStyle	FixedSingle
	MaximizeBox	False

Button1	Name	btnTray
	Text	트레이 이동
NotifyIcon1	Name	nfiTray
	ContextMenuStrip	cmsMenu
	Icon	[설정]
	Text	트레이 아이콘
ContextMenuStrip1	Name	cmsMenu

솔루션 탐색기에서 프로젝트 이름을 마우스 오른쪽 버튼으로 클릭하여 표시되는 단축메뉴에서 [추가]–[새 폴더] 메뉴를 클릭하여 프로젝트 내에 새 폴더를 생성하고, 생성한 폴더의 이름을 'Icon'으로 변경한다. 'Icon' 폴더에는 트레이 아이콘에 사용할 이미지 또는 아이콘 파일을 저장하여 활용한다.

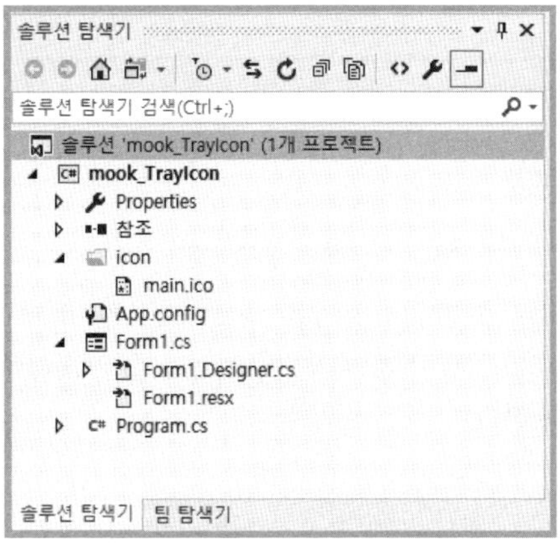

트레이 아이콘을 위한 이미지 파일 설정은 nfiTray 컨트롤을 선택하고 속성 목록 창에서 [Icon] 항목의 ...(컬렉션) 버튼을 클릭하여 아이콘 파일을 설정한다.

애플리케이션의 실행 상태에서 트레이 아이콘을 선택했을 때 표시할 팝업 메뉴를 만들기 위해서 cmsMenu 컨트롤을 선택하고 다음 그림과 같이 메뉴 이름을 직접 입력하여 메뉴를 설정한다.

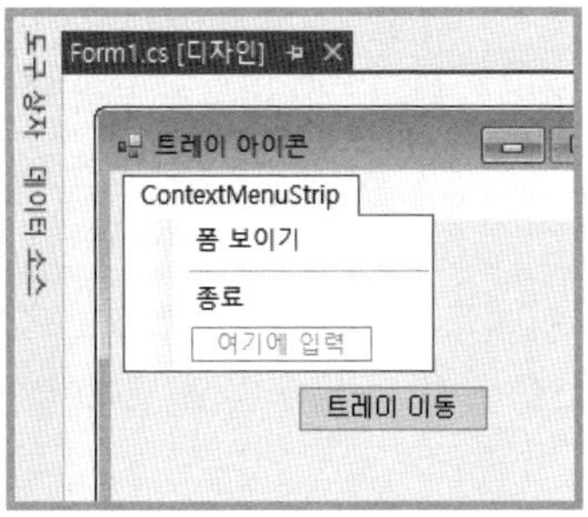

1.2 트레이 아이콘 코드 구현

다음의 VisibleChange() 메서드는 폼 화면을 감추거나 보일 때 그리고 트레이 아이콘을 감추거나 보일 때 사용한다. bool 타입의 매개 변수를 받아 폼과 트레이 아이콘 컨트롤의 Visible 속성을 true 또는 false로 설정한다.

```
private void VisibleChange(bool FormVisible, bool TrayIconVisible)
{
    this.Visible = FormVisible;                // 폼의 Visible 속성 변경
    this.nfiTray.Visible = TrayIconVisible;  // 트레이 아이콘 컨트롤의 Visible 속성 변경
}
```

다음의 btnTray_Click() 이벤트 핸들러는 [트레이 이동] 버튼을 더블클릭하여 생성한 프로시저로, 폼을 숨기고 트레이 아이콘을 보이게 하는 작업을 수행한다.

```
01  private void btnTray_Click(object sender, EventArgs e)
02  {
03      VisibleChange(false, true);
04  }
```

3행 VisibleChange() 메서드를 호출하는 작업을 수행하며, 첫 번째 매개변수에 false를 전달하여 폼을 숨기고, 두 번째 매개변수에 true를 전달하여 트레이 아이콘을 보이는 작업을 수행한다.

다음의 Form1_FormClosing() 이벤트 핸들러는 폼을 선택하고 이벤트 목록 창에서 [FormClosing] 항목을 더블클릭하여 생성한 프로시저로, 폼에서 ×(닫기) 버튼을 눌렀을 때 폼을 숨기고 트레이 아이콘을 보이는 작업을 수행한다.

```
01  private void Form1_FormClosing(object sender, FormClosingEventArgs e)
02  {
03      e.Cancel = true;
04      VisibleChange(false, true);
05  }
```

3행 e.Cancel 속성에 true를 대입하여 폼에서 ×(닫기) 버튼을 눌러도 폼이 종료되지 않도록 한다.

다음의 폼보이기ToolStripMenuItem_Click() 이벤트 핸들러는 cmsMenu 컨트롤의 [폼 보이기] 메뉴를 더블클릭하여 생성한 프로시저로, 폼을 보이게 하고 트레이 아이콘을 감추는 작업을 수행한다.

```
private void 폼보이기ToolStripMenuItem_Click(object sender, EventArgs e)
{
    VisibleChange(true, false);
}
```

다음의 nfiTray_DoubleClick() 이벤트 핸들러는 nfiTray 컨트롤을 선택하고 이벤트 목록 창에서 [DoubleClick] 항목을 더블클릭하여 생성한 프로시저로, (트레이 아이콘)을 더블클릭하였을 때 폼을 보이게 하고 트레이 아이콘을 감추는 작업을 수행한다.

```
private void nfiTray_DoubleClick(object sender, EventArgs e)
{
    VisibleChange(true, false);
}
```

다음의 종료ToolStripMenuItem_Click() 이벤트 핸들러는 cmsMenu 컨트롤의 [종료] 메뉴를 더블클릭하여 생성한 프로시저로, 애플리케이션을 종료하는 작업을 수행한다.

```
01    private void 종료ToolStripMenuItem_Click(object sender, EventArgs e)
02    {
03        this.nfiTray.Visible = false;
04        Application.ExitThread();
05    }
```

4행 Application.ExitThread() 메서드를 이용하여 애플리케이션의 윈도우 창을 닫고, 애플리케이션을 실행하는 스레드를 종료하여 애플리케이션을 완전히 종료하는 작업을 수행한다.

1.3 트레이 아이콘 예제 실행

다음 그림은 트레이 아이콘 예제를 F5를 눌러 실행한 화면이다. [트레이 이동] 버튼을 클릭하여 트레이 아이콘을 나타내고, 애플리케이션의 트레이 아이콘을 마우스 오른쪽 버튼으로 클릭하여 메뉴를 확인한다.

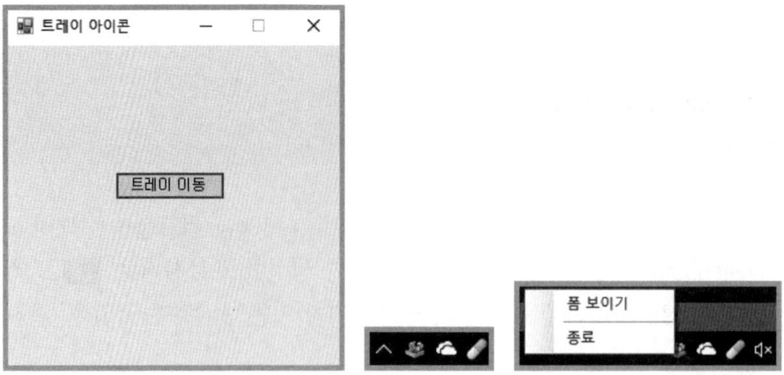

2. 폼 꾸미기

이 절에서 살펴보는 폼 꾸미기 애플리케이션 예제는 모달과 모달리스의 차이점에 대해 살펴보고, 다른 폼을 호출하는 방법과 폼이 호출될 때 폼을 꾸미는 방법에 대해 살펴보도록 한다.

다음 그림은 폼 꾸미기 애플리케이션을 구현하고 실행한 결과 화면이다.

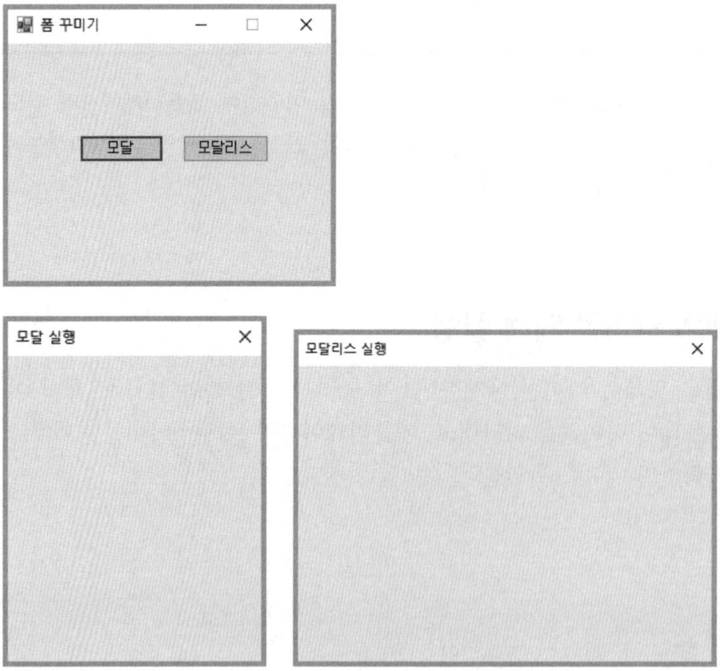

(서서히 보이기) (커지면서 보이기)

[결과 미리 보기]

2.1 폼 꾸미기(Form1) 디자인

프로젝트 이름을 'mook_FormView'로 하여 'C:\CSharpProject\Chap03' 경로에 새 프로젝트를 생성한다. 다음 그림과 같이 윈도우 폼에 필요한 컨트롤을 위치시켜 폼을 디자인하고, 각 컨트롤의 속성값을 설정한다.

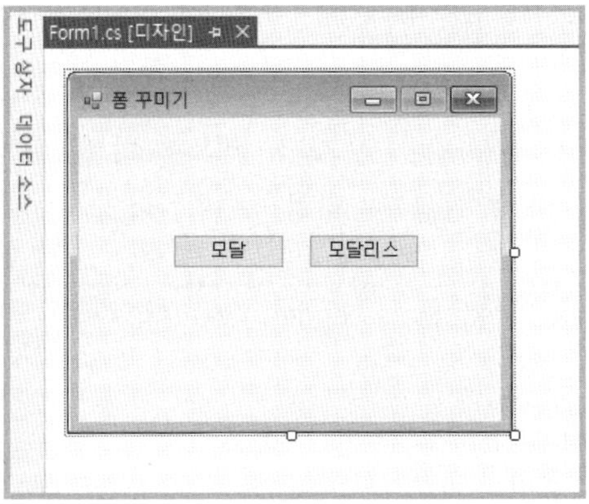

폼 디자인에 사용된 컨트롤의 주요 속성값은 다음과 같다.

폼 컨트롤	속 성	값
Form1	Name	Form1
	Text	폼 꾸미기
	FormBorderStyle	FixedSingle
	MaximizeBox	False
Button1	Name	btnModal
	Text	모달
Button2	Name	btnModaless
	Text	모달리스

2.2 폼 꾸미기(Form1.cs) 코드 구현

다음의 btnModal_Click() 이벤트 핸들러는 [모달] 버튼을 더블클릭하여 생성한 프로시저로, 뒤에서 구현할 Form2를 모달 옵션으로 실행하는 작업을 수행한다.

```
private void btnModal_Click(object sender, EventArgs e)
{
    Form2 frm2 = new Form2();
    frm2.SetText = this.btnModal.Text + " 실행";
    frm2.ShowDialog();    // 모달 옵션으로 폼을 실행
}
```

4행 SetText 속성은 3행에서 생성한 Form2의 개체 frm2에 set 접근자를 이용하여 Form1의 데이터를 전송해 폼의 제목을 설정한다.

5행 ShowDialog() 메서드를 이용하여 Form2의 개체인 frm2를 모달 폼으로 실행하는 작업을 수행한다. 모달 폼은 첫 번째 폼인 Form1에서 두 번째 폼인 frm2가 실행되면 frm2가 닫힐 때까지 포커스가 Form2에 있어 Form1에 접근할 수 없다. 반면 모달리스 폼은 모달 폼과 달리 두 개의 폼에서 마음대로 포커스를 이동할 수 있다.

다음의 btnModaless_Click() 이벤트 핸들러는 [모달리스] 버튼을 더블클릭하여 생성한 프로시저로, Form3을 모달리스 옵션으로 실행하는 작업을 수행한다.

```
01  private void btnModaless_Click(object sender, EventArgs e)
02  {
03      Form3 frm3 = new Form3();
04      frm3.SetText = this.btnModaless.Text + " 실행";
05      frm3.Show();    // 모달리스 옵션으로 폼 실행
06  }
```

4행 SetText 속성은 3행에서 생성한 Form3의 개체 frm3에 set 접근자를 이용하여 Form1에서 데이터를 전송해 폼의 제목을 설정한다.

5행 Show() 메서드는 3행에서 생성한 Form3의 개체 frm3을 모달리스 폼으로 실행하는 작업을 수행한다. 모달리스 폼은 모달 폼과 다르게 Form3가 실행되더라도 Form1에 접근이 가능하다.

2.3 모달 폼(Form2) 디자인

솔루션 탐색기에서 프로젝트 이름을 마우스 오른쪽 버튼으로 클릭하여 표시되는 단축 메뉴에서 [추가]-[Windows Form] 메뉴를 선택하여 'Form2.cs'를 생성한다. 다음 그림과 같이 생성된 윈도우 폼에 필요한 컨트롤을 위치시켜 폼을 디자인하고, 각 컨트롤의 속성값을 설정한다.

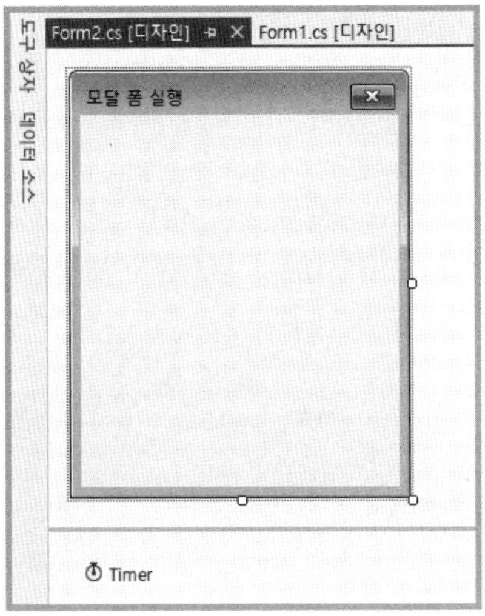

폼 디자인에 사용된 컨트롤의 주요 속성값은 다음과 같다.

폼 컨트롤	속 성	값
Form2	Name	Form2
	Text	모달 폼 실행
	FormBorderStyle	FixedSingle
	MaximizeBox	False
	MinimizeBox	False
	Opacity	0%
	ShowIcon	False
	ShowInTaskbar	False
	StartPosition	CenterParent
Timer1	Name	Timer
	Interval	10

2.4 모달 폼(Form2.cs) 코드 구현

다음과 같이 멤버 변수 및 접근자를 클래스 내부 상단에 추가한다.

```
private double o = 0.0;          // 폼 Opacity 값 설정

public string SetText            // 다른 클래스에서 접근
{
    set { this.Text = value; }  // Form1에서 접근하여 [Text] 속성 변경
}
```

3-6행 set 접근자로 다른 클래스에서 현재 클래스 내부의 개체 및 변수에 안전하게 접근하기 위해 사용된다. 값의 설정은 set 접근자를 사용하며, 다른 클래스에서 값을 가져갈 때 즉, 다른 클래스로 값을 줄 때는 get 접근자를 사용한다.

다음의 Form2_Load() 이벤트 핸들러는 Form2를 더블클릭하여 생성한 프로시저로, Timer 컨트롤의 Enabled 속성값을 true 설정하여 Timer 컨트롤을 활성화하는 작업을 수행한다.

```
private void Form2_Load(object sender, EventArgs e)
{
   this.Timer.Enabled = true;      // Timer 컨트롤 활성화
}
```

다음의 Timer_Tick() 이벤트 핸들러는 Form2의 Timer 컨트롤을 더블클릭하여 생성한 프로시저로, 폼이 호출되어 Timer 컨트롤이 활성화되면, 주기적(10밀리 초; Interval 속성의 값 10)으로 폼의 투명도를 결정하는 Opacity 속성값을 변경하여 폼이 서서히 나타나도록 하는 작업을 수행한다.

```
01   private void Timer_Tick(object sender, EventArgs e)
02   {
03      if (o < 100.0)
04      {
05         o = o + 3.6;
06         float c = Convert.ToSingle(o);
07         float f = c / 100;
08         this.Opacity = f;
09      }
10      else
11      {
12         this.Opacity = Convert.ToSingle(100 / 100);
13         o = 0.0;
14         this.Timer.Enabled = false;
15      }
16   }
```

3-9행 Timer 컨트롤이 주기적으로 호출될 때마다 멤버 변수 o의 값이 100.0이 되지 않을 때 멤버 변수 o의 값을 3.6씩 증가시켜 폼의 Opacity 속성값을 설정하는 작업을 수행한다. 이는 폼의 투명도를 변경하는 작업으로 0%였을 때는 폼이 완전히 투명하게 되어 보이지 않으며, 100%가 되면 폼이 완전히 불투명하게 보인다.

10-15행 멤버 변수 o의 값이 100일 때 폼의 투명도를 정상적으로 불투명하게 만들고 Timer 컨트롤을 비활성화하여 Timer의 이벤트 핸들러 호출을 중단한다.

2.5 모달리스 폼(Form3) 디자인

솔루션 탐색기에서 프로젝트 이름을 마우스 오른쪽 버튼으로 클릭하여 표시되는 단축 메뉴에서 [추가]-[Windows Form] 메뉴를 선택하여 'Form3.cs'를 생성한다. 다음 그림과 같이 생성된 윈도우 폼에 필요한 컨트롤을 위치시켜 폼을 디자인하고, 각 컨트롤의 속성값을 설정한다.

⇨

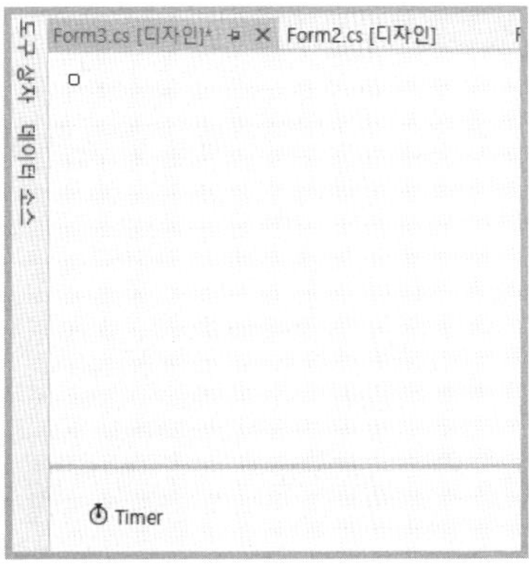

폼 디자인에 사용된 컨트롤의 주요 속성값은 다음과 같다.

폼 컨트롤	속 성	값
Form3	Name	Form3
	Text	모달리스 폼 실행
	FormBorderStyle	FixedSingle
	MaximizeBox	False
	MinimizeBox	False
	Opacity	0%
	Size	0, 0
	ShowIcon	False
	ShowInTaskbar	False
	StartPosition	CenterParent
Timer1	Name	Timer
	Interval	10

폼이 점점 커지면서 보이는 기능을 구현하기 위해서 Form3의 Size 속성을 '0, 0'으로 설정하여 폼을 디자인할 때 폼이 보이지 않는다.

2.6 모달리스 폼(Form3.cs) 코드 구현

다음과 같이 set 접근자를 클래스 내부 상단에 추가한다.

```
public string SetText           // 다른 클래스에서 접근
{
   set { this.Text = value; } // Form1에서 접근하여 Text 속성 변경
}
```

다음의 Form3_Load() 이벤트 핸들러는 Form3을 더블클릭하여 생성한 프로시저로, Timer 컨트롤을 활성화시키고, 폼의 투명도를 나타내는 Opacity 속성의 값을 100%로 설정한다.

```
private void Form3_Load(object sender, EventArgs e)
{
   this.Timer.Enabled = true;                          // Timer 컨트롤 활성화
   this.Opacity = Convert.ToSingle(100 / 100);   // 폼 Opacity 값을 100%로 설정
}
```

다음의 Timer_Tick() 이벤트 핸들러는 Form3의 Timer 컨트롤을 더블클릭하여 생성한 프로시저로, 주기적으로 호출되어 폼의 크기를 변경하며 폼을 보이게 하는 작업을 수행한다.

```
01   private void Timer_Tick(object sender, EventArgs e)
02   {
03      if (this.Size.Width > 300 && this.Size.Height > 300)
04      {
05         this.Timer.Enabled = false;
06      }
07      else
08      {
09         this.Size += new Size(10, 10);     // 폼 사이즈 변경
10      }
11   }
```

3-6행 Form3의 사이즈가 (300, 300)보다 커지면 Timer 컨트롤의 Enabled 속성값을 false로 설정하여 폼의 크기가 더는 증가되지 않도록 한다.

9행 "+=" 증가 연산자를 이용하여 폼의 크기를 결정하는 Size 속성의 값을 가로/세로 10픽셀씩 증가시킨다.

2.7 폼 꾸미기 예제 실행

다음 그림은 폼 꾸미기 예제를 F5를 눌러 실행한 화면이다. [모달] 버튼과 [모달리스] 버튼을 각각 클릭하여 폼이 나타나는 것을 확인한다. 모달 폼은 폼 전체가 서서히 나타나는 효과가 있고, 모달리스 폼은 폼의 사이즈 커지면서 나타나는 효과를 확인할 수 있다.

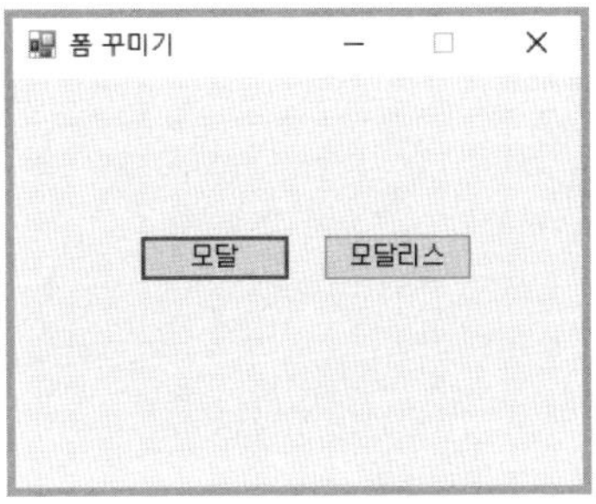

3. 폰트 꾸미기

이 절에서 살펴보는 폰트 꾸미기 애플리케이션 예제는 ToolStrip, FontDialog, ColorDialog 컨트롤을 이용하여 입력된 문자열의 폰트를 꾸미는 예제로, 윈도우에서 제공하는 [색]과 [글꼴] 대화상자를 이용한다.

다음 그림은 폰트 꾸미기 애플리케이션을 구현하고 실행한 결과 화면이다.

[결과 미리 보기]

3.1 폰트 꾸미기 디자인

프로젝트 이름을 'mook_FontControl'로 하여 'C:\CSharpProject\Chap03' 경로에 새 프로젝트를 생성한다. 다음 그림과 같이 윈도우 폼에 필요한 컨트롤을 위치시켜 폼을 디자인하고, 각 컨트롤의 속성값을 설정한다.

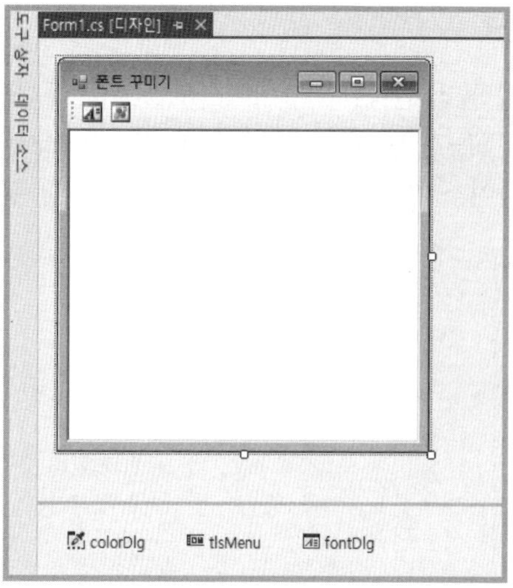

폼 디자인에 사용된 컨트롤의 주요 속성값은 다음과 같다.

폼 컨트롤	속 성	값
Form1	Name	Form1
	Text	폰트 꾸미기
ToolStrip1	Name	tlsMenu
FontDialog1	Name	fontDlg
ColorDialog1	Name	colorDlg
RichTextBox1	Name	rtbText
	Dock	Fill

폼의 툴바 영역에 아이콘 메뉴를 추가하기 위해서는 tlsMenu 컨트롤을 선택하고 속성 목록 창에서 [Items] 항목의 ...(컬렉션) 버튼을 클릭하여 [항목 컬렉션 편집기] 대화상자를 연다.

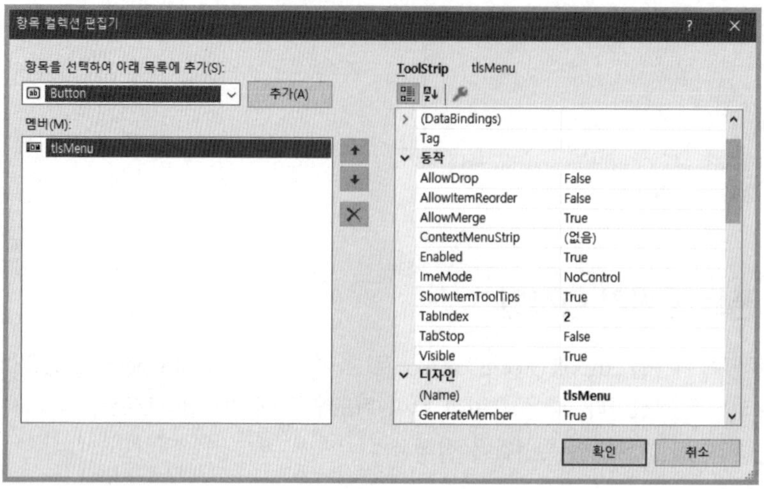

항목 컬렉션 편집기 창의 왼쪽 위의 목록 상자에서 [Button]을 선택하고 [추가] 버튼을 클릭하여 tlsMenu 컨트롤에 멤버를 추가한다. 두 개의 ToolStripButton을 추가하고 다음과 같이 각 ToolStripButton의 속성을 설정한다. 각 ToolStripButton의 이미지 설정은 TIP "ToolStripButton의 이미지 설정 방법"을 참고하여 설정한다.

폼 컨트롤	속 성	값
ToolStripButton1	Name	tsbtnFont
	DisplayStyle	Image
	Image	[설정]
ToolStripButton2	Name	tsbtnColor
	DisplayStyle	Image
	Image	[설정]

TIP

ToolStripButton의 이미지 설정 방법

이미지를 설정할 ToolStripButton 컨트롤을 선택한 후 [항목 컬렉션 편집기] 대화상자 내부의 속성 목록에서 Image속성의 [...] 버튼을 클릭한다.

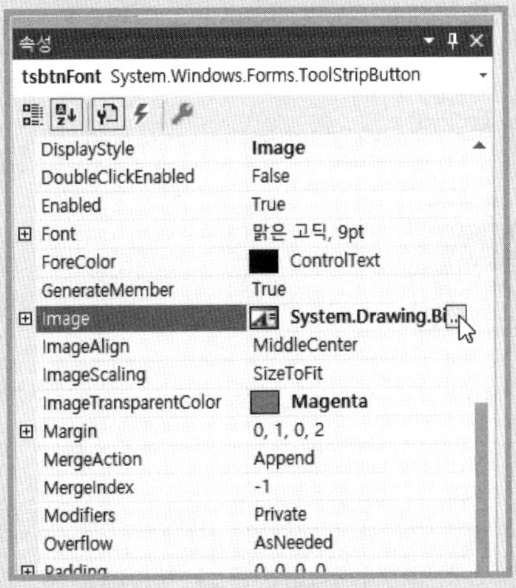

다음과 같이 [리소스 선택] 대화상자가 나타나면 [리소스 컨텍스트] 설정의 [로컬 리소스] 옵션을 선택하고, [가져오기] 버튼을 눌러 이미지를 선택한다.

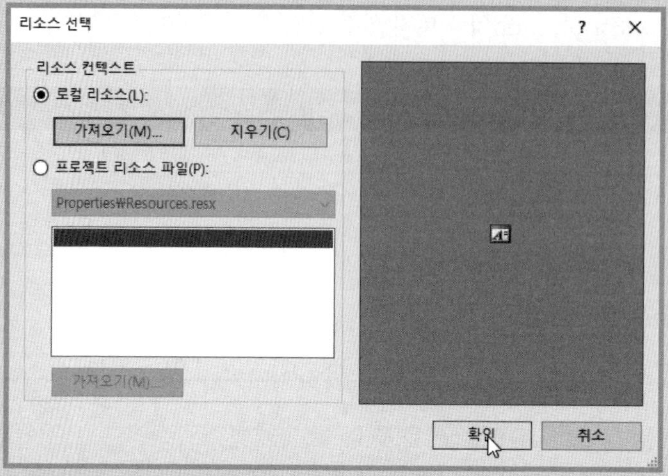

[리소스 선택] 대화상자에서 로컬 리소스와 프로젝트 리소스는 모두 이미지 파일을 여는 작업을 통해 아이콘 버튼에 이미지를 나타내는데, 로컬 리소스는 이미지 파일을 가져와 다른 형태가 아닌 이미지 리소스 형태로 사용되는 것이고, 프로젝트 리소스는 이미지 파일을 가져와 리소스 파일(.resx) 형태로 프로젝트에 추가되어 VS2017에서 리소스를 편집할 수 있도록 편집 기능을 제공한다.

두 개의 버튼이 추가된 tlsMenu 컨트롤의 모습은 다음 그림과 같다.

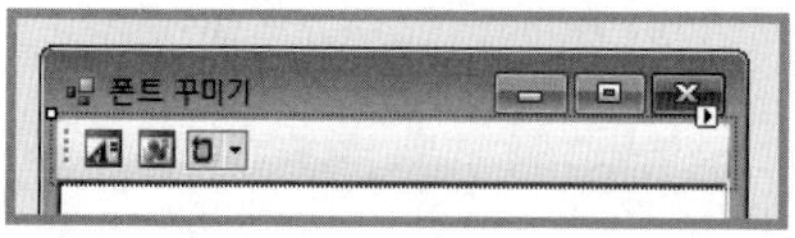

3.2 폰트 꾸미기 코드 구현

다음의 tsbtnFont_Click() 이벤트 핸들러는 tsbtnFont 버튼을 더블클릭하여 생성한 프로시저로, rtbText 컨트롤 내에서 드래그하여 선택된 문자열에 대해 폰트를 바꾸는 작업을 수행한다.

```
private void tsbtnFont_Click(object sender, EventArgs e)
{
    if (this.fontDlg.ShowDialog() == DialogResult.OK)
    {
        this.rtbText.SelectionFont = this.fontDlg.Font;
    }
}
```

3행 fontDlg.ShowDialog() 메서드를 이용하여 [글꼴] 대화상자를 연다. [글꼴] 대화상자에서 설정할 글꼴을 선택하고 [확인] 버튼을 클릭하면 4~6행이 수행된다.

5행 RichTextBox 개체인 rtbText 컨트롤의 rtbText.SelectionFont 속성에 fontDlg.Font 속성값을 대입하여 rtbText 컨트롤 내에 선택된 부분의 글꼴을 변경하는 작업을 수행한다.

다음의 tsbtnColor_Click() 이벤트 핸들러는 tsbtnColor 버튼을 더블클릭하여 생성한 프로시저로, rtbText 컨트롤 내에서 드래그하여 선택된 문자열에 대해 색상을 바꾸는 작업을 수행한다. 이는 [색] 대화상자를 호출하여 선택된 색상으로 rtbText 컨트롤 내에 선택된 문자열의 색상을 변경하는 작업을 수행한다.

```
private void tsbtnColor_Click(object sender, EventArgs e)
{
    if (this.colorDlg.ShowDialog() == DialogResult.OK)
    {
        this.rtbText.SelectionColor = this.colorDlg.Color;
    }
}
```

3.3 폰트 꾸미기 예제 실행

다음 그림은 폰트 꾸미기 예제를 F5를 눌러 실행한 화면이다. 임의의 텍스트를 입력하고, 입력된 텍스트의 일부를 마우스 드래그로 선택한 뒤에 글꼴과 색을 적용해 본다.

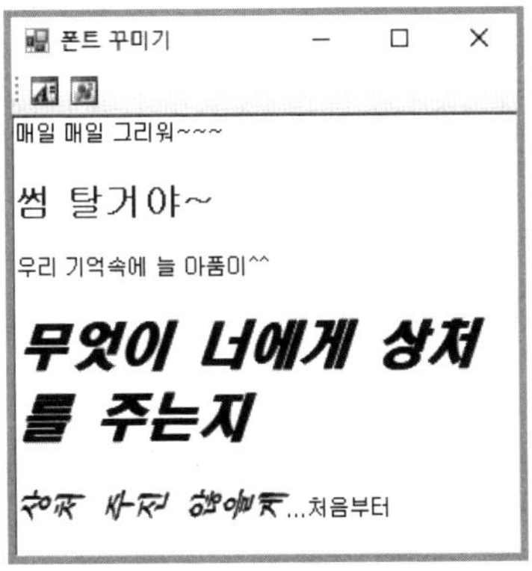

4. 트레이 메시지

이 절에서 살펴보는 트레이 메시지는 지금까지 알아본 Timer, TextBox, Button 등의 윈도우 기본 컨트롤을 이용하여 메신저나 바이러스 백신 등의 애플리케이션에서 알림 메시지 창으로 자주 사용되는 기능을 구현한 예제로, 다양한 애플리케이션에서 자주 사용되는 기능이다.

다음 그림은 트레이 메시지 애플리케이션을 구현하고 실행한 결과 화면이다.

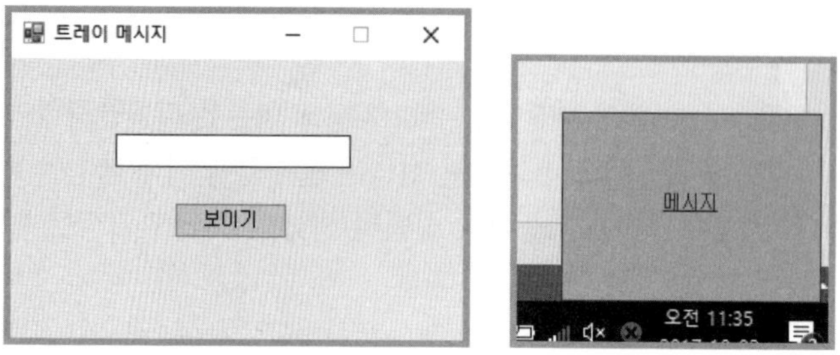

[결과 미리 보기]

4.1 트레이 메시지(Form1) 디자인

프로젝트 이름을 'mook_TrayMsg'로 하여 'C:\CSharpProject\Chap03' 경로에 새 프로젝트를 생성한다. 다음 그림과 같이 윈도우 폼에 필요한 컨트롤을 위치시켜 폼을 디자인하고, 각 컨트롤의 속성값을 설정한다.

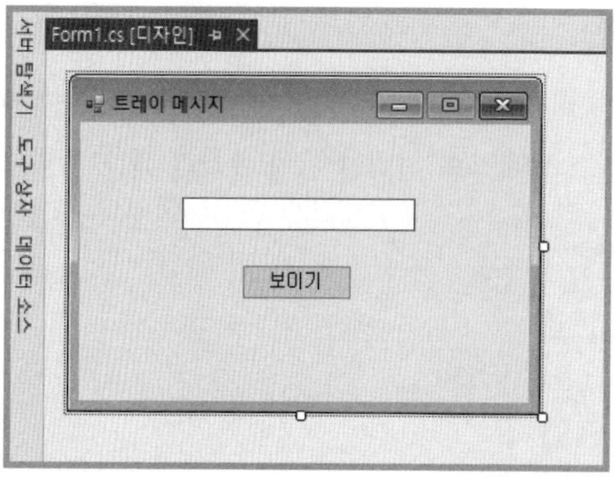

폼 디자인에 사용된 컨트롤의 주요 속성값은 다음과 같다.

폼 컨트롤	속 성	값
Form1	Name	Form1
	Text	트레이 메시지
	FormBorderStyle	FixedSingle
	MaximizeBox	False
TextBox1	Name	txtMsg
Button1	Name	btnMsg
	Text	보이기

4.2 트레이 메시지(Form1.cs) 코드 구현

다음의 btnMsg_Click() 이벤트 핸들러는 [보이기] 버튼을 더블클릭하여 생성한 프로시저로, Form2를 호출하여 트레이 메시지를 보이게 하는 작업을 수행한다.

```
01  private void btnMsg_Click(object sender, EventArgs e)
02  {
03      Form2 frm2 = new Form2();
04      frm2.MsgText = this.txtMsg.Text;
05      frm2.ShowDialog();
06  }
```

3행　　Form2의 개체 frm2를 생성한다.

4행　　Form2에 정의된 MsgText의 set 접근자에 텍스트를 대입하는 문장으로 Form1의 txtMsg 컨트롤에 입력된 문자열을 Form2의 개체인 frm2에 전달하여 입력하는 작업을 수행한다.

4.3 트레이 메시지(Form2) 디자인

솔루션 탐색기에서 프로젝트 이름을 마우스 오른쪽 버튼으로 클릭하여 표시되는 단축메뉴에서 [추가]-[Windows Form] 메뉴를 클릭하여 'Form2.cs'를 추가하고, 다음 그림과 같이 윈도우 폼에 필요한 컨트롤을 위치시켜 폼을 디자인하고, 각 컨트롤의 속성값을 설정한다.

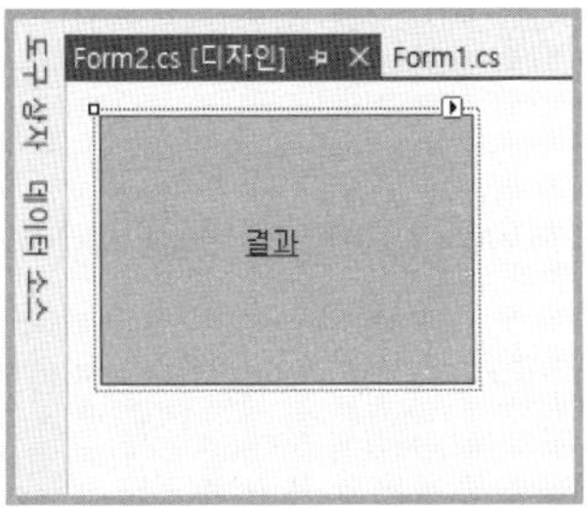

폼 디자인에 사용된 컨트롤의 주요 속성값은 다음과 같다.

폼 컨트롤	속 성	값
Form2	Name	Form2
	Text	메시지 창
	FormBorderStyle	None
	ShowIcon	False
	ShowInTaskbar	False
	Size	170, 120
	TopMost	True

Panel1	Name	plBack
	BackColor	LightBlue
	BorderStyle	FixedSingle
	Dock	Fill
LinkLable1	Name	lblResult
	Text	결과
	TextAligh	MiddleCenter

4.4 트레이 메시지(Form2.cs) 코드 구현

다음과 같이 using 키워드를 이용하여 Timer를 사용하기 위한 네임스페이스를 추가한다.

```
using System.Timers;        // Timer 클래스 사용
```

다음과 같이 TimerEvent 개체를 클래스 내부 상단에 추가한다.

```
private static System.Timers.Timer TimerEvent;    // Timer 개체 생성
```

다음과 같이 Form2의 생성자 메서드인 Form2() 메서드를 안에 폼의 위치와 사이즈를 설정하기 위한 코드를 추가한다. 메시지 창의 위치와 크기 설정은 폼이 그려지기 전에 설정하기 위해 InitializeComponent() 메소드 호출보다 앞서 이루어져야 한다.

```
01  public Form2()
02  {
03      // 폼의 가로 위치 계산
04      int x = Screen.PrimaryScreen.WorkingArea.Width - this.Width - 20;
05      // 폼의 세로 위치 계산
06      int y = Screen.PrimaryScreen.WorkingArea.Height - this.Height;
07      DesktopLocation = new Point(x, y);    // 폼의 위치 설정
08      this.Size = new Size(170, 0);         // 폼의 크기 설정
09      InitializeComponent();
10  }
```

4, 6행 Screen.PrimaryScreen.WorkingArea.Width와 Sreen.PrimaryScreen.WorkingArea.Height 속성을 이용하여 화면의 가로와 세로 크기를 가져와 메시지 창의 가로와 세로 위치를 설정하기 위한 값을 계산하는 작업을 수행한다.

7행 4행과 6행에서 계산된 메시지 창의 가로/세로 위치값을 DesktopLocation 키워드를 이용하여 설정하는 작업을 수행한다.

8행 새로운 Size 개체를 생성하여 Size 속성에 전달하면서 메시지 창의 크기를 지정한다.

다음과 같이 Form1에서 입력받은 문자열 값을 lblResult 컨트롤에 반영하기 위한 set 접근자를 클래스 상단에 추가한다.

```
01  public string MsgText
02  {
03     set
04     {
05        this.lblResult.Text = value;
06     }
07  }
```

5행 Form1에서 입력된 텍스트 문자열을 set 접근자를 통해 전달받아 lblResult 컨트롤에 나타내는 작업을 수행한다.

다음과 같이 안전한 이벤트 처리를 위한 델리게이트 선언을 클래스 내부 상단에 추가한다.

```
private delegate void OnDelegateHeight(int Flag);    // 델리게이트 선언
private OnDelegateHeight OnHeight = null;            // 델리게이트 개체 생성
```

TIP

델리게이트(Delegate)

대리자는 특정 매개 변수 목록 및 반환 형식이 있는 메서드에 대한 참조를 나타내는 형식이다. 대리자를 개체화하면 호환되는 시그니처와 반환 형식을 가진 모든 메서드를 대리자 개체에 연결하여 대리자 개체를 통해 메서드를 호출할 수 있다.

대리자는 메서드를 다른 메서드에 인수로 전달하는 데 사용된다. 이벤트 처리기는 대리자를 통해 호출되는 메서드라고 할 수 있다. 사용자 지정 메서드를 만들면 Windows 컨트롤 같은 클래스가 특정 이벤트가 발생했을 때 해당 메서드를 호출할 수 있다.

다음 코드는 대리자 선언을 보여주는 기본 선언 문장이다.

```
public delegate int OnDelegateTest(int x, int y);
```

다음 코드는 대리자 개체를 생성하고 초기화하는 문장이다.

```
public OnDelegateTest OnTest = new OnDelegateTest(TestMethod);

public void TestMethod(int x, int y)
{
   ... 코드 구현 ...
}
```

액세스 가능한 클래스 또는 대리자 형식과 일치하는 구조의 모든 메서드는 대리자에 할당할 수 있다. 메서드는 정적 메서드이거나 개체화된 메서드일 수 있다. 메서드를 대리자에 할당하면 프로그래밍 방식으로 메서드 호출을 변경하고 기존 클래스에 새 코드를 삽입할 수 있다.

이와 같이 대리자에서는 메서드를 매개 변수로 취급할 수 있으므로 대리자는 콜백(callback) 메서드 정의에 이상적이다. 예를 들어 두 개체를 비교하는 메서드에 대한 참조를 정렬 알고리즘에 인수로 전달할 수 있다. 비교 코드는 별도의 절차이기 때문에 정렬 알고리즘을 보다 일반적인 방식으로 작성할 수 있다.

대리자에는 다음과 같은 특징이 있다.

- 대리자는 C++의 함수 포인터와 유사하지만, 형식이 안전하다.
- 대리자를 통해 메서드를 매개 변수로 전달할 수 있다.
- 대리자를 사용하여 콜백 메서드를 정의할 수 있다.
- 여러 대리자를 연결할 수 있다.

다음의 Form2_Load() 이벤트 핸들러는 폼을 더블클릭하여 생성한 프로시저로, 폼이 로드될 때 발생하는 이벤트를 수행하는 작업을 수행한다.

```
01  private void Form2_Load(object sender, EventArgs e)
02  {
03      OnHeight = new OnDelegateHeight(MsgView);
04      this.Size = new System.Drawing.Size(170, 0);
05      this.Location = new System.Drawing.Point(
06          Screen.PrimaryScreen.WorkingArea.Width - this.Width - 20,
07          Screen.PrimaryScreen.WorkingArea.Height - this.Height);
08      TimerEvent = new System.Timers.Timer(2);
09      TimerEvent.Elapsed += new ElapsedEventHandler(OnPopUp);
10      TimerEvent.Start();
11  }
```

3행 OnDelegateHeight 델리게이트를 초기화하는 문장으로 MsgView 메서드를 대입하여 초기화한다.

4행 메시지 알림 창이 처음에는 보이지 않아야 하기 때문에 폼의 세로 크기를 0으로 하여 폼의 크기를 조절하는 작업을 수행한다.

5-7행 폼의 Location 속성을 설정하는 작업을 수행한다. 가로 위치는 Screen.PrimaryScreen.WorkingArea.Width 속성값에서 현재 폼의 가로 길이와 20픽셀을 감산하여 계산하고, 세로 위치는 Screen.PrimaryScreen.WorkingArea.Height 속성값에서 현재 폼의 세로 길이를 감산해서 폼의 위치를 설정한다.

8행 new 키워드를 이용하여 Timer 개체인 TimerEvent를 초기화하는데 Interval 속성을 2밀리 초로 설정한다.

9행 TimerEvent 컨트롤의 Elapsed 이벤트에 이벤트 핸들러를 등록한다. OnPopUp 이벤트 핸들러는 폼을 서서히 올리는 작업을 수행한다.

10행 Start() 메서드를 이용하여 TimerEvent 컨트롤을 2밀리 초마다 실행하는 작업을 수행한다.

TIP

이벤트

클래스나 개체에서는 특정 상황이 발생할 때 이벤트를 통해 다른 클래스나 개체에 이를 알려줄 수 있다. Delegate 또한 특정 상황에서 Invoke 문을 이용하여 알려주는 기능과 유사하지만, 기능적으로 다르게 구현되므로 비교하면서 살펴보도록 한다.

이벤트를 보내거나 발생시키는 클래스를 게시자라고 하며 이벤트를 받거나 처리하는 클래스를 구독자라고 한다. 일반적인 C# Windows Forms 또는 응용 프로그램에서는 버튼 또는 목록 상자와 같은 컨트롤에서 발생하는 이벤트를 구독자라 한다.

Visual C# IDE(통합 개발 환경)를 사용하여 컨트롤이 게시하는 이벤트를 찾고 처리할 이벤트 처리기(Event Handler)를 선택할 수 있다. IDE에서는 빈 이벤트 처리기 메서드와 이벤트를 구독할 수 있는 코드를 자동으로 추가한다.

이벤트에는 다음과 같은 특징이 있다.

- 게시자는 이벤트가 발생하는 시기를 결정하고 구독자는 이벤트에 대한 응답으로 수행되는 동작을 결정한다.
- 한 이벤트에 여러 개의 구독자가 있을 수 있다. 구독자는 여러 게시자의 이벤트를 여러 가지 처리할 수 있다.
- 구독자가 없는 이벤트는 발생하지 않는다.
- 이벤트는 일반적으로 그래픽 사용자 인터페이스에서 버튼을 클릭하거나 메뉴를 선택하는 것과 같은 사용자의 동작을 알리는 데 사용된다.
- 이벤트에 여러 구독자가 있으면 해당 이벤트가 발생할 때 여러 이벤트 처리기가 동기적으로 호출된다.
- 이벤트 등록은 (개체 += 이벤트), 이벤트 삭제는 (개체 -= 이벤트)

다음의 MsgView() 메서드는 Delegate에 의해 처리되는 메서드로 Flag 인자값에 따라 폼을 올리거나 내리거나 또는 종료하는 작업을 수행한다.

```
private void MsgView(int Flag)
{
   if (Flag == 0)
   {
      Height++;   // 세로 크기를 늘리며,
      Top--;      // 세로 위치를 올려, 폼을 올리는 효과
   }
   else if (Flag == 1)
   {
```

```
10          Height--;     // 세로 크기를 줄이며,
11          Top++;        // 세로 위치를 내려, 폼을 내리는 효과
12       }
13       else if (Flag == 2)
14       {
15          this.Close();   // 폼을 종료
16       }
17    }
```

3-7행 Flag 값이 0일 경우 호출될 때마다 폼의 Height 값을 1픽셀씩 늘려주며 Top 값을 1픽셀씩 줄여주는 작업을 수행한다. 이는 폼을 올리는 작업을 수행한다.

8-12행 Flag 값이 1일 경우 호출될 때마다 폼의 Height 값을 1픽셀씩 줄여주며 Top 값을 1픽셀씩 늘려주는 작업을 수행한다. 이는 폼을 내리는 작업을 수행한다.

다음의 OnPopUp() 메서드는 이벤트가 구독될 때 사용되는 이벤트 핸들러로 폼을 올리는 작업을 수행한다.

```
01    private void OnPopUp(object sender, ElapsedEventArgs e)
02    {
03       if (Height < 120)
04       {
05          Invoke(OnHeight, 0);
06       }
07       else
08       {
09          TimerEvent.Stop();
10          TimerEvent.Elapsed -= new ElapsedEventHandler(OnPopUp);
11          TimerEvent.Elapsed += new ElapsedEventHandler(OnPopOut);
12          TimerEvent.Interval = 3000;
13          TimerEvent.Start();
14       }
15       Application.DoEvents();
16    }
```

3-6행 Height 값이 120보다 작으면 실행하는 문장으로 Invoke() 메서드를 이용하여 Delegate와 연결된 OnHeight 메서드를 호출하여 폼을 올리는 작업을 수행한다.

7-14행 만약 폼의 Height 값이 120 이상이 되는 경우 TimerEvent 컨트롤의 Elapsed 이벤트에서 폼을 올리는 작업을 수행하는 OnPopUp 이벤트 핸들러 등록을 해지하고, 폼을 내리는 작업을 수행하는 OnPopOut 이벤트 핸들러를 등록한다.

9행 Stop() 메서드를 이용하여 TimerEvent 컨트롤의 수행을 중단한다.

12행 TimerEvent 컨트롤의 Interval 속성값을 3000으로 설정하여 3초 동안 정지되는 효과 즉, 메시지 알림 창이 지정된 시간 동안 정지되어 있도록 하는 작업을 수행한다.

13행 Start() 메서드를 이용하여 폼을 내리는 11행의 이벤트 핸들러를 수행하는 작업을 수행한다.

15행 Application.DoEvents() 메서드는 현재 수행되어야 하는 이벤트를 처리하게 하는 문장이다.

다음의 OnPopOut() 이벤트 핸들러는 폼을 서서히 내리는 작업을 수행하며, 내리는 작업이 끝나면 폼을 종료하는 작업을 수행한다.

```
01 private void OnPopOut(object sender, ElapsedEventArgs e)
02 {
03     while (Height > 2)
04     {
05         Invoke(OnHeight, 1);
06     }
07     TimerEvent.Stop();
08     Application.DoEvents();
09     Invoke(OnHeight, 2);
10 }
```

3-6행 Height 값이 2보다 큰 경우에 Invoke() 메서드를 호출하여 폼의 Height 값을 내리고 Top을 늘리는 작업을 통해 폼을 서서히 내리는 작업을 수행한다.

9행 Height 값이 2보다 같거나 작은 경우 Invoke() 메서드를 호출하여 폼을 종료하는 작업을 수행한다.

다음의 lblResult_LinkClicked() 이벤트 핸들러는 lblResult 컨트롤을 더블클릭하여 생성한 프로시저로, 폼과 이벤트를 종료하는 작업을 수행한다.

```
private void lblResult_LinkClicked(object sender, LinkLabelLinkClickedEventArgs e)
{
    this.Close();
    TimerEvent.Stop();
}
```

4.5 트레이 메시지 예제 실행

다음 그림은 트레이 메시지 예제를 F5를 눌러 실행한 화면이다. 텍스트 상자에 내용을 입력하고, [보이기] 버튼을 클릭하면 입력된 문자열이 트레이 영역에 서서히 표시되었다가 사라진다.

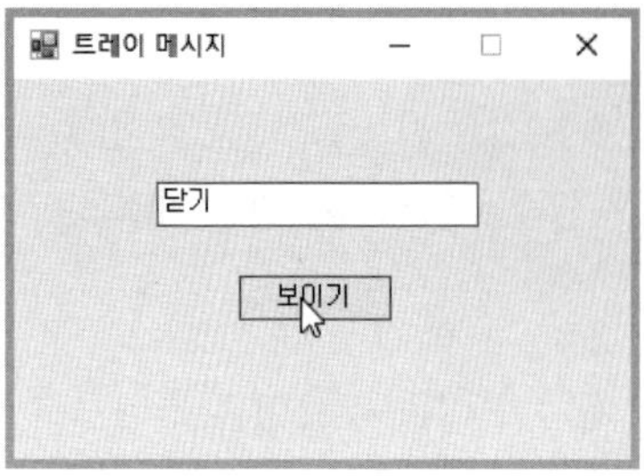

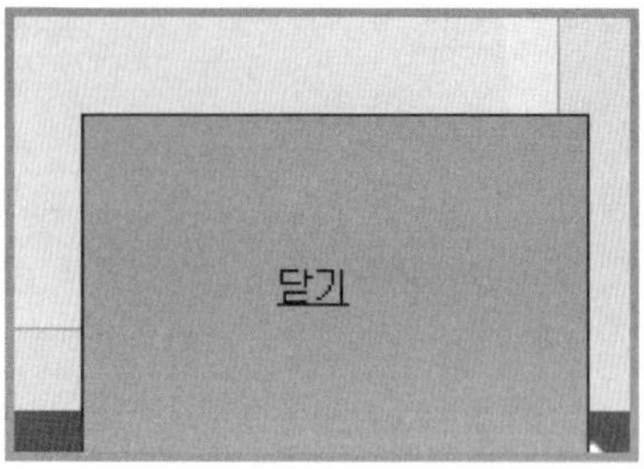

5. 웹 다운로더

이 절에서 살펴보는 웹 다운로더는 인터넷에서 파일 등을 하이퍼링크가 아닌 웹 애플리케이션이나 기타 다운로더 애플리케이션을 통해 다운로드 하는 애플리케이션이다. 이 예제를 구현하기 위해서는 WebClient, ProgressBar, FolderBrowserDialog 컨트롤을 이용하는데, WebClient 컨트롤은 URI로 식별되는 리소스에 데이터를 보내고, 이 리소스에서 데이터를 받기 위하여 공용 메서드를 이용하여 HTTP 프로토콜 기반으로 웹 콘텐츠 파일을 다운로드한다.

다음 그림은 웹 다운로더 애플리케이션을 구현하고 실행한 결과 화면이다.

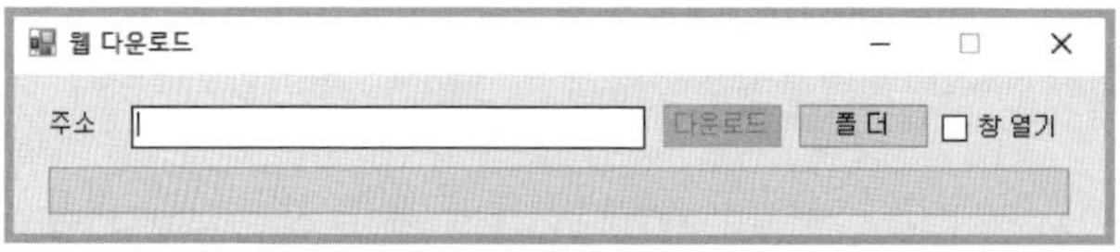

[결과 미리 보기]

5.1 웹 다운로더 디자인

프로젝트 이름을 'mook_WebDownLoader'로 하여 'C:\CSharpProject\Chap03' 경로에 새 프로젝트를 생성한다. 다음 그림과 같이 윈도우 폼에 필요한 컨트롤을 위치시켜 폼을 디자인하고, 각 컨트롤의 속성값을 설정한다.

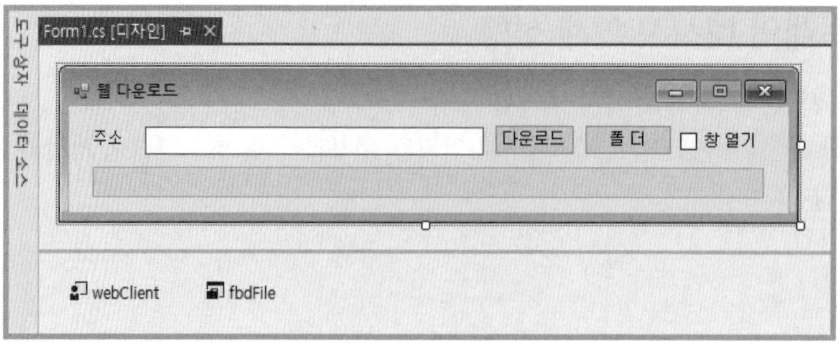

폼 디자인에 사용된 컨트롤의 주요 속성값은 다음과 같다.

폼 컨트롤	속 성	값
Form1	Name	Form1
	Text	웹 다운로드
	FormBorderStyle	FixedSingle
	MaximizeBox	False
Label1	Name	lblUrl
	Text	주소
TextBox1	Name	txtUrl
Button1	Name	btnDown
	Text	다운로드
	Enabled	False
Button2	Name	btnFolder
	Text	폴 더
CheckBox1	Name	cbOpen
	Text	창 열기
ProgressBar1	Name	pgbDownload
WebClient1	Name	webClient
FolderBrowserDialog1	Name	fbdFile

5.2 웹 다운로더 코드 구현

다음과 같이 using 키워드를 이용하여 Diagnostics 네임스페이스를 추가한다.

```
using System.Diagnostics;   // Process 클래스 사용
```

TIP

System.Diagnostics 네임스페이스

System.Diagnostics 네임스페이스는 시스템 프로세스, 이벤트 로그 및 성능 카운터와 상호 작용할 수 있는 Process 클래스를 제공한다.

Process 클래스는 네트워크의 시스템 프로세스를 모니터링하고, 로컬 시스템 프로세스를 시작 및 중지할 수 있는 기능을 제공한다. 컴퓨터, 프로세스 이름 또는 프로세스 ID를 지정하여 실행 중인 프로세스의 목록을 검색하거나 현재 프로세서에 액세스할 수 있는 프로세스에 대한 정보를 볼 수 있을 뿐 아니라 Process 클래스를 직접 사용하고 ProcessThread 및 ProcessModule 클래스와 상호 작용하여 프로세스 스레드와 모듈을 자세히 파악할 수 있다.

PerformanceCounter 클래스를 사용하면 시스템 성능을 모니터링 할 수 있다.

다음과 같이 멤버 변수를 클래스 상단에 추가한다.

```
bool isBusy = false;            // progressbar 상태를 나타내기 위함
private string filePath = null; // 파일 경로
```

다음의 btnFolder_Click() 이벤트 핸들러는 [폴 더] 버튼을 더블클릭하여 생성한 프로시저로, [폴더 찾아보기] 대화상자를 호출하고 선택된 폴더의 경로를 저장한다.

```
01 private void btnFolder_Click(object sender, EventArgs e)
02 {
03     if (this.fbdFile.ShowDialog() == DialogResult.OK)
04     {
05         this.btnDown.Enabled = true;
06         filePath = this.fbdFile.SelectedPath;
07     }
08 }
```

3행 FolderBrowserDialog.ShowDialog() 메서드를 이용하여 [폴더 찾아보기] 대화상자를 호출하며, 폴더를 선택하고 [확인] 버튼을 누르면 4~7행 작업을 수행한다.

5행 다운로드하는 내용을 저장할 경로가 선택되었기 때문에 [다운로드] 버튼을 활성화한다.

6행 FolderBrowserDialog.SelectedPath() 메서드를 이용하여 선택한 폴더의 전체 경로를 가져와 filePath 멤버 변수에 저장하는 작업을 수행한다.

다음의 btnDown_Click() 이벤트 핸들러는 [다운로드] 버튼을 더블클릭하여 생성한 프로시저로, URI로 식별되는 리소스 파일을 웹에서 다운로드하는 작업을 수행한다.

```
private void btnDown_Click(object sender, EventArgs e)
{
    if (isBusy)
    {
        webClient.CancelAsync();
        isBusy = false;
    }
    else
    {
        try
        {
            var strFileName = this.txtUrl.Text.Split(new Char[] { '/' });
            System.Array.Reverse(strFileName);
            Uri uri = new Uri(this.txtUrl.Text);
            // 파일의 유효성 검사를 위한 코드
            var str = webClient.DownloadString(uri);
```

```
17            webClient.DownloadFileAsync(uri, filePath + @"\" + strFileName[0]);
18            isBusy = true;
19         }
20         catch
21         {
22            this.btnDown.Enabled = false;
23            MessageBox.Show("다운로드가 실패 하였습니다.", "에러",
24               MessageBoxButtons.OK, MessageBoxIcon.Error);
25         }
26      }
27   }
```

5행　webClient.CancelAsync() 메서드를 이용하여 보류 중인 비동기 작업을 취소하는 문장으로 비동기 작업으로 다운로드를 진행하기 위한 초기화 작업이다. 만약 진행 중인 비동기 작업이 없으면 이 메서드는 아무것도 수행하지 않는다.

12행　txtUrl 컨트롤에 입력된 URL을 '/'를 기준으로 분할하기 위하여 Split() 메서드를 사용한다.

13행　System.Array.Reverse() 메서드를 이용하여 배열 순서를 뒤집는 작업을 수행한다. 이는 17행에서 두 번째 인수 값으로 사용되며 파일명을 설정하기 위한 작업이다.

14행　지정된 URI를 사용하는 Uri 클래스의 개체를 초기화하는 문장으로 매개 변수는 string 타입의 URL 주소가 설정된다.

16행　webClient.DownloadString() 메서드를 이용하여 요청한 리소스를 uri로 지정한다. 이 때 지정된 uri가 잘못된 값이라면 예외를 발생시켜 try 문을 빠져나가 catch 문을 실행한다. 즉 파일의 유효성을 검사하기 위한 코드로 필수 코드는 아니다.

17행　webClient.DownloadFileAsync() 메서드를 이용하여 매개변수로 대입된 URI를 사용하여 리소스를 다운로드하여 로컬 파일로 저장한다.

다음의 webClient_DownloadProgressChanged() 이벤트 핸들러는 webClient 컨트롤을 선택하고 이벤트 목록 창에서 [DownloadProgressChanged] 이벤트 항목을 더블클릭하여 생성한 프로시저로, 비동기 다운로드의 진행 상태가 바뀔 때마다 pgbDownload 컨트롤의 상태를 변경시켜주는 작업으로 비동기 작업의 진행을 나타내는 백분율 값을 pgbDownload 컨트롤의 Value 속성값에 대입한다.

```
private void webClient_DownloadProgressChanged(
        object sender, System.Net.DownloadProgressChangedEventArgs e)
{
   this.pgbDownload.Value = e.ProgressPercentage;
}
```

다음의 webClient_DownloadFileCompleted() 이벤트 핸들러는 webClient 컨트롤을 선택하고 이벤트 목록 창에서 [DownloadFileCompleted] 이벤트 항목을 더블클릭하여 생성한 프로시저로, 비동기 파일 다운로드 작업이 완료되면 발생하는 이벤트를 처리하는 작업을 수행한다.

```
01  private void webClient_DownloadFileCompleted(
02          object sender, AsyncCompletedEventArgs e)
03  {
04      isBusy = false;
05      this.btnDown.Enabled = false;
06      if (e.Error == null)
07      {
08          if (this.cbOpen.Checked == false)
09              MessageBox.Show("다운로드가 완료되었습니다.", "알림",
10                  MessageBoxButtons.OK, MessageBoxIcon.Information);
11          else
12          {
13              Process myProcess = new Process();
14              myProcess.StartInfo.FileName = filePath;
15              myProcess.Start();
16          }
17      }
18      else
19          MessageBox.Show("다운로드가 실패 하였습니다.: " +
20              e.Error.Message.ToString());
21  }
```

6행 Error 속성을 검사하여 비동기 작업을 실행하는 동안 예외가 발생했는지를 확인하는 코드로 Error 속성의 값이 null이면 정상적으로 다운로드가 완료된 것이다.

13-14행 Process 클래스 개체를 생성하고 myProcess.StartInfo.FileName 속성에 폴더 경로를 대입하여 다운로드 경로의 폴더를 설정하는 작업을 수행한다.

15행 myProcess.Start() 메서드를 이용하여 14행에서 설정한 폴더 경로 즉, 파일이 다운로드 된 경로를 나타내는 파일 탐색기를 실행하는 작업을 수행한다.

5.3 웹 다운로더 예제 실행

이 절에서 구현한 웹 다운로드 예제를 이용하여 DAUM 사이트에 있는 로고 이미지를 다운로드한다. 먼저 DAUM 사이트에 접속하여 로고를 오른쪽 마우스 버튼으로 눌러 [속성] 메뉴를 클릭한다.

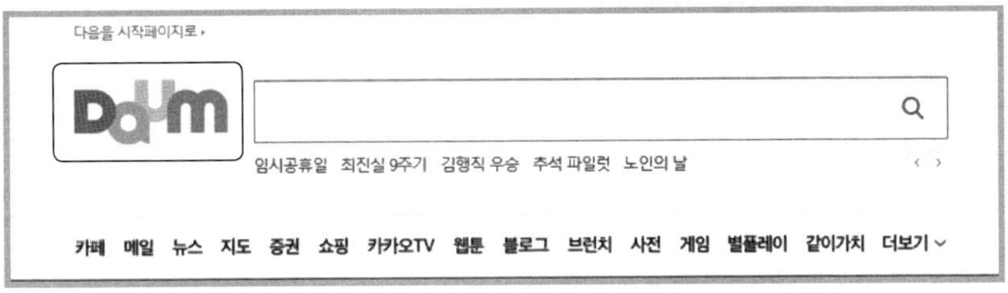

다음 그림과 같이 [속성] 대화상자가 나타나면 [주소] 란의 링크 주소를 복사한다.

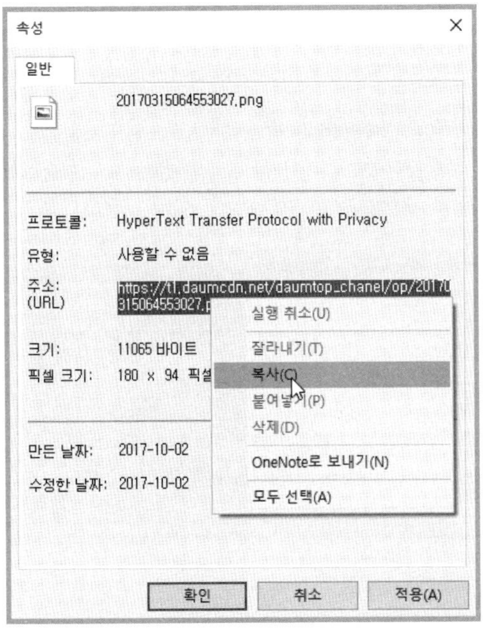

다음 그림은 웹 다운로더 예제를 F5를 눌러 실행하여, 주소 란에 앞서 복사한 주소를 입력한 뒤에 [폴더] 버튼을 클릭하여 다운로드 위치를 설정하고 [다운로드] 버튼을 클릭한다.

다음 그림과 같이 선택한 이미지가 지정한 폴더에 정상적으로 다운로드 된 것은 확인할 수 있다.

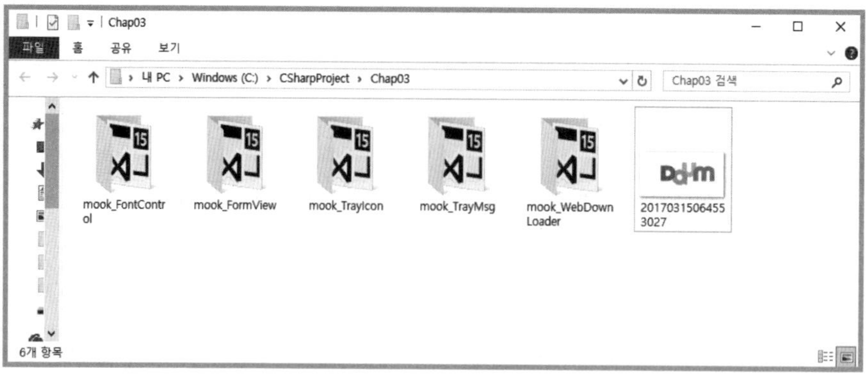

TIP

AllowReadStreamBuffering, AllowWriteStreamBuffering 에러

웹 다운로더 예제를 실행할 때 다음과 같은 에러가 발생할 수 있다. .NET Framework의 버전이 올라가면서 AllowReadStreamBuffering와 AllowWriteStreamBuffering API를 사용하지 않기 때문장이다.

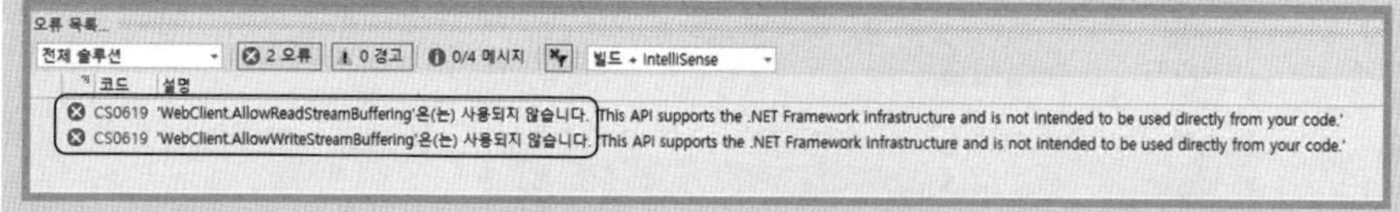

솔루션 탐색기에서 'Form1.Designer.cs' 파일을 더블클릭하여 파일을 열고, 다음과 같이 코드를 주석처리하고 파일을 저장한 뒤에 다음 다시 F5를 눌러 예제를 실행한다.

```
//
// webClient
//
//this.webClient.AllowReadStreamBuffering = false;
//this.webClient.AllowWriteStreamBuffering = false;
this.webClient.BaseAddress = "";
this.webClient.CachePolicy = null;
this.webClient.Credentials = null;
this.webClient.Encoding = ((System.Text.Encoding)(resources.GetObject("webClient.Encoding")));
this.webClient.Headers = ((System.Net.WebHeaderCollection)(resources.GetObject("webClient.Headers")));
this.webClient.QueryString = ((System.Collections.Specialized.NameValueCollection)(resources.GetObject("webClient.QueryString")));
this.webClient.UseDefaultCredentials = false;
this.webClient.DownloadFileCompleted += new System.ComponentModel.AsyncCompletedEventHandler(this.webClient_DownloadFileCompleted);
this.webClient.DownloadProgressChanged += new System.Net.DownloadProgressChangedEventHandler(this.webClient_DownloadProgressChanged);
//
```

6. 프로세스 보기

이 절에서 살펴보는 프로세스 보기 애플리케이션은 윈도우 운영체제의 작업관리자의 일부 기능으로 ListView, StatusStrip, Button 컨트롤과 Thread를 이용하여 프로세스 보기 예제를 구현한다. 이전 예제에서 살펴본 윈도우 기본 컨트롤과 문법 등도 중요하지만, 이 절에서 알아보는 ListView 컨트롤과 Thread는 이후 예제에서 상당히 자주 사용되며 실제 애플리케이션을 구현하기 위해 필수적으로 사용되기 때문에 프로세스 보기 예제는 더욱 유의하여 살펴보도록 한다.

다음 그림은 프로세스 보기 애플리케이션을 구현하고 실행한 결과 화면이다.

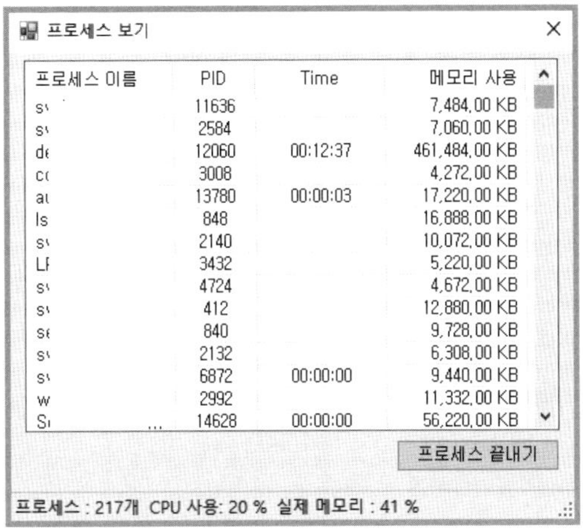

[결과 미리 보기]

6.1 프로세스 보기 디자인

프로젝트 이름을 'mook_ProcessView'로 하여 'C:\CSharpProject\Chap03' 경로에 새 프로젝트를 생성한다. 다음 그림과 같이 윈도우 폼에 필요한 컨트롤을 위치시켜 폼을 디자인하고, 각 컨트롤의 속성값을 설정한다.

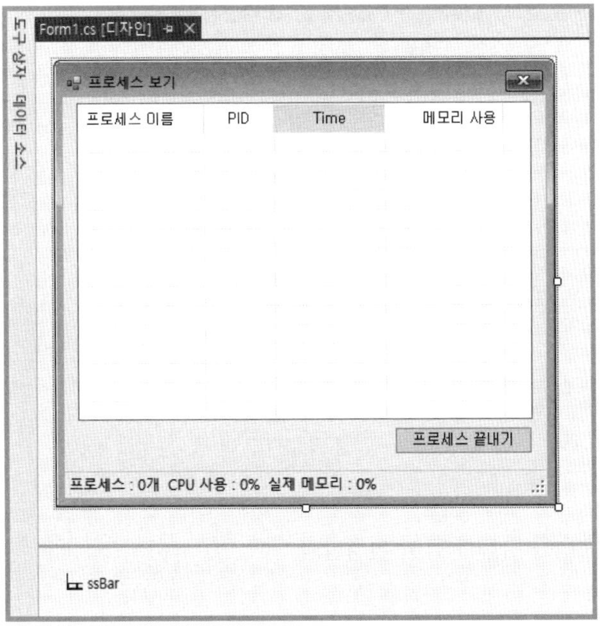

폼 디자인에 사용된 컨트롤의 주요 속성값은 다음과 같다.

폼 컨트롤	속 성	값
Form1	Name	Form1
	Text	프로세스 보기
	FormBorderStyle	FixedSingle
	MaximizeBox	False
	MinimizeBox	False
ListView1	Name	lvView
	Columns	[설정]
	FullRowSelect	True
	GridLines	True
	View	Details
Button1	Name	btnKill
	Text	프로세스 끝내기
StatusStrip1	Name	ssBar

다음 그림과 같이 lvView 컨트롤을 선택하고 속성 창에서 [Columns] 항목의 ...(컬렉션) 버튼을 클릭하고 [ColumnHeader 컬렉션 편집기] 대화상자를 연다. [ColumnHeader 컬렉션 편집기] 대화상자의 왼쪽 아래에 있는 [추가] 버튼을 클릭하여 필요한 4개 칼럼을 위한 멤버 항목을 추가한다.

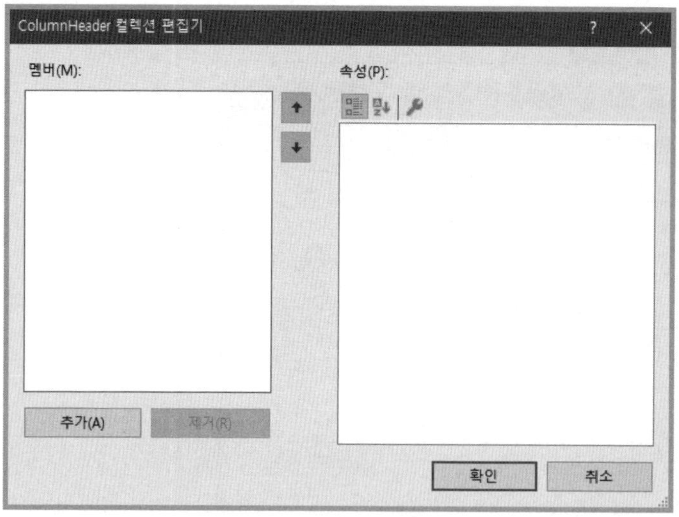

추가된 멤버 항목의 속성을 다음과 같이 설정한다.

폼 컨트롤	속 성	값
ColumnHeader1	Name	chName
	Text	프로세스 이름
	Witdth	108
ColumnHeader2	Name	chPid
	Text	PID
	TextAlign	Center
	Witdth	60
ColumnHeader3	Name	chTime
	Text	Time
	TextAlign	Center
	Witdth	90
ColumnHeader4	Name	chMemory
	Text	메모리 사용
	TextAlign	Right
	Witdth	100

[ColumnHeader 컬렉션 편집기] 대화상자에서 추가된 칼럼을 설정하고, [확인] 버튼을 클릭하면 lvView 컨트롤의 모습은 다음과 같다.

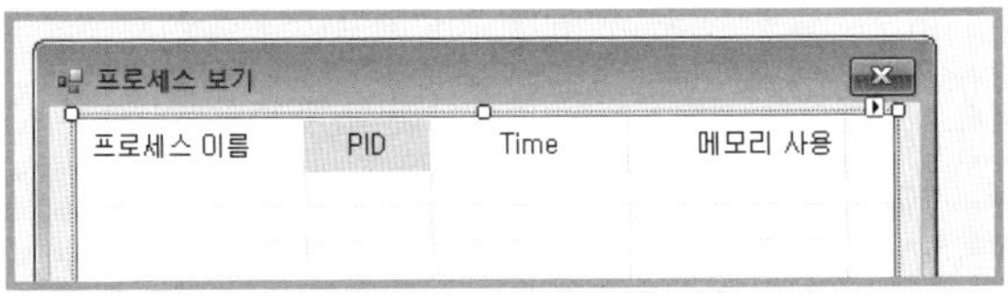

상태 바를 설정하기 위해 ssBar 컨트롤을 선택하고 속성 창에서 [Items] 항목의 (컬렉션) 버튼을 클릭하고 [항목 컬렉션 편집기] 대화상자를 연다. [항목 컬렉션 편집기] 대화상자의 왼쪽 위에 목록 상자에서 StatLabel을 선택하고 [추가] 버튼을 클릭하여 필요한 3개 항목을 추가한다.

추가된 각 항목의 속성은 다음과 같이 설정한다.

폼 컨트롤	속 성	값
ToolStripStatusLabel1	Name	tsslProcess
	Text	프로세스 : 0개
ToolStripStatusLabel2	Name	tsslCpu
	Text	CPU 사용 : 0%
ToolStripStatusLabel3	Name	tsslMem
	Text	실제 메모리 : 0%

ssBar 컨트롤의 속성 설정을 마치면 다음과 같은 모습을 나타낸다.

6.2 프로세스 보기 코드 구현

다음과 같이 using 키워드를 이용하여 필요한 네임스페이스를 추가한다.

```
using System.Diagnostics;  // Process 클래스 사용
using System.Collections;  // ArrayList 사용
using System.Threading;    // 스레드 사용
```

TIP

System.Collections 네임스페이스의 ArrayList 클래스

System.Collections 네임스페이스에는 목록, 큐, 비트 배열, 해시 테이블 및 사전과 같은 다양한 개체의 컬렉션을 정의하는 인터페이스와 클래스를 제공한다.

ArrayList 클래스

크기가 필요에 따라 동적으로 증가하는 배열을 사용하여 IList 인터페이스를 구현한다. ArrayList는 정렬되어 있지 않을 수 있으므로 ArrayList가 정렬되어 있어야 하는 BinarySearch와 같은 작업을 수행하기 전에는 ArrayList를 정렬해야 한다.

ArrayList의 용량은 ArrayList가 보유할 수 있는 요소의 수이다. ArrayList의 초기 용량은 0이다. 요소가 ArrayList에 추가되면 필요에 따라 재할당을 통해 용량이 자동으로 증가한다.

TIP

System.Threading 네임스페이스

System.Threading 네임스페이스는 다중 스레드 프로그래밍을 할 수 있는 클래스와 인터페이스를 제공한다. 이 네임스페이스는 스레드 작업 및 데이터 액세스를 동기화하기 위한 클래스(Mutex, Monitor, Interlocked, AutoResetEvent 등) 외에 시스템에서 제공하는 스레드 풀을 사용할 수 있도록 하는 ThreadPool 클래스와 스레드 풀 스레드에 대해 콜백 메서드를 실행하는 Timer 클래스를 제공한다.

다음과 같이 멤버 개체 및 변수를 클래스 상단에 추가한다.

```
01  private Thread ProcessThread;    // 프로세스 나타내기 스레드
02  Thread checkThread = null;       // 실시간 시스템 정보 체크
03
04  private delegate void ProcessUpdateDelegate();          // 델리게이트 생성
05  private ProcessUpdateDelegate UpProc = null;
06
07  private delegate void TotalUpdateDelegate(int m, int n); // 델리게이트 생성
08  private TotalUpdateDelegate OnTotal = null;
09
10  // 시스템 CPU 성능 카운터
11  private PerformanceCounter oCPU =
12      new PerformanceCounter("Processor", "% Processor Time", "_Total");
13  // 시스템 Mem 성능 카운터
14  private PerformanceCounter oMem =
15      new PerformanceCounter("Memory", "% Committed Bytes In Use");
16  private PerformanceCounter pCPU = new PerformanceCounter();
17
18  bool bExit = false;
19  int cp = 0;
```

1-2행 프로세스와 시스템 정보를 실시간 확인하기 위해서 추가 스레드 개체를 생성하는 문장이다. 이는 애플리케이션 주 스레드 외에 추가 스레드를 생성하여 프로세스와 시스템 정보를 각각 실시간으로 체크해서 주 스레드에 반영하는 작업을 수행한다. 만약 각 스레드를 생성하지 않고 세 개의 단위 작업을 한다면 배치(batch) 형태로 일정한 시간은 프로세스를 체크하고 멈춘 후 시스템 정보를 체크한 다음 모두 멈춘 후 화면에 출력하는 작업을 수행하여야 한다. 따라서 실시간적으로 다중 프로그래밍이 되려면 스레드 개체를 생성하여 작업을 수행해야 한다.

4-8행 델리게이트를 생성하는 문장으로 델리게이트는 대리자를 통해 각 스레드 간의 데이터 전달을 가능하게 한다. 프로세스를 정보를 체크하는 보조 스레드에서 주 스레드에 데이터를 전달하기 위해 델리게이트를 이용하는 것이다.

11-12행 PerformanceCounter 클래스의 개체 oCPU를 생성한다. oCPU 개체를 이용하여 프로세스 전체 CPU 사용량을 구하는 작업을 수행한다.

14-15행 PerformanceCounter 클래스의 개체 oMem을 생성한다. oMem 개체를 이용하여 메모리 전체 사용량을 구하는 작업을 수행한다.

16행 프로세스의 각 CPU 사용량을 체크하기 위한 개체를 생성하는 문장이다.

다음의 Form1_Load() 이벤트 핸들러는 폼을 더블클릭하여 생성한 프로시저로, 보조 스레드를 실행하고 델리게이트를 초기화하는 작업을 수행한다.

```
01  private void Form1_Load(object sender, EventArgs e)
02  {
03      ProcessView();              // 프로세스 출력
04      // 델리게이트에 구동 메서드 입력
05      UpProc = new ProcessUpdateDelegate(ProcessView);
06      OnTotal = new TotalUpdateDelegate(TotalView);
07      // 스레드 대리자에 구동 메서드 입력
08      ProcessThread = new Thread(ProcessUpdate);
09      ProcessThread.Start();   // 스레드 시작
10
11      checkThread = new Thread(getCPU_Info);
12      checkThread.Start();
13  }
```

3행 프로세스 정보를 출력하는 작업을 수행하는 ProcessView() 메서드를 호출한다.

5행 UpProc 델리게이트 개체를 초기화하는 문장으로 실제 구동될 ProcessView() 메서드를 지정하여 초기화한다.

6행 OnTotal 델리게이트 개체를 초기화하는 문장으로 실제 구동될 TotalView() 메서드를 지정하여 초기화한다. 델리게이트 생성자와 메서드 인자의 타입은 반드시 일치되어야 한다.

8행 ProcessThread 스레드 개체를 초기화하는 문장으로 실제 프로세스 정보를 체크하는 ProcessUpdate() 메서드를 스레드로 실행하도록 지정한다.

9행 Thread.Start() 메서드를 이용하여 8행에서 초기화된 스레드를 실행하는 작업을 수행한다.

11-12행 CPU 사용량을 체크하는 메서드인 CPU_Info()를 대입하여 스레드를 실행하는 작업을 수행한다.

TIP

Thread

기본적으로 C# 프로그램에는 하나의 스레드가 있다. 이 스레드는 Main 메서드를 사용하여 코드를 실행한다. Main을 통해 직접 또는 간접적으로 실행되는 모든 명령은 기본 스레드에서 수행하며 이 스레드는 Main이 반환될 때 종료된다. 그러나 기본 스레드와 함께 병렬 방식으로 코드를 실행하는 데 사용할 보조 스레드를 만들 수도 있다. 이러한 스레드를 일반적으로 작업자 스레드라고 한다.

작업자 스레드를 사용하면 기본 스레드를 사용하지 않고도 시간이 오래 걸리는 작업이나 빨리 끝내야 하는 작업을 수행할 수 있다. 예를 들어, 작업자 스레드는 이전 요청이 완료되기를 기다리지 않고 다른 요청을 처리해야 하는 서버 응용 프로그램에 자주 사용된다. 작업자 스레드는 데스크톱 응용 프로그램에서 "백그라운드" 작업을 수행하는 데도 사용된다. 이렇게 하면 사용자 인터페이스 요소를 관리하는 기본 스레드가 사용자 작업에 계속 응답할 수 있다.

다중 스레드를 사용하면 처리량과 응답성에 관련된 문제를 해결할 수 있지만 교착 상태나 경쟁 조건 같은 리소스 공유 문제가 새롭게 발생할 수도 있다. 다중 스레드는 파일 핸들이나 네트워크 연

결 같은 서로 다른 리소스를 필요로 하는 작업에 가장 적합하다. 한 리소스에 여러 스레드를 할당하면 동기화 문제가 발생할 수 있으며 다른 스레드의 작업이 완료되기를 기다리느라 스레드가 자주 차단되어 다중 스레드를 사용하는 의미가 사라진다.

일반적으로 작업자 스레드는 다른 스레드에 사용되는 리소스를 많이 필요로 하지 않으며 시간이 오래 걸리거나 빠른 시간에 끝내야 할 작업을 수행하는 데 사용된다. 대개의 경우 프로그램의 일부 리소스는 여러 스레드에서 액세스해야 한다. 이러한 경우를 대비하여 System.Threading 네임스페이스에서는 스레드를 동기화하기 위한 클래스를 제공한다.

스레드에 대한 다음과 같이 세 가지 특징이 있다.

- 스레드를 사용하면 C# 프로그램에서 동시 처리 작업을 수행할 수 있다.
- .Net Framework의 System.Threading 네임스페이스를 사용하면 스레드를 더 쉽게 사용할 수 있다.
- 스레드는 응용 프로그램의 리소스를 공유 한다.

■ 스레드 생성과 실행

Step 1 : 스레드를 만들기에 앞서 작업 스레드가 실행하는데 사용하는 메서드를 정의한다.

```
private void DoWork()
{
    while(true)
    {
        Console.WriteLine("Working....");
    }
}
```

Step 2 : 작업자 스레드를 실행하기 위해 Thread 개체를 생성한다.

```
Thread WorkThread = new Thread(DoWork);
```

Step 3 : Step 2를 통해 스레드 개체는 존재하지만, 실제 작업자 스레드는 실행되지 않는다. Start() 메서드를 호출하여 작업자 스레드를 실행한다.

```
WorkThread.Start();
```

■ 스레드 종료

실행된 작업자 스레드를 종료하기 위해서는 Abort() 메서드를 호출한다. 하지만 Abort() 메서드는 스레드를 강제로 종료하기 때문에 스레드 작업이 완료되는 시점에서 정확하게 사용하여야 한다.

```
WorkThread.Abort();
```

실행된 작업자 스레드의 해당 스레드의 작업이 완료되었는지 확인하고 리소스를 정리할 수 있도록 안전한 Join() 메서드를 사용하여 스레드를 종료한다.

```
WorkThread.Join()
```

다음의 ProcessUpdate() 메서드는 ProcessThread 보조 스레드에 대입되어 실행되며, 프로세스 정보를 감시하여 프로세스가 생성되거나 삭제되어 변경되면 업데이트하는 작업을 수행한다.

```
01  private void ProcessUpdate()
02  {
03      try
04      {
05          while (true)
06          {
07              var oldlist = new ArrayList();
08              foreach (var oldproc in Process.GetProcesses())
09              {
10                  oldlist.Add(oldproc.Id.ToString());
11              }
12              Thread.Sleep(1000);
13
14              var newproc = Process.GetProcesses();
15              if (oldlist.Count != newproc.Length)
16              {
17                  Invoke(UpProc);
18                  continue;
19              }
20
21              int i = 0;
22              foreach (var rewproc in Process.GetProcesses())
23              {
24                  if (oldlist[i++].ToString() != rewproc.Id.ToString())
25                  {
26                      Invoke(UpProc);
27                      break;
28                  }
29              }
30          }
31      }
32      catch { }
33  }
```

7행 ArrayList 클래스 개체를 생성하는 문장으로 생성된 개체에는 프로세스 개수와 정보(PID)를 저장하여 프로세스 생성 및 삭제를 감시하는 과정에서 사용한다.

8-11행 foreach 문으로 Process.GetProcesses() 메서드를 이용하여 실행 중인 프로세스 리스트를 가져와 10행 ArrayList.Add() 메서드를 이용하여 프로세스 PID 값을 ArrayList 개체인 oldList에 저장한다.

12행 Thread.Sleep() 메서드를 이용하여 스레드의 실행을 1초 동안 정지한다.

14행 Process.GetProcesses() 메서드를 이용하여 새로운 프로세스 리스트를 가져와 newproc 변수에 저장한다.

15-19행 oldlist.Count 속성값과 newproc.Length 속성값을 비교하는 if 문으로 애플리케이션이 실행되는 동안 프로세스의 리스트 개수가 변경되었다면, 즉 프로세스의 생성 및 삭제가 발생했다면 17행 Invoke 키워드를 이용하여 UpProc 델리게이트를 호출하여 새롭게 lvView 컨트롤의 프로세스 정보를 갱신하는 작업을 수행한다.

24행 oldlist 배열 리스트에 저장된 PID 값과 rewproc에 저장된 PID 값이 다르다면 26행의 Invoke 키워드를 이용하여 UpProc 델리게이트를 호출하여 새롭게 lvView 컨트롤의 프로세스 정보를 갱신하는 작업을 수행한다.

다음의 ProcessView() 메서드는 실행 중인 프로세스 정보를 가져와 lvView 컨트롤에 나타내는 작업을 수행한다.

```
01  private void ProcessView()
02  {
03      try
04      {
05          this.lvView.Items.Clear();
06          cp = 0;
07          foreach (var proc in Process.GetProcesses())
08          {
09              string[] str;
10              try
11              {
12                  str = proc.TotalProcessorTime.ToString().Split(new Char[] { ‘.’ });
13              }
14              catch { str = new string[] { “” }; }
15              var strArray = new string[] {
16                      proc.ProcessName.ToString(),
17                      proc.Id.ToString(),
18                      str[0], NumFormat(proc.WorkingSet64) };
19              var lvt = new ListViewItem(strArray);
20              this.lvView.Items.Add(lvt);
21              cp++;
22          }
23      }
24      catch { }
25      this.tsslProcess.Text = “프로세스 : ” + cp.ToString() + “개”;
26  }
```

5행 ListView.Items.Clear() 메서드를 이용하여 lvView 컨트롤에 입력된 아이템의 목록을 초기화하는 작업을 수행한다.

7-22행 Process.GetProcesses() 메서드를 호출하여 실행되고 있는 프로세스 정보를 가져와 프로세스의 개수만큼 foreach 문을 이용하여 반복하면서 lvView 컨트롤에 프로세스 정보를 나타낸다.

9-14행 프로세스 정보 중 프로세스 실행한 총 시간을 가져오는 작업을 위해 proc.TotalProcessorTime 속성값을 Split() 메서드를 이용하여 유효한 시간 정보를 가져온다.

15-18행 ListViewItem 개체에 대입할 string 배열 개체를 초기화하는 문장으로 proc.ProcessName(프로세스 이름), proc.Id(프로세스 PID), proc.WorkingSet64(메모리) 속성을 이용하여 프로세스 정보를 배열에 저장한다.

19행 ListViewItem 클래스 개체를 생성하면서 초기화하는 문장으로, 생성된 개체를 20행 Add() 메서드에 대입하여 lvView 컨트롤에 프로세스 정보를 나타낸다.

다음의 NumFormat() 메서드는 Long 타입의 숫자를 산술식에 의해 계산한 후 string 타입으로 변환하여 반환한다.

```
01  private string NumFormat(long MemNum)
02  {
03      MemNum = MemNum / 1024;
04      return String.Format("{0:N}", MemNum) + " KB";
05  }
```

3행 메모리 크기를 나타내는 long 타입의 MemNum 변수의 값은 바이트 단위로 계산되기 때문에 KB 단위로 변환하기 위해서 1024로 나눈 값을 4행 String.Format() 메서드를 이용하여 string 타입으로 반환한다.

다음의 getCPU_Info() 메서드는 보조 스레드에서 실행되는 대리자로 while 문을 이용하여 1초마다 CPU와 메모라 사용량을 체크하여 OnTotal 델리게이트를 호출하는 작업을 수행한다.

```
private void getCPU_Info()
{
    while (!bExit)
    {
        int iCPU = (int)oCPU.NextValue();
        int iMem = (int)oMem.NextValue();
        Invoke(OnTotal, iCPU, iMem);
        Thread.Sleep(1000);
    }
}
```

3행 while 문을 이용하여 checkThread 보조 스레드에서 실시간 수행되며 8행 Thread.Sleep() 메서드를 이용하여 1초 동안 스레드 실행을 멈추었다가 while 문이 계속 반복되도록 한다.

5행 PerformanceCounter.NextValue() 메서드를 이용하여 전체 프로세스의 계산된 CPU 사용량을 가져와 iCPU 변수에 저장한다.

6행 PerformanceCounter.NextValue() 메서드를 이용하여 전체 메모리의 계산된 사용량을 가져와 iMem 변수에 저장한다.

다음의 TotalView() 메서드는 OnTotal 델리게이트에 의해 실행되며, CPU와 메모리 사용량을 확인하여 ToolStripStatusLabel 컨트롤에 나타내는 작업을 수행한다.

```
private void TotalView(int m, int n)
{
    this.tsslCpu.Text = "CPU 사용: " + m.ToString() + " %";
    this.tsslMem.Text = "실제 메모리 : " + n.ToString() + " %";
}
```

다음의 btnKill_Click() 이벤트 핸들러는 [프로세스 끝내기] 버튼을 더블클릭하여 생성한 프로시저로, ProcessKill() 메서드를 호출하여 선택된 프로세스를 종료하는 작업을 수행한다.

```
private void btnKill_Click(object sender, EventArgs e)
{
    ProccessKill();
}

private void ProccessKill()
{
    try
    {
        int PID =
            Convert.ToInt32(this.lvView.SelectedItems[0].SubItems[1].Text);
        Process tProcess = Process.GetProcessById(PID);
        if (!(tProcess == null))
        {
            var dlr = MessageBox.Show(
            this.lvView.SelectedItems[0].SubItems[0].Text +
                " 프로세스를 끝내시겠습니까?", "알림",
                MessageBoxButtons.YesNo,
                MessageBoxIcon.Warning);
            if (dlr == DialogResult.Yes)
            {
                tProcess.Kill();
                ProcessView();
```

```
23              }
24          }
25          else
26          {
27              MessageBox.Show(
28                  this.lvView.SelectedItems[0].SubItems[0].Text +
29                  "프로세스는 존재하지 않습니다", "알림",
30                  MessageBoxButtons.OK,
31                  MessageBoxIcon.Error);
32              ProcessView();
33          }
34      }
35      catch
36      {
37          return;
38      }
39  }
```

9-10행 lvView.SelectItem[0].SubItems[1].Text 속성을 이용하여 lvView에서 선택된 행의 두 번째 컬럼에 있는 PID 값을 가져와 PID 변수에 저장하는 작업을 수행한다.

11행 Process.GetProcessById() 메서드를 이용하여 실행 중인 프로세스의 인터페이스를 생성한다.

12-24행 11행에서 PID를 이용하여 조회된 프로세스 정보가 있다면 실행되는 블록으로, 14~18행은 메시지 박스를 호출하여 프로세스 끝내기 여부에 대한 사용자의 생각을 확인한다. 21행에서 Process.Kill() 메서드를 이용하여 프로세스를 강제로 종료하고, 22행에서 다시 최신화된 프로세스 정보를 나타내도록 ProcessView() 메서드를 호출한다.

다음의 Form1_FormClosing() 이벤트 핸들러는 폼을 선택하고 이벤트 목록 창에서 [FormClosing] 항목을 더블클릭하여 생성한 프로시저로, 폼을 종료할 때 발생하는 이벤트를 제어하는 작업을 수행한다. 예제에서는 보조 스레드의 종료 여부를 검사하여 보조 스레드를 강제 종료하는 작업을 수행한다. 폼을 종료할 때 추가로 보조 스레드를 종료하지 않는다면 폼이 종료되더라도 작업이 끝날 때까지 보조 스레드는 종료되지 않기 때문이다.

```
private void Form1_FormClosing(object sender, FormClosingEventArgs e)
{
    if (!(ProcessThread == null))
        ProcessThread.Abort();   // 스레드 종료
    if (!(checkThread == null))
        checkThread.Abort();     // 스레드 종료
}
```

3-6행 3행과 5행에서 스레드 개체가 null 이 아닐 경우, 즉 보조 스레드가 종료되지 않았다면 각각 ProcessThread.Abort()와 checkThread.Abort() 메서드를 실행하여 스레드를 강제 종료한다.

6.3 프로세스 보기 예제 실행

다음 그림은 프로세스 보기 예제를 F5를 눌러 실행한 화면이다. 프로세스 목록을 확인하고 임의의 프로세스를 선택한 뒤 [프로세스 끝내기] 버튼을 클릭하여 선택한 프로세스가 종료되는 것을 확인해 본다.

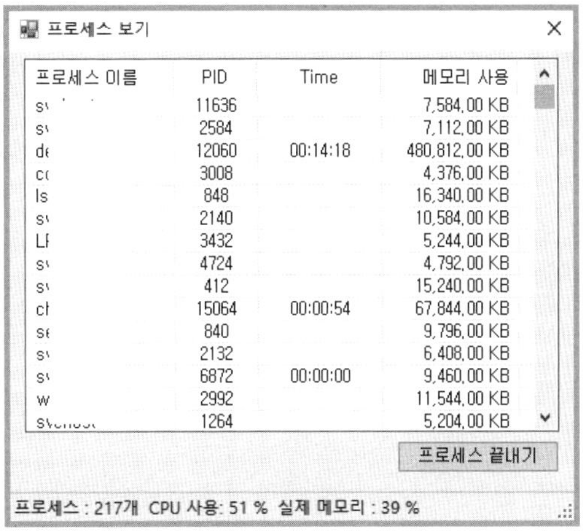

(참고 : 프로세스 이름은 일부 삭제한 것임)

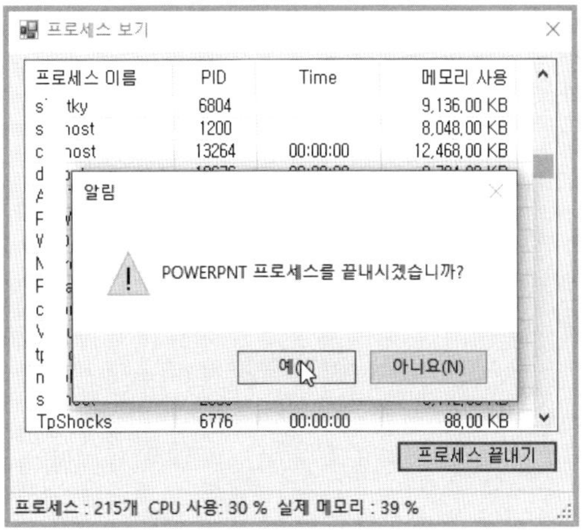

(참고 : 프로세스 이름은 일부 삭제한 것임)

이 장은 프로세스 보기 예제를 살펴보는 것을 끝으로 설명을 마치고, 다음 장에서는 파일 클래스 및 인터페이스를 이용하여 파일을 쓰고 읽고 제어하는 기능을 사용하여 파일 읽기/쓰기, 파일 보기, 파일 복사/이동, 파일 모니터, 파일 지우기, 메모장 등 다양한 예제를 구현하면서 파일 클래스에 대해 살펴본다.

CHAPTER 04

파일 다루기

이 장에서 살펴보는 파일 클래스는 윈도우 애플리케이션에서 빼놓을 수 없는 기능으로 로그를 쓰거나 읽을 때 사용되며 다양한 형태의 파일 생성, 읽기, 수정, 삭제 등에 사용된다.

이 장에서는 파일 클래스를 이용하여 단순히 텍스트 파일 형태로 파일을 읽고 쓰는 예제와 윈도우 탐색기와 같이 파일을 찾는 기능, 파일을 복사, 이동, 삭제하는 기능에 대해 다양한 형태의 예제를 통해 살펴보도록 한다.

이 절에서 살펴보는 예제는 다음과 같다.

- 파일 읽기/쓰기
- 파일 보기
- 파일 복사/이동
- 파일 모니터
- 파일 지우기
- 메모장

1. 파일 읽기/쓰기

이 절에서 살펴보는 파일 읽기/쓰기 예제는 파일 클래스의 기본 기능을 이용하여 텍스트 파일을 읽고 쓰는 예제이다. 본 예제는 파일 클래스를 이용하여 파일을 다루는 기본적 지식을 습득할 수 있는 중요한 예제이기 때문에 좀 더 집중해서 살펴보도록 하자.

다음 그림은 파일 읽기/쓰기 애플리케이션을 구현하고 실행한 결과 화면이다. 첫 번째 그림은 파일 읽기 기능의 사용자 인터페이스를 나타내고, 두 번째 그림은 파일 쓰기 기능의 사용자 인터페이스를 나타낸다.

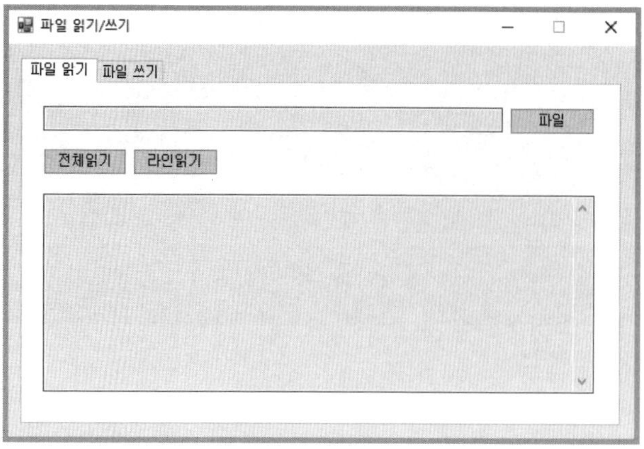

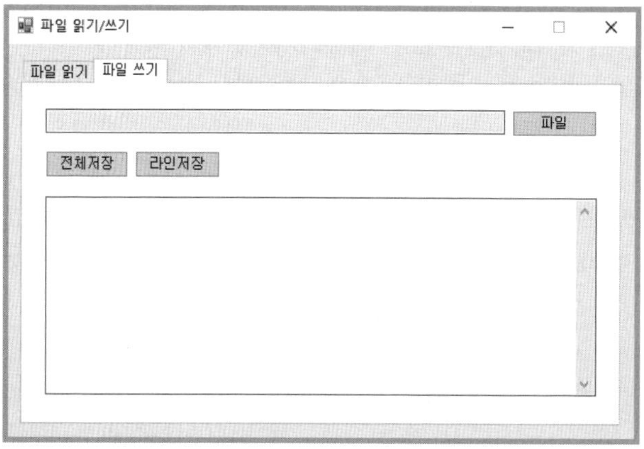

[결과 미리 보기]

1.1 파일 읽기/쓰기 디자인

프로젝트 이름을 'mook_FileRW'로 하여 'C:\CSharpProject\Chap04' 경로에 새 프로젝트를 생성한다. 다음 그림과 같이 윈도우 폼에 필요한 컨트롤을 위치시켜 폼을 디자인하고, 각 컨트롤의 속성값을 설정한다.

파일 읽기 기능의 사용자 인터페이스 디자인은 다음과 같다.

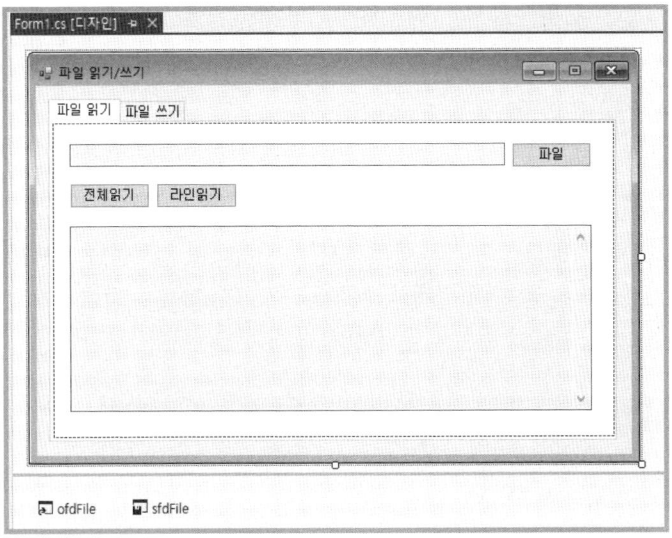

파일 쓰기 기능의 사용자 인터페이스 디자인은 다음과 같다.

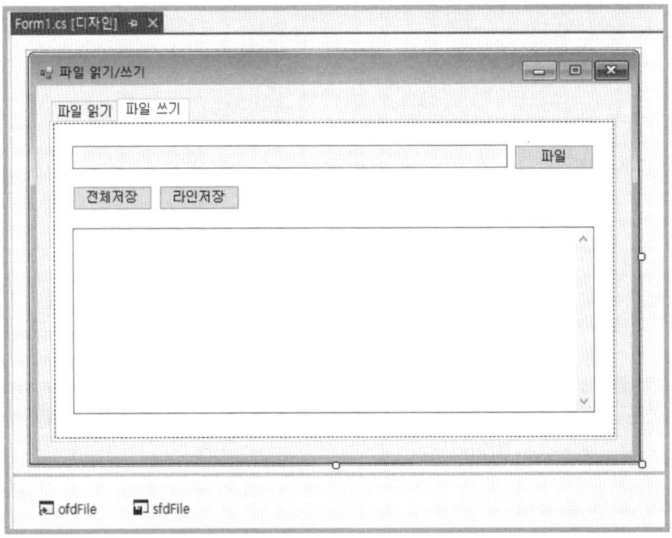

폼 디자인에 사용된 Form과 TabControl의 기본 속성을 다음과 같이 설정한다.

폼 컨트롤	속 성	값
Form1	Name	Form1
	Text	파일 읽기/쓰기
	FormBorderStyle	FixedSingle
	MaximizeBox	False
TabControl1	Name	tabMenu

OpenFileDialog1	Name	ofdFile
	Filter	텍스트 파일 (*.txt)|*.txt|모든 파일 (*.*)|*.*
SaveFileDialog1	Name	sfdFile
	Filter	텍스트 파일(*.txt)|*.txt

tabMenu 컨트롤에 탭 메뉴를 추가하기 위해서는 tabMenu 컨트롤을 선택하고 속성 목록 창에서 [TabPages] 속성의 (컬렉션) 버튼을 눌러 [TabPage 컬렉션 편집기] 대화상자를 다음과 같이 열고 [추가] 버튼을 클릭하여 두 개의 탭 메뉴를 추가한다.

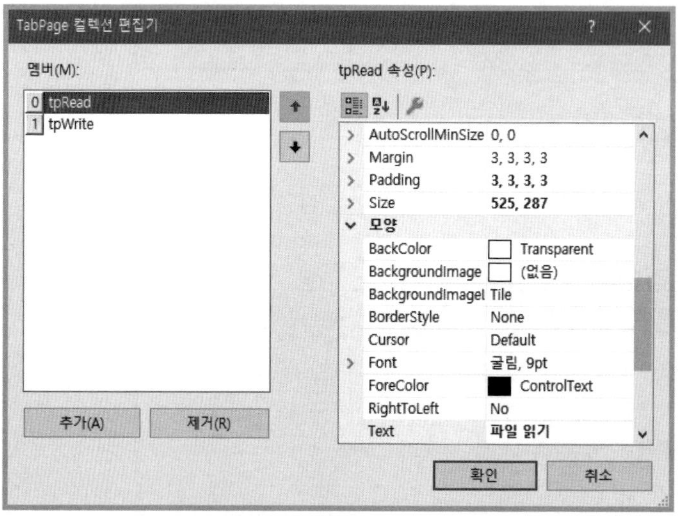

추가하는 멤버에는 기본 속성을 다음과 같이 설정한다.

폼 컨트롤	속 성	값
TabPage1	Name	tpRead
	Text	파일 읽기
TabPage2	Name	tpWrite
	Text	파일 쓰기

탭 컨트롤의 속성 설정을 마치면 다음 그림과 같이 폼의 탭 컨트롤에 두 개의 탭을 확인할 수 있다.

탭 컨트롤의 첫 번째 탭 메뉴인 [파일 읽기]를 클릭한 뒤에 필요한 컨트롤을 위치시켜 첫 번째 탭을 디자인하고, 다음과 같이 속성을 설정한다.

폼 컨트롤	속 성	값
Button1	Name	btnRPath
	Text	파일
Button2	Name	btnRARead
	Text	전체읽기
Button3	Name	btnRLRead
	Text	라인읽기
TextBox1	Name	txtRPath
	ReadOnly	True
TextBox2	Name	txtRView
	Mutiline	True
	ReadOnly	True
	ScrollBars	Both

탭 컨트롤의 두 번째 탭 메뉴인 [파일 쓰기]를 클릭한 뒤에 필요한 컨트롤을 위치시켜 두 번째 탭을 디자인하고, 다음과 같이 속성을 설정한다.

폼 컨트롤	속 성	값
Button4	Name	btnWPath
	Text	파일
Button5	Name	btnWASave
	Text	전체저장
Button6	Name	btnWLSave
	Text	라인저장
TextBox3	Name	txtWPath
	ReadOnly	True
TextBox4	Name	txtWView
	Mutiline	True
	ScrollBars	Both

1.2 파일 읽기/쓰기 코드 구현

다음과 같이 using 키워드를 이용하여 필요한 네임스페이스를 추가한다.

```
using System.IO;
```

> **TIP**
>
> **System.IO 네임스페이스**
>
> System.IO 네임스페이스에는 파일과 데이터 스트림에 읽고 쓸 수 있게 하는 형식과 기본 파일과 디렉터리 지원을 제공하는 인터페이스를 제공한다.

다음의 btnRPath_Click() 이벤트 핸들러는 [파일 읽기] 탭의 [파일] 버튼을 더블클릭하여 생성한 프로시저로, [열기] 대화상자를 호출하여 읽기를 수행할 파일을 선택하는 작업을 수행한다.

```
01  private void btnRPath_Click(object sender, EventArgs e)
02  {
03     if (this.ofdFile.ShowDialog() == DialogResult.OK)
04     {
05        this.txtRPath.Text = this.ofdFile.FileName;
06     }
07  }
```

3행 ofdFile.ShowDialog() 메서드를 이용하여 [열기] 대화상자를 호출하며, 읽을 파일을 선택하면 5행의 ofdFile.FileName 속성으로 선택된 파일의 전체 경로를 가져와 txtRPath 컨트롤에 나타내는 작업을 수행한다.

다음의 btnRARead_Click() 이벤트 핸들러는 [파일 읽기] 탭에서 [전체읽기] 버튼을 더블클릭하여 생성한 프로시저로, 선택된 파일의 내용을 한 번에 모두 읽고 화면에 나타내는 작업을 수행한다.

```
private void btnRARead_Click(object sender, EventArgs e)
{
   if (txtCheck() == false)
      return;
   if (File.Exists(this.txtRPath.Text))
   {
      using (StreamReader sr =
               new StreamReader(this.txtRPath.Text, Encoding.Default))
      {
         this.txtRView.Text = sr.ReadToEnd();
      }
   }
   else
   {
      MessageBox.Show("읽을 파일이 없습니다.", "에러",
        MessageBoxButtons.OK, MessageBoxIcon.Error);
   }
}
```

3행 txtCheck() 메서드를 호출하여 읽을 파일이 선택되었는지 검사하는 작업을 수행한다.

5행 File.Exists() 메서드를 이용하여 선택한 파일이 실제 존재하는지를 검사하여 파일이 존재하는 경우 7~11행을 수행하여 파일을 읽는다.

7-8행 using 키워드를 이용하여 개체를 감싸줘서 안정적으로 블록의 코드를 수행한다. 또한, 파일을 읽기 위해 StreamReader 개체 sr를 생성하는데 인자값에 파일 경로와 인코딩 방식을 선언한다.

10행 sr.ReadToEnd() 메서드를 이용하여 파일의 처음부터 끝까지 한 번에 읽고 txtRView 컨트롤 text 속성값에 파일로부터 읽은 내용을 넣어 화면에 출력한다.

13-17행 지정한 경로에 파일이 존재하지 않았을 때 MessageBox.Show() 메서드를 이용하여 메시지를 출력하는 작업을 수행한다.

TIP

using 키워드

using 키워드로 객체를 감싸주면 using 문을 빠져나오는 시점에 메모리를 해제시킴으로 안전하게 메모리를 할당하고 코드를 실행할 수 있다.

다음과 같은 형식을 사용한다.

```
using(메모리를 할당받는 객체의 선언)
{
    실행코드
}
```

다음의 txtCheck() 메서드는 읽고자 하는 파일이 선택되었는지 검사하는 유효성 메서드이다.

```
private bool txtCheck()
{
    if (this.txtRPath.Text == "")
        return false;
    else
        return true;
}
```

다음의 btnRLRead_Click() 이벤트 핸들러는 [파일 읽기] 탭에서 [라인읽기] 버튼을 더블클릭하여 생성한 프로시저로, 선택된 파일의 내용을 행 단위로 읽고 화면에 나타내는 작업을 수행한다.

```
01  private void btnRLRead_Click(object sender, EventArgs e)
02  {
03      if (txtCheck() == false)
04          return;
05      this.txtRView.Clear();
06      if (File.Exists(this.txtRPath.Text))
07      {
08          using (StreamReader sr =
09                  new StreamReader(this.txtRPath.Text, Encoding.Default))
10          {
11              string line = null;
12              while ((line = sr.ReadLine()) != null)
13              {
14                  this.txtRView.AppendText(line + "\r\n");
15              }
16          }
17      }
18      else
19      {
20          MessageBox.Show("읽을 파일이 없습니다.", "에러",
21              MessageBoxButtons.OK, MessageBoxIcon.Error);
22      }
23  }
```

11행 읽을 파일의 라인 단위 문자열을 임시 저장하기 위한 변수 line을 생성하는 문장이다.

12-15행 while 문을 이용하여 파일의 내용을 행 단위로 읽는 작업을 수행한다.

12행 sr.ReadLine() 메서드를 이용하여 파일로부터 한 줄씩 문자열을 읽어서 line 변수에 저장한다. while 문은 파일의 끝을 읽었을 때 즉, line 변수가 null 값일 때까지 반복 수행한다.

14행 txtRView.AppendText() 메서드를 이용하여 txtRView 컨트롤의 기존 내용에 파일로부터 읽은 한 줄의 내용을 추가하고, 추가되는 내용의 끝에 줄바꿈 문자를 추가하여 현재까지 입력된 문자열을 txtRView 컨트롤에 나타낸다.

다음의 btnWPath_Click() 이벤트 핸들러는 [파일 쓰기] 탭에서 [파일] 버튼을 더블클릭하여 생성한 프로시저로 [다른 이름으로 저장] 대화상자를 호출하여 저장할 경로와 파일명을 설정하는 작업을 수행한다.

```
private void btnWPath_Click(object sender, EventArgs e)
{
    if (this.sfdFile.ShowDialog() == DialogResult.OK)
    {
        this.txtWPath.Text = this.sfdFile.FileName;
    }
}
```

다음의 btnWASave_Click() 이벤트 핸들러는 [파일 쓰기] 탭의 [전체저장] 버튼을 더블 클릭하여 생성한 프로시저로, txtWView 컨트롤에 입력된 문자열을 모두 파일에 저장하는 작업을 수행한다.

```
01 private void btnWASave_Click(object sender, EventArgs e)
02 {
03     try
04     {
05         using (StreamWriter sw = new StreamWriter(this.txtWPath.Text))
06         {
07             sw.WriteLine(this.txtWView.Text);
08         }
09     }
10     catch { return; }
11     MessageBox.Show("파일이 정상적으로 저장되었습니다.", "알림",
12         MessageBoxButtons.OK, MessageBoxIcon.Information);
13 }
```

5행 using 키워드로 개체 선언 및 사용을 안정적으로 수행하게 하며, 파일을 쓸 수 있도록 SreamWriter 클래스 개체 sw를 선언하는 작업을 수행한다.

7행 sw.WriteLine() 메서드를 이용하여 txtWView 컨트롤에 입력된 문자열을 한 번에 파일로 저장하는 작업을 수행한다.

다음의 btnWLSave_Click() 이벤트 핸들러는 [파일 쓰기] 탭의 [라인저장] 버튼을 더블 클릭하여 생성한 프로시저로, txtWView 컨트롤에 입력된 문자열을 행 단위로 저장하는 작업을 수행한다.

```
private void btnWLSave_Click(object sender, EventArgs e)
{
    try
    {
        using (StreamWriter sw = new StreamWriter(this.txtWPath.Text))
        {
            foreach (var str in this.txtWView.Lines)
            {
                sw.WriteLine(str);
```

```
10                  }
11              }
12          }
13          catch { return; }
14          MessageBox.Show("파일이 정상적으로 저장되었습니다.", "알림",
15              MessageBoxButtons.OK, MessageBoxIcon.Information);
16      }
```

7행 foreach 문을 이용하여 txtWView 컨트롤에 입력된 문자열을 txtWView.Lines 속성으로 행 단위로 읽어 들이는 작업을 수행한다.

9행 sw.WriteLine() 메서드를 이용하여 7행에서 행 단위로 읽어 변수 str에 저장된 문자열을 파일에 저장하는 작업을 수행한다.

13행 try ~ catch 문을 이용하여 3~12행에서 실행하는 코드에 예외가 발생했을 때 13행의 catch 문을 이용하여 return을 수행하고 이후 코드를 수행하지 않게 한다.

1.3 파일 읽기/쓰기 예제 실행

다음 그림은 파일 읽기/쓰기 예제를 F5를 눌러 실행한 화면이다. [파일 읽기] 탭에서 [파일] 버튼을 클릭하여 임의의 텍스트 파일을 선택하여 기능을 확인해 본다.

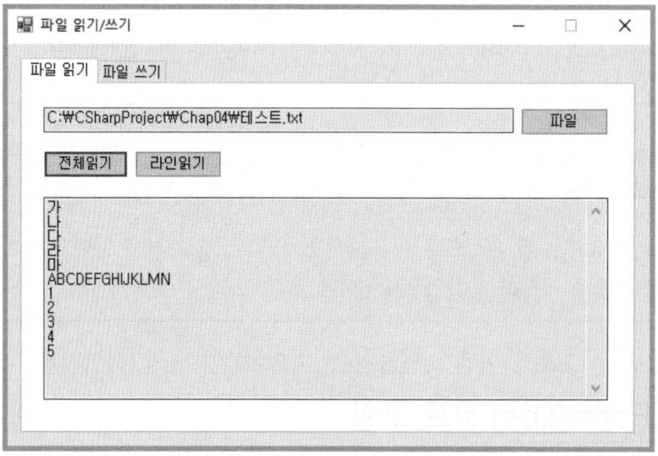

[파일 쓰기] 탭에서 [파일] 버튼을 클릭하여 임의의 파일을 지정하고, 텍스트 영역에 문자열을 입력한 뒤 [전체저장] 버튼 또는 [라인저장] 버튼을 클릭하여 생성된 파일을 확인해 본다.

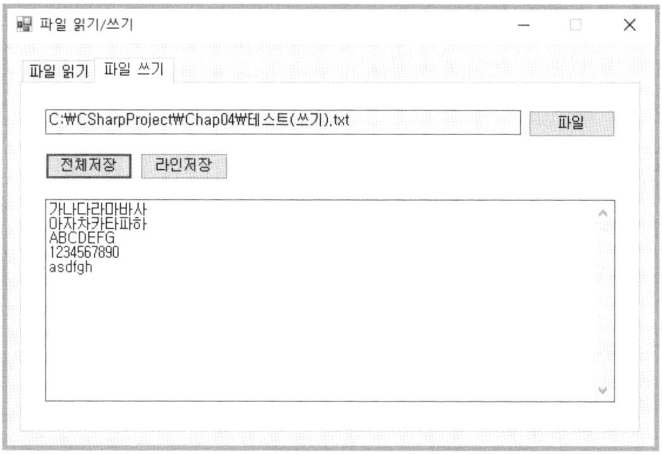

다음 그림은 임의의 폴더에서 [파일 읽기] 기능에서 사용한 파일과 [파일 쓰기] 기능을 통해 생성된 파일 목록을 확인한 것이다.

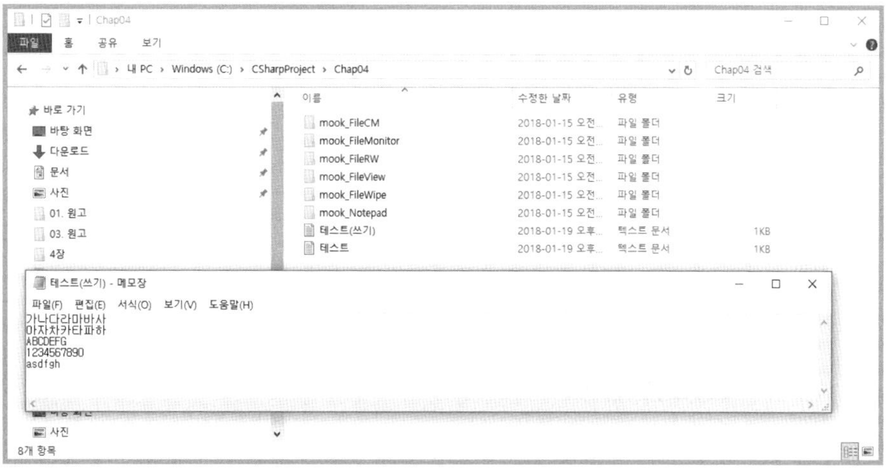

2. 파일 보기

이 절에서 살펴보는 파일 보기 예제는 경로 설정에 따라 설정된 경로의 하위 폴더와 파일의 정보를 보여주는 예제이다. 본 예제는 파일의 FileAttributes 속성에 따라 일반적인 파일과 숨긴 파일을 검색하고 검색된 파일의 이름, 크기, 수정된 날짜 등의 정보를 보여준다.

다음 그림은 파일 보기 애플리케이션을 구현하고 실행한 결과 화면이다.

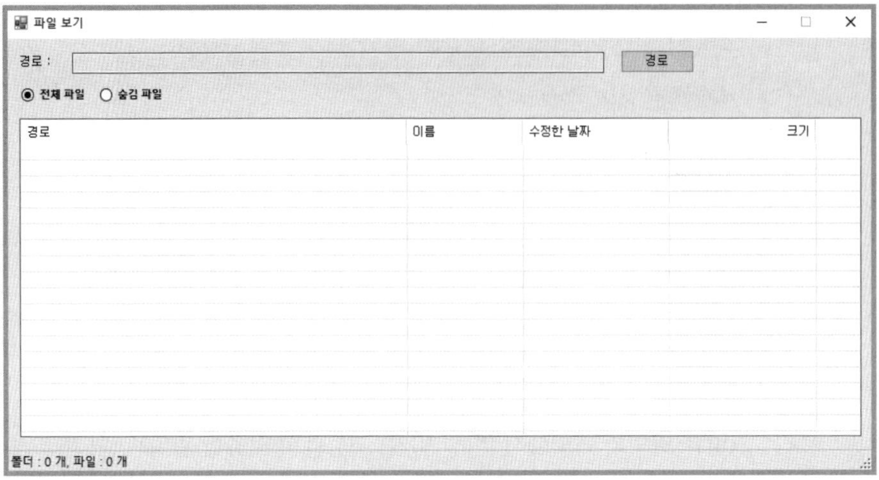

[결과 미리 보기]

2.1 파일 보기 디자인

프로젝트 이름을 'mook_FileView'로 하여 'C:\CSharpProject\Chap04' 경로에 새 프로젝트를 생성한다. 다음 그림과 같이 윈도우 폼에 필요한 컨트롤을 위치시켜 폼을 디자인하고, 각 컨트롤의 속성값을 설정한다.

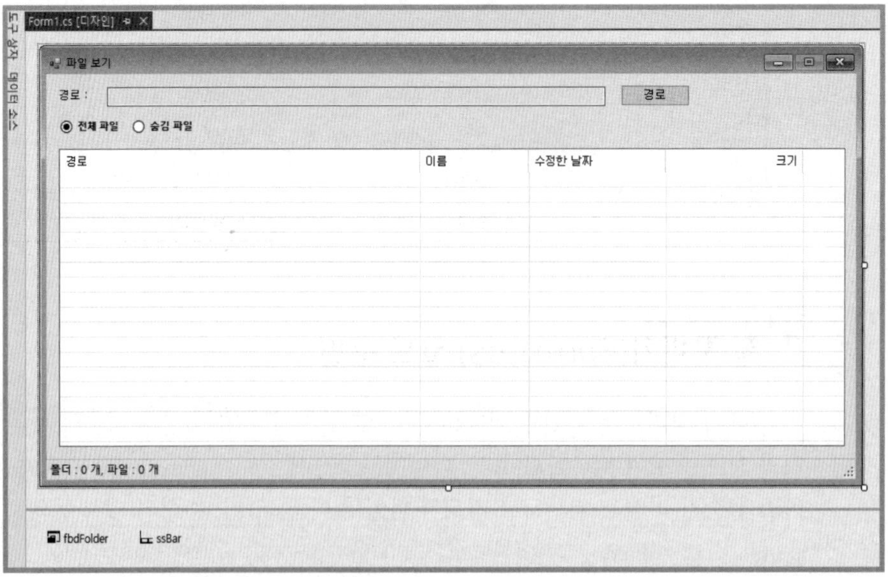

폼 디자인에 사용된 컨트롤의 주요 속성값은 다음과 같다.

폼 컨트롤	속 성	값
Form1	Name	Form1
	Text	파일 보기
	FormBorderStyle	FixedSingle
	MaximizeBox	False
Label1	Name	lblPath
	Text	경로 :
TextBox1	Name	txtPath
	ReadOnly	True
Button1	Name	btnPath
	Text	경로
RadioButton1	Name	rbtnAll
	Text	전체파일
	Checked	True
RadioButton2	Name	rbtnHidden
	Text	숨김파일
ListView1	Name	lvFile
	GridLines	True
	View	Details
FolderBrowserDialog1	Name	fbdFolder
StatusStrip1	Name	ssBar

lvFile 컨트롤의 컬럼 헤더를 추가하기 위해서 lvFile 컨트롤을 선택하고 속성 창의 목록에서 Columns 항목의 ...(컬렉션) 버튼을 눌러 [ColumnHeader 컬렉션 편집기] 대화상자를 열고, [추가] 버튼을 눌러 필요한 칼럼의 수만큼 멤버를 추가한다.

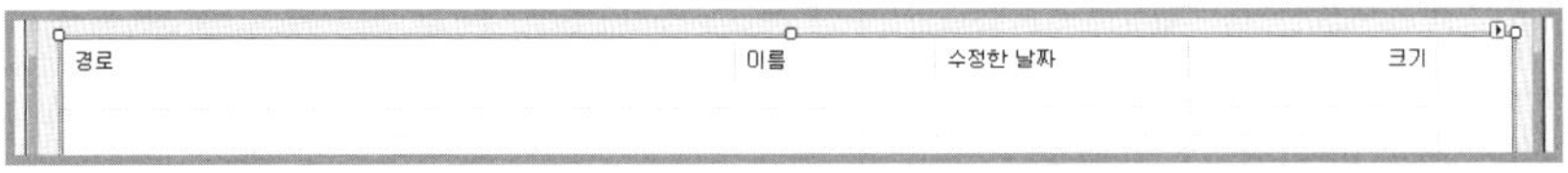

추가된 멤버의 주요 속성은 다음과 같이 설정한다.

폼 컨트롤	속 성	값
columnHeader1	Name	chFilePath
	Text	경로
	TextAlign	Left
	Width	400
columnHeader2	Name	chFileName
	Text	이름
	TextAlign	Left
	Width	120

columnHeader3	Name	chFileTime
	Text	수정한 날짜
	TextAlign	Left
	Width	150
columnHeader4	Name	chFileSize
	Text	크기
	TextAlign	Right
	Width	150

ssBar 컨트롤을 선택하고 속성 창의 목록에서 Items 속성의 ...(컬렉션) 버튼을 눌러 [항목 컬렉션 편집기]를 열고, 목록 상자에서 StatusLabel을 선택하고 [추가] 버튼을 클릭하여 컨트롤을 추가한다.

추가된 컨트롤의 속성을 표와 같이 설정한다.

폼 컨트롤	속 성	값
ToolStripStatusLabel1	Name	tsslblResult
	Text	폴더 : 0 개, 파일 : 0 개

2.2 파일 보기 코드 구현

다음과 같이 using 키워드를 이용하여 네임스페이스를 추가한다.

```
using System.IO;
using System.Threading;
```

다음과 같이 멤버 개체와 변수를 클래스 상단에 추가한다.

```
Thread threadFileView = null;     // 스레드 개체 생성

private delegate void OnDelegateFile(string fp, string fn, string fl, string fc);
private OnDelegateFile OnFile = null;     // 델리게이트 생성

bool Flag = true;     // 일반 또는 히든 파일 구분

int DirCount = 0;
int FileCount = 0;
```

다음의 Form1_Load() 이벤트 핸들러는 폼을 더블클릭하여 생성한 프로시저로, OnFile 델리게이트에 메서드를 추가하여 초기화하는 작업을 수행한다.

```
private void Form1_Load(object sender, EventArgs e)
{
    OnFile = new OnDelegateFile(FileResult);
}
```

다음의 FileResult() 메서드는 OnFile 델리게이트 대리자에 인자값으로 선언하여 파일의 크기를 구하고, lvFile 컨트롤과 tsslblResult 컨트롤에 파일의 정보를 나타내는 작업을 수행한다.

```
01  private void FileResult(string fp, string fn, string fl, string fc)
02  {
03      string fSize = GetFileSize(Convert.ToDouble(fl));
04      this.lvFile.Items.Add(new ListViewItem(new string[] { fp, fn, fc, fSize }));
05      this.tsslblResult.Text =
06          String.Format("폴더 : {0} 개, 파일 : {1} 개", DirCount, FileCount);
07  }
```

3행 GetFileSize() 메서드를 호출하여 파일 크기를 구하여 fSize 변수에 저장하는 작업을 수행한다.

4행 lvFile 컨트롤에 멤버를 추가하는 문장으로 lvFile.items.Add() 메서드를 이용하여 멤버를 추가한다. 멤버는 lvFile.items.Add(new ListViewItems(new string[])) 형식을 통해 추가한다.

다음의 GetFileSize() 메서드는 파일의 크기를 설정된 포맷으로 변환하는 작업을 수행한다.

```
private string GetFileSize(double byteCount)

    string size = "0 Bytes";
    if (byteCount >= 1073741824.0)
        size = String.Format("{0:##.##}", byteCount / 1073741824.0) + " GB";
    else if (byteCount >= 1048576.0)
        size = String.Format("{0:##.##}", byteCount / 1048576.0) + " MB";
    else if (byteCount >= 1024.0)
        size = String.Format("{0:##.##}", byteCount / 1024.0) + " KB";
    else if (byteCount > 0 && byteCount < 1024.0)
        size = byteCount.ToString() + " Bytes";
    return size;
}
```

4-10행 파일의 크기에 따라 표현 형식을 달리하기 위한 if 문이다.

5행 파일의 크기가 1,073,741,824 바이트보다 큰 경우의 표현 형식을 설정하는 문장으로 String.Format() 메서드를 이용한다. 7행과 9행 또한 같은 방법으로 파일의 크기를 나타내는 문자열의 표현 형식을 변경한다.

다음의 rbtnAll_CheckedChanged() 이벤트 핸들러는 [전체 파일] 라디오 버튼을 더블클릭하여 생성한 프로시저로, 지정된 경로에서 폴더 또는 파일을 검색하는 스레드를 생성하고 시작하는 작업을 수행한다.

```
01  private void rbtnAll_CheckedChanged(object sender, EventArgs e)
02  {
03      ItemsClear();
04      Flag = true;
05      if (threadFileView != null)
06          threadFileView.Abort();
07      if (this.txtPath.Text != "")
08      {
09          this.lvFile.Items.Clear();
10          threadFileView =
11              new Thread(new ParameterizedThreadStart(FileView));
12          threadFileView.Start(this.fbdFolder.SelectedPath);
13      }
14  }
```

4행 파일 타입을 선별하기 위해 사용할 Flag 멤버 변수에 true 값을 설정한다.

5-6행 threadFileView 스레드 개체가 종료되지 않고 계속 실행되고 있다면 threadFileView.Abort() 메서드를 이용하여 강제 종료를 하는 작업을 수행한다.

9행 lvFile.Items.Clear() 메서드를 이용하여 lvFile.Items 속성값을 초기화하는 작업을 수행한다.

10-11행 threadFileView 스레드 개체를 초기화하는 문장으로 FileView 메서드를 대리자로 선언한다. 스레드 개체를 초기화할 때 파라미터를 사용하는 스레드이기 때문에 Thread(new ParameterizedThreadStart) 형식으로 초기화한다.

12행 threadFileView.Start() 메서드를 이용하여 스레드를 실행하며, 인자 값으로 폴더 경로를 전달한다.

다음의 rbtnHidden_CheckedChanged() 이벤트 핸들러는 [숨김 파일] 라디오 버튼을 더블클릭하여 생성한 프로시저로, 숨김 파일을 검색하는 스레드를 생성하고 시작하는 작업을 수행한다.

```
private void rbtnHidden_CheckedChanged(object sender, EventArgs e)
{
    ItemsClear();
    Flag = false;
    if (threadFileView != null)
        threadFileView.Abort();
    if (this.txtPath.Text != "")
    {
        this.lvFile.Items.Clear();
        threadFileView = new Thread(new ParameterizedThreadStart(FileView));
        threadFileView.Start(this.fbdFolder.SelectedPath);
    }
}
```

다음의 btnPath_Click() 이벤트 핸들러는 [경로] 버튼을 더블클릭하여 생성한 프로시저로, 지정된 경로의 파일을 검색하는 작업을 수행한다.

```
01  private void btnPath_Click(object sender, EventArgs e)
02  {
03      if (this.fbdFolder.ShowDialog() == DialogResult.OK)
04      {
05          ItemsClear();
06          this.txtPath.Text = this.fbdFolder.SelectedPath;
07          threadFileView =
08              new Thread(new ParameterizedThreadStart(FileView));
09          threadFileView.Start(this.fbdFolder.SelectedPath);
10      }
11  }
```

3행 fbdFolder.ShowDialog() 메서드를 이용하여 [폴더 찾아보기] 대화상자를 호출하고 경로를 설정하여 4~10행의 선택된 경로를 설정하고 파일을 검색하는 스레드를 생성하여 실행하는 작업을 수행한다.

7-9행 threadFileView 스레드 개체를 생성하고 threadFileView.Start() 메서드를 호출하여 스레드를 생성하는 작업을 수행한다.

다음의 ItemsClear() 메서드는 변수와 lvFile 컨트롤의 Items 속성을 초기화하는 작업을 수행한다.

```
private void ItemsClear()
{
    DirCount = 0;
    FileCount = 0;
    this.lvFile.Items.Clear();
}
```

다음의 FileView() 메서드는 threadFileView 스레드에서 사용하는 메서드로, 인자값에 폴더 경로를 전달한다.

```
01  private void FileView(object path)
02  {
03     DirCount++;
04     DirectoryInfo di = new DirectoryInfo((string)path);
05     DirectoryInfo[] dti = di.GetDirectories();
06     foreach (var f in di.GetFiles())
07     {
08        if (Flag == true)
09        {
10           FileCount++;
11           Invoke(OnFile, f.DirectoryName, f.Name,
12                    f.Length.ToString(), f.CreationTime.ToString());
13        }
14        else
15        {
16           if (f.Attributes.ToString().Contains(FileAttributes.Hidden.ToString()))
17           {
18              FileCount++;
19              Invoke(OnFile, f.DirectoryName, f.Name, f.Length.ToString(),
20                       f.CreationTime.ToString());
21           }
22        }
23     }
24     for (int i = 0; i < di.GetDirectories().Length; i++)
25     {
26        try
27        {
28           FileView(dti[i].FullName);
29        }
30        catch
31        {
32           continue;
33        }
34     }
35  }
```

4행 DirectoryInfo 클래스의 개체 di를 생성하는 문장으로 인자값으로 폴더의 경로를 전달한다.

5행 di.GetDirectories() 메서드를 이용하여 di 개체에 선언된 폴더 경로의 하위 폴더의 정보를 DirectoryInfo 배열인 개체 변수 dti에 저장한다.

6-23행 foreach 문과 di.GetFiles() 메서드를 이용하여 di 개체에 설정된 폴더의 모든 파일 정보를 얻는 작업을 수행한다.

8-13행 Flag 값이 true이면 전체 파일을 검색하는 작업을 수행한다.

11-12행 Invoke() 메서드를 이용하여 OnFile 델리게이트를 호출한다. 인자값으로 폴더 이름(f.DirectoryName), 파일 이름(f.Name), 파일 크기(f.Length.ToString()), 파일 마지막 수정시간(f.CreationTime.ToString())을 사용한다.

14-22행 숨김 파일을 검색하는 작업을 수행한다.

16행 숨김 파일을 찾기 위해 f.Attributes 속성값이 FileAttributes.Hidden과 동일할 때, 즉 2일 때 17~21행에서 OnFile 델리게이트 호출하여 lvFile에 나타내는 작업을 수행한다.

24-34행 for 문과 di.GetDirectories() 메서드를 이용하여 지정된 폴더에 있는 하위 폴더의 경로를 추출하는 작업을 수행하며, 하위 폴더의 경로가 존재하면 28행을 수행하여 FileView() 메서드를 재귀적으로 호출하는 작업을 수행한다.

2.3 파일 보기 예제 실행

다음 그림은 파일 보기 예제를 F5를 눌러 실행한 화면이다. [경로] 버튼을 클릭하여 임의의 경로를 설정하고 [전체 파일]과 [숨김 파일] 라디오 버튼을 선택하여 지정된 폴더에 저장된 하위 폴더 또는 파일의 목록을 확인해 본다.

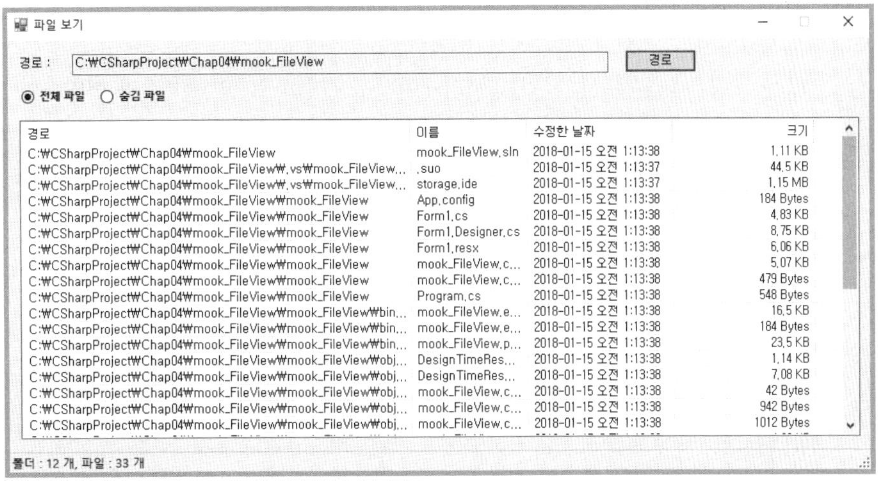

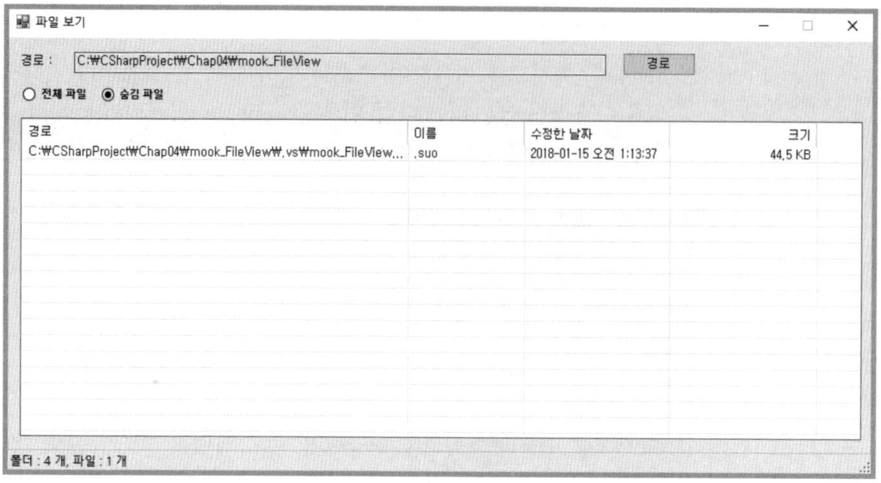

3. 파일 복사/이동

이 절에서 살펴보는 파일 복사/이동 애플리케이션은 경로 설정에 따라 하위에 있는 파일을 복사 또는 이동하는 예제이다. 파일을 복사/이동은 FileStream을 이용하여 4,096바이트 단위로 나눠 복사 및 이동하게 하는 예제이다.

다음 그림은 파일 복사/이동 애플리케이션을 구현하고 실행한 결과 화면이다.

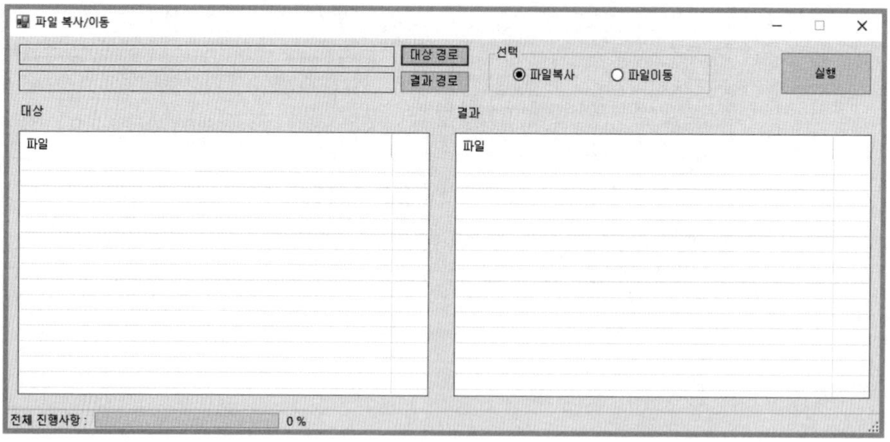

[결과 미리 보기]

3.1 파일 복사/이동(Form1) 디자인

프로젝트 이름을 'mook_FileCM'으로 하여 'C:\CSharpProject\Chap04' 경로에 새 프로젝트를 생성한다. 다음 그림과 같이 윈도우 폼에 필요한 컨트롤을 위치시켜 폼을 디자인하고, 각 컨트롤의 속성값을 설정한다.

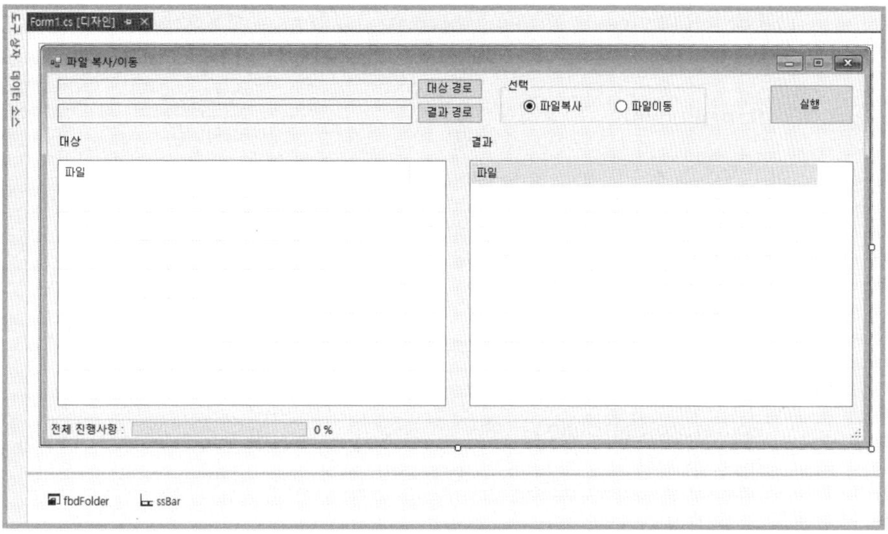

폼 디자인에 사용된 컨트롤의 주요 속성값은 다음과 같다.

폼 컨트롤	속 성	값
Form1	Name	Form1
	Text	파일 복사/이동
	FormBorderStyle	FixedSingle
	MaximizeBox	False
Button1	Name	btnSrc
	Text	대상 경로
Button2	Name	btnDest
	Text	결과 경로
Button3	Name	btnRun
	Text	실행
TextBox1	Name	txtSrc
	ReadOnly	True
TextBox2	Name	txtDest
	ReadOnly	True
Label1	Name	lblSrc
	Text	대상

Label2	Name	lblDest
	Text	결과
GroupBox1	Name	gbBox
	Text	선택
RadioButton1	Name	rbCopy
	Text	파일복사
	Checked	True
RadioButton2	Name	rbMove
	Text	파일이동
ListView1	Name	lvSrc
	GridLines	True
	View	Details
ListView2	Name	lvDest
	GridLines	True
	View	Details
FolderBrowserDialog1	Name	fbdFolder
StatusStrip1	Name	ssBar

파일 목록을 나타내는 ListView 컨트롤인 lvSrc의 컬럼 헤더를 추가하기 위해서 lvSrc 컨트롤을 선택한 후 속성 창의 목록에서 ...(컬렉션) 버튼을 눌러 [ColumnHeader 컬렉션 편집기] 대화상자가 연다. [ColumnHeader 컬렉션 편집기]에서 [추가] 버튼을 눌러 하나의 멤버를 추가하고 표와 같이 속성을 설정한다.

폼 컨트롤	속 성	값
columnHeader1	Name	chFileSrc
	Text	파일
	TextAlign	Left
	Width	400

다음 그림은 lvSrc 컨트롤에 멤버를 추가한 결과의 모습니다.

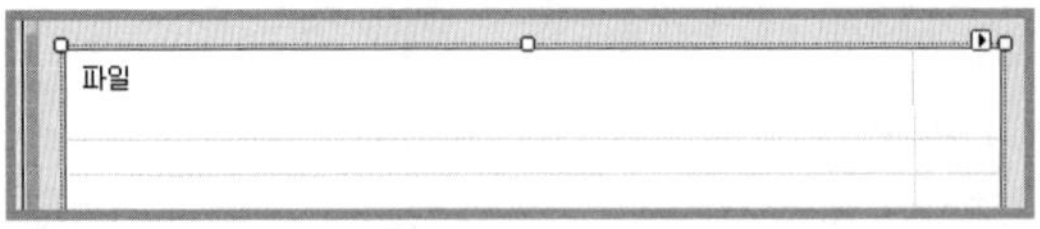

lvSrc 컨트롤과 같은 방법으로 lvDest 컨트롤에 컬럼 헤더를 추가하고 표와 같이 속성을 설정한다.

폼 컨트롤	속 성	값
columnHeader1	Name	chFileDest
	Text	파일
	TextAlign	Left
	Width	400

ssBar 상태바 컨트롤을 선택하고 속성 창 목록에서 Items 항목을 선택하고 [...](컬렉션) 버튼을 클릭하여 [항목 컬렉션 편집기] 대화상자를 연다. [항목 컬렉션 편집기] 대화상자의 왼쪽 목록 상자에서 StatusLabel과 ProgressBar 그리고 StatusLabel을 차례대로 추가하여 다음 표와 같이 컨트롤의 속성을 설정한다.

폼 컨트롤	속 성	값
ToolStripStatusLabel1	Name	tsslbl
	Text	전체 진행사항 :
ToolStripProgressBar1	Name	tspgrbar
	Size	200, 16
ToolStripStatusLabel2	Name	tsslblStatus
	Text	0 %

ssBar 컨트롤에 항목을 추가하고 속성 설정을 마치면 다음 그림과 같은 모습을 나타낸다.

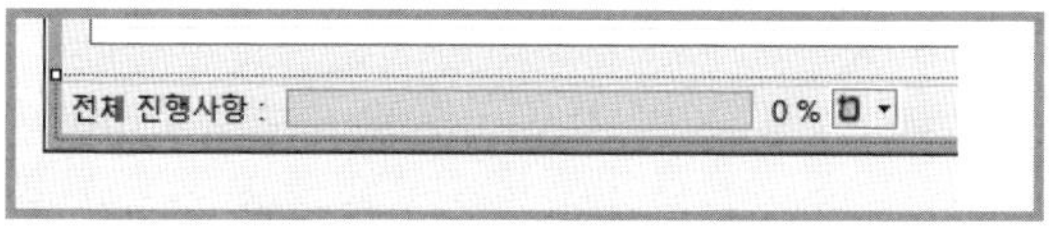

3.2 파일 복사/이동(Form1.cs) 코드 구현

다음과 같이 using 키워드를 이용하여 네임스페이스를 추가한다.

```
using System.IO;
```

다음과 같이 멤버 변수를 클래스 상단에 추가한다.

```
string FileSrc = "";     // 복사 및 이동 소스 파일의 경로
string FileDest = "";    // 복사 및 이동 목적지 파일의 경로
```

다음의 btnSrc_Click() 이벤트 핸들러는 [대상 경로] 버튼을 더블클릭하여 생성한 프로시저로, [폴더 찾아보기] 대화상자를 호출하여 폴더 경로를 설정하고 설정된 폴더에 있는 파일 목록을 lvSrc 컨트롤에 나타내는 작업을 수행한다.

```
01  private void btnSrc_Click(object sender, EventArgs e)
02  {
03      if (this.fbdFolder.ShowDialog() == DialogResult.OK)
04      {
05          this.lvSrc.Items.Clear();
06          this.txtSrc.Text = this.fbdFolder.SelectedPath;
07          FileSrc = this.fbdFolder.SelectedPath;
08          DirectoryInfo di = new DirectoryInfo(this.txtSrc.Text);
09          foreach (var fs in di.GetFiles())
10          {
11              this.lvSrc.Items.Add(new ListViewItem(new string[] { fs.Name }));
12          }
13      }
14  }
```

3행 [폴더 찾아보기] 대화상자를 호출하고 대상 경로로 지정할 폴더를 설정하는 작업을 수행한다.

8행 DirectoryInfo 클래스의 개체 di를 생성하는 문장으로 지정된 경로의 폴더 정보를 갖는 개체이다.

9-12행 foreach 문과 di.GetFiles() 메서드를 이용하여 설정된 경로에 폴더 내에 파일 정보를 가져온다.

11행 lvSrc.Items.Add() 메서드를 이용하여 lvSrc 컨트롤에 파일 항목(파일 이름)을 추가하는 작업을 수행한다.

다음의 btnDest_Click() 이벤트 핸들러는 [결과 경로] 버튼을 더블클릭하여 생성한 프로시저로, 파일을 복사 또는 이동하기 위한 목적지의 경로로 btnSrc_Click() 이벤트 핸들러와 유사하게 코드가 구현된다.

```
private void btnDest_Click(object sender, EventArgs e)
{
    if (this.fbdFolder.ShowDialog() == DialogResult.OK)
    {
        this.lvDest.Items.Clear();
        this.txtDest.Text = this.fbdFolder.SelectedPath;
        FileDest = this.fbdFolder.SelectedPath;
        DirectoryInfo di = new DirectoryInfo(FileDest);
        foreach (var fs in di.GetFiles())
        {
            this.lvDest.Items.Add(new ListViewItem(new string[] { fs.Name }));
        }
    }
}
```

다음의 btnRun_Click() 이벤트 핸들러는 [실행] 버튼을 더블클릭하여 생성한 프로시저로, 파일을 복사 또는 이동하기 위해 진행률을 화면에 나타내는 Form2를 호출하는 작업을 수행한다.

```
private void btnRun_Click(object sender, EventArgs e)
{
    if (this.txtDest.Text == this.txtSrc.Text)
    {
        MessageBox.Show("경로가 같을 수 없습니다.", "에러",
            MessageBoxButtons.OK, MessageBoxIcon.Error);
        return;
    }
    int i = 0;
    int sum = this.lvSrc.SelectedItems.Count;
    foreach (ListViewItem Items in this.lvSrc.SelectedItems)
    {
        i++;
        if (File.Exists(FileSrc + @"\" + Items.Text) == false)
        {
            MessageBox.Show("존재하지 않는 파일입니다.", "에러",
                MessageBoxButtons.OK, MessageBoxIcon.Error);
            continue;
        }
        FileInfo fi = new FileInfo(FileSrc + @"\" + Items.Text);
        Form2 frm2 = new Form2(FileSrc + @"\" +
            Items.Text, FileDest + @"\" + Items.Text);
        frm2.FileName = Items.Text;
        if (frm2.ShowDialog() == DialogResult.OK)
        {
            frm2.Close();
            ListViewItem item = this.lvDest.FindItemWithText(Items.Text);
            if (item == null)
            {
              this.lvDest.Items.Add(
                    new ListViewItem(new string[] { Items.Text }));
            }
            if (rbMove.Checked == true)
            {
                fi.Delete();
                this.lvSrc.Items.RemoveAt(Items.Index);
            }
        }
        int v = (int)(i * 100 / sum);
        this.tspgrbar.Value = v;
        this.tsslblStatus.Text = " " + v.ToString() + " %";
    }
}
```

3-8행 파일을 복사 또는 이동하기 위해 경로가 달라야 하기 때문에 경로가 같다면 메시지 창을 호출하여 작업을 진행하는 데 문제가 있음을 알리는 작업을 수행한다.

9-10행 작업 진행률을 나타내기 위해 변수를 초기화한다.

11-42행 foreach 문을 이용하여 lvSrc 컨트롤에 추가된 파일을 복사 또는 이동하는 작업을 수행한다.

14행 if 문과 File.Exists() 메서드를 이용하여 선언된 파일 경로에 파일 존재 여부를 판단하고, 만약 파일이 존재하지 않는 경우 메시지 박스를 호출하고 18행 continue 키워드를 이용하여 foreach 문의 다음 멤버(파일)에 대해 복사 또는 이동하는 작업을 수행한다.

20행 FileInfo 클래스 개체 fi를 생성하는 문장이다.

21-22행 Form2 클래스의 개체 frm2를 생성하는 문장으로 Form2 클래스의 생성자 메서드인 Form2()의 파라미터 값으로 복사 또는 이동할 파일의 경로를 전달한다.

23행 frm2.FileName 속성에 파일 이름을 설정한다.

24-38행 if 문과 frm2.ShowDialog() 메서드를 이용하여 폼을 호출하고 폼이 정상적으로 종료되면 26~37행을 수행한다.

26행 frm2.Close() 메서드를 호출하여 폼을 종료한다.

27행 this.lvDest.FindItemWithText() 메서드를 이용하여 lvDest 컨트롤에 추가된 멤버를 검색하여 ListViewItem 개체인 item에 저장한다.

28-32행 만약 item 개체의 값이 null이면 lvDest.Items.Add() 메서드를 이용하여 복사 또는 이동된 파일명을 추가하는 작업을 수행한다.

33-37행 rbMove.Checked 속성이 true 즉, 파일 이동일 경우 파일 복사 후에 35행 fi.Delete() 메서드를 이용하여 기존 파일을 삭제한다. 또한, lvSrc.Items.RemoveAT() 메서드를 이용하여 이동된 파일명을 lvSrc 컨트롤에 삭제하는 작업을 수행한다.

39-41행 작업률을 나타내며 폼 하단의 ssBar 컨트롤에 진행 상태와 진행률을 나타낸다.

3.3 파일 복사(Form2) 디자인

솔루션 탐색기에서 프로젝트 이름을 마우스 오른쪽 버튼으로 눌러 표시되는 단축메뉴에서 [추가]-[Windows Form] 메뉴를 선택하여 'Form2.cs'를 생성한다. 다음 그림과 같이 윈도우 폼에 필요한 컨트롤을 위치시켜 폼을 디자인하고, 각 컨트롤의 속성값을 설정한다.

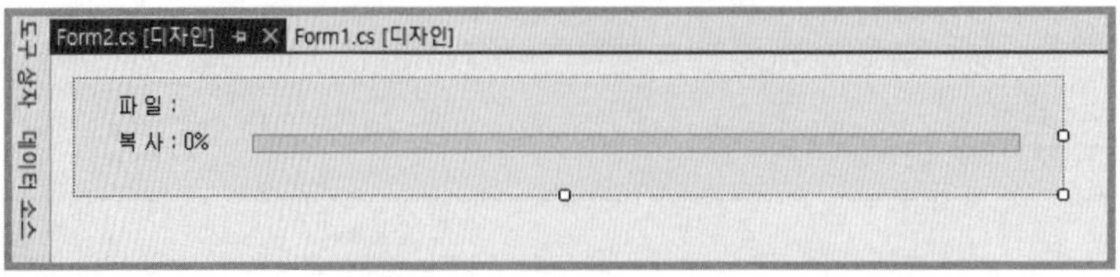

새로운 폼의 디자인에 사용된 컨트롤의 주요 속성값은 다음과 같다.

폼 컨트롤	속 성	값
Form2	Name	Form2
	Text	파일 복사
	FormBorderStyle	None
	MaximizeBox	False
	MinimizeBox	False
	ShowIcon	False
	ShowInTaskbar	False
	StartPosition	CenterParent
	TopMost	True
Label1	Name	lblFileName
	Text	파 일 :
Label2	Name	lblCopy
	Text	복 사 : 0%
ProgressBar1	Name	pgbCopy
	Step	1

3.4 파일 복사(Form2.cs) 코드 구현

다음과 같이 using 키워드를 이용하여 필요한 네임스페이스를 추가한다.

```
using System.IO;
using System.Threading;
```

다음과 같이 멤버 변수 및 접근자를 클래스 내부 상단에 추가한다.

```
public delegate void SetProgCallBack(int vy);         // 진행률 Progress
public delegate void SetLabelCallBack(string str);   // 진행률 텍스트

private Thread t1;                                  // 스레드 개체 생성
private byte[] bts = new byte[4096];                // 파일 분할 저장
private FileStream fsSrc = null;       // 소스 파일 스트림 개체 생성
private FileStream fsDest = null;      // 목적지 파일 스트림 개체 생성

public string FileName { get; set; }
```

다음의 Form2() 메서드는 클래스의 상속을 받아 Form1에서 전달받은 인자값에 따라 FileStream 개체인 fsSrc와 fsDest를 선언하는 작업을 한다.

```
public Form2(string src, string dest)
{
    InitializeComponent();

    fsSrc = new FileStream(src, FileMode.Open, FileAccess.Read);
    fsDest = new FileStream(dest, FileMode.Create, FileAccess.Write);
}
```

다음의 Form2_Load() 이벤트 핸들러는 폼을 더블클릭하여 생성한 프로시저로, 파일을 복사 또는 이동하기 위한 컨트롤의 초기화 및 스레드를 생성하는 작업을 수행한다.

```
private void Form2_Load(object sender, EventArgs e)
{
    this.pgbCopy.Maximum = 100;
    this.lblFileName.Text = "파 일 : " + FileName;
    t1 = new Thread(new ThreadStart(FileCopy));
    t1.Start();
}
```

다음의 FileCopy() 메서드는 t1 스레드에서 4,096바이트 단위씩 파일을 복사하는 작업을 수행한다.

```
private void FileCopy()
{
    int vv = 1;
    int cnt = 0;
    int kk = (int)(fsSrc.Length / 4096) - 1;
    int ss = (int)(fsSrc.Length % 4096);

    while (true)
    {
        Thread.Sleep(10);
        if (vv >= 100)
        {
            break;
        }

        bts = new byte[4096];

        if (cnt <= kk)
        {
```

```
17                 fsSrc.Seek(4096 * cnt, SeekOrigin.Begin);
18                 fsSrc.Read(bts, 0, 4096);

19                 fsDest.Seek(4096 * cnt, SeekOrigin.Begin);
20                 fsDest.Write(bts, 0, 4096);
21             }
22             else
23             {
24                 fsSrc.Seek(4096 * cnt, SeekOrigin.Begin);
25                 fsSrc.Read(bts, 0, ss);

26                 fsDest.Seek(4096 * cnt, SeekOrigin.Begin);
27                 fsDest.Write(bts, 0, ss);
28             }

29             cnt++;

30             vv = (int)(fsDest.Length * 100 / fsSrc.Length);
31             if (vv > 100)
32             {
33                 SetProgBar(100);
34             }
35             else
36             {
37                 SetProgBar(vv);
38             }
39             SetLabel("복사 : " + vv.ToString() + "%");
40         }
41         fsDest.Close();
42         fsSrc.Close();
43         DialogResult = DialogResult.OK;
44     }
```

3-6행 4,096바이트 단위로 파일을 복사하기 위해 변수를 초기화한다.

7-40행 while 문을 이용하여 4,096바이트 단위로 파일을 복사하고 진행률을 나타내는 작업을 수행한다.

10-13행 변수 vv의 값이 100보다 크거나 같을 때 즉, 파일을 정상적으로 복사가 완료되었을 때 break 키워드로 while 문을 종료하는 문장이다.

14행 byte 배열을 선언하는 작업을 수행한다.

15-28행 fsSrc.Seek(), fsSrc.Read(), fsDest.Seek(), fsDest.Write() 메서드를 이용하여 파일을 4,094바이트 단위로 파일 스트림에 저장하는 작업을 수행한다.

30행 파일 복사 진행률을 나타냄을 위한 복사 비율을 변수 vv에 저장한다.

31-39행 진행률을 화면에 나타낼 수 있도록 SetProgBar()와 SetLabel() 메서드를 호출하는 작업을 수행한다.

41-43행 파일 복사 작업이 완료되면 FileStream.Close() 메서드와 DialogResult.OK 형식을 호출하여 폼을 종료하는 작업을 수행한다.

TIP

FileStream.Seek(offset, origin) 메서드

스트림의 현재 위치를 제공된 값으로 설정한다.

- offset : 검색을 시작할 origin에 상대적인 위치
- origin : SeekOrigin 형식의 값을 사용하여 시작, 끝 또는 현재 위치를 origin에 대한 참조 지점으로 지정

SeekOrigin 열거형

스트림에서 검색 참조 지점을 나타내는 필드 제공

멤버	설명
Begin	스트림의 맨 앞을 지정합니다.
Current	스트림 내의 현재 위치를 지정합니다.
End	스트림의 맨 끝을 지정합니다.

TIP

FileStream.Read(array, offset, count) 메서드

스트림에서 바이트 블록을 읽어서 해당 데이터를 제공된 버퍼에 기록한다.

- array : 이 메서드는 지정된 바이트 배열의 값이 offset과 (offset + count – 1) 사이에서 현재 원본으로부터 읽어온 바이트로 교체된 상태로 반환
- offset : 읽은 바이트를 넣을 array의 바이트 오프셋
- count : 읽을 최대 바이트 수

TIP

FileStream.Write(array, offset, count) 메서드

바이트 블록을 파일 스트림에 기록한다.

- array : 스트림에 쓸 데이터를 포함하는 버퍼
- offset : 스트림으로 바이트를 복사하기 시작할 array의 바이트 오프셋(0부터 시작)
- count : 쓸 최대 바이트 수

다음의 SetProgBar() 메서드는 파일 복사 진행률을 pgbCopy 컨트롤에 나타내는 작업을 수행한다.

```
01  private void SetProgBar(int vv)
02  {
03      if (this.pgbCopy.InvokeRequired)
04      {
05          SetProgCallBack del = new SetProgCallBack(SetProgBar);
06          this.Invoke(del, new object[] { vv });
07      }
08      else
09          this.pgbCopy.Value = vv;
10  }
```

3행　if 문과 pgbCopy.InvokeRequired 속성을 이용하여 컨트롤과 호출된 스레드가 동일한지 여부를 판단하고 다를 경우 4~7행의 델리게이트를 선언하여 진행률을 화면에 나타낼 수 있도록 한다.

5행　델리게이트 개체 del을 생성하고 SetProgBar 메서드를 입력하여 콜백(callback) 처리가 되도록 하여 같은 스레드에서 호출된 것과 같은 효과를 나타낸다.

6행　Invoke() 메서드를 이용하여 진행률 변수 vv에 계산하고, invoke가 필요 없을 때 9행에서 pgbCopy.Value 속성값에 변수 vv의 값을 저장한다.

다음의 SetLabel() 메서드는 파일 복사 진행률을 lblCopy 컨트롤에 나타내는 작업을 수행하며, 작업 수행 방식은 SetProgBar() 메서드와 동일하다.

```
private void SetLabel(string str)
{
    if (this.lblCopy.InvokeRequired)
    {
        SetLabelCallBack del = new SetLabelCallBack(SetLabel);
        this.Invoke(del, new object[] { str });
    }
    else
        this.lblCopy.Text = str;
}
```

다음의 Form2_FormClosing() 이벤트 핸들러는 폼을 선택하고 이벤트 목록 창에서 [FormClosing] 란을 더블클릭하여 생성한 프로시저로, 폼이 종료될 때 이벤트를 처리하며 t1 스레드가 종료되지 않았다면 t1.Abort() 메서드를 호출하여 종료하는 작업을 수행한다.

```
private void Form2_FormClosing(object sender, FormClosingEventArgs e)
{
    if (t1 != null) { t1.Abort(); }
}
```

3.5 파일 복사/이동 예제 실행

다음 그림은 파일 복사/이동 예제를 F5를 눌러 실행한 화면이다. [대상 경로]와 [결과 경로] 버튼을 클릭하여 경로를 설정하고 [파일복사] 또는 [파일이동]을 선택한 뒤에 [실행] 버튼을 클릭하여 결과를 확인해 본다.

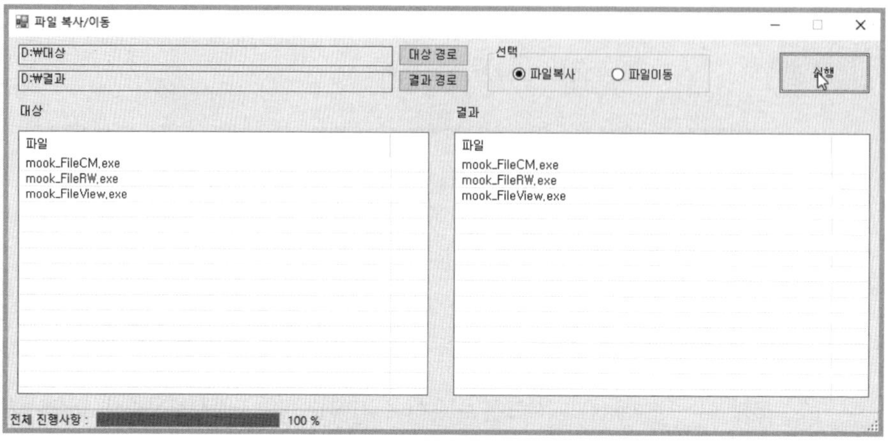

다음 그림은 예제 애플리케이션을 실행한 뒤, 각각의 폴더를 파일 브라우저를 통해 확인해 본 결과이다.

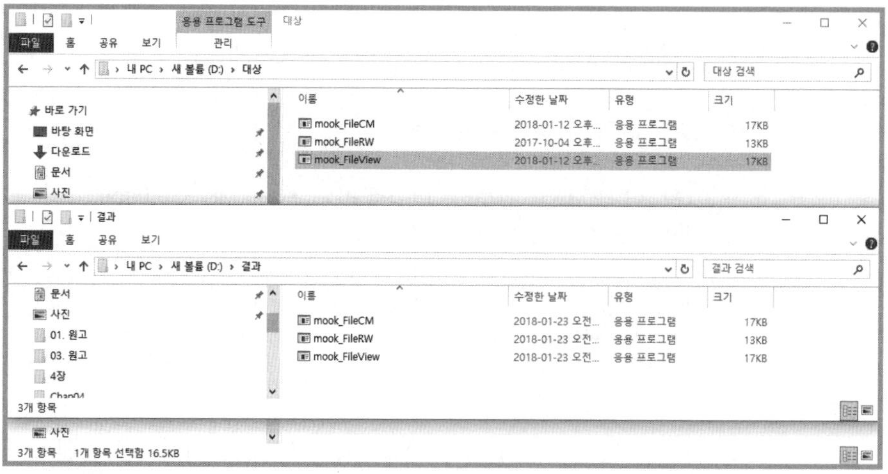

4. 파일 지우기

이 절에서 살펴보는 파일 지우기 애플리케이션은 파일을 완전히 삭제하는 알고리즘을 이용하는 예제로 British HMG IS5 알고리즘의 Base Line과 Enhanced 방식으로 파일을 삭제한다. .Net Framework File 클래스에서 제공하는 파일 삭제 인터페이스를 사용하는 것이 아니기 때문에 보다 안전하게 그리고 완전히 파일을 삭제할 수 있는 특징이 있다.

다음 그림은 파일 지우기 애플리케이션을 구현하고 실행한 결과 화면이다.

[결과 미리 보기]

4.1 파일 지우기 디자인

프로젝트 이름을 'mook_FileWipe'로 하여 'C:\CSharpProject\Chap04' 경로에 새 프로젝트를 생성한다. 다음 그림과 같이 윈도우 폼에 필요한 컨트롤을 위치시켜 폼을 디자인하고, 각 컨트롤의 속성 값을 설정한다.

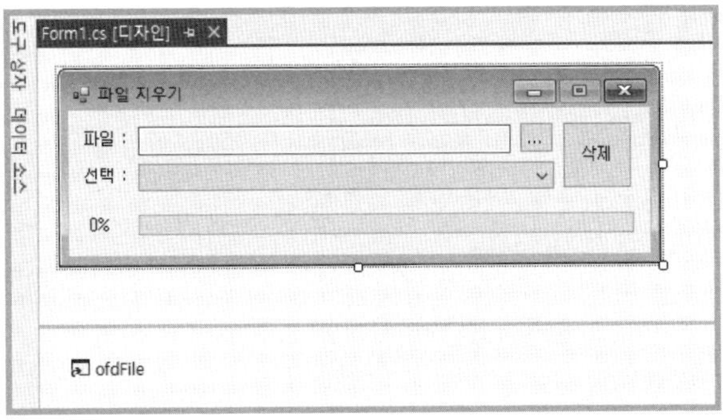

폼 디자인에 사용된 컨트롤의 주요 속성값은 다음과 같다.

폼 컨트롤	속 성	값
Form1	Name	Form1
	Text	파일 지우기
	FormBorderStyle	FixedSingle
	MaximizeBox	False
Label1	Name	lblPath
	Text	파일 :
Label2	Name	lblWipe
	Text	선택 :
Label3	Name	lblPgb
	Text	0%
Button1	Name	btnPath
	Text	...

Button2	Name	btnWipe
	Text	삭제
TextBox1	Name	txtPath
	ReadOnly	True
ComboBox1	Name	cbWipe
	DropDownStyle	DropDownList
ProgressBar1	Name	pgbBar
OpenFileDialog1	Name	ofdFile
	Filter	모든 파일 (*.*)|*.*

ComboBox 컨트롤인 cbWipe에 목록을 추가하기 위해서 cbWipe 컨트롤을 선택하고 속성 창의 목록에서 Items 항목을 선택하여 (컬렉션) 버튼을 눌러 [문자열 컬렉션 편집기] 대화상자를 연다. [문자열 컬렉션 편집기] 대화상자에서 다음 그림과 같이 두 줄로 문자열을 추가하여 ComboBox 컨트롤인 cbWipe에 목록을 추가하고 [확인] 버튼을 클릭하여 콤보박스에 목록을 설정한다.

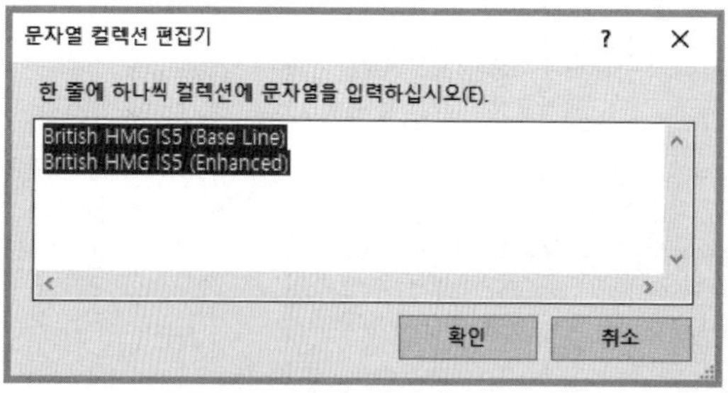

4.2 파일 지우기 코드 구현

다음과 같이 멤버 개체를 클래스 상단에 추가하며, FileDelete 클래스의 개체 fd를 생성한다.

```
FileDelete fd = null;
```

다음의 btnPath_Click() 이벤트 핸들러는 폼에서 [...] 버튼을 더블클릭하여 생성한 프로시저로, 완전히 삭제할 파일을 선택하기 위해 ofdFile.ShowDialog() 메서드를 이용하여 [열기] 대화상자를 호출하고 파일의 경로를 설정하는 작업을 수행한다.

```
private void btnPath_Click(object sender, EventArgs e)
{
    if (this.ofdFile.ShowDialog() == DialogResult.OK)
    {
        this.txtPath.Text = this.ofdFile.FileName;
    }
}
```

다음의 btnWipe_Click() 이벤트 핸들러는 [삭제] 버튼을 더블클릭하여 생성한 프로시저로, FileDelete 클래스를 호출하여 선택된 파일을 삭제하는 작업을 수행한다.

```
01  private void btnWipe_Click(object sender, EventArgs e)
02  {
03      if (this.cbWipe.Text == “”)
04      {
05          MessageBox.Show(“Wipe 방법을 선택하세요”, “알림”,
06              MessageBoxButtons.OK, MessageBoxIcon.Error);
07          this.cbWipe.Focus();
08          return;
09      }
10      else if (this.txtPath.Text == “”)
11      {
12          MessageBox.Show(“삭제할 파일을 선택하세요”, “알림”,
13              MessageBoxButtons.OK, MessageBoxIcon.Error);
14          this.btnPath.Focus();
15          return;
16      }

17      switch (this.cbWipe.Text)
18      {
19          case “British HMG IS5 (Base Line)”:
20              fd = new FileDelete(this.txtPath.Text);
21              fd.runPer +=
22                  new FileDelete.ProcessEventHandler(WipeStatus);
23              fd.British_HMG_IS5_BaseLine(this.txtPath.Text);
24              break;
25          case “British HMG IS5 (Enhanced)”:
26              fd = new FileDelete(this.txtPath.Text);
27              fd.runPer +=
28                  new FileDelete.ProcessEventHandler(WipeStatus);
29              fd.British_HMG_IS5_Enhanced(this.txtPath.Text);
30              break;
31      }
32  }
```

3-16행 if 문을 이용하여 cbWipe 컨트롤과 txtPath 컨트롤에 입력 값이 정상적으로 입력되었는지 검사하는 문장이다.

17-31행 switch 문을 이용하여 선택된 파일 대상으로 콤보박스에서 선택한 삭제 알고리즘에 따라 FileDelete 클래스를 호출하여 파일을 삭제하는 작업을 수행한다.

20행 FileDelete 클래스의 개체 fd의 생성을 선언하는 문장으로 FileDelete 클래스의 생성자 메서드에 파일 경로를 전달하면서 개체를 생성한다.

21-22행 FileDelete 클래스의 이벤트 핸들러를 선언하는 문장으로 파일 삭제 이벤트에서 동작할 WipeStatus() 메서드를 인자값으로 사용한다. 이는 파일을 삭제하는 작업은 FileDelete 클래스에서 수행하고 그 작업의 진행 상황을 주 스레드의 폼에 나타낼 수 있도록 하기 위함이다. 따라서 실제 폼에 진행률을 나타내는 작업을 수행하는 WipeStatus() 메서드를 선언하고 이벤트로 FileDelete 클래스를 연결하여 작업 진행을 나타낸다.

25-30행 코드가 19~24행과 동일하며 파일을 삭제하는 알고리즘만 다르게 구현되어 있다.

다음의 WipeStatus() 메서드는 FileDelete 클래스에서 선택된 파일을 완전히 삭제하는 진행률을 폼에 나타내는 작업을 수행한다.

```
01    private void WipeStatus(int Current)
02    {
03        switch (Current)
04        {
05            case 0:
06                this.lblPgb.Text = Current + "%";
07                this.pgbBar.Value = Current;
08                break;
09            default:
10                this.lblPgb.Text = Current + "%";
11                this.pgbBar.Value = Current;
12                if (Current == 100)
13                {
14                    this.txtPath.Text = "";
15                }
16                break;
17        }
18        Application.DoEvents();
19    }
```

6, 10행 lblPgb 컨트롤에 파일의 삭제 진행률을 나타내며, 7행과 11행은 파일을 삭제하는 진행률을 프로그레스바를 통해 나타낸다.

18행 Application.DoEvents() 메서드를 이용하여 현재 메시지 큐에 있는 모든 Windows 메시지를 처리하는 작업으로 이벤트 발생시 델리게이트에 설정된 이벤트 처리기가 호출되어 진행률이 올라가는데 이때 자연스러운 숫자 변경을 위한 문장이다.

4.3 FileDelete.cs 클래스 생성 및 코드 구현

솔루션 탐색기에서 프로젝트 이름(mook_FileWipe)을 마우스 오른쪽 버튼으로 클릭하여 표시되는 단축메뉴에서 [추가]–[클래스] 메뉴를 선택하여, 다음 그림과 같이 [새 항목 추가] 대화상자가 나타나면 [이름] 란에 'FileDelete.cs'를 입력하고 [추가] 버튼을 클릭하여 클래스를 생성한다.

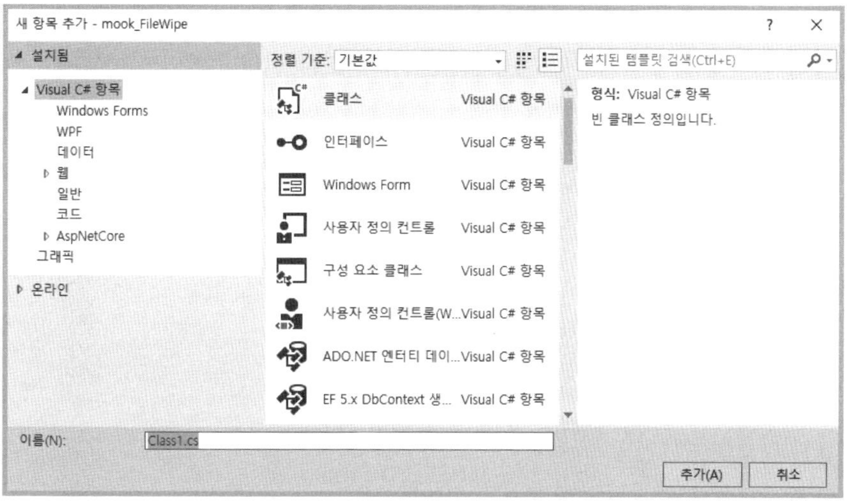

다음과 같이 using 키워드를 이용하여 필요한 네임스페이스를 추가한다.

```
using System.IO;
using System.Windows.Forms;
```

다음과 같이 멤버 개체와 변수를 클래스 상단에 추가한다.

```
01    FileInfo fi = null;
02    FileStream fs = null;
03    byte[] ByteArray = null;

04    public delegate void ProcessEventHandler(int Current);   // 델리게이트 선언
05    public event ProcessEventHandler runPer;                 // 이벤트 선언
```

4행　delegate 키워드를 이용하여 int 타입의 매개변수를 갖는 이벤트 처리기가 설정되도록 델리게이트를 선언하는 문장이다.

5행　이벤트를 선언하는 문장으로 runPer 이벤트를 선언한다.

델리게이트	이벤트	이벤트 처리기
ProcessEventHandler	runPer	WipeStatus()

다음의 FileDelete() 메서드는 FileDelete 클래스가 선언될 때 호출되며 완전히 삭제할 파일의 경로를 인자값으로 받아 FileInfo 클래스 개체 fi를 생성하는 작업을 수행한다.

```
public FileDelete(string FilePath)
{
    fi = new FileInfo(FilePath);
}
```

다음의 British_HMG_IS5_BaseLine() 메서드는 선택된 파일의 영역에 '0x0' 값을 1회 채워 넣어 파일을 완전히 삭제하는 작업을 수행한다.

```
01  public void British_HMG_IS5_BaseLine(string FilePath)
02  {
03      try
04      {
05          ByteArray = new byte[fi.Length];
06          runPer(0);
07          Application.DoEvents();
08          for (int i = 0; i < fi.Length; i++)
09          {
10              ByteArray[i] = 0x0;
11              runPer((int)(((float)i / (float)(fi.Length - 1.0)) * 100.0));
12          }
13          RunBuffer(FilePath, ByteArray);
14          fi.Delete();
15          Application.DoEvents();
16      }
17      catch (Exception ex)
18      {
19          MessageBox.Show(ex.ToString());
20      }
21  }
```

5행 byte 배열을 fi.Length 속성값을 이용하여 초기화하는 작업을 수행한다.

6행 runPer 이벤트 호출하여 진행률의 초기값을 0으로 설정한다. 이 작업으로 델리게이트에 설정된 이벤트 처리기가 실행되어 진행률이 화면에 나타난다.

8-12행 5행에서 선언된 파일 크기의 byte 배열에 값을 모두 0x0으로 변경하는 작업을 수행한다.

10행 파일 영역의 버퍼로 쓰일 byte 배열에 임의 값 0x0으로 채워 넣어 삭제된 파일이 복구되지 않도록 하는 작업이다.

11행 runPer 이벤트를 호출하여 파일 영역의 버퍼로 쓰일 byte 배열에 임의 값 0x0으로 채워지는 작업의 진행률을 나타내기 위한 작업이다.

13행　RunBuffer() 메서드를 호출하여 파일 영역 버퍼에 임의 값 0x0으로 채우는 작업을 수행한다.

14행　파일 영역 버퍼에 임의 값 0x0를 채워 파일이 복구되지 않게 되었으면 fi.Delete() 메서드를 호출하여 파일을 삭제한다. 이 작업으로 윈도우 환경에서 파일을 휴지통에 버리고 비우기 위한 효과와 동일하게 파일을 삭제한다. 따라서 파일 시스템적으로는 파일을 볼 수 있는 링크만 끊어진 것이다. 하지만 링크를 복구한다고 가정했을 때 파일 영역이 이미 임의 값인 0x0으로 변경되었기 때문에 정상적인 파일을 확인할 수 없게 된다.

다음의 RunBuffer() 메서드는 파일 영역 버퍼에 임의 값 0x0으로 채우는 작업을 수행한다.

```
01  private void RunBuffer(string FilePath, byte[] Buffer)
02  {
03      fs = new FileStream(FilePath, FileMode.Open,
04          FileAccess.Write, FileShare.None);
05      fs.Write(Buffer, 0, Buffer.Length);
06      fs.Flush();
07      fs.Close();
08  }
```

3-4행　FileStream 클래스 개체를 초기화하는 작업을 수행한다. 이는 파일을 열고 쓰는 작업의 권한(TIP "FileStream 생성자" 참고)을 갖는다.

5행　파일 완전 삭제 기능의 핵심이라 할 수 있는 파일 영역 버퍼에 임의 값 0x0을 채우는 작업을 수행한다. 이는 fs.Write() 메서드를 이용하여 수행한다.

6행　fs.Flush() 메서드를 이용하여 이 스트림의 버퍼를 지우고 버퍼링된 모든 데이터가 파일에 기록되도록 한다.

7행　fs.Close() 메서드를 이용하여 fs 개체 사용을 종료한다.

TIP

FileStream(String, FileMode, FileAccess, FileShare) 생성자

지정된 경로, 생성 모드, 읽기/쓰기 권한 및 공유 권한을 사용하여 FileStream 클래스의 새 개체를 초기화한다.

- String : 현재 FileStream 개체가 캡슐화할 파일의 상대 또는 절대 경로
- FileMode : 파일을 열거나 만드는 방법을 결정하는 상수
- FileAccess : FileStream 개체에서 파일에 액세스할 수 있는 방법을 결정하는 상수
- FileShare : 프로세스에서 파일을 공유하는 방법을 결정하는 상수

FileShare 열거형

멤버 이름	설명
Delete	파일의 후속 삭제를 허용
Inheritable	파일 핸들을 자식 프로세스에서 상속할 수 있도록 함
None	현재 파일의 공유를 거절
Read	다음에 파일을 읽기용으로 여는 것을 허용
ReadWrite	다음에 파일을 읽기용 또는 쓰기용으로 여는 것을 허용
Write	다음에 파일을 쓰기용으로 여는 것을 허용

다음의 British_HMG_IS5_Enhanced() 메서드는 앞서 알아본 British_HMG_IS5_BaseLine() 메서드보다 더 강력하게 파일을 삭제하는 알고리즘으로 파일 영역 버퍼에 임의 값을 세 번 채워 넣는다. 이때 세 번째는 랜덤 함수를 이용하여 랜덤하게 값을 변경하는 작업을 수행한다.

```
public void British_HMG_IS5_Enhanced(string FilePath)
{
   try
   {
      ByteArray = new byte[fi.Length];
      runPer(0);
      Application.DoEvents();
      int n = 0;
      for (int c = 1; c < 4; c++)
      {
         switch (c)
         {
         case 1:
            for (int i = 0; i < fi.Length; i++)
            {
               ByteArray[i] = 0x0;
               runPer((int)(((float)n / (float)((fi.Length - 1.0) * 3.0)) * 100.0));
               n++;
            }
            RunBuffer(FilePath, ByteArray);
            ByteArray = new byte[fi.Length];
            break;
         case 2:
            for (int i = 0; i < fi.Length; i++)
            {
               ByteArray[i] = 0x0;
               runPer((int)(((float)n / (float)((fi.Length - 1.0) * 3.0)) * 100.0));
               n++;
            }
            RunBuffer(FilePath, ByteArray);
```

```
31                  ByteArray = new byte[fi.Length];
32                  break;
33              case 3:
34                  switch (RandomBuffer(n))
35                  {
36                      case true:
37                          break;
38                  }
39                  RunBuffer(FilePath, ByteArray);
40                  ByteArray = new byte[fi.Length];
41                  break;
42              }
43          }
44          fi.Delete();
45          Application.DoEvents();
46      }
47      catch (Exception ex)
48      {
49          MessageBox.Show(ex.ToString());
50      }
51  }
```

9-43행 for 문을 이용하여 순차적으로 파일 영역의 버퍼에 임의 값을 채워 넣는 작업을 수행한다.

13-32행 British_HMG_IS5_BaseLine() 메서드에서 살펴본 코드 구성과 거의 유사한 것을 알 수 있다. 이렇게 같은 영역에 임의 값을 덮어쓰는 이유는 파일 영역 버퍼에 쓰인 값은 쉽게 지워지지 않는다. 문신과도 같아서 한 번 삭제로 완벽하게 삭제되지 않고 조금의 흔적이 살아 있기 때문이다. 따라서 파일을 강력하고 100% 완벽하게 삭제하기 위해서는 동일한 파일 영역 버퍼에 임의의 값을 7번 이상 덮어 써야 가능하다고 한다. 이것 또한 상용 복구 도구 기준으로 산정한 것이기 때문에 100% 신뢰하기는 어렵지만, 무료로 배포되는 복구 도구로는 이 예제에서 사용되는 알고리즘으로도 충분히 복구되지 않도록 파일을 삭제할 수 있다.

33-41행 랜덤 함수를 이용하여 파일 영역 버퍼를 채우는 작업을 수행한다. 이는 13~32행에서 임의 값 0x0으로 파일 영역 버퍼를 채우고 난 후 세 번째로 랜덤 함수를 이용하여 생성된 값으로 채워 넣는 것이다. 따라서 한 번의 임의 값으로 덮어쓰는 것보다 더욱 안전하게 파일을 삭제하는 작업이라 할 수 있다. 하지만 이렇게 파일 영역 버퍼를 덮어쓰는 횟수가 늘어나면서 삭제 진행률 즉, 파일 삭제 시간은 늘어날 것이다. 또한, 파일 크기와 디스크 영역 등을 고려한다면 덮어쓰는 작업 시간은 상당히 길어진다. 따라서 상용 파일 완전 삭제 도구들에서 파일 하나를 삭제할 때도 알고리즘에 따라 상당한 시간이 소요될 수 있다.

34행 RandomBuffer() 메서드를 호출하여 생성된 랜덤 값을 이용하여 파일 영역 버퍼로 쓰일 byte 배열에 랜덤 값을 채워 넣도록 하는 작업을 수행한다.

39행 RunBuffer() 메서드를 호출하여 파일 영역 버퍼에 34행에서 수행된 랜덤 값을 덮어 쓰는 작업을 수행한다.

44행 fi.Delete() 메서드를 이용하여 파일을 삭제하는 작업을 수행한다.

다음의 RandomBuffer() 메서드는 파일 영역 버퍼로 쓰일 byte 멤버 배열 ByteArray 값을 랜덤 값으로 채워 넣는 작업을 수행한다.

```
01  private bool RandomBuffer(int n)
02  {
03      ByteArray = new byte[fi.Length];
04      Application.DoEvents();
05      for (int i = 0; i < fi.Length; i++)
06      {
07          ByteArray[i] = RandomByte();
08          runPer((int)(((float)n / (float)((fi.Length - 1.0) * 3.0)) * 100.0));
09          n++;
10      }
11      return true;
12  }
```

7행 RandomByte() 메서드를 호출하여 0~255 사이의 랜덤 값을 byte 형식으로 반환받아 ByteArray 배열에 저장하는 작업을 수행한다.

8행 runPer 이벤트를 호출하여 파일 영역 버퍼가 변경되는 진행률을 나타내 주는 작업을 수행한다.

다음의 RandomByte() 메서드는 0~255 사이의 랜덤 값을 반환하는 작업을 수행하는데 이는 파일 영역 버퍼에 랜덤하게 값이 입력되도록 하기 위함이다.

```
01  private byte RandomByte()
02  {
03      byte Minimo = 0;
04      byte maximo = 255;
05      Random Rnd = new Random();
06      byte ResultRnd = (byte)(Rnd.Next(Minimo, maximo));
07      return ResultRnd;
08  }
```

6행 Rnd.Next() 메서드(TIP "Random.Next() 메서드" 참고)를 이용하여 0~255 사이의 임의의 값을 반환하는 작업을 수행한다.

TIP

Random.Next(Int32, Int32) 메서드

지정된 범위 내의 난수를 반환한다.

- minValue : 반환되는 난수의 하한(포함)
- maxValue 반환되는 난수의 상한(제외)

※ maxValue는 minValue보다 크거나 같아야 한다.

4.4 파일 지우기 예제 실행

다음 그림은 파일 지우기 예제를 F5를 눌러 실행한 화면이다. 불필요한 임의의 파일을 선택한 뒤에 삭제 알고리즘을 선택하고 [삭제] 버튼을 클릭하여 파일의 완전 삭제 여부를 확인한다.

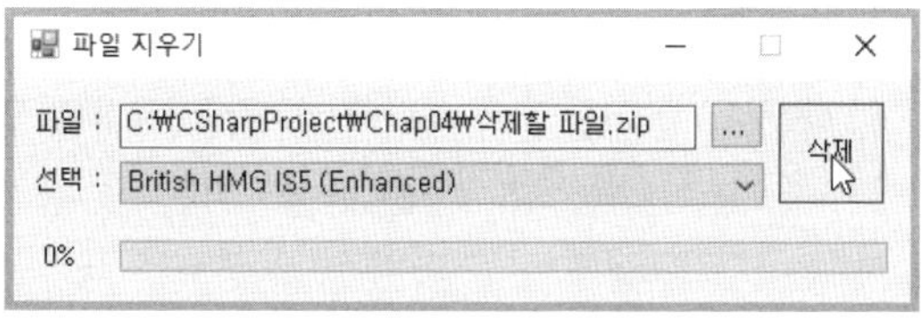

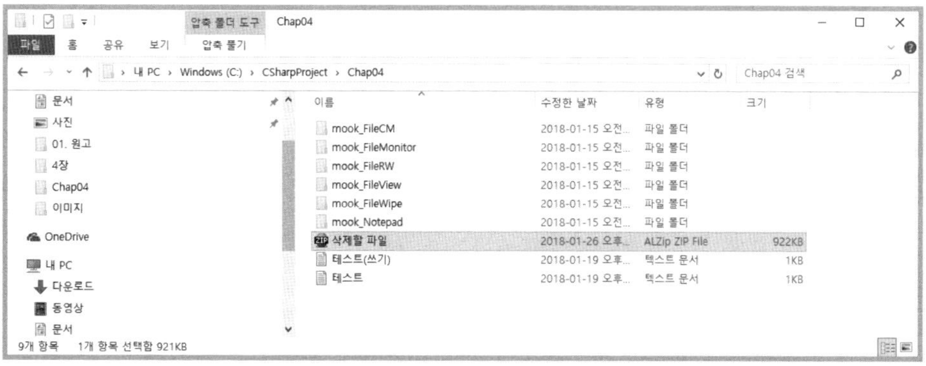

[삭제] 버튼을 클릭하여 지정된 파일의 삭제 여부를 파일 탐색기를 통해 확인한다.

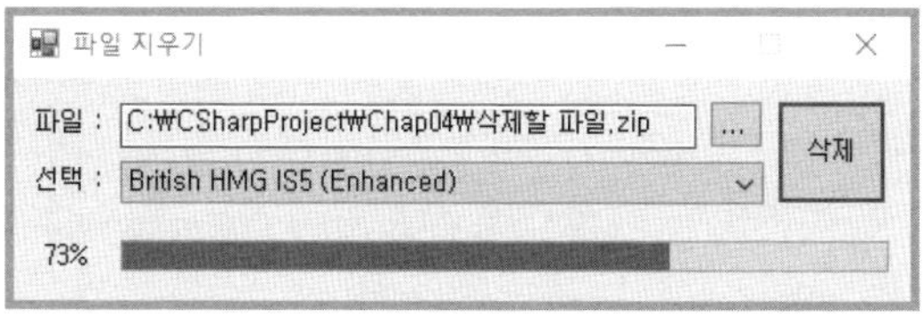

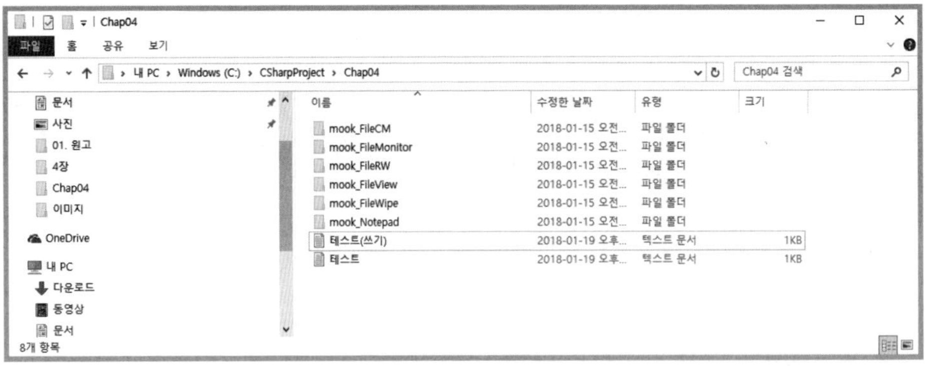

5. 파일 모니터

이 절에서 살펴보는 파일 모니터 애플리케이션은 FileSystemWatcher 클래스를 이용하여 감시 대상 폴더에 파일 생성, 삭제 등 변화를 모니터링하는 예제다. 파일 모니터를 이용하여 파일의 이상 행위를 탐지하거나 변화를 감지하는데 사용하는 등 다양한 분야에 사용된다. 잘 알려진 바이러스 백신 프로그램도 신규 파일 즉 악성코드 생성을 모니터링하거나 중요 경로를 감시할 때 이 예제와 같은 방법을 사용한다.

전문적으로 파일 생성에 대한 모니터링을 위해서는 파일 생성 API를 이용하는 방법을 사용하지만, 이 절에서는 .NET Framework에서 제공하는 강력한 FileSystemWatcher 클래스 및 인터페이스를 사용하여 파일 모니터를 구현한다.

다음 그림은 파일 모니터 애플리케이션을 구현하고 실행한 결과 화면이다.

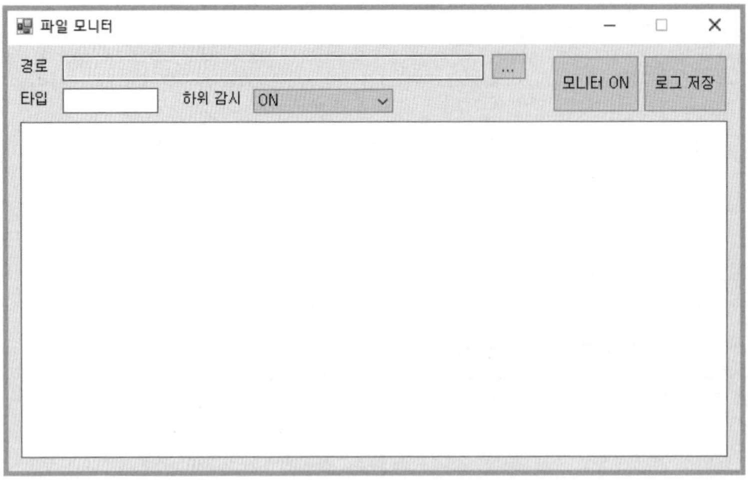

[결과 미리 보기]

5.1 파일 모니터 디자인

프로젝트 이름을 'mook_FileMonitor'로 하여 'C:\CSharpProject\Chap04' 경로에 새 프로젝트를 생성한다. 다음 그림과 같이 윈도우 폼에 필요한 컨트롤을 위치시켜 폼을 디자인하고, 각 컨트롤의 속성값을 설정한다.

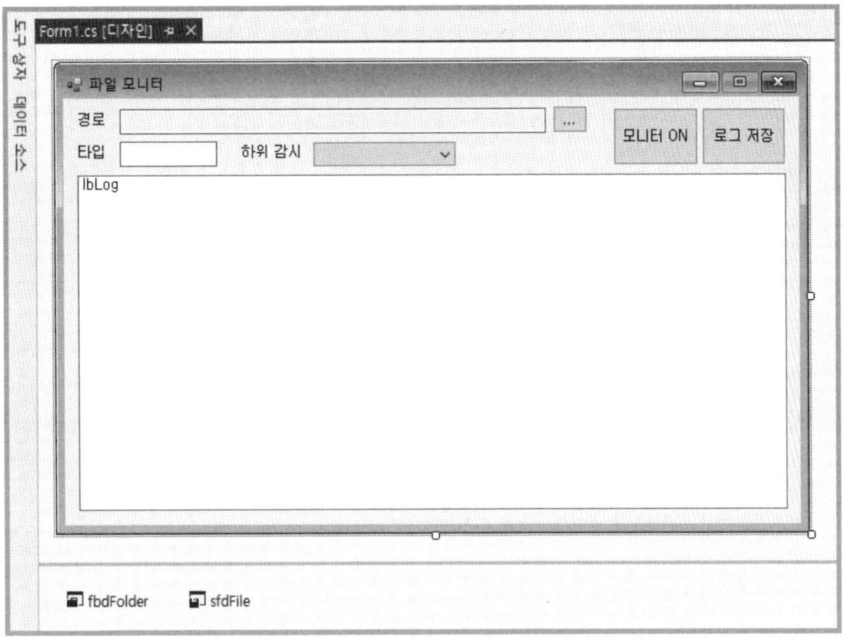

폼 디자인에 사용된 컨트롤의 주요 속성값은 다음과 같다.

폼 컨트롤	속 성	값
Form1	Name	Form1
	Text	파일 모니터
	FormBorderStyle	FixedSingle
	MaximizeBox	False
Label1	Name	lblPath
	Text	경로
Label2	Name	lblExtension
	Text	타입
Label3	Name	lblMonitor
	Text	하위 감시
TextBox1	Name	txtPath
	ReadOnly	True
TextBox2	Name	txtExtension

Button1	Name	btnPath
	Text	...
Button2	Name	btnMonitor
	Text	모니터 ON
Button3	Name	btnSave
	Text	로그 저장
ComboBox1	Name	cbMonitor
	DropDownStyle	DropDownList
ListBox1	Name	lbLog
FolderBrowserDialog1	Name	fbdFolder
SaveFileDialog1	Name	sfdFile
	Filter	로그 파일(*.log)|*.log

ComboBox 컨트롤인 cbMonitor에 리스트를 추가하기 위해서 cbMonitor 컨트롤을 선택하고 속성 창의 목록에서 Items 항목을 선택한 뒤 ...(컬렉션) 버튼을 눌러 [문자열 컬렉션 편집기] 대화상자가 나타나면 다음과 같이 리스트를 추가한다. cbMonitor 컨트롤은 지정된 경로의 하위 폴더까지 감시할 것인지를 설정하는 용도로 사용한다.

```
ON
OFF
```

5.2 파일 모니터 코드 구현

다음과 같이 using 키워드를 이용하여 네임스페이스를 추가한다.

```
using System.IO;
using System.Threading;
```

다음과 같이 멤버 객체 및 변수를 클래스 상단에 추가한다.

```
01    private FileSystemWatcher Watcher;
02    private string FolderPath = String.Empty;
03    private bool let = false;
04    private delegate void DelegateCreateListBoxItem(
05                    string EventName, string DateTime, string FilePath);
```

1행 파일이나 폴더의 생성이나 변경 등 이벤트를 모니터링하기 위해 사용할 수 있는 FileSystemWatcher 개체를 초기화하는 문장으로 Changed, Created, Deleted, Disposed, Renamed 등의 이벤트가 발생할 때 이벤트를 처리하기 위한 이벤트 핸들러 인터페이스를 제공한다.

TIP

FileSystemWatcher 이벤트 및 속성

FileSystemWatcher는 다음과 같은 이벤트를 지원한다.

- **Changed** : 지정된 Path에서 파일이나 디렉터리가 변경도리 때 발생
- **Created** : 지정된 Path에서 파일이나 디렉터리가 만들어질 때 발생
- **Deleted** : 지정된 Path에서 파일이나 디렉터리가 삭제될 때 발생
- **Disposed** : 구성 요소를 호출하여 삭제될 때 발생
- **Renamed** : 지정된 Path에서 파일이나 디렉터리의 이름이 바뀔 때 발생

FileSystemWatcher가 제공하는 주요 속성은 다음과 같다.

- **FileSystemWatcher.Path 속성** : 조사할 디렉터리의 경로를 가져오거나 설정
- **FileSystemWatcher.NotifyFilter 속성** : 조사할 변경 내용 형식을 가져오거나 설정
- **FileSystemWatcher.Filter 속성** : 디렉터리에서 모니터링할 파일을 결정하는 데 사용되는 필터 문자열을 가져오거나 설정

다음의 Form1_Load() 이벤트 핸들러는 폼을 더블클릭하여 생성한 프로시저로, cbMonitor Text 속성을 설정하는 작업을 수행한다.

```
private void Form1_Load(object sender, EventArgs e)
{
    this.cbMonitor.Text = "ON";
}
```

다음의 btnPath_Click() 이벤트 핸들러는 [...] 버튼을 더블클릭하여 생성한 프로시저로, 모니터링할 디렉토리 경로를 txtPath 컨트롤과 FolderPath 멤버 변수에 저장하는 작업을 수행한다.

```
private void btnPath_Click(object sender, EventArgs e)
{
    if (this.fbdFolder.ShowDialog() == DialogResult.OK)
    {
        this.txtPath.Text = this.fbdFolder.SelectedPath;
        FolderPath = this.fbdFolder.SelectedPath;
    }
}
```

다음의 btnMonitor_Click() 이벤트 핸들러는 [모니터 ON] 버튼을 더블클릭하여 생성한 프로시저로, 파일 모니터링을 위해 FileSystemWatcher 개체 및 이벤트를 추가하는 작업을 수행한다.

```
01 private void btnMonitor_Click(object sender, EventArgs e)
02 {
03     if (this.txtPath.Text == “”) return;

04     if (this.btnMonitor.Text == “모니터 ON”)
05     {
06         this.btnMonitor.Text = “모니터 OFF”;
07         this.btnSave.Enabled = false;

08         Watcher = new FileSystemWatcher();
09         Watcher.Filter = “*.” + this.txtExtension.Text.ToLower();
10         Watcher.Path =
11             Environment.ExpandEnvironmentVariables(FolderPath);

12         if (this.cbMonitor.Text == “ON”)
13             Watcher.IncludeSubdirectories = true;
14         else
15             Watcher.IncludeSubdirectories = false;

16         Watcher.NotifyFilter =
17             NotifyFilters.LastAccess | NotifyFilters.LastWrite |
18             NotifyFilters.FileName | NotifyFilters.DirectoryName;
19         Watcher.Changed += new FileSystemEventHandler(OnChanged);
20         Watcher.Created += new FileSystemEventHandler(OnCreated);
21         Watcher.Deleted += new FileSystemEventHandler(OnDeleted);
22         Watcher.Renamed += new RenamedEventHandler(OnRenamed);

23         Watcher.EnableRaisingEvents = true;
24     }
25     else
26     {
27         if (Watcher != null)
28         {
29             Watcher.Changed -= new FileSystemEventHandler(OnChanged);
30             Watcher.Created -= new FileSystemEventHandler(OnCreated);
31             Watcher.Deleted -= new FileSystemEventHandler(OnDeleted);
32             Watcher.Renamed -= new RenamedEventHandler(OnRenamed);
33             Watcher.EnableRaisingEvents = false;
34         }
35         this.btnMonitor.Text = “모니터 ON”;
36         this.btnSave.Enabled = true;
37     }
38 }
```

3행 모니터 경로가 설정되지 않았을 때 3행 이후 코드가 실행되지 않도록 처리하기 위해 return 키워드를 이용하여 이벤트 핸들러를 종료한다.

4–24행 파일 모니터 설정이 완료되어 FileSystemWatcher 클래스를 이용한 모니터를 실행하는 작업을 수행한다.

8행 FileSystemWatcher 개체를 선언하고 초기화하는 문장이다.

9행 FileSystemWatcher의 Filter 속성을 설정하는 문장으로 txtExtension 컨트롤에 입력된 확장자에 따라 해당 확장자를 갖는 파일을 모니터링하게 된다.

TIP

FileSystemWatcher.Filter 속성 설정 예

- *.* : 모든 파일을 모니터링한다. 기본값이다.
- *.txt : txt 확장자를 갖은 모든 파일을 모니터링한다.
- *test.exe : 파일 이름이 'test'로 끝나는 exe 타입의 파일을 모니터링한다.
- test*.exe : 파일 이름이 'test'로 시작되는 exe 타입의 파일을 모니터링한다.
- test.exe : 'test.exe' 파일 하나만 모니터링한다.

10-11행 FileSystemWatcher의 Path 속성을 설정하는 문장으로 FolderPath 변수의 값을 설정한다. Environment.ExpandEnvironmentVariables() 메서드는 '%SystemRoot%'와 같이 시스템에 등록된 상대 경로를 절대 경로로 변환해 주는 작업을 수행한다.

12-15행 cbMonitor 컨트롤에 설정된 값을 확인하여 FileSystemWatcher의 IncludeSubdirectories 속성값을 설정한다. 이 값을 true 값으로 설정하는 경우 해당 경로 하위의 폴더의 모든 경로를 모니터링하는 작업을 수행하게 된다. false 값으로 설정하는 경우 하위 폴더는 모니터링에 포함하지 않는다.

16-18행 FileSystemWatcher의 NotifyFilter 속성값을 설정하는 문장으로 파일 또는 폴더에 대한 모니터링 조건을 설정한다. 파일을 마지막으로 연 시간, 마지막으로 접근한 시간, 파일 이름, 디렉터리 이름을 모니터링하기 위해 필요한 값을 OR('|' 연산자 사용) 조건으로 설정하였다.

TIP

NofityFilter 열거형

멤버 이름	설명
Attributes	파일 또는 폴더의 특성
CreationTime	파일이 나 폴더를 만든 시간
DirectoryName	디렉터리의 이름
FileName	파일의 이름
LastAccess	파일 또는 폴더를 마지막으로 연 날씨
LastWrite	파일 또는 폴더 마지막으로 접근한 날짜
Security	파일 또는 폴더의 보안 설정
Size	파일 또는 폴더의 크기

19행 FileSystemWatcher의 Changed 이벤트를 처리할 이벤트 핸들러를 등록하는 문장으로 '+=' 연산자를 이용하여 이벤트 핸들러 OnChanged()를 등록한다.

20-22행 19행과 마찬가지로 OnCreated(), OnDeleted(), OnRenamed() 이벤트 핸들러를 등록하는 작업을 수행한다.

23행 FileSystemWatcher의 EnableRaisingEvents 속성을 설정하는 문장으로 true 값으로 설정하여 FileSystemWatcher를 활성화한다. 즉 앞서 설정한 모든 속성 및 이벤트가 동작할 수 있도록 활성화하여 모니터링을 시작하는 것이다.

27-36행 모니터링을 중지하는 문장으로 지정된 경로의 변화를 감지하기 위해 등록된 이벤트 핸들러를 해지하는 작업을 수행한다.

29-32행 '-=' 연산자를 이용하여 19~22행에서 등록한 파일 변화를 모니터링하는 이벤트 핸들러의 등록을 해지한다.

33행 FileSystemWatcher의 EnableRaisingEvents 속성을 false로 설정하여 파일 모니터링 작업을 중지한다.

다음의 OnChanged() 메서드는 파일에 변화가 생겼을 경우 이벤트를 처리하는 작업을 수행한다.

```
01  private void OnChanged(object sender, FileSystemEventArgs e)
02  {
03      if (let == false)
04      {
05          let = true;
06          CreateListBoxItem("Changed", DateTime.Now.ToString(), e.FullPath);
07      }
08      else
09      {
10          let = false;
11      }
12  }
```

3행 let 멤버 변수는 OnChanged 이벤트가 동일하게 두 번 반복 호출되는 것을 방지하기 위한 if 문으로 파일 생성 등의 변화가 있을 때 이벤트가 두 번 호출되기 때문에 이를 처리하기 위한 문장이다.

6행 lbLog 컨트롤에 파일의 변화를 입력하기 위한 델리게이트를 호출하는 문장으로 이벤트 명(Changed), 현재 시간(DataTime.Now), 변경된 파일 경로(e.FullPath)를 인자값으로 넣고 호출한다.

다음의 CreateListBoxItem() 메서드는 크로스 스레드 에러(Cross Thread Error)를 해결하기 문장으로 호출 스레드와 다른 스레드에서 만들어져 해당 컨트롤 호출하는 여부를 판단하여 델리게이트 또는 일반 메서드를 호출하는 작업을 수행한다.

```
01 void CreateListBoxItem(string EventName, string DateTime, string FilePath)
02 {
03     if (this.lbLog.InvokeRequired)
04     {
05         DelegateCreateListBoxItem DelView =
06             new DelegateCreateListBoxItem(InvokedCreateListViewItem);
07         Invoke(DelView, new object[3] { EventName, DateTime, FilePath });
08     }
09     else
10     {
11         InvokedCreateListViewItem(EventName, DateTime, FilePath);
12     }
13 }
```

3행 lbLog 컨트롤에 입력하는 문을 호출한 스레드가 다른 스레드에서 접근 할 경우 크로스 스레드 에러가 발생할 수 있기 때문에 델리게이트를 선언하고 Invoke() 메서드를 이용하여 대리자를 호출하여 lbLog 컨트롤의 데이터를 입력한다.

5-6행 DelView 델리게이트 개체를 생성하는 초기화하는 문장으로 InvokedCreateList ViewItem() 메서드를 델리게이트 대리자로 설정한다.

7행 Invoke() 메서드를 이용하여 이벤트 명, 이벤트 발생 시간, 파일 경로를 DelView 델리게이트 개체에 전달한다.

9-12행 lbLog 컨트롤에 입력하는 문을 호출한 스레드가 다르지 않은 스레드에서 호출하였기 때문에 델리게이트를 사용하지 않고 InvokedCreateListViewItem() 메서드를 호출하는 작업을 수행한다.

다음의 InvokedCreateListViewItem() 메서드는 델리게이트에서 이벤트 처리를 대신하는 대리자로 설정되며, lbLog 컨트롤에 이벤트 명, 이벤트 시점, 변경 파일 경로를 입력하는 작업을 수행한다.

```
01 private void InvokedCreateListViewItem(
02             string EventName, string DateTime, string FilePath)
03 {
04     this.lbLog.Items.Add(EventName + " : (" + DateTime + ") : " + FilePath);
05 }
```

4행 lbLog.Items.Add() 메서드를 이용하여 이벤트 명, 이벤트 시점, 변경 파일 경로를 lbLog 컨트롤에 입력하는 문장이다.

다음의 FileSystemWatcher 개체에 등록된 이벤트 핸들러 메서드로 파일 생성, 파일 삭제, 이름 변경에 대한 이벤트가 발생하면 CreateListBoxItem() 메서드를 호출하여 이벤트 명, 이벤트 시점, 변경 파일 경로를 lbLog 컨트롤에 입력하는 작업을 수행한다.

```
private void OnCreated(object sender, FileSystemEventArgs e)
{
   CreateListBoxItem("Created", DateTime.Now.ToString(), e.FullPath);
}

private void OnDeleted(object sender, FileSystemEventArgs e)
{
   CreateListBoxItem("Deleted", DateTime.Now.ToString(), e.FullPath);
}

private void OnRenamed(object sender, FileSystemEventArgs e)
{
   CreateListBoxItem("Renamed", DateTime.Now.ToString(), e.FullPath);
}
```

다음의 btnSave_Click() 이벤트 핸들러는 [로그 저장] 버튼을 더블클릭하여 생성한 프로시저로, lbLog 컨트롤에 입력된 문자열을 파일로 저장하는 작업을 수행한다.

```
01  private void btnSave_Click(object sender, EventArgs e)
02  {
03     if (this.sfdFile.ShowDialog() == DialogResult.OK)
04     {
05        string savepath = this.sfdFile.FileName;
06        StreamWriter sw = new StreamWriter(savepath);
07        foreach(string s in this.lbLog.Items)
08        {
09           sw.WriteLine(s);
10        }
11        sw.Close();
12     }
13  }
```

3행 sfdFile.ShowDialog() 메서드를 호출하여 [폴더 찾기] 대화상자의 결과를 확인하는 if 문으로 [폴더 찾기] 대화상자에서 경로를 설정하고 [확인] 버튼 즉, DialogResult의 응답이 "OK"일 경우 lbLog 컨트롤에 입력된 데이터를 지정된 경로에 파일로 저장하는 작업을 수행한다.

6행 파일을 작성하기 위해서 StreamWriter 클래스의 개체 sw를 생성하고 초기화하는 문장으로 StreamWriter 생성자의 변수로 5행의 파일 경로가 입력된다.

7행 foreach 문을 이용하여 lbLog.Items 속성값 즉, 파일 변화 로그를 행 단위로 가져오는 작업을 수행하며, 9행의 sw.WriteLine() 메서드를 이용하여 행 단위로 파일에 기록된다.

11행 sw.Close() 메서드를 호출하여 StreamWriter 개체를 닫는 작업을 수행한다.

5.3 파일 모니터 예제 실행

다음 그림은 파일 모니터 예제를 F5를 눌러 실행한 화면이다. ... 버튼을 클릭하여 모니터링할 경로를 설정하고 [모니터 ON] 버튼을 클릭하여 모니터링 결과를 확인한다.

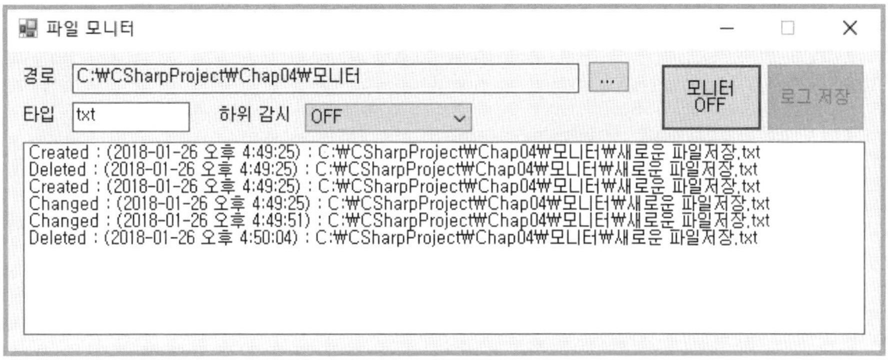

다음 그림은 [로그 저장] 버튼을 클릭했을 때, 저장된 로그 파일을 파일 탐색기를 이용하여 확인해 본 것이다.

6. 메모장

이 절에서 살펴보는 메모장 애플리케이션은 윈도우 환경에서 자주 사용하는 애플리케이션을 유사하게 구현한 예제이다. 일반적으로 형식이 없는 파일을 생성하거나, 문자 데이터를 쉽고 간편하게 저장하거나 편집하기 위해 메모장을 가장 많이 사용한다. 이 메모장은 파일을 읽고 쓰는 기능이 대부분이기 때문에 파일 클래스의 인터페이스를 학습하는 데 효과적이다.

이 장에서 앞서 살펴본 예제를 통해 파일 읽기 쓰기에 대한 기능은 어려움 없이 구현할 수 있을 것으로 생각된다. 이 절의 예제를 통해 파일 클래스의 속성 및 메서드, 인터페이스에 대한 학습과 다양하게 활용되는 메모장 애플리케이션의 기능에 대해 어떻게 구현되는지 살펴보자.

다음 그림은 메모장 애플리케이션을 구현하고 실행한 결과 화면이다.

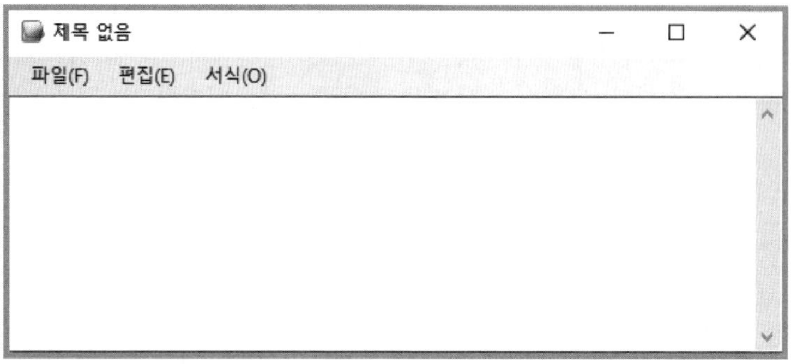

[결과 미리 보기]

6.1 메모장(Form1) 디자인

프로젝트 이름을 'mook_Notepad'로 하여 'C:\CSharpProject\Chap04' 경로에 새 프로젝트를 생성한다. 다음 그림과 같이 윈도우 폼에 필요한 컨트롤을 위치시켜 폼을 디자인하고, 각 컨트롤의 속성값을 설정한다.

폼 디자인에 사용된 컨트롤의 주요 속성값은 다음과 같다.

폼 컨트롤	속 성	값
Form1	Name	Form1
	Text	제목 없음
	Icon	[설정]
MenuStrip1	Name	menuBar
TextBox1	Name	txtNote
	Dock	Fill
	Multiline	True
	ScrollBars	Both
FontDialog1	Name	fdText
OpenFileDialog1	Name	ofdFile
	Filter	텍스트 파일(*.txt)|*.txt|모든 파일(*.*)|*.*
SaveFileDialog1	Name	sfdFile
	FileName	텍스트
	Filter	텍스트 파일(*.txt)|*.txt|모든 파일(*.*)|*.*

menuBar 컨트롤에 메뉴를 추가하기 위해서 그림과 같이 menuBar 컨트롤을 선택하고 직접 메뉴를 추가한다.

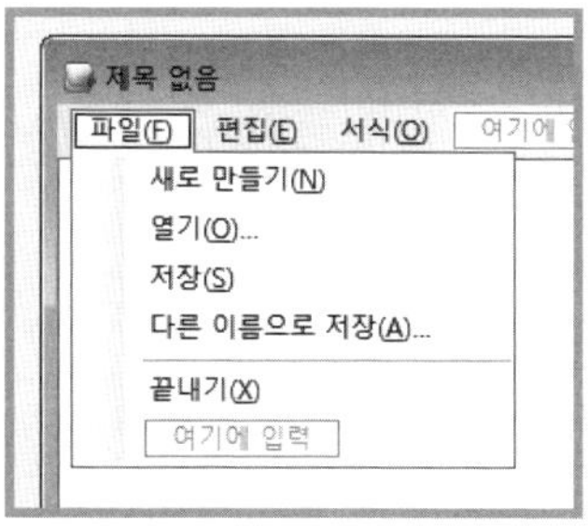

[파일] 메뉴

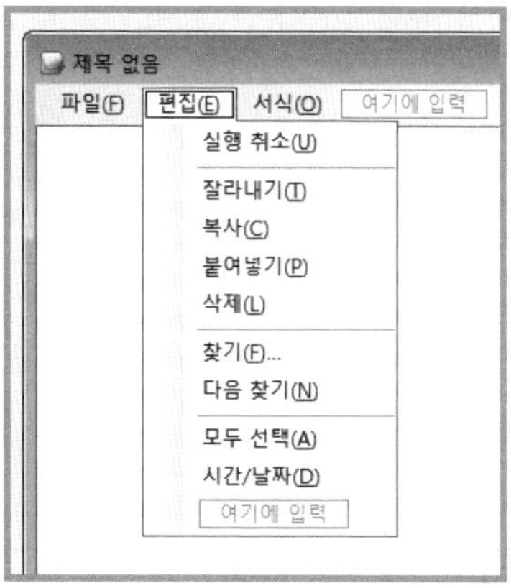

[편집] 메뉴

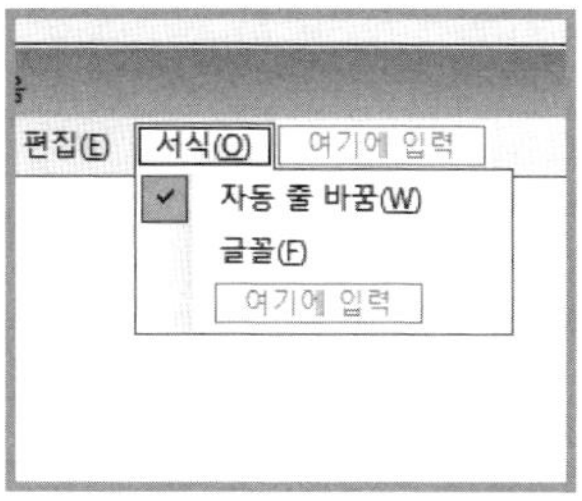

[서식] 메뉴

솔루션 탐색기에서 프로젝트 이름을 마우스 오른쪽 버튼으로 클릭하여 표시되는 단축메뉴에서 [추가]-[새 폴더] 메뉴를 클릭하여 폴더를 프로젝트 내에 생성하고 폴더의 이름을 'ico'로 한다. ico 폴더에는 폼에서 사용할 아이콘 파일을 저장해 둔다.

6.2 메모장(Form1.cs) 코드 구현

다음과 같이 using 키워드를 이용하여 네임스페이스를 추가한다.

```
using System.IO;   // 파일 개체 활용
```

다음과 같이 멤버 개체 및 변수를 클래스 상단에 추가한다.

```
private Boolean txtNoteChange;      // 내용 변경 체크
private string fWord;               // 찾기 문자열
private Form2 frm2;                 // 폼2 개체(frm2)생성
```

다음의 새로만들기NToolStripMenuItem1_Click() 이벤트 핸들러는 [새로 만들기] 메뉴를 더블클릭하여 생성한 프로시저로, 파일 저장 및 새로운 메모장 페이지 여는 작업을 수행한다.

```
private void 새로만들기NToolStripMenuItem1_Click(object sender, EventArgs e)
{
   if (this.txtNoteChange == true)
   {
      var msg = this.Text + " 파일의 내용이 변경되었습니다. " +
               "\r\n 변경된 내용을 저장하시겠습니까?";
      var dlr = MessageBox.Show(msg, "메모장",
                  MessageBoxButtons.YesNoCancel,
                  MessageBoxIcon.Warning);
      if (dlr == DialogResult.Yes)
      {
         textSave();
         this.txtNote.ResetText();
         this.Text = "제목 없음";
         this.txtNoteChange = false;
      }
      else if (dlr == DialogResult.No)
      {
         this.txtNote.ResetText();
         this.Text = "제목 없음";
         this.txtNoteChange = false;
      }
      else if (dlr == DialogResult.Cancel)
```

```
24            {
25               return;
26            }
27            else
28            {
29               this.txtNote.ResetText();
30               this.Text = "제목 없음";
31               this.txtNoteChange = false;
32            }
33         }
34         else
35         {
36            this.txtNote.ResetText();
37            this.Text = "제목 없음";
38            this.txtNoteChange = false;
39         }
40      }
```

3행 txtNoteChange 멤버 변수에 따라 true 값이면 txtNote 컨트롤의 입력된 데이터가 변경이 있는 것으로 판단하여 입력된 내용을 저장하거나 무시하는 작업을 수행한다.

7-9행 MessageBox.Show() 메서드 실행으로 표시된 대화상자의 선택 결과인 저장(Yes), 무시(No) 또는 취소(Cancel)의 DialogResult의 열거형 값을 변수 dlr에 저장한다.

10-16행 메시지 박스의 [Yes] 버튼을 클릭했을 때 textSave() 메서드를 호출하여 내용을 저장하고, 13행의 txtNote.ResetText() 메서드를 이용하여 txtNote 컨틀로의 내용을 모두 지우는 작업을 수행한다.

17-22행 메시지 박스의 [No] 버튼을 클릭했을 때, 즉 저장하지 않음으로 하여 txtNote.ResetText() 메서드를 이용하여 txtNote 컨트롤의 내용을 모두 지우는 작업을 수행하여 초기화하고, txtNoteChange 멤버 변수의 값 또한 false로 변경한다.

23-26행 메시지 박스의 [Cancel] 버튼 클릭하여 메시지 박스를 무효화 한다.

다음의 textSave() 메서드는 txtNote 컨트롤에 입력된 데이터를 저장하는 작업을 수행한다.

```
private void textSave()
{
   if (this.Text == "제목 없음")
   {
      var dlr = this.sfdFile.ShowDialog();
      if (dlr != DialogResult.Cancel)
      {
         var str = this.sfdFile.FileName;
```

```
09                  var sw = new StreamWriter(str, false,
10                              System.Text.Encoding.Default);
11                  sw.Write(this.txtNote.Text);
12                  sw.Flush();
13                  sw.Close();
14                  this.Text = str;
15                  this.txtNoteChange = false;
16              }
17          }
18          else
19          {
20              var strt = this.Text;
21              var sw = new StreamWriter(strt, false, System.Text.Encoding.Default);
22              sw.Write(this.txtNote.Text);
23              sw.Flush();
24              sw.Close();
25              this.Text = strt;
26              this.txtNoteChange = false;
27          }
28      }
```

3행 this.Text 속성값이 "제목 없음"이면 저장이 되지 않은 초기 상태로 판단하여 새로 저장하는 작업을 수행한다.

5행 sfdFile.ShowDialog() 메서드를 호출하여 [다른 이름으로 저장] 대화상자를 호출한다.

6-16행 StreamWriter 클래스를 이용하여 txtNote 컨트롤에 입력된 문자열을 지정된 파일에 저장하는 작업을 수행한다.

8행 sfdFile.FileName 속성을 이용하여 저장할 파일의 경로를 변수 str에 저장하는 문장이다.

9-10행 파일을 생성하기 위해서 StreamWriter 클래스의 개체 sw를 생성하는 문장으로 생성자의 인자값으로 경로(str), 지정 파일이 존재할 경우 덮어쓰기 여부(false), 사용할 문자 인코딩 기본(System.Text.Encoding.Default)을 입력한다.

11행 sw.Write() 메서드를 이용하여 txtNote 컨트롤에 입력된 문자열을 스트림에 쓰는 작업을 수행한다.

12행 sw.Flush() 메서드를 이용하여 현재 작성된 스트림의 모든 버퍼를 지우면 버퍼링된 모든 데이터가 내부 스트림에 써지는 작업을 수행한다.

13행 sw.Close() 메서드를 이용하여 개체를 닫는다.

18-27행 txt.Text 속성값이 "제목 없음"이 아니면 이미 저장된 이력이 있다는 의미로 StreamWriter 클래스 및 인터페이스를 이용하여 바로 저장하는 작업을 수행한다.

다음의 열기OToolStripMenuItem_Click() 이벤트 핸들러는 [열기] 메뉴를 더블클릭하여 생성한 프로시저로, 파일을 열기 전에 txtNote 컨트롤의 문자열 내용 저장에 대해 질의하고 파일을 여는 작업을 수행한다.

```
private void 열기OToolStripMenuItem_Click(object sender, EventArgs e)
{
   // txtNote 컨트롤에 입력된 데이터가 수정 및 추가되었을 때
   if (this.txtNoteChange == true)
   {
      var msg = this.Text + " 파일의 내용이 변경되었습니다. " +
               "\r\n 변경된 내용을 저장하시겠습니까?";
      var dlr = MessageBox.Show(msg, "메모장",
              MessageBoxButtons.YesNoCancel, MessageBoxIcon.Warning);
      if (dlr == DialogResult.Yes)
      {
         textSave();  // 데이터 저장 메서드 호출
         textOpen();  // 파일 열기 메서드 호출
      }
      else if (dlr == DialogResult.No)
      {
         textOpen();  // 저장 않고 파일 열기 메서드 호출
      }
      else if (dlr == DialogResult.Cancel)
      {
         return;        // 저장 및 열기를 하지 않고 모든 작업을 취소한다.
      }
   }
   else
   {
      textOpen(); // txtNote 컨트롤의 입력 데이터가 수정 및 추가되지 않았다.
   }
}
```

다음의 textOpen() 메서드는 StreamReader 클래스를 이용하여 파일에서 읽어 들인 내용을 txtNote 컨트롤에 문자열로 나타내는 작업을 수행한다.

```
private void textOpen()
{
   var dr = this.ofdFile.ShowDialog();
   if (dr != DialogResult.Cancel)
   {
      var str = this.ofdFile.FileName;
      var sr = new StreamReader(str, System.Text.Encoding.Default);
      this.txtNote.Text = sr.ReadToEnd();
      sr.Close();
      this.Text = str;
```

```
11            this.txtNoteChange = false;
12        }
13    }
```

3행　ofdFile.ShowDialog() 메서드를 호출하여 [열기] 대화상자를 호출하고 파일이 선택되면 5~12행을 수행하여 선택된 파일로부터 내용을 읽어 txtNote 컨트롤에 문자열 데이터를 나타낸다.

7행　StreamReader 클래스의 개체 sr을 생성하는 문장으로 생성자의 인자값으로 파일 경로(str), 사용할 문자 인코딩 기본(System.Text.Encoding.Default)을 입력한다.

8행　sr.ReadToEnd() 메서드를 호출하여 스트림에 써진 데이터의 처음부터 끝까지 한 번에 읽어와 txtNote 컨트롤에 나타내는 작업을 수행한다.

9행　StreamReader 클래스의 개체 sr을 닫는 작업을 수행한다.

10행　this.Text 속성에 열린 파일의 경로를 설정하는 작업을 수행하여, 파일을 저장할 때 경로로 사용된다.

다음의 txtNote_TextChanged() 이벤트 핸들러는 txtNote 컨트롤을 선택 후 이벤트 목록 창에서 [TextChanged] 란을 더블클릭하여 생성한 프로시저로 txtNote 컨트롤에 데이터가 입력되면 txtNoteChange 변수의 값을 true로 설정하여 txtNote 컨트롤의 내용이 변경되었음을 판단할 수 있게 한다.

```
private void txtNote_TextChanged(object sender, EventArgs e)
{
    this.txtNoteChange = true;    // 데이터 추가
}
```

다음의 다른이름으로저장AToolStripMenuItem_Click() 이벤트 핸들러는 [다른 이름으로 저장] 메뉴를 더블클릭하여 생성한 프로시저로, [다름 이름으로 저장] 대화상자를 호출하여 txtNote 컨트롤에 입력된 문자열을 파일을 지정하여 저장하는 작업을 수행한다.

```
private void 다른이름으로저장AToolStripMenuItem_Click(
            object sender, EventArgs e)

    var dlr = this.sfdFile.ShowDialog();  // [다른 이름으로 저장] 대화상자 호출
    if (dlr != DialogResult.Cancel)
    {
        var str = this.sfdFile.FileName;      // 파일 경로
        // StreamWriter 생성자를 이용하여 개체 생성
        var sw = new StreamWriter(str, false, System.Text.Encoding.Default);
        // Write 메서드를 이용하여 지정된 경로에
        // txtNote 컨트롤의 입력 문자열 저장
```

```
11          sw.Write(this.txtNote.Text);
12          sw.Flush();
13          sw.Close();
14          this.Text = str;
15          this.txtNoteChange = false;    // 입력 데이터 입력 및 수정 초기화
16      }
17  }
```

3행 sfdFile.ShowDialog() 메서드를 이용하여 [다른 이름으로 저장] 대화상자를 호출하고 txtNote 컨트롤의 내용을 저장할 파일을 지정하기 위한 작업을 수행한다.

8행 StreamWriter 클래스의 개체 sw를 생성하는 문장으로 생성자의 인자값으로 경로(str), 지정 파일이 존재할 경우 덮어쓰기 여부(false), 사용할 문자 인코딩 방법(System.Text.Encoding.Default)을 입력한다.

11행 sw.Write() 메서드를 호출하여 txtNote 컨트롤에 입력된 문자열을 스트림에 쓴다.

다음의 찾기FToolStripMenuItem_Click() 이벤트 핸들러는 [찾기] 메뉴를 더블클릭하여 생성한 프로시저로, 찾기 기능을 위한 사용자 인터페이스인 Form2의 txtWord.Text 속성값과 같은 문자열을 찾는 작업을 수행한다. 아직 Form2를 디자인하지 않았다면, Form2의 개체 frm2를 생성할 수 없어 다음 코드를 구현(실행)하는 데 문제가 있지만, Form2를 디자인하면 자연스럽게 해결된다.

```
private void 찾기FToolStripMenuItem_Click(object sender, EventArgs e)
{
    if (!(frm2 == null || !frm2.Visible))
    {
        frm2.Focus();
        return;
    }
    frm2 = new Form2();

    if (this.txtNote.SelectionLength == 0)
    {
        frm2.txtWord.Text = this.fWord;
    }
    else
    {
        frm2.txtWord.Text = this.txtNote.SelectedText;
    }
    frm2.btnOk.Click += new System.EventHandler(this.btnOk_Click);
    frm2.Show();
}
```

3행 frm2 개체가 존재하거나 폼이 활성화되어 있다면 5행과 6행을 실행하라는 if 문이다. 이는 문자열을 찾는 과정에 대한 실제 처리는 frm2에서 수행되기 때문에 수행에 앞서 frm2가 정상적으로 실행되어 있는지 확인하는 것으로 5행에서 frm2에 포커스를 주는 작업을 수행한다.

9행 txtNote.SelectionLength 속성을 이용하여 txtNote 컨트롤의 Text 속성값인 데이터 중에 선택된 문자열이 있는지를 판단하는 문장으로 선택된 문자가 없다면 11행을 수행한다.

15행 선택된 문자열이 있을 때 txtNote.SelectionText 속성을 이용하여 선택된 문자를 frm2의 txtWord.Text 속성에 저장하는 작업을 수행한다.

17행 Form2의 btnOk.Click 이벤트에 Form1의 btnOk_Click 이벤트 핸들러 메서드를 '+=' 연산자를 이용하여 등록하는 작업을 수행한다. 이는 btnOk 버튼이 Form2에 있지만, 실제 이벤트가 발생하였을 때 이벤트를 처리하는 이벤트 핸들러는 Form1의 btnOk_Click() 메서드를 사용하기 때문이다.

다음의 다음찾기NToolStripMenuItem_Click() 이벤트 핸들러는 [다음 찾기] 메뉴를 더블클릭하여 생성한 프로시저로, 현재 찾는 문자열 다음의 문자열을 찾기 위해서 btnOk_Click() 메서드를 실행시키는 작업을 수행한다.

```
01  private void 다음찾기NToolStripMenuItem_Click(object sender, EventArgs e)
02  {
03      if (!(frm2 == null || !frm2.Visible))
04      {
05          frm2.txtWord.Text = this.fWord;
06          this.btnOk_Click(this, null);
07      }
08  }
```

6행 btnOk_Click(object sender, EventArgs e) 이벤트 핸들러의 인자값으로 this와 null을 전달하여 찾기 작업을 수행하는 것과 같은 효과를 주어 다음 위치의 문자열을 찾는다.

다음의 btnOk_Click() 이벤트 핸들러는 수동으로 생성한 프로시저로, 앞서 대리자로 지정된 이벤트가 발생하면 이벤트를 처리하는 이벤트 핸들러 역할을 하며, txtNote 컨트롤의 Text 속성값에서 찾을 문자열을 검색하는 작업을 수행한다.

```
private void btnOk_Click(object sender, EventArgs e)
{
    var updown = -1;
    var str = this.txtNote.Text;          // 본문 저장
    var findWord = frm2.txtWord.Text;     // 찾을 문자열 저장
    if (!frm2.chb.Checked)
```

```
07      {
08          str = str.ToUpper();   // 저장된 본문을 대문자로 변환
09          findWord = findWord.ToUpper();
10      }
11      if (frm2.rdb01.Checked)
12      {
13          if (this.txtNote.SelectionStart != 0)
14          {
15              updown = str.LastIndexOf(
16                              findWord, this.txtNote.SelectionStart - 1);
17          }
18      }
19      else
20      {
21          updown = str.IndexOf(findWord, this.txtNote.SelectionStart +
22                              + this.txtNote.SelectionLength);
23      }
24      if (updown == -1)
25      {
26           MessageBox.Show("더 이상 찾는 문자열이 없습니다.", "메모장",
27                  MessageBoxButtons.OK, MessageBoxIcon.Warning);
28          return;
29      }
30      this.txtNote.Select(updown, findWord.Length);
31      fWord = frm2.txtWord.Text;
32      this.txtNote.Focus();
33      this.txtNote.ScrollToCaret();
34  }
```

6-10행 Form2의 대/소문자 구분을 위한 chb 컨트롤에 체크 여부를 확인하여 대소문자를 구별하여 검색하기 위한 과정으로 대문자로 검색하기 위해서 본문 내용과 찾을 문자열을 ToUpper() 메서드를 이용하여 대문자로 만든다.

11-19행 찾기 방향을 위로 진행하는 것을 수행하기 위해서 15~16행의 LastIndexOf() 메서드를 이용하여 지정된 문자 위치에서 뒤로 검색한다.

13-17행 txtNote.SelectionStar 속성을 이용하여 텍스트 상자에서 선택한 텍스트의 시작 지점을 가져오는 작업으로 현재 선택된 데이터가 있다면 15~16행을 수행한다.

15-16행 str.LastIndexOf() 메서드를 이용하여 이 개체 내에 있는 일치되는 문자의 위치(인덱스)를 가져오는 작업을 수행한다.

20-23행 찾기 방향을 아래로 진행하는 것으로 이를 수행하기 위해 21~22행 IndexOf() 메서드를 이용하여 지정된 문자 위치에서 앞으로 검색을 수행한다.

24-29행 LastIndexOf() 메서드와 IndexOf() 메서드의 반환 값이 -1일 때 즉, 현재 선택된 데이터가 없다면 26~27행을 수행하여 메시지 박스를 호출한다.

30행 txtNote.Select() 메서드를 이용하여 지정된 문자 범위를 선택한다.

33행 txtNote.ScrollToCaret() 메서드를 이용하여 선택된 문자 위치까지 스크롤하여 내용을 나타낸다.

TIP

LastIndexOf(value, startIndex) 메서드

지정된 문자 위치에서 검색을 시작하고 문자열의 시작 부분을 향해 뒤로 검색을 수행하며, 마지막으로 발견되는 지정된 문자열의 인덱스 위치를 반환

- value : 검색할 문자
- startIndex : 검색을 시작할 위치

TIP

IndexOf(value, startIndex) 메서드

검색은 지정된 문자 위치에서 시작되며, 맨 처음 발견되는 지정된 문자열의 인덱스 위치를 반환

- value : 검색할 문자
- startIndex : 검색을 시작할 위치

TIP

Select(updown, findWord.Length) 메서드

텍스트 상자의 텍스트 범위를 선택

- updown : 텍스트 상자에서 현재 선택한 텍스트의 첫 번째 문자에 대한 위치
- findWordLength : 선택할 문자 수

다음의 이벤트 핸들러는 각각의 메뉴를 더블클릭하여 생성한 프로시저로, 코드에 대한 설명은 코드에 있는 주석을 참고하기 바란다.

```
private void 저장SToolStripMenuItem_Click(object sender, EventArgs e)
{
    textSave();   // 저장 함수 호출
}

private void 끝내기XToolStripMenuItem_Click(object sender, EventArgs e)
{
    this.Close();   // 폼 종료
}

private void 실행취소UToolStripMenuItem_Click(object sender, EventArgs e)
{
    this.txtNote.Undo(); // 텍스트 박스의 변경사항을 취소하고 이전 상태로 되돌려줌
}
```

```
private void 잘라내기TToolStripMenuItem_Click(object sender, EventArgs e)
{
   this.txtNote.Cut();    // 선택된 텍스트를 잘라낸다.
}

private void 복사CToolStripMenuItem_Click(object sender, EventArgs e)
{
   this.txtNote.Copy();   // 선택된 텍스트를 복사한다.
}

private void 붙여넣기PToolStripMenuItem_Click(object sender, EventArgs e)
{
   this.txtNote.Paste();   // 텍스트 데이터 붙여넣기
}

private void 삭제LToolStripMenuItem_Click(object sender, EventArgs e)
{
   this.txtNote.SelectedText = "";    // 선택된 텍스트 지우기
}

private void 모두선택AToolStripMenuItem_Click(object sender, EventArgs e)
{
   this.txtNote.SelectAll();   // 메모장의 텍스트 모두 선택
}

private void 시간날짜DToolStripMenuItem_Click(object sender, EventArgs e)
{
   var time = DateTime.Now.ToShortTimeString();    // 현재 시간 얻기
   var date = DateTime.Today.ToShortDateString();  // 오늘 날짜 얻기
   // 입력 데이터 맨뒤에 이어서 시간/날짜 정보 추가
   this.txtNote.AppendText(time + "/" + date);
}

private void 자동줄바꿈WToolStripMenuItem_Click(object sender, EventArgs e)
{
   this.txtNote.WordWrap = !(this.txtNote.WordWrap);
   자동줄바꿈WToolStripMenuItem.Checked =
            !(자동줄바꿈WToolStripMenuItem.Checked);
}
```

다음의 글꼴FToolStripMenuItem_Click() 이벤트 핸들러는 [글꼴] 메뉴를 더블클릭하여 생성한 프로시저로, txtNote 컨트롤의 입력된 문자열의 글꼴을 변경하는 작업을 수행한다.

```
01  private void 글꼴FToolStripMenuItem_Click(object sender, EventArgs e)
02  {
03      if (this.fdText.ShowDialog() != DialogResult.Cancel)  // [폰트] 대화상자 호출
04      {
05          this.txtNote.Font = this.fdText.Font;      // 텍스트 박스의 폰트 변경
06      }
07  }
```

3행 fdText.ShowDialog() 메서드를 호출하여 글꼴을 선택하면 txtNote 컨트롤에 입력된 문자열이 설정된 글꼴을 변경된다.

다음의 Form1_FormClosing() 이벤트 핸들러는 폼을 선택하고 이벤트 목록 창에서 [FormClosing] 항목을 더블클릭하여 생성한 프로시저로, 폼이 닫힐 때 발생하는 이벤트를 제어하고, txtNote 컨트롤의 입력된 값에 따라 데이터를 저장할지를 판단하고 데이터를 저장하거나 폼을 닫는 작업을 수행한다.

```
private void Form1_FormClosing(object sender, FormClosingEventArgs e)
{
    e.Cancel = true;
    if (this.txtNoteChange == true)
    {
        var msg = this.Text + " 파일의 내용이 변경되었습니다. " +
                  "\r\n 변경된 내용을 저장하시겠습니까?";
        var dlr = MessageBox.Show(msg, "메모장",
                  MessageBoxButtons.YesNoCancel, MessageBoxIcon.Warning);
        if (dlr == DialogResult.Yes)
        {
            if (this.Text == "제목 없음")
            {
                var dr = this.sfdFile.ShowDialog();
                if (dr != DialogResult.Cancel)
                {
                    var str = this.sfdFile.FileName;
                    var sw = new StreamWriter(
                             str, false, System.Text.Encoding.Default);
                    sw.Write(this.txtNote.Text);
                    sw.Flush();
                    sw.Close();
                    this.txtNoteChange = false;
                }
            }
            else
            {
                var str = this.Text;
                var sw = new StreamWriter(
```

```
                    str, false, System.Text.Encoding.Default);
                sw.Write(this.txtNote.Text);
                sw.Flush();
                sw.Close();
                this.txtNoteChange = false;
            }
            this.Dispose();
        }
        else if (dlr == DialogResult.No)
        {
            this.Dispose();
        }
        else if (dlr == DialogResult.Cancel)
        {
            return;
        }
    }
    else
    {
        this.Dispose();
    }
}
```

6.3 찾기(Form2) 디자인

솔루션 탐색기에서 프로젝트 이름을 마우스 오른쪽 버튼으로 클릭하여 표시되는 단축메뉴에서 [추가]-[Windows Form] 메뉴를 선택하여 'Form2.cs'를 생성하고, 다음 그림과 같이 윈도우 폼에 필요한 컨트롤을 위치시켜 폼을 디자인하고, 각 컨트롤의 속성값을 설정한다.

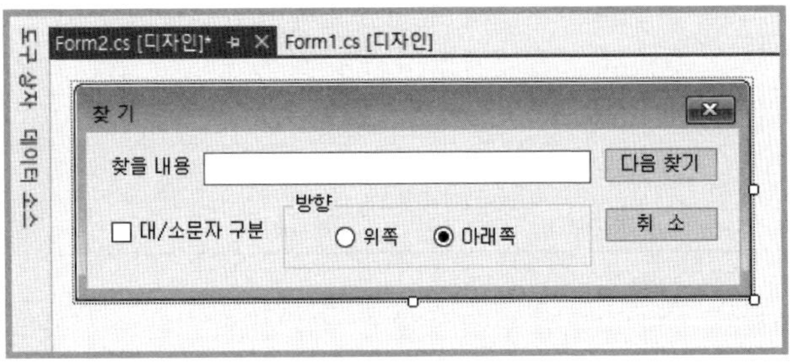

폼 디자인에 사용된 컨트롤의 주요 속성값은 다음과 같다.

폼 컨트롤	속 성	값
Form2	Name	Form2
	Text	찾 기
	FormBorderStyle	FixedSingle
	MaximizeBox	False
	MinimizeBox	False
	ShowIcon	False
	ShowInTaskbar	False
	StartPosition	CenterParent
	TopMost	True
Label1	Name	lblWord
	Text	찾을 내용
TextBox1	Name	txtWord
	Modifiers	Internal
Button1	Name	btnOk
	Text	다음 찾기
	Modifiers	Internal
Button2	Name	btnCancel
	Text	취 소
CheckBox1	Name	chOption
	Text	대/소문자 구분
	Modifiers	Internal
GroupBox1	Name	groupBox
	Text	방향
RadioButton1	Name	rdb01
	Text	위쪽
RadioButton2	Name	rdb02
	Text	아래쪽
	Checked	True

txtWord 컨트롤을 선택하여 다음 그림과 같이 속성 창에서 동일한 어셈블리의 파일 내에서 액세스할 수 있도록 접근을 제한하는 한정자로 설정하기 위해 Modifiers 속성의 속성값을 Internal로 변경한다. 이는 문자열을 찾기 위해서 Form1에 접근하기 위함이다.

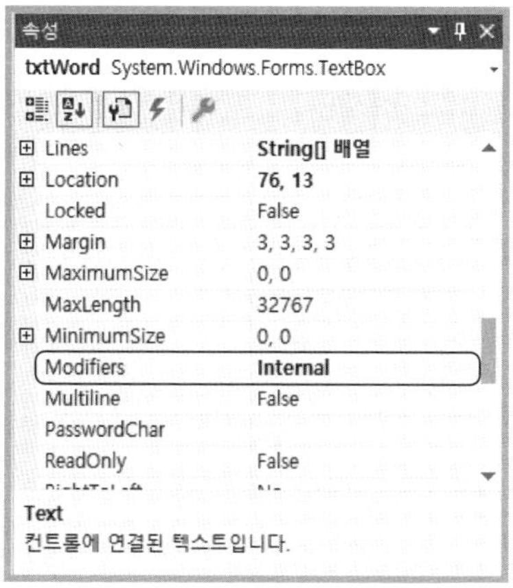

6.4 찾기(Form2.cs) 코드 구현

다음의 txtWord_TextChanged() 이벤트 핸들러는 txtWord 컨트롤을 선택하고 이벤트 창의 [TextChanged] 항목을 더블클릭하여 생성한 프로시저로, txtWord 컨트롤의 입력 데이터가 있다면 즉, 찾을 문자열이 있다면 [다음 찾기] 버튼을 활성화하여 문자열 찾기 기능을 수행할 수 있도록 하며, 입력 데이터가 없다면 [다음 찾기] 버튼을 비활성화하는 작업을 수행한다.

```
private void txtWord_TextChanged(object sender, EventArgs e)
{
    if (this.txtWord.Text == "")
    {
        this.btnOk.Enabled = false;  // 버튼 비활성화
    }
    else
    {
        this.btnOk.Enabled = true;   // 버튼 활성화
    }
}
```

다음의 btnCancel_Click() 이벤트 핸들러는 [취 소] 버튼을 더블클릭하여 생성한 프로시저로 this.Close() 메서드를 호출하여 폼을 종료한다.

```
private void btnCancel_Click(object sender, EventArgs e)
{
    this.Close();    // 폼2 종료
}
```

6.5 메모장 예제 실행

다음 그림은 메모장 예제를 F5를 눌러 실행한 화면이다. 내용을 입력하여 저장한 뒤에 검색 기능을 확인해 본다.

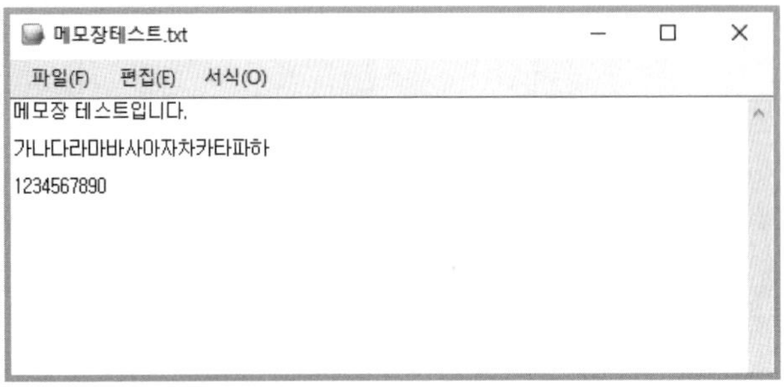

다음 그림은 예제를 이용하여 저장된 파일을 윈도우에서 제공하는 메모장을 이용하여 확인해 본 결과이다.

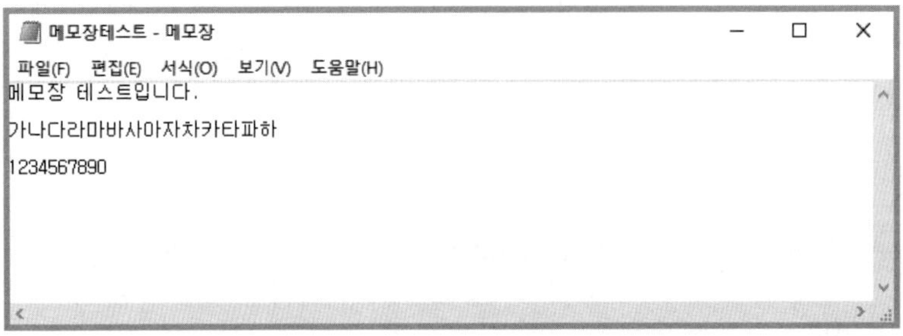

이 장은 메모장 예제를 살펴보는 것을 끝으로 설명을 마치고 다음 장에서는 그래픽을 제어하여 이미지를 만들고, 폼 모양을 변경하는 등의 그래픽 관련 클래스 및 인터페이스 이용을 어떻게 하며, .Net Framework에서 기존으로 제공되는 그래픽 관련 기능에 대해 살펴보도록 한다.

5장에서 우산 폼, 시스템 성능 보기, 워터마킹, 그래프 그리기, 화면 캡처, 스테가노그래피 등 다양한 예제를 구현하면서 그래픽 클래스에 대해 살펴본다.

CHAPTER 05 그래픽 다루기

이 장에서는 우산 폼, 시스템 성능 보기, 워터마킹, 그래프 그리기, 화면캡처 예제를 구현하면서 그래픽 관련 클래스를 어떻게 사용하는가에 대해 살펴본다. 사실 그래픽 또는 영상처리를 전문적으로 익히기에는 한 장의 분량으로 턱없이 모자란다. 하지만, .Net Framework에서 기본적으로 제공하는 그래픽 라이브러리를 이용하면 쉽게 그래픽을 다룰 수 있다. 또한, 영상처리 및 전문적인 그래픽 도구를 개발하는 것이 아니라 구현할 응용 애플리케이션을 보다 완성도 높게 만들기 위한 정도의 수준에서 그래픽 관련 클래스 및 인터페이스를 살펴보기 때문에 쉽게 이해할 수 있으리라 생각된다.

이 장에서 살펴보는 예제는 다음과 같다.

- 우산 폼
- 시스템 성능 보기
- 워터마킹
- 그래프 그리기
- 화면 캡처
- 스테가노그래피

1. 우산 폼

대부분의 윈도우 애플리케이션은 사각형 형태로 구현되는데 이는 기본 애플리케이션 UI 포맷이 사각형 형태로 되어 있기도 하고 컴퓨터 화면 자체가 사각형 모양이기 때문에 애플리케이션 UI가 사각형으로 구현되어야 정보를 나타내는데 효율적이기 때문이다. 하지만 개중에는 사각형이 아닌 다각형 또는 굴곡 모양의 형태를 가진 애플리케이션을 보았을 것이다.

필자도 처음 윈도우 프로그래밍 공부를 시작 할 때 어떻게 하면 굴곡 모양의 애플리케이션을 만들 수 있을까 하는 생각을 하곤 했지만, 당시에는 구현하고자 하는 시도를 하지 않았다. 보기에 신기하기는 하지만 어려운 개발일 것으로 생각해서 겁을 먹었던 것 같다. 하지만 이 절을 살펴본 후에는 굴곡 UI를 구현하는 것이 별것 아니라는 생각을 스스로 가질 것이다. 활짝 펴진 우산 모양 형태의 폼을 구현하면서 그래픽 관련 클래스에 대해 알아보도록 하자.

다음 그림은 우산 폼 애플리케이션을 구현하고 실행한 결과 화면이다.

[결과 미리 보기]

1.1 우산 폼 디자인

프로젝트 이름을 'mook_FlexibleForm'으로 하여 'C:\CSharpProject\Chap05' 경로에 새 프로젝트를 생성한다. 다음 그림과 같이 윈도우 폼에 필요한 컨트롤을 위치시켜 폼을 디자인하고, 각 컨트롤의 속성값을 설정한다.

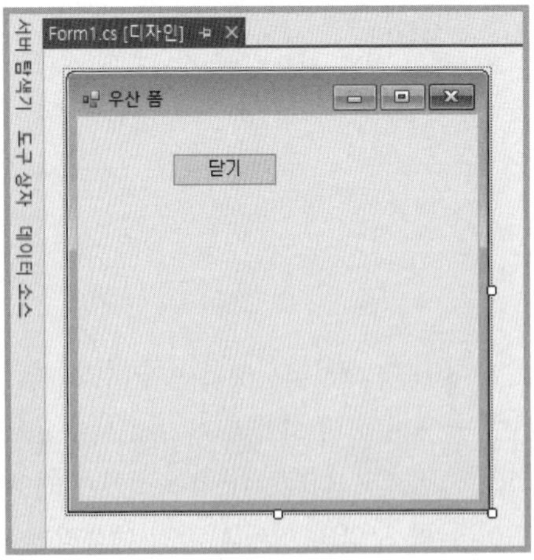

폼 디자인에 사용된 컨트롤의 주요 속성값은 다음과 같다.

폼 컨트롤	속 성	값
Form1	Name	Form1
	Text	우산 폼
Button1	Name	btnClose
	Text	닫기

우산 폼 애플리케이션에서 사용할 이미지(bg.bmp, closedown.bmp, closeup.bmp)를 파일 탐색기에서 선택한 뒤에 [솔루션 탐색기]에서 프로젝트 이름을 마우스 오른쪽 버튼으로 눌러 표시된 단축메뉴에서 [붙여넣기] 메뉴를 선택하여 필요한 이미지를 붙여넣기 한다. 여기서 주의해야 할 사항으로 우산 폼 등 다양한 폼을 생성하기 위해서 이미지는 반드시 BMP 형식의 이미지를 이용해야 한다.

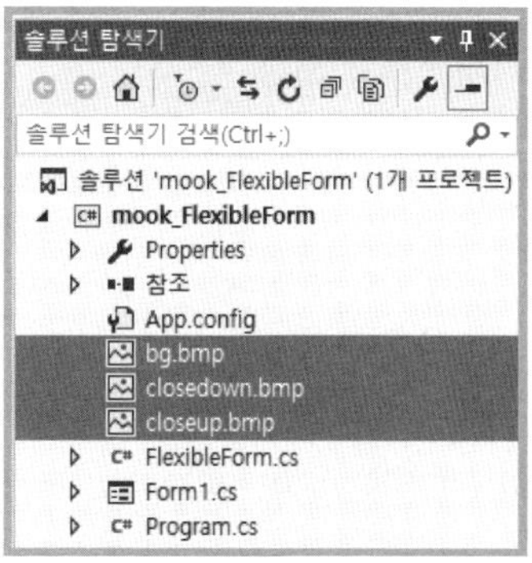

프로젝트에 붙여넣기 된 이미지를 각각 선택하여 다음과 같이 속성 창의 목록에서 [빌드 작업]을 선택하여 속성값을 "포함 리소스"로 설정한다. 이는 프로젝트가 빌드될 때 이미지를 실행 파일에 포함하여 빌드하기 위한 작업이다.

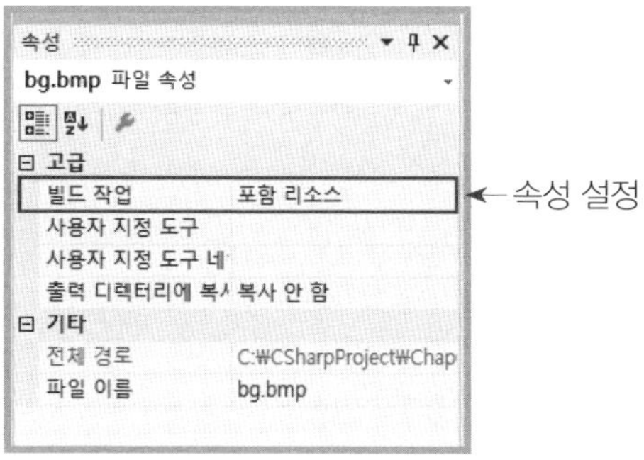

1.2 우산 폼 코드 구현

다음과 같이 클래스 내부 제일 상단에 추가한다. 이 코드는 앞에서 추가한 이미지를 리소스에서 추출(typeof 키워드를 이용)하여 Bitmap 개체로 생성하는 작업을 수행한다.

```
private Bitmap bmpFrmBg = new Bitmap(typeof(Form1), "bg.bmp");
private Bitmap bmpcloseUp = new Bitmap(typeof(Form1), "closeup.bmp");
private Bitmap bmpcloseDown = new Bitmap(typeof(Form1), "closedown.bmp");
```

TIP

Bitmap(Type, String) 생성자

Bitmap 생성자는 객체를 초기화하기 위해 Bitmap 이미지에서 지정된 리소스 추출하여 개체를 생성한다.

- Type : 리소스를 추출하는데 사용되는 클래스
- String : 리소스의 이름

Form1() 함수에 다음 코드의 4행과 5행을 추가한다. 이 코드에 대해서는 'FlexibleForm.cs' 클래스를 구현할 때 자세히 알아보도록 한다.

```
01  public Form1()
02  {
03      InitializeComponent();

04      FlexibleForm.CreateControlRegion(this, bmpFrmBg);
05      FlexibleForm.CreateControlRegion(btnClose, bmpcloseUp);
06  }
```

4-5행 FlexibleForm 클래스의 CreateControlRegion() 메서드를 호출하고 변수에 이미지 리소스가 대체되어 나타날 컨트롤과 이미지 개체를 입력한다. 이는 폼과 버튼을 대체하여 표시할 이미지 개체의 영역을 각 컨트롤의 영역과 매칭시키고 화면에 표시하는 작업을 수행한다.

다음과 같이 멤버 변수와 객체를 클래스 내부 상단에 추가한다.

```
private bool FormMouseDown = false;
Point ptMouseCurrentPos;    // 마우스 클릭 좌표 지정
Point ptMouseNewPos;        // 이동시 마우스 좌표
Point ptFormCurrentPos;     // 폼 위치 좌표 지정
Point ptFormNewPos;         // 이동시 폼 위치 좌표
```

다음의 Form1_MouseDown()은 폼을 선택하고 이벤트 목록 창의 [MouseDown] 항목을 더블클릭하여 생성한 프로시저로, 폼을 이동하기 위해서 마우스 왼쪽 버튼을 누르는 이벤트를 처리하는 이벤트 핸들러이다.

```
private void Form1_MouseDown(object sender, MouseEventArgs e)
{
    if (e.Button == MouseButtons.Left)
    {
        FormMouseDown = true;        // 왼쪽 마우스 클릭 체크
        ptMouseCurrentPos = Control.MousePosition;  // 마우스 클릭 좌표
        ptFormCurrentPos = this.Location;           // 폼의 위치 좌표
    }
}
```

다음의 Form1_MouseUp() 이벤트 핸들러는 폼을 선택 후 이벤트 목록 창에서 [MouseUp] 항목을 더블클릭하여 생성한 프로시저로, 폼 이동을 마치고 마우스 왼쪽 버튼을 해제할 때 발생하는 이벤트를 처리하는 이벤트 핸들러이다.

```
private void Form1_MouseUp(object sender, MouseEventArgs e)
{
    if (e.Button == MouseButtons.Left)
        FormMouseDown = false;       // 왼쪽 마우스 클릭 해체 체크
}
```

다음의 Form1_MouseMove() 이벤트 핸들러는 폼을 선택 후 이벤트 목록 창에서 [MouseMove] 항목을 더블클릭하여 생성한 프로시저로, 마우스 오른쪽 버튼을 누른 상태에서 마우스를 이동할 때 폼과 마우스의 이동 좌표를 가져오는 작업을 수행한다.

```
private void Form1_MouseMove(object sender, MouseEventArgs e)
{
    if (FormMouseDown == true)                  // 왼쪽 마우스 클릭시
    {
        ptMouseNewPos = Control.MousePosition;
        ptFormNewPos.X = ptMouseNewPos.X - ptMouseCurrentPos.X +
                     ptFormCurrentPos.X;        // 마우스 이동시 가로 좌표
        ptFormNewPos.Y = ptMouseNewPos.Y - ptMouseCurrentPos.Y +
                     ptFormCurrentPos.Y;        // 마우스 이동시 세로 좌표
        this.Location = ptFormNewPos;
        ptFormCurrentPos = ptFormNewPos;
        ptMouseCurrentPos = ptMouseNewPos;
    }
}
```

다음의 btnClose_MouseEnter() 이벤트 핸들러는 btnClose 컨트롤을 선택 후 이벤트 목록 창에서 [MouseEnter] 항목을 더블클릭하여 생성한 프로시저로, btnClose 컨트롤에 마우스 커서가 올라가면 [닫기] 버튼의 이미지를 보이게 하기 위한 작업을 수행한다.

```
private void btnClose_MouseEnter(object sender, EventArgs e)
{
    FlexibleForm.CreateControlRegion(btnClose, bmpcloseDown);
}
```

다음의 btnClose_MouseLeave() 이벤트 핸들러는 btnClose 컨트롤을 선택 후 이벤트 목록 창에서 [MouseLeave] 항목을 더블클릭하여 생성한 프로시저로, btnClose 컨트롤에서 마우스 커서가 벗어날 때 본래의 [닫기] 버튼 이미지로 변경하는 작업을 수행한다.

```
private void btnClose_MouseLeave(object sender, EventArgs e)
{
    FlexibleForm.CreateControlRegion(btnClose, bmpcloseUp);
}
```

다음의 btnClose_Click() 이벤트 핸들러는 btnClose 컨트롤을 더블클릭하여 생성한 프로시저로, Application.ExitThread() 메서드를 호출하여 애플리케이션을 완전히 종료하는 작업을 수행한다.

```
private void btnClose_Click(object sender, EventArgs e)
{
    Application.ExitThread();
}
```

1.3 FlexibleForm.cs 클래스 추가 및 코드 구현

[솔루션 탐색기]에서 프로젝트 이름을 마우스 오른쪽 버튼으로 클릭하여 표시되는 단축 메뉴에서 [추가]-[클래스] 메뉴를 선택하여 'FlexibleForm.cs'를 생성한다.

다음과 같이 'FlexibleForm.cs'에 네임스페이스를 추가한다.

```
using System.Drawing;
using System.Drawing.Drawing2D;
using System.Windows.Forms;
```

System.Drawing 네임스페이스는 GDI+ 기본 그래픽 기능에 대한 클래스 및 인터페이스를 제공하며, System.Drawing.Drawing2D 네임스페이스는 고급 2D 및 벡터 그래픽을 이용할 수 있도록 클래스 및 인터페이스를 제공한다. System.Windows.Forms는 폼을 나타내는 UI와 관련된 클래스 및 인터페이스를 제공한다.

다음의 CreateControlRegion() 메서드는 폼과 버튼의 크기와 위치를 설정하는 작업을 수행한다.

```
01  public static void CreateControlRegion(Control control, Bitmap bitmap)
02  {
03      if (control == null || bitmap == null)
04          return;
05      control.Width = bitmap.Width;
06      control.Height = bitmap.Height;

07      if (control is System.Windows.Forms.Form)
08      {
09          Form form = (Form)control;

10          form.Width += 20;
11          form.Height += 80;
12          form.FormBorderStyle = FormBorderStyle.None;
13          form.BackgroundImage = bitmap;
14          GraphicsPath graphicsPath = CalculateControlGraphicsPath(bitmap);
15          form.Region = new Region(graphicsPath);
16      }
17      else if (control is System.Windows.Forms.Button)
18      {
19          Button button = (Button)control;
20          button.Text = "";
21          button.Cursor = Cursors.Hand;
22          button.BackgroundImage = bitmap;
23          GraphicsPath graphicsPath = CalculateControlGraphicsPath(bitmap);
24          button.Region = new Region(graphicsPath);
25      }
26  }
```

3-6행 인자값으로 넘겨받은 변수 control의 값이 null일 경우 return 키워드를 이용하여 작업을 멈추고, null이 아닐 경우 5행과 6행을 통해 각 컨트롤 즉, 이미지의 Width와 Height 속성을 설정하는 작업을 수행한다.

7-16행 폼의 크기, 폼 스타일, 이미지 등을 설정하는 if 문이다.

9행 Form 클래스의 개체 변수 form에 인자값으로 받은 control을 저장한다.

10-11행 form 개체의 Width와 Height 속성을 설정하기 위한 문장으로 본래 이미지의 크기보다 조금 크게 설정한다. 이는 이미지의 끝이 살짝 잘리는 현상을 방지하기 위함이다.

12행 form 개체의 FormBorderStyle 속성을 설정하는 문장으로 None으로 설정한다.

13행 form 개체의 BackgroundImage 속성을 설정하는 문장으로 인자값으로 받은 비트맵 이미지 리소스를 저장한다.

14행 CalculateControlGraphicsPath() 메서드를 호출하여 그래픽을 생성하고, 폼과 연결될 창의 영역을 설정하기 위한 작업으로 폼과 연결된 GraphicsPath 값을 설정한다.

15행 form.Region 속성에 컨트롤과 연결된 창 영역을 설정하는 작업을 수행한다. 이는 비트맵 리소스로 저장된 우산 이미지를 폼 영역과 연결하는 작업으로 설정값은 지정된 graphicsPath을 사용하여 새 Region을 초기화된 개체를 저장한다.

17-25행 폼 설정 코드와 마찬가지로 버튼 컨트롤의 크기, 폼 스타일, 이미지 등을 설정하는 else if 문이다.

다음의 CalculateControlGraphicsPath() 메서드는 폼과 버튼에 연결된 선과 곡선을 나타내는 GraphicsPath를 생성하는 작업을 수행한다.

```
private static GraphicsPath CalculateControlGraphicsPath(Bitmap bitmap)
{
   GraphicsPath graphicsPath = new GraphicsPath();
   Color colorTransparent = bitmap.GetPixel(0, 0);
   int colOpaquePixel = 0;
   for (int row = 0; row < bitmap.Height; row++)
   {
      colOpaquePixel = 0;
      for (int col = 0; col < bitmap.Width; col++)
      {
         if (bitmap.GetPixel(col, row) != colorTransparent)
         {
            colOpaquePixel = col;
            int colNext = col;
            for (colNext = colOpaquePixel;
                colNext < bitmap.Width; colNext++)
              if (bitmap.GetPixel(colNext, row) == colorTransparent)
                break;
           graphicsPath.AddRectangle(
                    new Rectangle(colOpaquePixel, row,
                    colNext - colOpaquePixel, 1));
           col = colNext;
         }
      }
   }
   return graphicsPath;
}
```

3행 GraphicsPath 클래스의 개체 graphicsPath를 생성하고 초기화하는 작업을 수행한다.

4행 bitmap.GetPixel() 메서드를 이용하여 x, y 좌표의 픽셀 색상을 가져와 colorTransparent 변수에 저장하는 작업을 수행한다.

6-25행 for 문을 이용하여 폼 또는 버튼에 설정될 비트맵의 가로와 세로 좌표에 해당하는 픽셀 색상을 가져와 graphicsPath.AddRectangle() 메서드를 이용하여 사각형을 만드는 작업을 수행한다.

19-21행 graphicsPath.AddRectangle() 메서드는 Rectangle 클래스에 해당하는 사각형 영역을 graphicsPath 경로에 추가하는 작업을 수행한다.

1.4 우산 폼 예제 실행

다음 그림은 우산 폼 예제를 F5를 눌러 실행한 화면이다. 우산 폼은 우산 이미지에 맞춰 마우스 커서가 우산 이미지 내부로 위치해야 폼을 선택할 수 있다. [닫기] 버튼 위로 마우스 커서를 올려 버튼 이미지가 변경되어 표시되는 것을 확인한다.

2. 시스템 성능 보기

이 절에서 살펴보는 시스템 성능 보기 애플리케이션은 작업관리자에서 전체 CPU 사용량을 초 단위로 모니터링하여 Panel 컨트롤에 색상으로 칠해 표시하는 것과 텍스트로 나타내 주는 애플리케이션이다.

진행률이나 의미 있는 정량적 값을 컨트롤의 색상을 변경하여 나타내는 방식은 응용 프로그램에서 다양한 방법으로 사용된다. 이 절에서 살펴보는 Panel 컨트롤의 색상 변경은 그래픽 즉 Panel의 표시될 영역을 지정하고 색을 그 영역에 나타내는 방식으로 CPU의 사용량을 나타낸다.

다음 그림은 시스템 성능 보기 애플리케이션을 구현하고 실행한 결과 화면이다.

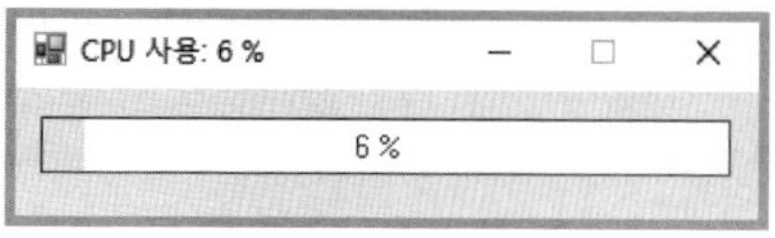

[결과 미리 보기]

2.1 시스템 성능 보기 디자인

프로젝트 이름을 'mook_CPUMonitor'로 하여 'C:\CSharpProject\Chap05' 경로에 새 프로젝트를 생성한다. 다음 그림과 같이 윈도우 폼에 필요한 컨트롤을 위치시켜 폼을 디자인하고, 각 컨트롤의 속성값을 설정한다.

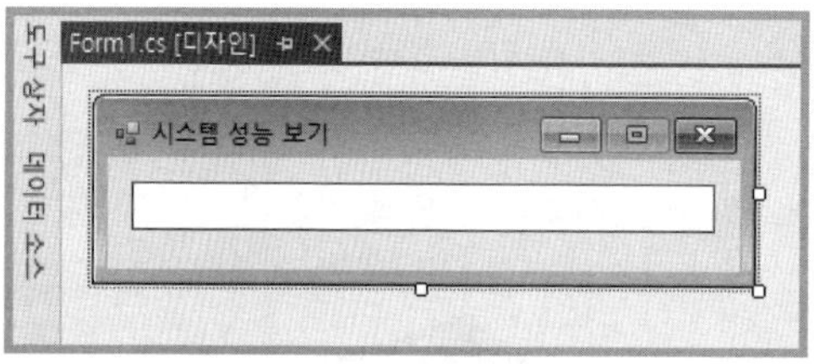

폼 디자인에 사용된 컨트롤의 주요 속성값은 다음과 같다.

폼 컨트롤	속성	값
Form1	Name	Form1
	Text	시스템 성능 보기
	FormBorderStyle	FixedSingle
	MaximizeBox	False
Panel1	Name	plBar
	Size	300, 24
	BackColor	White
	BorderStyle	FixedSingle

2.2 시스템 성능 보기 코드 구현

다음과 같이 using 키워드를 이용하여 필요한 네임스페이스를 추가한다.

```
using System.Threading;
using System.Diagnostics;
```

TIP

System.Diagnostics 네임스페이스

System.Diagnostics 네임스페이스는 시스템 프로세스, 이벤트 로그 및 성능 카운터에 액세스할 수 있도록 클래스 및 인터페이스를 제공하며, 하위 네임스페이스에는 ETW(Windows용 이벤트 추적) 추적 하위 시스템을 사용하여 이벤트 데이터를 기록하고, 이벤트 로그를 읽고 쓰고, 성능 데이터를 수집하고, 디버그 기호 정보를 읽고 쓰기 위한 인터페이스를 제공한다.

다음과 같이 멤버 변수 및 객체를 클래스 내부 상단에 추가한다.

```
//시스템 성능 카운터
private PerformanceCounter oCPU =
   new PerformanceCounter("Processor", "% Processor Time", "_Total");
private bool bExit = false;   // 실시간 체크를 위한 While 조건
private int iCPU = 0;         // CPU 초기 사용률
private Font F = new Font("굴림", 9);   // 폰트 모양
private Thread checkThread;              // 스레드 개체 생성
private delegate void ProcessEventHandler(int Current); // 델리게이트 개체 생성
private ProcessEventHandler ResultView = null;          // 델리게이트 개체 생성
```

TIP

PerformanceCounter() 메서드

PerformanceCounter(categoryName, counterName, instanceName)
시스템에 사용자 지정 성능 카운터를 연결하여 값을 가져올 수 있는 인터페이스를 생성한다.

- categoryName : 이 성능 카운터와 관련된 성능 카운터 범주(성능 개체) 이름
- counterName : 성능 카운터 이름
- instanceName : 성능 카운터 범주 인스턴스 또는 빈 문자열의 이름 ("")

다음의 Form1_Load() 이벤트 핸들러는 폼을 더블클릭하여 생성한 프로시저로, 폼이 실행될 때 이벤트를 등록하고 CPU 사용량을 감시하는 작업 스레드를 초기화하여 실행한다.

```
01  private void Form1_Load(object sender, EventArgs e)
02  {
03     ResultView += new ProcessEventHandler(Current);
04     checkThread = new Thread(getCPU_Info);
05     checkThread.Start();   // checkThread 스레드 프로세스 시작
06  }
```

3행 ProcessEventHandler 델리게이트 개체를 초기화하는 문장으로 Current 메서드를 대입하여 ResultView 개체를 초기화한다.

4-5행 CPU 사용량을 모니터링하는 스레드를 초기화하는 문장으로 스레드에서 동작하는 getCPU_Info 메서드를 대입한다.

다음의 Current() 메서드는 int형 인수(CPU 사용량)를 받아 폼에 나타내는 작업을 수행하며, 델리게이트에 의해 동작한다.

```
01  private void Current(int Current)
02  {
03      this.Text = "CPU 사용: " + Current.ToString() + " %";
04      iCPU = Current * 3;
05      plBar.Invalidate();
06  }
```

3행 this.Text 속성을 이용하여 폼의 제목 표시줄에 CPU 사용량을 나타내 주는 작업을 수행한다.

4행 CPU 사용률에 따라 좀 더 자세히 표시할 수 있도록 편차를 높여주는 문장이다.

5행 Invalidate() 메서드를 이용하여 해당하는 컨트롤의 그림을 다시 그리는 작업을 수행한다. 이 메서드를 이용하여 CPU 사용량에 따라 plBar 컨트롤에 색상과 색상의 길이를 다르게 나타낼 수 있다.

다음의 getCPU_Info() 메서드는 작업 스레드에서 동작하며 while 반복문을 이용하여 CPU 사용량을 감시하는 작업을 수행한다.

```
01  private void getCPU_Info()
02  {
03      while (!bExit)
04      {
05          iCPU = (int)oCPU.NextValue();
06          Invoke(ResultView, iCPU);
07          Thread.Sleep(1000);
08      }
09  }
```

5행 oCPU 개체의 NextValue() 메서드를 이용하여 시스템의 CPU 사용량에 대한 다음 계산 값(각 프로세스당 사용하는 총합계)을 반환하여 나타내는데, 이는 NextValue 메서드 호출 사이의 권장 지연 시간은 1초이며, 카운터가 다음 값을 계산할 수 있게 시간적 여유를 부여한다.

6행 Invoke() 메서드를 호출하여 작업 스레드에서 델리게이트 개체를 호출하여 주 스레드의 컨트롤에 CPU 사용량을 나타내는 작업을 수행한다.

다음의 plBar_Paint() 이벤트 핸들러는 plBar 컨트롤을 선택하고 이벤트 목록 창에서 Paint 항목을 더블클릭하여 생성한 프로시저로 CPU 사용량에 따라 사각형의 길이와 색상을 달리하여 plBar 컨트롤에 색상을 채우는 작업을 수행한다. 이는 CPU 사용량을 시각적으로 보여주기 위함이다.

```
01  private void plBar_Paint(object sender, PaintEventArgs e)
02  {
03     Graphics G = e.Graphics;
04     if (iCPU <= 60)
05        G.FillRectangle(Brushes.BlanchedAlmond, 0, 0, iCPU, plBar.Height);
06     else if (iCPU <= 120)
07        G.FillRectangle(Brushes.Wheat, 0, 0, iCPU, plBar.Height);
08     else if (iCPU <= 180)
09        G.FillRectangle(Brushes.NavajoWhite, 0, 0, iCPU, plBar.Height);
10     else if (iCPU <= 240)
11        G.FillRectangle(Brushes.Orange, 0, 0, iCPU, plBar.Height);
12     else
13        G.FillRectangle(Brushes.DarkOrange, 0, 0, iCPU, plBar.Height);
14     iCPU = iCPU / 3;
15     G.DrawString(iCPU.ToString() + " %", F,
16              Brushes.DarkRed, plBar.Width / 2 - 17, plBar.Height / 4);
17  }
```

3행 Graphics 클래스의 개체 G를 생성하는 문장으로 plBar 컨트롤의 속성을 상속받는다.

4행 CPU 사용량을 확인하는 if 문으로 60 이하의 사용량이라고 할 때 5행을 수행하여 사용량에 대해 시각적으로 나타낸다.

5행 FillRectangle() 메서드(TIP "Graphincs.FillRectangle() 메서드" 참고)를 이용하여 사각형을 만드는 작업을 수행하는데, 비교적 CPU 사용량이 적어서 색상이 흐리고 사각형은 백분율을 적용하여 생성된다. 따라서 사각형도 가로의 길이가 비교적 짧다.

15-16행 DrawString() 메서드(TIP "Graphics.DrawString() 메서드" 참고)를 이용하여 plBar 컨트롤의 중앙에 CPU 사용률을 문자 형태로 나타내는 작업을 수행한다.

TIP

Graphics.FillRectangle (Brush brush, int x, int y, int width, int height) 메서드

인자값으로 지정된 좌표 위치에 너비와 높이로 지정된 사각형의 내부를 채운다.

- brush : 채우기의 특징을 결정하는 Brush
- x : 채울 사각형의 왼쪽 위 모퉁이에 대한 X 좌표
- y : 채울 사각형의 왼쪽 위 모퉁이에 대한 Y 좌표
- width : 채울 사각형의 너비
- height : 채울 사각형의 높이

TIP

Graphics.DrawString (string s, Font font, Brush brush, float x, float y) 메서드

지정된 위치에 지정된 Brush 및 Font 개체를 사용하여 지정된 텍스트 문자열을 그린다.

- s : 그릴 문자열
- font : 문자열의 텍스트 형식을 정의하는 Font
- brush : 그려지는 텍스트의 색과 질감을 결정하는 Brush
- x : 그려지는 텍스트의 왼쪽 위 모퉁이에 대한 X 좌표
- y : 그려지는 텍스트의 왼쪽 위 모퉁이에 대한 Y 좌표

다음의 FormClosing() 이벤트 핸들러는 폼을 선택하고 이벤트 목록 창에서 FormClosing 항목을 더블클릭하여 생성한 프로시저로, 폼이 종료될 때 추가 실행된 작업 스레드를 종료하도록 Abort() 메서드를 사용하여 스레드를 강제 종료시킨다.

```
private void Form1_FormClosing(object sender, FormClosingEventArgs e)
{
    checkThread.Abort();    // checkThread 스레드 프로세스 종료
}
```

2.3 시스템 성능 보기 예제 실행

다음 그림은 시스템 성능 보기 예제를 F5를 눌러 실행한 화면이다.

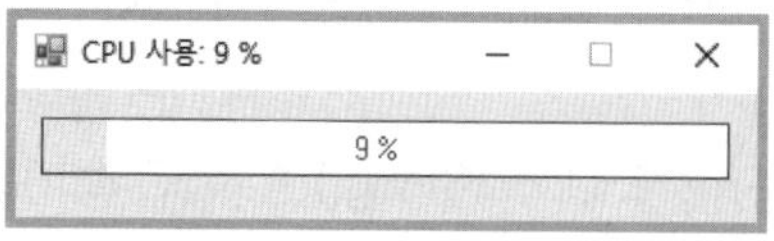

3. 워터마킹

이 절에서 살펴볼 워터마킹 애플리케이션은 인터넷에서 이미지를 무단 배포 및 도용을 방지하기 위해 배경 이미지에 사용자 이름 또는 회사명 등의 이미지를 반투명하게 오버랩하여 이미지의 저작권을 나타내는 기능이다. 워터마킹 기능은 최근 들어 상당히 많은 범위에서 사용된다.

인터넷에서 사용되는 이미지를 무단으로 도용하지 못하도록 이미지 파일에 저작권이 있어서 사용이 허락되는 이미지 외에는 무단으로 사용한다면 과태료를 낼 수 있다. 워터마킹 또한 같은 개념으로 저작권처럼 법적으로 권한은 없지만, 이미지에 자신의 이름이나 회사 이름 등을 표기하여 이미지의 소유권을 알리는 것이다. 이 절에서 살펴보는 워터마킹 애

플리케이션을 구현하면서 배경 이미지에 텍스트를 오버랩하여 이미지를 저장하는 기능에 대해 살펴보도록 한다.

다음 그림은 워터마킹 애플리케이션을 구현하고 실행한 결과 화면이다.

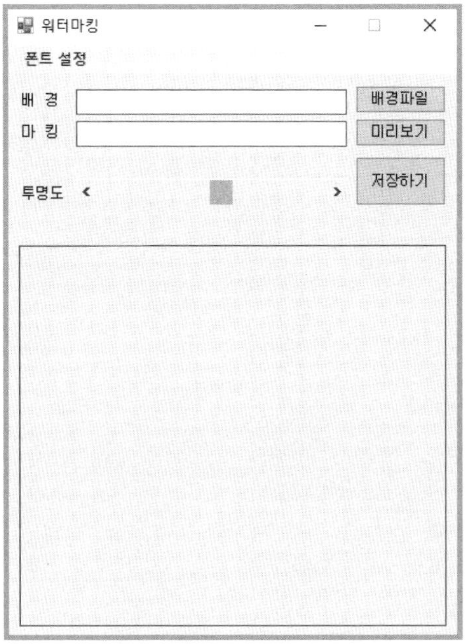

[결과 미리 보기]

3.1 워터마킹 디자인

프로젝트 이름을 'mook_WaterMark'로 하여 'C:\CSharpProject\Chap05' 경로에 새 프로젝트를 생성한다. 다음 그림과 같이 윈도우 폼에 필요한 컨트롤을 위치시켜 폼을 디자인하고, 각 컨트롤의 속성값을 설정한다.

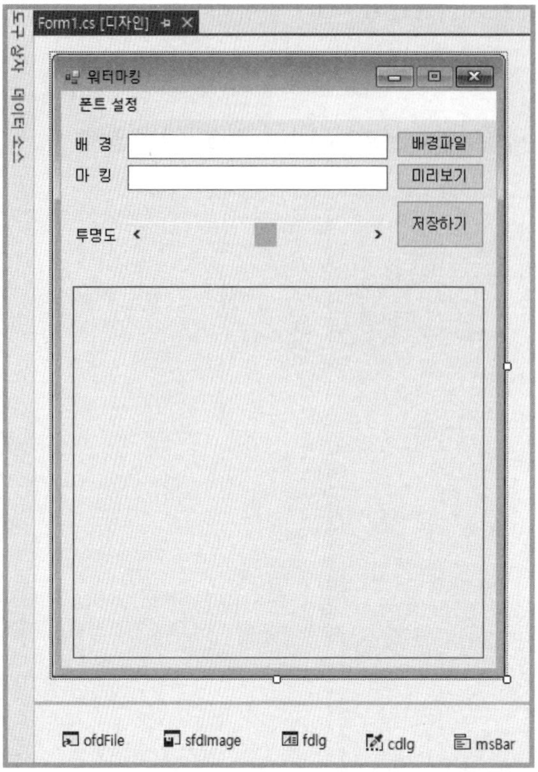

폼 디자인에 사용된 컨트롤의 주요 속성값은 다음과 같다.

폼 컨트롤	속 성	값
Form1	Name	Form1
	Text	워터마킹
	FormBorderStyle	FixedSingle
	MaximizeBox	False
MenuStrip1	Name	msBar
Label1	Name	lblBack
	Text	배 경
Label2	Name	lblMark
	Text	마 킹
Label3	Name	lblOpacity
	Text	투명도
TextBox1	Name	txtBack
TextBox2	Name	txtMark
Button1	Name	btnBack
	Text	배경파일

Button2	Name	btnView
	Text	미리보기
Button3	Name	btnSave
	Text	저장하기
HScrollBar1	Name	hsbOpacity
	Value	50
PictureBox1	Name	picView
	BorderStyle	FixedSingle
	SizeMode	StretchImage
OpenFileDialog1	Name	ofdFile
	Filter	JPEG Images(*.jpg,*.jpeg)|*.jpg;*.jpeg|GIF Image(*.gif)|*.gif|Bitmap(*.bmp)|*.bmp|All Image Format|*.jpg;*.jpeg;*.gif*.bmp
SaveFileDialog1	Name	sfdImage
	Filter	이미지 파일(*.jpg)|*.jpg
FontDialog1	Name	fdlg
ColorDialog1	Name	cdlg

폼에 디자인된 msBar 컨트롤을 선택하여 다음 그림과 같이 메뉴를 추가한다.

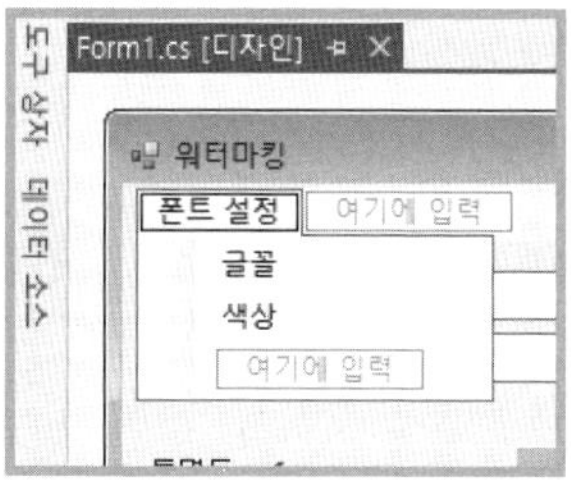

3.2 워크마킹 코드 구현

다음과 같이 using 키워드를 이용하여 필요한 네임스페이스를 추가한다.

```
using System.Drawing.Imaging;
```

System.Drawing.Imaging 네임스페이스는 고급 GDI+ 이미징 기능을 구현할 수 있도록 클래스, 메서드 등 인터페이스를 제공한다.

다음과 같이 멤버 변수 및 개체를 클래스 내부 상단에 추가한다.

```
Bitmap ImageFile = null;   // 비트맵 이미지 리소스 저장
bool fnset = false;        // 글꼴
bool fncol = false;        // 글 색상
```

다음의 btnBack_Click() 이벤트 핸들러는 [배경파일] 버튼을 더블클릭하여 생성한 프로시저로, 이미지 파일을 선택하는 작업을 수행한다.

```
private void btnBack_Click(object sender, EventArgs e)
{
    if (this.ofdFile.ShowDialog() == DialogResult.OK)
        this.txtBack.Text = this.ofdFile.FileName;
}
```

다음의 글꼴ToolStripMenuItem_Click() 이벤트 핸들러는 [글꼴] 메뉴를 더블클릭하여 생성한 프로시저로, [글꼴] 대화상자를 호출하여 폰트 설정을 위한 작업을 수행한다.

```
01  private void 글꼴ToolStripMenuItem_Click(object sender, EventArgs e)
02  {
03      if(this.fdlg.ShowDialog() == DialogResult.OK)
04      {
05          Mark.fnSet = this.fdlg.Font;
06          fnset = true;
07      }
08  }
```

3행 fdlg.ShowDialog() 메서드를 호출하여 [글꼴] 대화상자를 호출하고 글꼴이 선택되면 5행의 Mark 클래스의 fnSet 변수에 선택된 글꼴 정보를 담고 있는 Font 개체를 저장하는 작업을 수행한다.

다음의 색상ToolStripMenuItem_Click() 이벤트 핸들러는 [색상] 메뉴를 더블클릭하여 생성한 프로시저로, [색] 대화상자를 호출하여 폰트 색상을 설정하는 작업을 수행한다.

```
private void 색상ToolStripMenuItem_Click(object sender, EventArgs e)
{
    if (this.cdlg.ShowDialog() == DialogResult.OK)
    {
        Mark.fnCol = this.cdlg.Color;
        fncol = true;
    }
}
```

3행 cdlg.ShowDialog() 메서드를 호출하여 [색] 대화상자를 호출하고 글자에 적용할 색상이 선택되면 5행의 Mark 클래스의 fnCol 변수에 선택된 Color 개체의 정보를 저장하는 작업을 수행한다.

다음의 btnView_Click() 이벤트 핸들러는 [미리보기] 버튼을 더블클릭하여 생성한 프로시저로, 이미지 선택의 유효성을 검사하고 각 설정값을 Mark 클래스에 전달하는 작업을 수행한다.

```
01 private void btnView_Click(object sender, EventArgs e)
02 {
03    if (txtCheck())
04    {
05       Mark.BackImgPath = this.txtBack.Text;
06       Mark.MarkImgText = this.txtMark.Text;
07       Mark.MarkOpacity = this.hsbOpacity.Value;
08       this.picbView.Image = Mark.NewImage().Image;
09    }
10 }
```

3행 txtCheck() 메서드는 이미지 파일이 선택되었는지를 확인하는 문장으로 배경 이미지와 마킹 이미지 파일이 선택되지 않으면 if 문의 내부 코드를 실행하지 않는다.

5-7행 Mark 클래스 내부에 static으로 선언된 멤버 변수에 이미지 경로와 투명도를 저장하는 문장이다. 아직 Mark 클래스를 생성하지 않았기 때문에 코드를 추가하면 에러가 발생할 수 있는데 이는 뒤에 Mark 클래스 생성 후 자연스럽게 해결되므로 여기서는 코드 추가만을 작업하도록 한다.

8행 picbview.Image 속성에 Mark 클래스의 NewImage() 메서드에서 반환된 값(PictureBox)을 Image 개체로 변환하여 저장한다.

다음의 txtCheck() 메서드는 배경 및 마킹 이미지의 선택 여부를 확인하는 문장으로 선택하지 않았다면 false를 반환한다.

```
private bool txtCheck()
{
   if (this.txtBack.Text == "")
   {
      MessageBox.Show("배경 이미지 파일을 선택하지 않았습니다.",
         "알림", MessageBoxButtons.OK, MessageBoxIcon.Information);
      return false;
   }
   if (this.txtMark.Text == "")
   {
```

```
        MessageBox.Show("마킹 이미지 파일을 선택하지 않았습니다.",
            "알림", MessageBoxButtons.OK, MessageBoxIcon.Information);
        return false;
    }
    if (!fnset)
    {
        MessageBox.Show("마킹 글꼴을 선택하지 않았습니다.",
            "알림", MessageBoxButtons.OK, MessageBoxIcon.Information);
        return false;
    }
    if (!fncol)
    {
        MessageBox.Show("마킹 색상을 선택하지 않았습니다.",
            "알림", MessageBoxButtons.OK, MessageBoxIcon.Information);
        return false;
    }
    return true;
}
```

다음의 btnSave_Click() 이벤트 핸들러는 [저장하기] 버튼을 더블클릭하여 생성한 프로시저로, 워터마킹된 이미지를 파일로 저장하는 작업을 수행한다.

```
01  private void btnSave_Click(object sender, EventArgs e)
02  {
03      if (this.picbView.Image != null)
04      {
05          if (this.sfdImage.ShowDialog() == DialogResult.OK)
06          {
07              ImageFile = new Bitmap(Mark.ImageSize.Width,
08                                  Mark.ImageSize.Height);
09              ImageFile = (Bitmap)this.picbView.Image;
10              this.ImageFile.Save(sfdImage.FileName, ImageFormat.Jpeg);
11          }
12      }
13  }
```

7-8행　Bitmap() 생성자를 이용하여 Bitmap 클래스의 개체 ImageFile을 초기화하는 작업을 수행한다.

9행　picbView.Image 속성을 Bitmap 클래스 개체에 저장하는 작업을 수행한다. 이 작업으로 ImageFile 개체에 이미지가 저장된다.

10행　ImageFile.Save() 메서드를 이용하여 지정한 파일 경로와 ImageFormat.Jpeg 타입으로 이미지 파일을 저장한다.

3.3 Mark.cs 클래스 추가 및 코드 구현

솔루션 탐색기에서 프로젝트 이름을 마우스 오른쪽 버튼으로 클릭하여 표시되는 단축메뉴에서 [추가]-[클래스] 메뉴를 클릭한 후 [새 항목 추가] 대화상자가 나타나면 [클래스] 항목을 선택하고 [추가] 버튼을 눌러 'Mark.cs' 클래스 파일을 생성한다.

다음과 같이 using 키워드를 이용하여 필요한 네임스페이스를 추가한다.

```
using System.Drawing;
using System.Windows.Forms;    // PictureBox
```

다음과 같이 멤버 변수 및 개체를 클래스 내부 상단에 추가한다.

```
public static string BackImgPath = null;
public static string MarkImgText = null;
public static float MarkOpacity = 50;
public static Image ImageSize = null;
public static Font fnSet = null;
public static Color fnCol;
```

다음의 NewImage() 메서드는 배경 이미지와 입력한 텍스트를 오버랩되도록 새로운 이미지 개체를 생성하는 작업을 수행한다.

```
public static PictureBox NewImage()
{
   Image orgImg = Image.FromFile(BackImgPath);
   ImageSize = orgImg;
   Bitmap tmpImg = new Bitmap(orgImg.Width, orgImg.Height);
   Bitmap markImg = new Bitmap(100, 100);

   markImg.SetResolution(100, 100);
   Graphics g = Graphics.FromImage(markImg);
   g.PageUnit = GraphicsUnit.Point;
   g.Clear(Color.Empty);
   Font fn = fnSet;
   SolidBrush drawBrush = new SolidBrush(fnCol);
   g.DrawString(MarkImgText, fn, drawBrush,
              new RectangleF(0, 0, 100, 100),
              StringFormat.GenericDefault);
   float setOpacity = MarkOpacity / 100;
   Graphics newGrp = Graphics.FromImage(tmpImg);
   float[][] setColrMartix = {
                   new float [] {1, 0, 0, 0, 0},
                   new float [] {0, 1, 0, 0, 0},
                   new float [] {0, 0, 1, 0, 0},
```

```
22                          new float [] {0, 0, 0, setOpacity, 0},
23                          new float [] {0, 0, 0, 0, 1}};
24          System.Drawing.Imaging.ColorMatrix clrMatrix =
25                  new System.Drawing.Imaging.ColorMatrix(setColrMartix);
26          System.Drawing.Imaging.ImageAttributes setImage =
27                  new System.Drawing.Imaging.ImageAttributes();
28          setImage.SetColorMatrix(clrMatrix,
29                  System.Drawing.Imaging.ColorMatrixFlag.Default,
30                  System.Drawing.Imaging.ColorAdjustType.Bitmap);
31          newGrp.DrawImage(orgImg, 0, 0, orgImg.Width, orgImg.Height);
32          float orw = (float)(orgImg.Width * 0.3);
33          float orh = (float)(orgImg.Height * 0.4);
34          float mix = (float)((orgImg.Width / 2) + (orw / 2));
35          float miy = (float)((orgImg.Height / 2) + (orh / 2) + ((orh / 2) / 2));
36          float msw = markImg.Width;
37          float msh = markImg.Height;
38          newGrp.DrawImage(markImg, new Rectangle((int)mix, (int)miy,
39                              (int)orw, (int)orh), 0.0F, 0.0F, msw, msh,
40                              GraphicsUnit.Pixel, setImage);
41          PictureBox NewMarkImage = new PictureBox();
42          NewMarkImage.Image = tmpImg;
43          return NewMarkImage;
44      }
```

3-5행 Image.FromFile() 메서드에 배경 이미지 파일 경로를 매개 변수로 전달하여 Image 개체를 생성하고, 이는 Bitmap 개체를 생성하기 위한 문장으로 본래의 이미지 크기로 Bitmap 개체인 tmpImg를 생성한다.

6행 마킹 이미지가 표시될 Bitmap 개체인 markImg를 생성한다.

7행 markImg.SetResolution() 메서드를 이용하여 비트맵 개체의 해상도를 설정한다.

8행 Graphics 개체 g를 생성하는 문장으로 Graphics.FromImage() 메서드의 인자값으로 6행에서 생성한 markImg 개체를 전달한다.

9행 g.PageUnit 속성은 페이지 좌표에 사용되는 측정 단위를 설정하는 문장으로 단위는 Point(프린터의 점(1/72 인치)의 측정 단위)로 설정한다.

10행 Graphics.Clear() 메서드를 이용하여 그래픽 화면을 지우고 배경색을 색상을 무색(Color.Empty)으로 채운다.

11행 글꼴을 설정하는 문장이다.

12행 SolidBrush 개체 drawBrush를 생성하고 초기화하는 문장으로 폰트의 색상을 설정하는 작업을 수행한다.

13-15행 g.DrawString() 메서드를 이용하여 지정된 사각형에 StringFormat의 서식 특성을 사용하여 Brush 및 Font 개체로 지정된 텍스트 문자열을 그리는 작업을 수행한다.

16행 마킹 이미지의 투명도를 설정하기 위한 문장으로, 투명도는 Single 타입이다.

17행 Graphics 개체인 newGrp를 생성하는 문장으로 Graphics.FromImage() 메서드에 5행에서 생성한 tmpImg 개체를 매개 변수로 전달한다. 이는 이미지를 꾸미기 위한 준비 작업이다.

18-23행 24~25행의 ColorMatrix() 생성자(TIP "ColorMatrix 클래스" 참고)의 매개 변수인 setColrMatrix의 요소값을 설정하기 위한 문장이다.

24-25행 ColorMatrix 클래스의 개체 clrMatrix를 생성하는 문장이다. 이는 이미지의 오버랩을 조절하기 위한 문장이다.

26-27행 ImageAttributes 클래스의 개체 setImage를 생성하는 문장으로 비트맵을 조작하는 방법에 대한 정보가 포함되어 있어 이미지 조작을 위한 문장이다.

28-30행 setImage.SetColorMatrix() 메서드(TIP "SetColorMatrix 메서드" 참고)를 이용하여 지정된 범위에 대한 색 조정 매트릭스를 설정한다

31행 newGrp.DrawImage() 메서드를 이용하여 지정된 orgImg를 지정된 위치에 지정된 크기로 그리는 작업을 수행한다. 이는 배경 이미지를 그리는 작업을 수행한다.

문	설명
DrawImage(A, B, C, D, E)	A : 그릴 Image B : 그려지는 이미지의 왼쪽 위 모퉁이에 대한 X 좌표 C : 그려지는 이미지의 왼쪽 위 모퉁이에 대한 Y 좌표 D : 그려지는 이미지의 너비 E : 그려지는 이미지의 높이

32-37행 배경 이미지 및 워터마킹될 이미지의 크기에 사용될 변수 선언 문장이다.

38-40행 newGrp.DrawImage() 메서드를 이용하여 지정된 위치에 지정된 크기로 이미지를 그리는 작업을 수행하는데, 이는 마킹 이미지를 그리는 작업을 수행한다.

문	설명
DrawImage(A, B, C, D, E, F, G, H)	A : 그릴 Image B : 그려지는 이미지의 위치와 크기를 지정하는 Rectangle 구조체 C : 그릴 원본 이미지 부분의 왼쪽 위 모퉁이에 대한 X 좌표 D : 그릴 소스 이미지 부분의 왼쪽 위 모퉁이에 대한 Y 좌표 E : 그릴 소스 이미지의 부분에 대한 너비 F : 그릴 소스 이미지의 부분에 대한 높이 G : 소스 사각형을 결정하기 위해 사용하는 측정 단위를 지정하는 GraphicsUnit 열거형(TIP "GraphicsUnit 열거형" 참고)의 멤버 H : image 개체에 대한 다시 칠하기와 감마 정보를 지정하는 ImageAttributes

41-43행 NewImage() 메서드의 반환값으로 PictureBox 클래스의 개체 NewMarkImage를 반환하여 Form1의 picbView.Image 속성에 저장하여 오버랩된 이미지를 출력하는 작업을 수행한다.

TIP

ColorMatrix 클래스

ColorMatrix 클래스는 RGBAW 공간의 좌표를 포함하는 5×5 매트릭스를 정의하고, ImageAttributes 클래스의 여러 메서드는 색 매트릭스를 사용하여 이미지 색을 조정한다.

매트릭스 계수는 ARGB 동질 값을 변환하는 데 사용되는 5×5 선형 변환으로 구성된다. 예를 들어, ARGB 벡터는 빨강, 녹색, 파랑, 알파 및 w로 표시되며 여기에서 w는 항상 1이다. 예를 들어, 색 (0.2, 0.0, 0.4, 1.0)에서 시작하여 다음과 같은 변환을 적용한다고 가정한다.

빨강 구성요소를 두 배로 늘린다. 빨강, 녹색 및 파랑 구성요소에 0.2를 더한다. 다음의 매트릭스 곱에서는 나열된 순서대로 변환이 수행된다.

$$\begin{bmatrix} 0.2 & 0.0 & 0.4 & 1.0 & 1.0 \end{bmatrix} \begin{bmatrix} 2 & 0 & 0 & 0 & 0 \\ 0 & 1 & 0 & 0 & 0 \\ 0 & 0 & 1 & 0 & 0 \\ 0 & 0 & 0 & 1 & 0 \\ 0.2 & 0.2 & 0.2 & 0 & 1 \end{bmatrix} = \begin{bmatrix} 0.6 & 0.2 & 0.6 & 1.0 & 1.0 \end{bmatrix}$$

색 매트릭스의 요소에는 0부터 시작되는 인덱스가 행과 열의 순으로 부여된다. 예를 들어, 매트릭스 M에서 다섯 번째 행과 세 번째 열에 있는 엔트리는 M[4][2]이다.

다음 그림에서 5×5 항등 매트릭스의 대각선에는 '1'이 있고 그 외 위치에는 '0'이 있다. 색 벡터에 항등 매트릭스를 곱하는 경우 색 벡터는 변경되지 않는다. 항등 매트릭스에서 시작하여 원하는 변환이 이루어질 때까지 조금씩 변경하면 색 변환의 매트릭스를 간편하게 구성할 수 있다.

$$\begin{bmatrix} 1 & 0 & 0 & 0 & 0 \\ 0 & 1 & 0 & 0 & 0 \\ 0 & 0 & 1 & 0 & 0 \\ 0 & 0 & 0 & 1 & 0 \\ 0 & 0 & 0 & 0 & 1 \end{bmatrix}$$

항등 매트릭스

더 자세히 알아보려면 다음의 MSDN을 참고하기 바란다.

http://msdn.microsoft.com/ko-kr/library/3zxbwxch(v=vs.110).aspx

TIP

ImageAttributes.SetColorMatrix(ColorMatrix, ColorMatrixFlag, ColorAdjustType) 메서드

지정된 범위에 대하여 색 조정 매트릭스를 설정한다.

- ColorMatrix : 색 조정 매트릭스
- ColorMatrixFlag : 색 조정 매트릭스의 영향을 받을 색과 이미지의 형식을 지정하는 ColorMatrixFlag의 요소
- ColorAdjustType : 색 조정 매트릭스가 설정되는 범주를 지정하는 ColorAdjustType의 요소

ColorMatrixFlag 요소

멤버 이름	설명
Default	회색조를 포함한 모든 색상 값이 동일한 색 조정 매트릭스에 의해 조정됨
SkipGrays	모든 색은 조정되지만 회색조는 조정되지 않음
AltGrays	회색조만 조정됨

ColorAdjustType 요소

멤버 이름	설명
Default	자신의 색 조정 정보를 포함하지 않는 모든 GDI+ 개체가 사용하는 색 조정 정보
Bitmap	Bitmap 개체에 대한 색 조정 정보
Brush	Brush 개체에 대한 색 조정 정보
Pen	Pen 개체에 대한 색 조정 정보
Text	텍스트에 대한 색 조정 정보
Count	지정된 형식의 개수
Any	지정된 형식의 개수

TIP

GraphicsUnit 열거형

멤버 이름	설명
Display	디스플레이 장치의 측정 단위를 지정함
Document	1/300 인치의 문서 단위를 측정 단위로 지정함
Inch	인치를 측정 단위로 지정함
Millimeter	밀리미터를 측정 단위로 지정함
Pixel	장치 픽셀을 측정 단위로 지정함
Point	프린터의 점(1/72인치)을 측정 단위로 지정함
World	영역 좌표계 단위를 측정 단위로 지정함

3.4 워터마킹 예제 실행

다음 그림은 워터마킹 예제를 F5를 눌러 실행한 화면이다. 워터마크를 표시할 배경 파일을 선택한 뒤에, 워터마킹 문자열을 입력한다. 그리고 [폰트 설정] 메뉴에서 워터마킹 문자열에 적용할 글꼴과 글자 색상을 선택하고 [미리보기] 버튼을 클릭하여 결과를 확인해 본다. 또한, 투명도 조절 슬라이드를 이용하여 투명도를 조절한 뒤에 다시 [미리보기] 버튼을 클릭하여 워터마킹 문자열이 표시되는 상태를 확인해 본다.

[저장하기] 버튼을 눌러 워터마킹 된 이미지를 저장하고, 이미지를 열어보면 다음 그림과 같이 배경 이미지와 글자가 오버랩되어 하나의 이미지로 저장된 것을 확인할 수 있다.

4. 그래프 그리기

이 절에서는 네트워크나 CPU의 성능을 그래프나 막대로 나타내는 기능에 대해 사용자 정의 컨트롤을 이용하여 구현한 그래프 그리기 프로그램에 대해 살펴본다. 네트워크 프로그램에서 빠지지 않고 구현되는 그래프는 네트워크나 시스템의 상태 등을 한눈에 확인할 수 있 있도록 정량화해서 나타내는 방식인데 윈도우 작업관리자에서도 CPU, 메모리, 네트워킹 현황을 나타낼 때 이와 같은 방법으로 표현한다.

이 절의 그래프 그리기의 특징은 사용자 정의 컨트롤을 만들어 그래프를 표현하는 것인데 사용자 정의 컨트롤은 개발자 나름의 컨트롤을 만들어 놓고 해당 컨트롤을 프로그램의 핵심 부품으로 활용하여 구현하는 방식이다. 물론 VS2017에서 기본적으로 제공되는 컨트롤을 이용하여 구현할 수 있다. 하지만 사용자 정의 컨트롤을 생성해 놓으면 개발자가 필요할 때 컴포넌트처럼 해당 컨트롤을 가져다 사용할 수 있다.

VS2017에서 기본적으로 제공되는 컨트롤은 각각의 기능으로 구성되지만, 사용자 정의 컨트롤은 여러 개의 컨트롤을 그룹핑하여 사용할 수 있으므로 더욱 편하게 사용할 수 있다. 또한, 이는 라이브러리 형태(*.dll) 또는 실행 파일 형태(*.exe)로 만들어져 레퍼런스로 참조 추가하여 사용되기 때문에 컨트롤 관리가 편리해진다.

다음 그림은 그래프 그리기 애플리케이션을 구현하고 실행한 결과 화면이다.

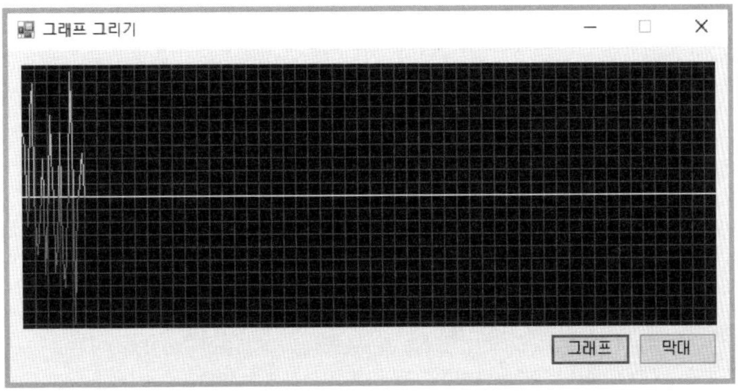

[결과 미리 보기]

4.1 그래프 그리기 프로젝트 생성

프로젝트 이름을 'mook_GraphDesign'으로 하여 'C:\CSharpProject\Chap05' 경로에 새 프로젝트를 생성한다. 사용자 정의 컨트롤을 만들기 위해 현재 솔루션에 프로젝트를 추가한다. 솔루션에 새 프로젝트를 추가하려면 솔루션 탐색기에서 솔루션 이름을 마우스 오른쪽 버튼으로 클릭하여 표시되는 단축메뉴에서 [추가]-[새 프로젝트] 메뉴를 클릭한다. 다음 그림과 같이 [새 프로젝트 추가] 대화상자가 나타나면 [Visual C#]-[클래스 라이브러리]를 차례로 선택하고 추가하는 프로젝트의 이름을 'mook_GraphCore'로 하여 프로젝트를 추가한다.

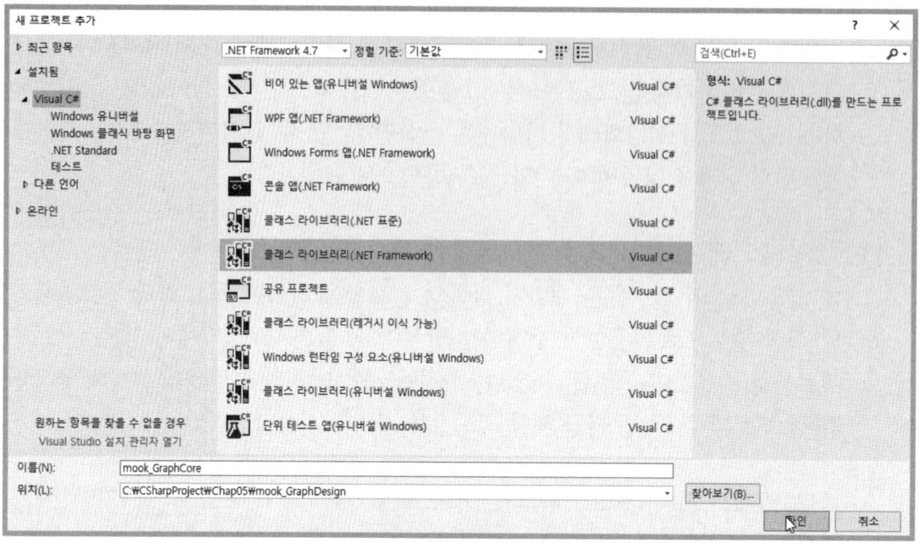

위 작업이 완료되면 솔루션 탐색기에서 'mook_GraphCore' 프로젝트가 추가된 것을 확인할 수 있다. 사용자 정의 컨트롤을 만들기 위해 추가된 'mook_GraphCore' 프로젝트를 마우스 오른쪽 버튼으로 클릭해서 표시되는 단축메뉴에서 [추가]-[새 항목] 메뉴를 차례로 클릭한다. 다음과 같이 [새 항목 추가] 대화상자가 나타나면 [Visual C# 항목]-[사용자 정의 컨트롤] 메뉴를 선택하고 이름을 'mook_GraphCore.cs'로 하여 새 항목을 추가한다.

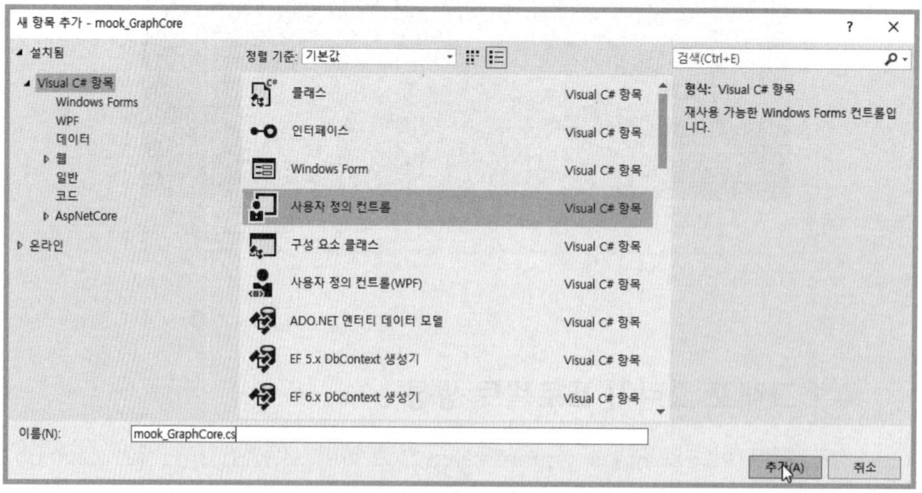

4.2 그래프 그리기 사용자 정의 컨트롤 디자인

'mook_GraphCore' 프로젝트에 추가된 'mook_GraphCore.cs'를 더블클릭하여 폼을 연다. 다음 그림과 같이 윈도우 폼에 컨트롤을 위치시켜 폼을 디자인하고, 각 컨트롤의 속성값을 설정한다.

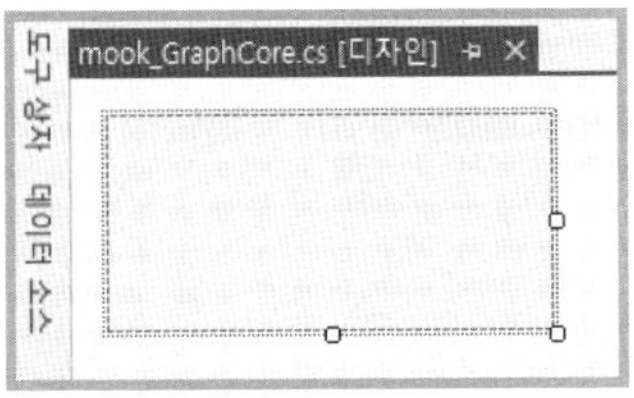

사용자 컨트롤 디자인에 사용된 컨트롤의 주요 속성값은 다음과 같다.

폼 컨트롤	속 성	값
UserControl1	Name	mook_GraphCore
	Size	192, 91 ※ 사이즈 설정 중요 (그리드 라인 그릴 때 사용)
Panel1	Name	plChart
	Dock	Fill

4.3 그래프 그리기 사용자 정의 컨트롤 코드 구현

다음과 같이 그래프를 종류를 나타내기 위해 enum 키워드를 이용하여 열거자 멤버를 추가한다.

```
public enum ChartControlOpenType
{
    Bar,
    Graph
};
```

다음과 같이 클래스 내부 전체에서 사용할 수 있도록 멤버 변수 및 개체를 추가한다. 멤버 변수 및 개체의 설명은 각 사용되는 메서드에서 설명한다.

```
public int PixelsPer;              // 그래프를 그리는 가로와 세로 선 간격
public int LineDifference;         // 그래프를 그리는 가로와 세로 선 간격
public float ValueMultiplier;      // 진행률과 진행상태
// 선, 백그라운드 색상
public Color AboveColor, UnderColor, GridColor, ChartBackColor, AxesColor;
public ChartControlOpenType OpenType;
```

```
private Graphics g;
private float[] Values;                      // 그래프 값 저장 배열
private float m_Maximum, m_Minimum;
private int CurrentYGridStart;               // 그래프 시작
private int CurrentNumberOfValues;           // 그래프 번호
private Size CurrentSize = new Size(0, 0);   // 그래프 사이즈
```

클래스 외부에서 private 타입의 멤버 변수 m_Maximum과 m_Minimum을 참조할 수 있도록 다음과 같이 get 접근자를 정의한다.

```
public float Maximum
{
   get
   {
      return m_Maximum;
   }
}

public float Minimum
{
   get
   {
      return m_Minimum;
   }
}
```

다음의 mook_GraphCore() 클래스의 기본 생성자 메서드에 클래스를 초기화하면서 우선적으로 반영해야 하는 멤버 변수값 또는 메서드를 추가한다.

```
01  public mook_GraphCore()
02  {
03     InitializeComponent();
04     OpenType = ChartControlOpenType.Bar;
05     LoadDefaultValues();
06     InitChart();
07  }
```

4행 초기 그래프 형식을 막대그래프 형태로 반영하기 위해 열거자 목록의 ChartControlOpenType.Bar를 멤버 변수 OpenType에 저장하는 문장이다.

5-6행 그래프를 그리기 위한 배경 색상과 멤버 변수의 초기값 등을 설정하는 메서드를 호출하는 작업을 수행한다.

다음의 LoadDefaultValues() 메서드는 멤버 변수를 초기값으로 설정하는 작업을 수행한다.

```
01 private void LoadDefaultValues()
02 {
03     g = plChart.CreateGraphics();
04     PixelsPer = 10;
05     ChartBackColor = Color.Black;
06     GridColor = Color.Green;
07     AboveColor = Color.Chartreuse;
08     UnderColor = Color.Red;
09     AxesColor = Color.White;
10     CurrentYGridStart = 0;
11     ValueMultiplier = 1;
12     m_Maximum = plChart.Size.Height / 2;
13     m_Minimum = (-1) * (plChart.Size.Height / 2);
14     LineDifference = 1;

15     if (OpenType == ChartControlOpenType.Bar)
16         Values = new float[plChart.Size.Width];
17     else
18         Values = new float[plChart.Size.Width / 2];

19     for (int i = 0; i < Values.Length; i++)
20         Values[i] = 0;

21     CurrentNumberOfValues = 0;
22 }
```

3행 plCart.CreateGraphics() 메서드를 이용하여 그래픽 개체를 생성하는 문장으로 컨트롤에 배경 화면과 그래픽을 그리기 위한 작업을 수행하는 기반이 된다.

4행 PixelsPer 멤버 변수는 그래프를 그릴 때 10픽셀 단위로 선을 그리기 위한 설정 값이다.

5-9행 그래프 선과 배경 화면의 색상을 설정하는 멤버 변수를 초기화하는 작업을 수행한다.

12-13행 막대그래프의 막대 높이를 설정하는 작업을 수행하는데 12행은 그래프의 최대 높이의 값을 나타내고 13행은 그래프의 최소 높이 값을 나타낸다.

15-18행 막대 또는 차트그래프의 넓이 속성을 float형 배열에 저장하는 작업을 수행한다.

19-20행 for 문은 배열의 길이에 따라 배열의 초기값을 0으로 초기화하는 작업을 수행한다.

다음의 InitChart()와 PostInitChart() 메서드는 화면의 초기 배경 화면을 그리는 작업을 수행하는 메서드이다.

```
01  public void InitChart()
02  {
03      CurrentYGridStart = 0;
04      PostInitChart();
05  }
06  public void PostInitChart()
07  {
08      if ((plChart.Height != 0) && (plChart.Width != 0))
09      {
10          g.Clear(ChartBackColor);
11          DrawGrid();
12      }
13  }
```

8행 plChart 컨트롤의 가로와 세로의 길이가 0이 아닐 때 10행에서 배경 색상을 검은색으로 설정하고, 11행에서 DrawGrid() 메서드를 호출하여 그리드 스타일의 선을 그리는 작업을 수행한다.

다음의 DrawGrid() 메서는 배경 화면에 가로 세로의 줄을 나타내는 작업을 수행한다.

```
01  private void DrawGrid()
02  {
03      for (int i = (plChart.Size.Height / 2) + PixelsPer * LineDifference;
04                  i < plChart.Size.Height; i += PixelsPer * LineDifference)
05          g.DrawLine(new Pen(GridColor), 0, i, plChart.Size.Width, i);

06      for (int i = (plChart.Size.Height / 2) - PixelsPer * LineDifference; i > 0;
07                  i -= PixelsPer * LineDifference)
08          g.DrawLine(new Pen(GridColor), 0, i, plChart.Size.Width, i);

09      for (int i = CurrentYGridStart; i < plChart.Size.Width;
10                  i += PixelsPer * LineDifference)
11          g.DrawLine(new Pen(GridColor), i, 0, i, plChart.Size.Height);

12      g.DrawLine(new Pen(AxesColor), 0, (int)(plChart.Size.Height / 2),
13                      plChart.Size.Width, (int)(plChart.Size.Height / 2));
14  }
```

3-5행 화면의 세로 중간을 나누어 아래쪽 영역에 가로 선을 그리는 작업을 수행한다. for 문을 이용하여 10픽셀 간격으로 가로 선을 그린다. 선을 그리는 작업은 g.DrawLine() 메서드를 이용한다.

6-8행 화면의 세로 중간을 나누어 위쪽 영역에 가로 선을 그리는 작업을 수행한다. for 문을 이용하여 10픽셀 간격으로 가로 선을 그린다.

9-11행 CurrentYGridStart부터 plChart.Size.width 크기만큼 10픽셀 간격으로 세로 선을 그리는 작업을 수행한다.

12-13행 세로 중앙에 Color.White 색상으로 가로 선을 그리는 작업을 수행한다.

다음의 DrawChart() 메서드는 화면에 차트를 그리는 작업을 수행한다.

```
private void DrawChart()
{
   PostInitChart();
   Pen AbovePen = new Pen(AboveColor);
   Pen UnderPen = new Pen(UnderColor);
   if (OpenType == ChartControlOpenType.Bar)
   {
      for (int i = Values.Length - CurrentNumberOfValues;
               i < Values.Length; i++)
      {
         if (Values[i] > 0)
         {
            g.DrawLine(AbovePen, Values.Length - i - 1,
                       (int)(plChart.Size.Height / 2) - 1,
                       Values.Length - i - 1,
                       (int)(plChart.Size.Height / 2) - Values[i]);
         }
         if (Values[i] < 0)
         {
            g.DrawLine(UnderPen, Values.Length - i - 1,
                       (int)(plChart.Size.Height / 2) + 1,
                       Values.Length - i - 1,
                       (int)(plChart.Size.Height / 2) - Values[i]);
         }
      }
   }
   else if (OpenType == ChartControlOpenType.Graph)
   {
      for (int i = Values.Length - CurrentNumberOfValues;
               i < Values.Length; i++)
      {
         if (Values[i] >= 0)
         {
            if (IntCmp(Values[i], Values[i - 1]) > 0)
            {
               g.DrawLine(UnderPen, (Values.Length - i) * 2,
                          (int)(plChart.Size.Height / 2) - Values[i - 1],
                          (Values.Length - i) * 2 - 1,
```

```
39                                  (int)(plChart.Size.Height / 2));
40                      g.DrawLine(AbovePen, (Values.Length - i) * 2 - 1,
41                                  (int)(plChart.Size.Height / 2),
42                                  (Values.Length - i - 1) * 2,
43                                  (int)(plChart.Size.Height / 2) - Values[i]);
44                  }
45                  else
46                  {
47                      g.DrawLine(AbovePen, (Values.Length - i) * 2,
48                                  (int)(plChart.Size.Height / 2) - Values[i - 1],
49                                  (Values.Length - i - 1) * 2,
50                                  (int)(plChart.Size.Height / 2) - Values[i]);
51                  }
52              }
53              if (Values[i] < 0)
54              {
55                  if (IntCmp(Values[i], Values[i - 1]) < 0)
56                  {
57                      g.DrawLine(AbovePen, (Values.Length - i) * 2,
58                          (int)(plChart.Size.Height / 2) - Values[i - 1],
59                          (Values.Length - i) * 2 - 1,
60                          (int)(plChart.Size.Height / 2));
61                      g.DrawLine(UnderPen, (Values.Length - i) * 2 - 1,
62                          (int)(plChart.Size.Height / 2),
63                          (Values.Length - i - 1) * 2,
64                          (int)(plChart.Size.Height / 2) - Values[i]);
65                  }
66                  else
67                  {
68                      g.DrawLine(UnderPen, (Values.Length - i) * 2,
69                          (int)(plChart.Size.Height / 2) - Values[i - 1],
70                          (Values.Length - i - 1) * 2,
71                          (int)(plChart.Size.Height / 2) - Values[i]);
72                  }
73              }
74          }
75      }
76      UnderPen.Dispose();
77      AbovePen.Dispose();
78  }
```

4-5행 Pen 개체를 생성하는 문장으로, Pen 개체의 색상을 각각 AboveColor(= Color.Chartreuse), UnderColor(= Color.Red)로 설정하여 초기화한다.

6-26행 ChartControlOpenType 열거형 타입이 Bar일 때, 즉 막대그래프를 그리는 작업을 수행한다.

8-25행 for 문을 이용하여 막대그래프를 그리는 작업을 수행한다. 범위는 Values 배열의 길이에 따라 그린다.

11-17행 AboveColor(= Color.Chartreuse) 색상으로 세로 중간 위쪽의 막대그래프를 그리는 작업을 수행한다.

18-24행 UnderColor(= Color.Red) 색상으로 세로 중간 아래쪽의 막대그래프를 그리는 작업을 수행한다.

27-75행 차트그래프를 그리는 작업을 수행한다. 범위는 막대그래프를 그리는 Values 배열의 길이에 따라 그려진다. 막대그래프는 이전 막대그래프와 연관성이 없이 막대의 높이만을 그리지만, 챠트 그래프는 이전 그래프 차트의 높이에서 현재 그래프 차트의 높이를 잇는 모양으로 그래프가 그려진다. 이 기능은 IntCmp() 메서드를 이용하여 구현한다.

34행 IntCmp() 메서드를 호출하여 차트그래프의 모양을 그리는 기본 옵션을 선택하는 작업을 수행한다. 인자값으로 현재 높이와 이전 높이를 float 타입으로 설정한다.

36-43행 차트그래프의 현재와 이전 높이가 세로 중간 위아래 두 가지의 값을 갖는 상태로 g.DrawLine() 메서드를 두 번 호출하여 차트그래프를 그린다.

47-50행 차트그래프의 현재와 이전 높이 값이 세로 위쪽으로만 형성되기 때문에 하나의 g.DrawLine() 메서드를 호출하여 차트그래프를 그린다.

76-77행 Dispose() 메서드를 호출하여 Pen 개체의 리소스를 해제하는 작업을 수행한다.

다음의 IntCmp() 메서드는 현재 차트그래프의 높이와 이전 차트그래프의 높이를 인자값으로 받아 그래프 모양을 설정하기 위한 선택값을 반환하는 작업을 수행한다. 만약 num1과 num2의 값이 0보다 클 때 반환값은 0으로 그래프가 그려질 때는 세로 위쪽에 그래프 차트가 형성된다.

```
public int IntCmp(float num1, float num2)
{
    if ((num1 >= 0) && (num2 >= 0))
        return 0;
    if ((num1 < 0) && (num2 < 0))
        return 0;
    if ((num1 >= 0) && (num2 < 0))
        return 1;
    if ((num1 < 0) && (num2 >= 0))
        return -1;
    return 0;
}
```

다음의 plChart_Paint() 이벤트 핸들러는 plChart 컨트롤을 선택하고 이벤트 목록 창에서 [Paint] 이벤트 항목을 더블클릭하여 생성한 프로시저로, plChart 컨트롤에 그래프가 그려질 때 발생하는 이벤트를 처리하는 작업을 수행한다.

```
01  private void plChart_Paint(object sender, PaintEventArgs e)
02  {
03     if (this.plChart != null)
04        OnResize(new EventArgs());
05  }
```

4행　　plChart 컨트롤에 그래프가 그려질 때 mook_GraphCore 사용자 정의 컨트롤의 사이즈를 재구성하기 위한 작업을 수행한다.

다음의 OnResize() 메서드는 override 키워드를 이용하여 부모 클래스로부터 받은 메서드를 재정의하는 자식 메서드로 mook_GraphCore 사용자 정의 컨트롤의 사이즈를 재설정하는 작업을 수행한다.

```
01  protected override void OnResize(EventArgs e)
02  {
03     base.OnResize(e);
04     if (plChart != null)
05     {
06        if ((Size.Height == 0) || (Size.Width == 0))
07           return;
08        if ((CurrentSize.Height == 0) && (CurrentSize.Width == 0))
09        {
10           CurrentSize = Size;
11           return;
12        }
13        RecalculateSize();
14        CurrentSize = Size;
15     }
16  }
```

3행　　상속하는 컨트롤의 이벤트를 실제로 수신할 수 있도록 대기하기 위해 base.OnResize() 메서드를 사용한다. plChart 컨트롤에 그래프가 그려질 때 전체 mook_GraphCore 사용자 정의 컨트롤이 그려질 수 있도록 이벤트를 발생시키는 작업을 수행한다.

13-14행 RecalculateSize() 메서드 호출과 폼의 Size를 설정을 통해 사용자 정의 컨트롤을 Form1에 정상적으로 나타낼 수 있도록 한다.

다음의 RecalculateSize() 메서드는 사용자 정의 컨트롤을 정상적으로 그려질 수 있도록 가로와 세로 크기를 설정하는 작업을 수행한다.

```
01  private void RecalculateSize()
02  {
03     if ((CurrentSize.Height != 0) && (CurrentSize.Width != 0))
04     {
05        m_Maximum = plChart.Size.Height / 2;
06        m_Minimum = (-1) * (plChart.Size.Height / 2);
07        float SizeChange = ((float)Size.Height / (float)CurrentSize.Height);
08        if (Size.Height != 0)
09           ValueMultiplier *= SizeChange;
10        int i, j;
11        float[] NewValues = new float[Size.Width];
12        for (i = Values.Length - 1, j = NewValues.Length - 1;
13                          ((i >= 0) && (j >= 0)); i--, j--)
14        {
15           if (SizeChange != 0)
16              NewValues[j] = Values[i] * SizeChange;
17        }
18        Values = NewValues;
19        g.Dispose();
20        g = plChart.CreateGraphics();
21        DrawChart();
22     }
23  }
```

5-6행 차트그래프의 세로 중간의 위아래 높이를 구하는 문장이다.

7-9행 사용자 정의 컨트롤이 주기적으로 좌에서 우로 움직이며 차트그래프를 그려야 하므로 이 주기에 맞춰 plChart 및 사용자 정의 컨트롤의 가로와 세로의 크기를 재정의해야 한다.

12-17행 for 문을 이용하여 그래프를 그릴 때 그래프의 높이가 plChart 세로 중간 위아래 높이 보다 커지지 않도록 높이를 재정의하는 문장으로 높이를 한정하기 위해서 7행에서 재정한 높이 값을 가져와 15~16행에서 새로운 float 배열 변수에 그래프의 높이 값을 저장한다.

21행 DrawChart() 메서드를 호출하여 차트그래프를 그리는 작업을 수행한다.

다음의 RefreshControl() 메서드는 그래프가 다시 그려질 수 있도록 PostInitChart()와 DrawChart() 메서드를 호출하여 그래프를 출력하는 작업을 수행한다.

```
public void RefreshControl()
{
    PostInitChart();
    DrawChart();
}
```

다음의 AddValue() 메서드는 Form1에서 그래프 높이 값을 인자값으로 설정하여 호출하면 그래프를 그리기 위해 Values 배열 변수에 값을 저장하는 작업을 수행한다.

```
01    public void AddValue(float val)
02    {
03        if ((Minimum != 0) && (Maximum != 0))
04            if ((val * ValueMultiplier > Maximum) ||
05                    (val * ValueMultiplier < Minimum))
06                return;
07        for (int i = 0; i < Values.Length - 1; i++)
08            Values[i] = Values[i + 1];
09        Values[Values.Length - 1] = val * ValueMultiplier;
10        if (CurrentNumberOfValues < Values.Length)
11            CurrentNumberOfValues++;
12        if (CurrentYGridStart < PixelsPer * LineDifference - 1)
13        {
14            if (OpenType == ChartControlOpenType.Bar)
15                CurrentYGridStart++;
16            else
17                CurrentYGridStart += 2;
18        }
19        else
20        {
21            CurrentYGridStart = 0;
22        }
23        DrawChart();
24    }
```

3-6행 그려진 그래프 세로 사이즈가 그래프 최대 크기 범위를 넘으면 return 키워드를 호출하여 함수 실행을 종료하는 작업을 수행한다.

7-8행 시간의 흐름에 따라 그래프는 우에서 좌로 이동하기 때문에 for 문을 이용하여 Values[] 배열 값을 하나씩 Shift하여 저장하는 작업을 수행한다.

9행 Values[] 배열에 최신 val * ValueMultiplier 즉, 최신 그래프가 그려질 점(위치, 숫자)을 저장한다.

10-22행 그래프를 그리기 위해서 CurrentNumberOfValues과 CurrentYGridStart의 값을 2씩 가산한다.

4.4 그래프 그리기 사용자 정의 컨트롤 빌드

그래프 그리기 사용자 정의 컨트롤은 빌드 결과가 '*.dll'로 만들어 지기 때문에 Ctrl+F5 또는 F5를 이용해서 빌드하지 않는다. 사용자 정의 컨트롤을 담고 있는 프로젝트를 빌드하기 위해서는 솔루션 탐색기에서 'mook_GraphCore' 프로젝트를 마우스 오른쪽 버튼으로 클릭하여 표시되는 단축메뉴에서 [시작 프로젝트 설정] 메뉴를 선택한다. VS2017의 [빌드(B)]-[mook_GraphCore 빌드] 메뉴를 클릭하여 빌드하면 다음과 같이 'mook_GraphCore.dll' 파일이 생성된 것을 확인할 수 있을 것이다.

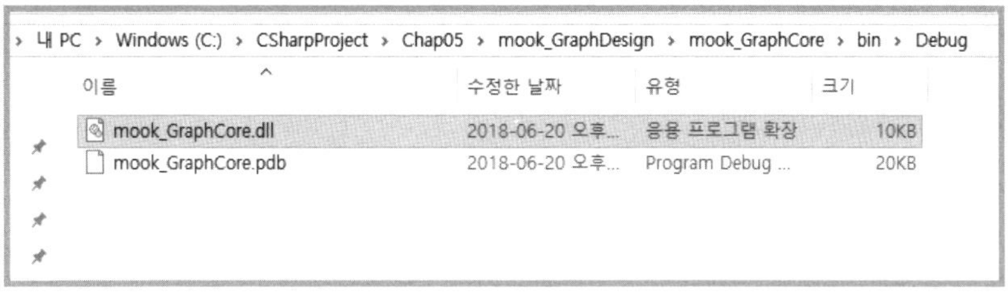

4.5 그래프 그리기 메인 폼 디자인

그래프 그리기 메인 폼을 디자인하기에 앞서 위에서 생성한 'mook_GraphCore.dll' 파일을 레퍼런스로 추가하기 위해 참조를 추가한다. [솔루션 탐색기]에서 'mook_GraphDesign' 프로젝트의 [참조] 항목을 마우스 오른쪽 버튼으로 클릭하여 표시되는 단축메뉴에서 [참조 추가] 메뉴를 선택하여 열리는 [참조 관리자] 대화상자에서 다음 그림과 같이 [찾아보기]를 선택하여 'mook_GraphCore.dll' 파일을 찾아서 참조를 추가한다.

'mook_GraphDesign'을 시작 프로젝트로 설정한 뒤에 다음 그림과 같이 윈도우 폼에 필요한 컨트롤을 위치시켜 폼을 디자인하고, 각 컨트롤의 속성값을 설정한다.

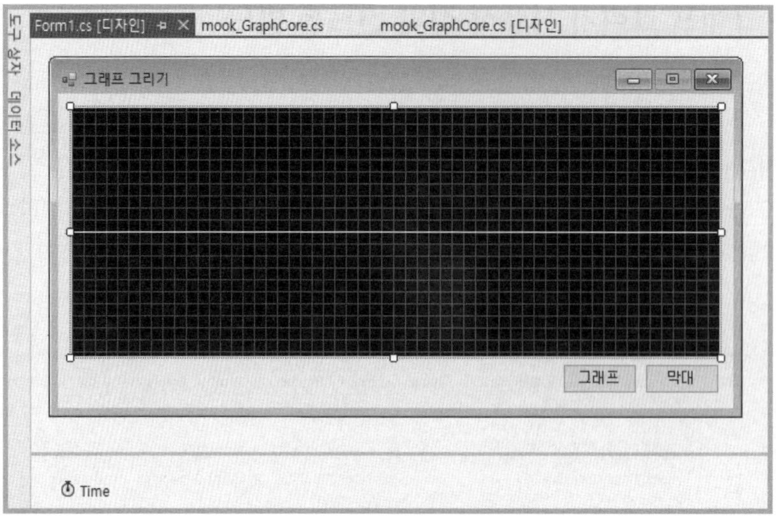

폼 디자인에 사용된 컨트롤의 주요 속성값은 다음과 같다.

폼 컨트롤	속 성	값
Form1	Name	Form1
	Text	그래프 그리기
	FormBorderStyle	FixedSingle
	TopMost	True
mook_GraphCore1	Name	GraphCore
Button1	Name	btnGraph
	Text	그래프
Button2	Name	btnBar
	Text	막대
Timer1	Name	Timer
	Interval	1000

4.6 그래프 그리기 메인 폼 코드 구현

다음과 같이 멤버 개체를 클래스 내부 상단에 추가한다.

```
Random r = new Random();   // 랜덤 수 생성을 위한 클래스 생성
```

다음의 Form1_Load() 이벤트 핸들러는 폼을 더블클릭하여 생성한 프로시저로, 폼이 실행될 때 그래프의 기본 형태를 설정하는 문장으로 막대그래프를 기본으로 설정한다.

```
private void Form1_Load(object sender, EventArgs e)
{
    NetGraph.OpenType =
        NetworkChart.NetworkGraph.ChartControlOpenType.Bar;
}
```

다음의 Time_Tick() 이벤트 핸들러는 1초마다 주기적으로 호출하여 그래프를 높이를 설정하는 작업을 수행한다.

```
01  private void Time_Tick(object sender, EventArgs e)
02  {
03      double ValueAdd;
04      int n = r.Next(1, 45);
05      int s = r.Next(1, 3);
06      try
07      {
08          if (s / 2 == 0)
09              ValueAdd = Convert.ToDouble(n);
10          else
11              ValueAdd = Convert.ToDouble(-n);

12          NetGraph.AddValue((float)ValueAdd);
13          NetGraph.RefreshControl();
14      }
15      catch
16      {
17          return;
18      }
19  }
```

4-5행 그래프를 그리기 위한 랜덤 숫자를 얻는 문장으로 4행은 그래프의 높이를 구하며, 5행은 그래프 모양이 위 또는 아래가 될지를 결정하는 작업을 수행한다.

8-11행 8~9행은 세로 중간 위쪽에 그래프가 형성되도록 값을 설정하는 문이고, 10~11행은 세로 중간 아래쪽에 그래프가 형성되도록 값을 설정한다.

12행 AddValue() 메서드에 그래프 높이를 인자값으로 설정하고 호출하여 그래프를 그리는 작업을 수행한다.

다음의 btnGraph_Click() 이벤트 핸들러는 [그래프] 버튼을 더블클릭하여 생성한 프로시저로, 차트그래프를 그릴 수 있도록 설정하는 작업을 수행한다.

```
private void btnGraph_Click(object sender, EventArgs e)
{
    NetGraph.OpenType =
        NetworkChart.NetworkGraph.ChartControlOpenType.Graph;
}
```

다음의 btnBar_Click() 이벤트 핸들러는 [막대] 버튼을 더블클릭하여 생성한 프로시저로, 막대그래프를 그릴 수 있도록 설정하는 작업을 수행한다.

```
private void btnBar_Click(object sender, EventArgs e)
{
    NetGraph.OpenType =
        NetworkChart.NetworkGraph.ChartControlOpenType.Bar;
}
```

4.7 그래프 그리기 실행

다음 그림은 그래프 그리기 예제를 F5를 눌러 실행한 화면이다. [그래프] 버튼과 [막대] 버튼을 클릭하여 그래프의 모양을 확인해 본다.

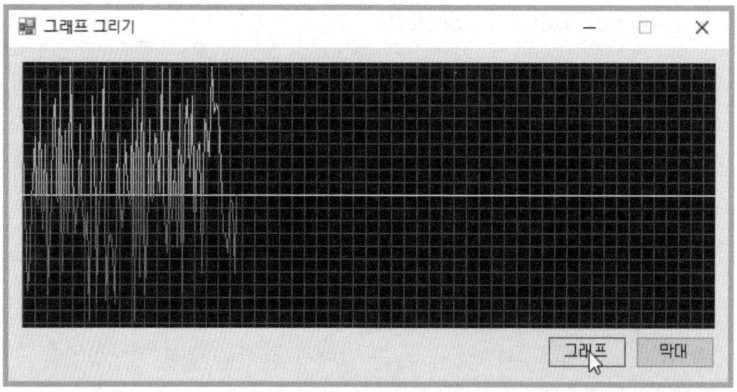

5. 화면 캡처

이 절에서 살펴볼 화면 캡처 예제는 화면 전체를 캡처하고 파일로 저장하는 애플리케이션이다. 필자도 책을 집필할 때 이미지 캡처를 위해 화면 캡처 프로그램을 자주 사용한다. 상용 화면 캡처 프로그램처럼 정교하고 다양한 기능이 있는 애플리케이션은 아니지만, 화면 캡처를 위한 코드 기능을 구현해 보면서 Bitmap 및 그래픽 관련 클래스, 인터페이스에 대해 알아보도록 하자.

다음 그림은 화면 캡처 애플리케이션을 구현하고 실행한 결과 화면이다.

[결과 미리 보기]

5.1 화면 캡처(Form1) 디자인

프로젝트 이름을 'mook_Capture'로 하여 'C:\CSharpProject\Chap05' 경로에 새 프로젝트를 생성한다. 다음 그림과 같이 윈도우 폼에 필요한 컨트롤을 위치시켜 폼을 디자인하고, 각 컨트롤의 속성값을 설정한다. 프로젝트 내부에 사운드 파일을 저장하기 위한 'wav' 폴더를 생성하고 예제 애플리케이션에서 사용할 사운드 파일을 저장하여 활용한다.

폼 디자인에 사용된 컨트롤의 주요 속성값은 다음과 같다.

폼 컨트롤	속 성	값
Form1	Name	Form1
	Text	화면 캡처
	FormBorderStyle	FixedSingle
	MaximizeBox	False
	MinimizeBox	False
PicturBox1	Name	picbScreen
	BackColor	Silver
	Dock	Fill
	SizeMode	StretchImage
StatusStrip1	Name	stsMenu

stsMenu 컨트롤을 선택하여 내부에 StatusLabel 컨트롤을 다음 그림과 같이 추가한다.

다음과 같이 stsMenu 컨트롤에 추가한 StatusLabel 컨트롤의 속성을 설정한다.

폼 컨트롤	속 성	값
ToolStripStatusLabel1	Name	tsslText
	Text	전체 화면캡처 : c, 화면지우기 : e, 캡처저장 : s

5.2 화면 캡처(Form1.cs) 코드 구현

이미지 제어를 위해 using 키워드를 이용하여 다음과 같이 필요한 네임스페이스를 추가한다.

```
using System.Drawing.Imaging;
```

다음과 같이 클래스 내부 제일 상단에 멤버 개체와 변수를 생성한다.

```
01    Point orgLocalPoint;
02    Size orgLocalSize;
03    bool orgbool = true;
04    bool capbool = false;
05    Graphics ScreenG;
06    Bitmap CaptWin;
07    System.Media.SoundPlayer player = new System.Media.SoundPlayer();
```

1-2행 폼의 원래 위치와 사이즈를 값을 저장하기 위한 멤버 변수로써 화면 캡처 후 이 값을 이용하여 폼의 위치와 사이즈를 설정한다.

3-4행 화면을 캡처했는지를 확인하는 bool 타입의 플래그 변수이다.

5-6행 화면을 캡처하고 이미지로 관리하기 위한 Graphics와 Bitmap 클래스 개체를 생성하는 문장이다.

7행 Wav 파일을 재생하기 위한 SoundPlayer 클래스의 player 개체를 생성하는 문장이다.

다음의 Form1_Load() 이벤트 핸들러는 폼을 더블클릭하여 생성한 프로시저로, 폼의 위치와 사이즈를 멤버 변수에 저장하는 작업을 수행한다. 이는 화면을 캡처할 때 폼의 위치를 저장했다가 캡처 작업이 마무리되면 다시 원래 폼의 위치와 사이즈를 설정하기 위한 문장이다.

```
private void Form1_Load(object sender, EventArgs e)
{
    if (orgbool == true)
    {
        orgLocalPoint = this.Location;
        orgLocalSize = this.Size;
    }
}
```

다음의 이벤트 핸들러는 폼을 선택하고 이벤트 목록 창에서 [KeyPress] 항목을 더블클릭하여 생성한 프로시저로, 키보드에서 키를 눌렀을 때 발생하는 이벤트를 제어하는 작업을 수행한다.

```
private void Form1_KeyPress(object sender, KeyPressEventArgs e)
{
    if (e.KeyChar == 'c')
    {
        orgbool = false;
        capbool = true;
        this.Opacity = 0.0;
        this.FormBorderStyle = FormBorderStyle.None;
        this.Location = new Point(0, 0);
        this.Size = Screen.PrimaryScreen.Bounds.Size;
        var fullScreen = Screen.PrimaryScreen.Bounds;
        CaptWin = new Bitmap(fullScreen.Width, fullScreen.Height);
        ScreenG = Graphics.FromImage(CaptWin);
        ScreenG.CopyFromScreen(PointToScreen(
                        new Point(0, 0)), new Point(0, 0), fullScreen.Size);
        this.picbScreen.Image = CaptWin;
        player.SoundLocation = @"..\..\wav\capture.wav";
        player.Play();
        this.Opacity = 100.0;
        this.FormBorderStyle = FormBorderStyle.FixedSingle;
        this.Location = orgLocalPoint;
        this.Size = orgLocalSize;
        orgbool = true;
    }
    else if (e.KeyChar == 'e')
    {
        player.SoundLocation = @"..\..\wav\ereser.wav";
        player.Play();
        capbool = false;
        this.picbScreen.Image = null;
    }
    else if (e.KeyChar == 's')
    {
```

```
34            if (capbool == true)
35            {
36                using (var SFile = new SaveFileDialog())
37                {
38                    SFile.OverwritePrompt = true;
39                    SFile.FileName = "화면캡처";
40                    SFile.Filter = "이미지 파일(*.jpg)|*.jpg";
41                    DialogResult rst = SFile.ShowDialog();
42                    if (rst == DialogResult.OK)
43                        CaptWin.Save(SFile.FileName, ImageFormat.Jpeg);
44                }
45            }
46            else
47            {
48                MessageBox.Show("캡처한 화면이 없습니다.", "알림",
49           MessageBoxButtons.OK, MessageBoxIcon.Information);
50            }
51        }
52    }
```

3행　e.KeyChar 속성을 이용하여 키보드에서 누른 키에 해당하는 문자를 비교하는 if 문장으로 'c'를 눌렀을 때는 4~24행을 수행하며 전체 화면을 캡처하는 작업을 수행하고, 'e'를 누르면 26~31행을 수행하여 캡처된 이미지 영역의 화면을 지운다. 's'를 누르면 33~45행을 수행하여 캡처한 화면을 이미지 파일로 저장하는 작업을 수행한다.

5-6행　bool 타입의 캡처 여부의 플래그 값을 설정하는 문장으로 capbool 변수의 값이 true이면 캡처된 화면을 저장하거나 폼의 위치와 사이즈를 설정하는 작업을 수행한다.

7행　폼의 투명도를 설정하는 문장으로 화면을 캡처하기 위해서는 폼이 투명해야 하기 때문에 Opacity 속성의 값을 0.0으로 설정한다.

8행　폼의 BorderStyle을 설정하는 것으로 설정 가능한 열거형 값 중 None으로 설정한다.

9행　폼의 위치를 설정하는 문장으로 화면 전체를 캡처하기 위해 폼의 위치를 화면의 왼쪽 상단으로 설정한다. 이를 위해 Point 개체의 값을 (0, 0)으로 하여 개체를 생성하여 폼의 Location 속성을 설정한다.

10행　Screen.PrimaryScreen.Bounds.Size 속성을 이용하여 폼의 Size 값을 설정하는 문장이다. Screen.PrimaryScreen.Bounds.Size 속성은 화면의 기본 디스플레이 범위 즉, 현재 화면의 전체 사이즈 값을 가져오거나 설정하는 데 사용한다.

11행　스크린의 사이즈를 int 형으로 사용하기 위하여 화면 전체의 가로 · 세로 범위를 설정한다.

12행 화면 전체를 캡처하기 위하여 Bitmap 클래스 개체를 생성하는 문장으로 전체 화면을 캡처하기 위해 생성하는 Bitmap 개체의 사이즈를 화면 전체 사이즈로 설정한다.

Bitmap 개체 생성	설명
Bitmap(A, B)	A : Bitmap의 너비(픽셀) B : Bitmap의 높이(픽셀)

13행 Graphics.FromImage() 메서드를 이용하여 지정된 Bitmap 개체인 CaptWin으로부터 Graphics 개체 ScreenG를 초기화한다. 이는 화면 캡처를 위한 준비 작업을 수행한다.

14-15행 Graphics.CopyFromScreen() 메서드(TIP "Graphics.CopyFromScreen() 메서드" 참고)를 이용하여 범위로 지정된 사각형에 해당하는 색 데이터 즉, 현재 캡처된 화면의 색 데이터를 그리는 작업을 수행한다.

16행 12~15행을 수행하여 Bitmap 클래스 개체에 저장된 캡처 화면을 picbScreen 컨트롤 Image 속성값에 저장하는 작업을 수행한다.

17행 System.Media.SoundPlayer 클래스 개체 player의 SoundLocation에 Wav 파일 경로를 입력하는 작업으로 18행의 Play() 메서드를 호출하면 화면 캡처의 효과음으로 사용하는 wav 파일이 재생된다.

19-22행 화면 캡처를 완료한 뒤에 폼의 투명도와 위치 그리고 사이즈를 원래 상태로 설정하는 문장이다.

25-31행 e.KeyChar 문을 이용하여 'e' 자판이 눌릴 때 캡처된 결과를 지우는 작업을 수행한다.

27-28행 화면을 지우는데 사용되는 효과음으로 Wav 파일을 재생하는 작업을 수행한다.

29-30행 capbool 변수에 false 값을 설정하고, picbScreen 컨트롤의 Image에 null 값을 설정하여 캡처에 활동을 초기화한다.

32-51행 자판에서 's'가 눌릴 때 캡처된 결과가 있는지를 확인하여 캡처된 결과가 있을 때 캡처된 화면을 이미지 파일로 저장하는 작업을 수행하고, 캡처된 결과가 없을 때는 캡처된 내용이 없음을 나타내는 메시지 박스를 표시한다.

34행 capbool 플래그 값이 true일 때 즉, 화면 캡처가 선행되어 캡처된 내용이 있을 때 35~45행을 수행한다.

36행 using 키워드를 이용하여 SaveFileDialog 클래스의 개체를 생성하는 작업을 수행한다.

38-40행 SaveFileDialog 개체의 속성을 설정하는 문장으로 파일 이름, 파일 확장자 등을 설정한다

41행 SFile.ShowDialog() 메서드를 이용하여 파일 저장을 위한 [저장] 대화상자를 나타내고, [저장] 대화상자에서 [저장] 버튼을 누르면 43행을 수행하여 캡처된 내용을 파일로 저장한다.

43행 CapWin.Save() 메서드(TIP "Image.Save() 메서드" 참고)를 이용하여 지정된 파일 경로와 이미지 포맷에 따라 캡처된 화면을 이미지 파일로 저장한다.

TIP

**Graphics.CopyFromScreen(Point upperLeftSource,
Point upperLeftDestination,
Size blockRegionSize) 메서드**

픽셀의 사각형에 해당하는 영역을 캡처하여 Graphics 개체에 저장한다.

- upperLeftSource : 소스 사각형의 왼쪽 위 모퉁이의 위치 값
- upperLeftDestination : 대상 사각형의 왼쪽 위 모퉁이의 위치 값
- blockRegionSize : 전송할 영역의 크기

TIP

Image.Save(String filename, ImageFormat format) 메서드

Image를 지정된 형식으로 파일에 저장한다.

- filename : Image를 저장할 파일의 이름을 포함하는 경로를 나타내는 문자열
- format : Image의 ImageFormat

ImageFormat 속성

이미지의 파일 형식을 지정한다.

이름	설명
Bmp	비트맵(BMP) 이미지 형식
Emf	확장 메타파일(EMF) 이미지 형식
Exif	Exchangeable Image File(Exif) 형식
Gif	GIF(Graphics Interchange Format) 이미지 형식
Guid	이 ImageFormat 개체를 나타내는 Guid 구조체
Icon	Windows 아이콘 이미지 형식
Jpeg	JPEG(Joint Photographic Experts Group) 이미지 형식
MemoryBmp	메모리의 비트맵 형식
Png	W3C PNG(Portable Network Graphics) 이미지 형식
Tiff	TIFF(Tagged Image File Format) 이미지 형식
Wmf	Windows 메타파일(WMF) 이미지 형식

5.3 화면 캡처 실행

다음 그림은 화면 캡처 예제를 F5를 눌러 실행한 뒤에 'c' 키를 눌러 스크린 전체를 캡처한 화면이다.

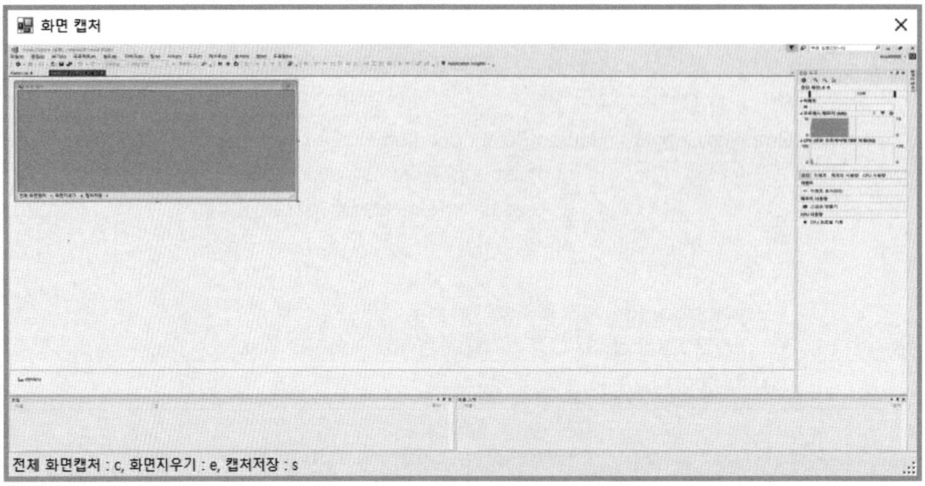

다음 그림은 's' 키를 눌러 화면을 캡처한 이미지를 파일로 저장한 화면이다.

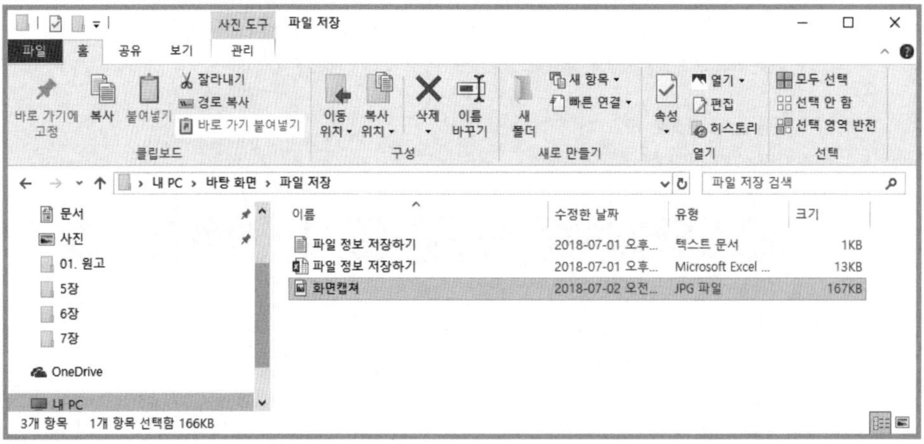

6. 스테가노그래피

스테가노그래피는 비밀리에 정보를 전달하기 위해 이미지, 오디오 등의 파일에 정보를 숨겨서 전달하는 기술을 말한다. 기존의 암호화 방법은 메시지를 암호화하여 비밀 정보를 보호하는 반면에 스테가노그래피는 비밀 정보를 이미지, 오디오 등의 매체에 은닉하여 그 정보의 존재 자체를 감추는 보안 기술이다. 이러한 장점을 활용하여 최근에는 기업 스파이, 간첩 활동, 테러 활동 등에서 이 기술을 자주 사용된다. 이 절에서 알아볼 Steganography 애플리케이션 예제는 이미지에 데이터를 숨기는 알고리즘에 대해 살펴보도록 한다.

다음 그림은 스테가노그래피 애플리케이션을 구현하고 실행한 결과 화면이다.

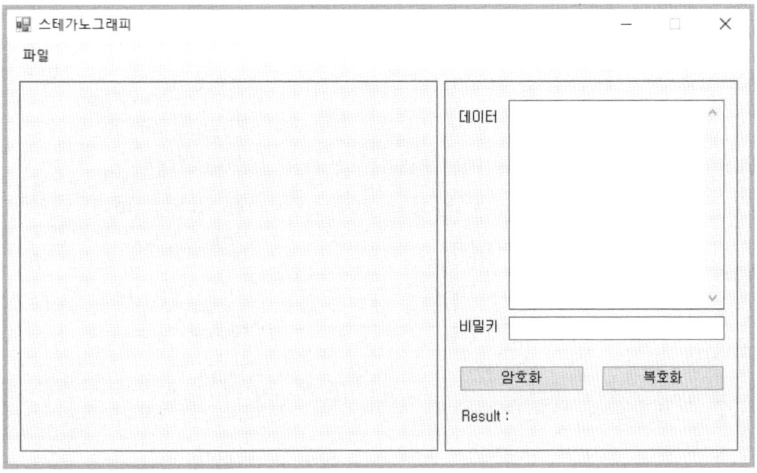

[결과 미리 보기]

6.1 스테가노그래피 디자인 및 구동 개념

프로젝트 이름을 'mook_Steganography'로 하여 'C:\SecurityCS\Chap03' 경로에 새 프로젝트를 생성한다. 다음 그림과 같이 윈도우 폼에 필요한 컨트롤을 위치시켜 폼을 디자인하고, 각 컨트롤의 속성값을 설정한다.

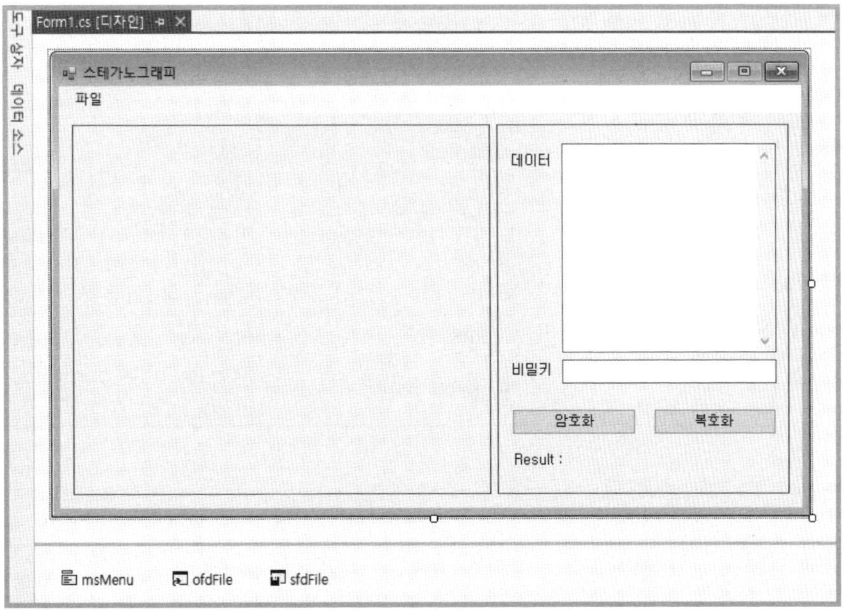

폼 디자인에 사용된 컨트롤의 주요 속성값은 다음과 같다.

폼 컨트롤	속 성	값
Form1	Name	Form1
	Text	스테가노그래피
	FormBorderStyle	FixedSingle
	MaximizeBox	False
MenuStrip1	Name	msMenu
PictureBox1	Name	pbImgView
	BorderStyle	FixedSingle
	SizeMode	StretchImage
Panel1	Name	plStegano
	SizeMode	StretchImage
Label1	Name	lblData
	Text	데이터
Label2	Name	lblKey
	Text	비밀키
Label3	Name	lbResult
	Text	Result :
TextBox1	Name	txtData
	Multiline	True
	ScrollBars	Vertical
TextBox2	Name	txtKey
Button1	Name	btnEncrypt
	Text	암호화
	Enabled	False
Button2	Name	btnDecrypt
	Text	복호화
	Enabled	False
OpenFileDialog1	Name	ofdFile
	Filter	mage Files (*.jpg; *.png; *.bmp)|*.jpg; *.png; *.bmp"
SaveFileDialog1	Name	sfdFile
	Filter	Png Image|*.png|Bitmap Image|*.bmp

다음 그림과 같이 msMenu 컨트롤을 선택하고 메뉴를 추가한다.

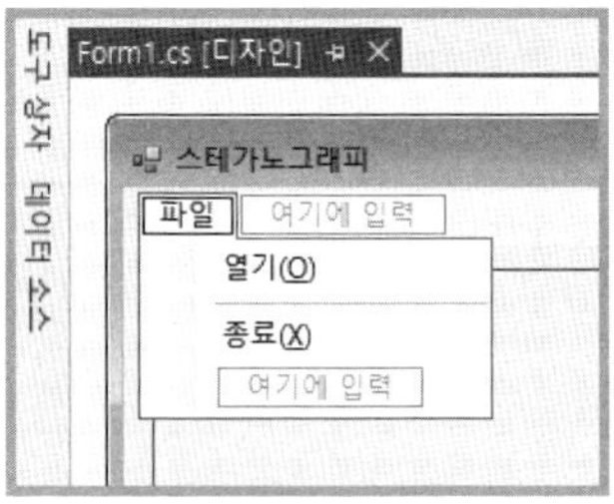

6.2 스테가노그래피(Form1.cs) 코드 구현

다음과 같이 using 키워드를 이용하여 구현에 필요한 네임스페이스를 추가한다.

```
using System.Drawing.Imaging;
using System.IO;
```

다음과 같이 클래스 개체를 클래스 상단에 추가한다.

```
Bitmap ImgBmp = null;
SteganographyConvert stgpcvt = new SteganographyConvert();
```

다음의 열기ToolStripMenuItem_Click() 이벤트 핸들러는 [열기] 메뉴를 더블클릭하여 생성한 프로시저로, [열기] 대화상자를 호출하여 이미지를 선택하고 선택된 이미지를 pbImgView 컨트롤에 출력하는 작업을 수행한다.

```
01  private void 열기ToolStripMenuItem_Click(object sender, EventArgs e)
02  {
03     if (this.ofdFile.ShowDialog() == DialogResult.OK)
04     {
05        this.pbImgView.Image = Image.FromFile(this.ofdFile.FileName);
06        this.btnEncrypt.Enabled = true;
07        this.btnDecrypt.Enabled = true;
08     }
09  }
```

3행 ofdFile.ShowDialog() 메서드를 이용하여 [열기] 대화상자를 나타내 이미지 파일 선택하도록 하고 [OK] 버튼 클릭한다.

5행 Image.FromFile() 메서드에 파일 경로를 지정하여 데이터가 숨겨질 이미지를 pbImgView 컨트롤에 나타내는 작업을 수행한다.

다음의 btnEncrypt_Click() 이벤트 핸들러는 [암호화] 버튼을 더블클릭하여 생성한 프로시저로, txtData 컨트롤에 입력된 문자열을 암호화하여 이미지에 숨기고 이미지 파일로 저장하는 작업을 수행한다.

```
private void btnEncrypt_Click(object sender, EventArgs e)
{
   if (this.pbImgView.Image == null)
   {
      MessageBox.Show("이미지를 선택해 주세요", "알림",
         MessageBoxButtons.OK, MessageBoxIcon.Error);
      return;
   }
   ImgBmp = (Bitmap)this.pbImgView.Image;
   string HiddenText = this.txtData.Text;
   if (HiddenText.Equals(""))
   {
      MessageBox.Show("이미지에 숨길 문자열을 입력하세요", "알림",
         MessageBoxButtons.OK, MessageBoxIcon.Error);
      this.txtData.Focus();
      return;
   }
   if (this.txtKey.Text.Length < 8)
   {
      MessageBox.Show("비밀키는 8자리 이상 문자를 입력하세요", "알림",
          MessageBoxButtons.OK, MessageBoxIcon.Error);
      this.txtKey.Focus();
      return;
   }
   else
   {
     HiddenText = Crypto.EncryptStringAES(HiddenText, this.txtKey.Text);
   }
   stgpcvt.runNum +=
     new SteganographyConvert.ProcessEventHandler(StegaStatus);
   ImgBmp = stgpcvt.embedText(HiddenText, ImgBmp);
   if (this.sfdFile.ShowDialog() == DialogResult.OK)
   {
      switch (this.sfdFile.FilterIndex)
      {
         case 0:
            {
               ImgBmp.Save(this.sfdFile.FileName, ImageFormat.Png);
            }
            break;
         case 1:
            {
               ImgBmp.Save(this.sfdFile.FileName, ImageFormat.Bmp);
            }
```

```
45                break;
46            }
47        }
48        ControlClearAll();
49    }
```

9행 pbImgView 컨트롤에 열려있는 이미지를 Bitmap 클래스의 개체인 ImgBmp에 저장하는 작업을 수행한다.

27행 Crypto.EncryptStringAES() 메서드에 암호화하여 숨겨질 데이터(HiddenText)와 비밀키(txtKey.Text))를 지정하여 암호화하는 작업을 수행한다.

29-30행 stgpcvt.runNum 이벤트를 추가하는 문장으로 델리게이트에 이벤트 처리 메서드 StegaStatus를 지정하여 이벤트를 추가한다. 추가되는 이벤트에서는 스테가노그래피 데이터 암호화 작업의 진행률을 나타내는 작업을 수행한다.

31행 stgpcvt.embedText() 메서드에 27행에 의해 암호화된 데이터와 9행의 Bitmap 클래스의 개체인 ImgBmp에 데이터가 숨겨진 이미지(Bitmap) 개체를 반환한다.

34-46행 ImgBmp.Save() 메서드를 이용하여 암호화된 데이터가 숨겨진 이미지를 파일로 저장하는 작업을 수행한다. 이는 switch 문을 이용하여 확장자에 따라 저장 이미지의 타입을 달리하여 이미지를 저장한다.

다음의 ControlClearAll() 메서드는 pbImgView 등 각 컨트롤을 초기화하는 작업을 수행한다.

```
private void ControlClearAll()
{
    this.pbImgView.Image = null;
    this.txtData.Clear();
    this.txtKey.Clear();
    this.btnEncrypt.Enabled = false;
    this.btnDecrypt.Enabled = false;
}
```

다음의 btnDecrypt_Click() 이벤트 핸들러는 [복호화] 버튼을 더블클릭하여 생성한 프로시저로, 이미지에 암호화되어 숨겨진 문자열을 추출하여 txtData 컨트롤에 나타내는 작업을 수행한다.

```
private void btnDecrypt_Click(object sender, EventArgs e)
{
    if (this.pbImgView.Image == null)
    {
        MessageBox.Show("이미지를 선택해 주세요", "알림",
            MessageBoxButtons.OK, MessageBoxIcon.Error);
```

```
07            return;
08        }
09        ImgBmp = (Bitmap)this.pbImgView.Image;
10        stgpcvt.runNum +=
11            new SteganographyConvert.ProcessEventHandler(StegaStatus);
12        string ExtractedText = stgpcvt.ExtractText(ImgBmp);
13        try
14        {
15            ExtractedText =
16                Crypto.DecryptStringAES(ExtractedText, this.txtKey.Text);
17        }
18        catch
19        {
20            MessageBox.Show("비밀키가 일치하지 않습니다.", "알림",
21                MessageBoxButtons.OK, MessageBoxIcon.Error);
22            this.txtKey.Focus();
23            return;
24        }
25        this.txtData.Text = ExtractedText;
26    }
```

9행 pbImgView 컨트롤에 열린 암호화된 데이터가 숨겨진 이미지를 Bitmap 클래스의 개체인 ImgBmp에 저장하는 작업을 수행한다.

10-11행 stgpcvt.runNum 이벤트를 추가하는 문장으로 델리게이트에 이벤트 처리 메서드 StegaStatus를 지정하여 추가된 이벤트가 발생할 때 해당 이벤트를 처리하도록 한다. 추가되는 이벤트에서는 이미지에서 숨겨진 본래의 데이터를 추출하는 진행률을 나타내는 작업을 수행한다.

12행 stgpcvt.ExtractText() 메서드를 이용하여 이미지에 숨겨진 암호화된 데이터를 추출하는 작업을 수행한다.

15-16행 Crypto.DecryptStringAES() 메서드에 12행에서 추출된 암호화된 데이터와 입력된 비밀키를 지정하여 본래의 데이터를 얻는 작업을 수행한다.

다음의 StegaStatus() 메서드는 암 · 복호화 진행 상황을 나타내주는 이벤트를 처리하는 작업을 수행한다.

```
private void StegaStatus(int Current)
{
    this.lbResult.Text =
        "Result : " + Current.ToString() + "개의 픽셀이 변경되었습니다.";
    Application.DoEvents();
}
```

5행　Application.DoEvents() 메서드를 이용하여 현재 메시지 큐에 있는 모든 Windows 메시지를 처리하는 작업을 수행한다. 델리게이트를 이용하여 이벤트 처리를 수행하면 이벤트를 처리하는 동안 응용 프로그램이 응답하지 않아 진행률 업데이트가 자연스럽게 나타나지 않을 수 있다. 따라서 이 메서드를 이벤트 처리기에 추가하면 자연스럽게 스테가노그래피 진행률을 화면에 나타낼 수 있다.

다음의 종료ToolStripMenuItem_Click() 이벤트 핸들러는 [종료] 메뉴를 더블클릭하여 생성한 프로시저로 폼을 종료하는 작업을 수행한다.

```
private void 종료ToolStripMenuItem_Click(object sender, EventArgs e)
{
    this.Close();
}
```

6.3 Crypto.cs 클래스 파일 추가 및 코드 구현

솔루션 탐색기에서 프로젝트명을 마우스 오른쪽 버튼으로 클릭하여 표시되는 단축메뉴에서 [추가]-[클래스] 메뉴를 클릭한 후 [새 항목 추가] 대화상자가 나타나면 [클래스] 항목을 선택하고 [추가] 버튼을 눌러 'Crypto.cs' 클래스 파일을 생성한다.

다음과 같이 using 키워드를 이용하여 필요한 네임스페이스를 추가한다.

```
using System.Security.Cryptography;
using System.IO;
```

System.Security.Cryptography 네임스페이스는 데이터의 보안 인코딩과 디코딩을 포함한 암호화 서비스뿐 아니라 해시, 난수 생성, 메시지 인증과 같은 수많은 다른 작업을 제공한다.

다음과 같이 클래스 내부 제일 상단에 멤버 변수와 개체를 추가한다.

```
01    private static byte[] _salt = Encoding.ASCII.GetBytes("123456789abcdefghijkllmn");
```

1행　Rfc2898DeriveBytes 생성자에 지정할 키 파생에 사용되는 byte[] 타입의 키값(솔트)을 생성하는 문장이다.

다음의 EncryptStringAES() 메서드는 데이터를 암호화할 문자열과 암호화 키값을 파라미터로 전달받아 Rijndael 암호화 알고리즘을 이용하여 암호화된 문자열을 반환하는 작업을 수행한다.

```
01 public static string EncryptStringAES(string HiddenText, string PrivateKey)
02 {
03     string outStr = null;
04     RijndaelManaged rjdm = null;
05     try
06     {
07         Rfc2898DeriveBytes key = new Rfc2898DeriveBytes(PrivateKey, _salt);
08         rjdm = new RijndaelManaged();
09         rjdm.Key = key.GetBytes(rjdm.KeySize / 8);
10         ICryptoTransform encryptor = rjdm.CreateEncryptor(rjdm.Key, rjdm.IV);
11         using (MemoryStream msEncrypt = new MemoryStream())
12         {
13             msEncrypt.Write(BitConverter.GetBytes(rjdm.IV.Length), 0, sizeof(int));
14             msEncrypt.Write(rjdm.IV, 0, rjdm.IV.Length);
15             using (CryptoStream csEncrypt =
16                 new CryptoStream(msEncrypt, encryptor, CryptoStreamMode.Write))
17             {
18                 using (StreamWriter swEncrypt = new StreamWriter(csEncrypt))
19                 {
20                     swEncrypt.Write(HiddenText);
21                 }
22             }
23             outStr = Convert.ToBase64String(msEncrypt.ToArray());
24         }
25     }
26     finally
27     {
28         if (rjdm != null)
29             rjdm.Clear();
30     }
31     return outStr;
32 }
```

4행 Rijndael 암호화 알고리즘의 RijndaelManaged 클래스의 메서드와 속성 등을 사용할 수 있도록 인터페이스를 제공할 개체 rjdm을 선언하는 문장이다.

7행 Rfc2898DeriveBytes() 생성자를 이용하여 Rfc2898DeriveBytes 클래스의 개체 key를 생성한다. Rfc2898DeriveBytes() 생성자(TIP "Rfc2898DeriveBytes() 생성자" 참고)는 암호, 솔트 및 반복 횟수(선택 사항)를 변수로 입력받아 GetBytes 메서드를 호출하여 키를 생성한다.

9행 ey.GetBytes() 메서드를 이용하여 난수 키를 반환하여 대칭키 알고리즘의 비밀키로 사용될 rjdm.Key에 저장하는 작업을 수행한다.

rjdm.Key = key.GetBytes(rjdm.KeySize / 8);
대칭키 알고리즘 비밀키 = 난수 키로 채워진 바이트 배열(대칭키 알고리즘에 사용될 비밀키 크기 / 8);

10행 rjdm.CreateEncryptor() 메서드에 비밀키와 초기화 백터를 지정하여 대칭 Rijndael encryptor 개체를 생성한다.

11-24행 MemoryStream 클래스의 개체를 생성하고 CryptoStream 클래스 생성자(TIP "CryptoStream() 생성자" 참고)를 이용하여 데이터를 암호화하는 작업을 수행한다.

11행 MemoryStream 클래스의 개체 msEncrypt를 생성하는 문장이다.

13-14행 msEncrypt.Write() 메서드(TIP "MemoryStream.Write() 메서드" 참고)를 이용하여 버퍼에서 읽은 데이터를 사용하여 현재 스트림에 바이트 블록을 쓰는 작업을 수행한다. 이는 작업은 메모리 스트림에 복호화에 사용할 초기화 백터 값을 쓰는 것이다.

15-16행 CryptoStream() 생성자(TIP "CryptoStream() 생성자" 참고)를 이용하여 CryptoStream 클래스의 개체 csEncrypt를 생성하는 문장이다.

18-21행 StreamWriter 클래스의 개체를 생성하고 숨겨야 할 데이터를 암호화하여 스트림에 저장하는 작업을 수행한다.

23행 Convert.ToBase64String() 메서드를 이용하여 8비트 부호 없는 정수로 구성된 배열을 base-64 숫자로 인코딩된 해당하는 문자열 표현으로 변환하는 작업을 수행한다.

TIP

Rfc2898DeriveBytes(password, salt) 생성자

키를 파생시키는 데 사용할 암호 및 솔트를 사용하여 Rfc2898DeriveBytes 클래스의 개체를 생성한다.

- password : 키 파생에 사용되는 암호
- salt : 키 파생에 사용되는 키 솔트

TIP

CryptoStream(stream, transform, mode) 생성자

대상 데이터 스트림, 사용할 변환 및 스트림 모드를 사용하여 CryptoStream 클래스의 개체를 생성한다.

- stream : 암호화 변형을 수행할 스트림
- transform : 스트림에 대해 수행될 암호화 변형
- mode : CryptoStreamMode 값 중 하나

CryptoStreamMode 열거형

암호화 스트림의 모드를 지정한다.

멤버 이름	설명
Read	암호화 스트림의 액세스를 읽음
Write	암호화 스트림의 액세스를 씀

TIP

MemoryStream.Write(buffer, offset, count) 메서드

버퍼에서 읽은 데이터를 사용하여 현재 스트림에 바이트 블록을 쓴다.

- buffer : 데이터를 쓸 버퍼
- offset : 현재 스트림으로 바이트를 복사하기 시작할 buffer의 바이트 오프셋(0부터 시작)
- count : 쓸 최대 바이트 수

다음의 DecryptStringAES() 메서드는 이미지에서 추출된 암호화된 문자열을 복호화 알고리즘을 통해 일반 문자열로 반환하는 작업을 수행한다.

```
public static string DecryptStringAES(string ExtractedText, string PrivateKey)
{
    RijndaelManaged rjdm = null;
    string plaintext = null;
    try
    {
        Rfc2898DeriveBytes key = new Rfc2898DeriveBytes(PrivateKey, _salt);
        byte[] bytes = Convert.FromBase64String(ExtractedText);
        using (MemoryStream msDecrypt = new MemoryStream(bytes))
        {
            rjdm = new RijndaelManaged();
            rjdm.Key = key.GetBytes(rjdm.KeySize / 8);
            rjdm.IV = ReadByteArray(msDecrypt);
            ICryptoTransform decryptor =
                rjdm.CreateDecryptor(rjdm.Key, rjdm.IV);
            using (CryptoStream csDecrypt =
```

```
17                 new CryptoStream(msDecrypt, decryptor, CryptoStreamMode.Read))
18             {
19                 using (StreamReader srDecrypt = new StreamReader(csDecrypt))
20                     plaintext = srDecrypt.ReadToEnd();
21             }
22         }
23     }
24     finally
25     {
26         if (rjdm != null)
27             rjdm.Clear();
28     }
29     return plaintext;
30 }
```

7행 Rfc2898DeriveBytes 클래스 개체 'key'를 생성하는 문장으로 Rfc2898 DeriveBytes() 생성자는 암호, 솔트 및 반복 횟수(선택 사항)를 변수로 입력받아 key 개체를 생성한다.

8행 Convert.FromBase64String() 메서드에 문자열을 지정하여 base-64 숫자의 이진 데이터를 해당하는 8비트 부호 없는 정수 배열로 인코딩하는 작업을 수행한다.

12행 key.GetBytes() 메서드를 이용하여 난수 키를 반환하여 대칭키 알고리즘의 비밀키로 사용될 rjdm.Key에 저장하는 작업을 수행한다.

13행 ReadByteArray() 메서드를 호출하여 초기화 백터를 설정하는 작업을 수행한다.

14-15행 rjdm.CreateDecryptor() 메서드에 비밀키와 초기화 백터를 지정하여 대칭 Rijndael decryptor 개체를 생성한다.

16-21행 대상 데이터 스트림(msDecrypt), 사용할 변환(decryptor), 스트림 모드 (CryptoStreamMode.Read)를 사용하여 CryptoStream 클래스의 개체 csDecrypt를 생성한다. 이 작업을 통해 암호화된 이미지 속 데이터를 복호화하는 작업을 수행한다.

19-20행 StreamReader 클래스 개체 생성하고 srDecrypt.ReadToEnd() 메서드를 이용하여 복호화된 본래의 데이터를 얻는 작업을 수행한다.

다음의 ReadByteArray() 메서드는 초기화 벡터를 생성하여 반환하는 작업을 수행한다.

```
private static byte[] ReadByteArray(Stream stmstr)
{
    byte[] rawLength = new byte[sizeof(int)];
    if (stmstr.Read(rawLength, 0, rawLength.Length) != rawLength.Length)
    {
        throw new SystemException();
    }
```

```
08         byte[] buffer = new byte[BitConverter.ToInt32(rawLength, 0)];
09         if (stmstr.Read(buffer, 0, buffer.Length) != buffer.Length)
10         {
11             throw new SystemException();
12         }
13         return buffer;
14     }
```

3행 rawLength 바이트 배열 변수를 생성하는 문장으로 배열의 사이즈는 sizeof(int) 크기(4)이다.

4행 stmstr.Read() 메서드(TIP "MemoryStream.Read() 메서드" 참고)를 이용하여 현재 스트림에서 바이트 블록을 읽어서 데이터를 버퍼(rawLength)에 기록하는 작업을 수행한다.

8행 buffer 바이트 배열의 크기(16)를 지정하기 위한 문장이다.

9행 stmstr.Read() 메서드를 이용하여 현재 스트림에서 바이트 블록을 읽어서 데이터를 버퍼(rawLength)에 기록하는 작업을 수행하는데 이는 초기화 벡터를 스트림에서 읽어서 바이트 배열 변수에 저장하는 작업을 수행한다.

TIP

sizeof() 메서드

관리되지 않는 형식에 대한 바이트 단위의 크기를 가져오는 데 사용된다.

식	상수 값
sizeof(sbyte)	1
sizeof(byte)	1
sizeof(short)	2
sizeof(ushort)	2
sizeof(int)	4
sizeof(uint)	4
sizeof(long)	8
sizeof(ulong)	8
sizeof(char)	2(유니코드)
sizeof(float)	4
sizeof(double)	8
sizeof(decimal)	16
sizeof(bool)	1

TIP

MemoryStream.Read() 메서드

현재 스트림에서 바이트 블록을 읽어서 데이터를 버퍼에 기록한다.

- buffer : 지정된 바이트 배열의 값이 offset 및 (offset + count – 1) 사이에서 현재 스트림으로부터 읽어온 문자로 교체된 상태로 반환
- offset : 현재 스트림에서 데이터를 저장하기 시작하는 buffer의 바이트 오프셋(0부터 시작)
- count : 읽을 최대 바이트 수

6.4 SteganographyConvert.cs 클래스 추가 및 코드 구현

솔루션 탐색기에서 프로젝트명을 마우스 오른쪽 버튼으로 클릭하여 표시되는 단축메뉴에서 [추가]–[클래스] 메뉴를 클릭한 후 [새 항목 추가] 대화상자가 나타나면 [클래스] 항목을 선택하고 [추가] 버튼을 눌러 'SteganographyConvert.cs' 클래스 파일을 생성한다.

다음과 같이 using 키워드를 이용하여 필요한 네임스페이스를 추가한다.

```
using System.Drawing;
using System.Windows.Forms;
```

다음과 같이 클래스 내부 제일 상단에 멤버 변수와 델리게이트 그리고 이벤트를 추가한다.

```
01  enum State
02  {
03      hiding,
04      filling_with_zeros
05  };
06  public delegate void ProcessEventHandler(int Current);
07  public event ProcessEventHandler runNum;
```

1–5행 enum 키워드를 이용하여 열거형 상수를 선언하는 문장이다.

6행 델리게이트를 선언하는 문장으로 스테가노그래피 암 · 복호화 진행률을 나타내는 작업을 수행한다.

7행 이벤트를 선언하는 문장으로 해당 이벤트가 발생할 때 Form1의 컨트롤에 진행률을 나타낸다.

다음의 embedText() 메서드는 숨길 암호화된 문자열과 Bitmap 이미지를 파라미터로 전달받아 이미지와 문자열을 믹싱하는 작업을 수행한다.

```
public Bitmap embedText(string HiddenText, Bitmap Imgbmp)
{
    State s = State.hiding;
    int charIndex = 0;
    int charValue = 0;
    long colorUnitIndex = 0;
    int zeros = 0;
    int R = 0, G = 0, B = 0;
    int RunStatus = 0;
    Application.DoEvents();
    for (int i = 0; i < Imgbmp.Height; i++)
    {
        for (int j = 0; j < Imgbmp.Width; j++)
        {
            Color pixel = Imgbmp.GetPixel(j, i);

            pixel = Color.FromArgb(pixel.R - pixel.R % 2,
                    pixel.G - pixel.G % 2, pixel.B - pixel.B % 2);
            R = pixel.R; G = pixel.G; B = pixel.B;
            for (int n = 0; n < 3; n++)
            {
                ++RunStatus;
                if (colorUnitIndex % 8 == 0)
                {
                    if (zeros == 8)
                    {
                        if ((colorUnitIndex - 1) % 3 < 2)
                        {
                            Imgbmp.SetPixel(j, i, Color.FromArgb(R, G, B));
                        }
                        runNum(RunStatus);
                        return Imgbmp;
                    }
                    if (charIndex >= HiddenText.Length)
                    {
                        s = State.filling_with_zeros;
                    }
                    else
                    {
                        charValue = HiddenText[charIndex++];
                    }
                }
                switch (colorUnitIndex % 3)
                {
                    case 0:
                        {
                            if (s == State.hiding)
                            {
```

```
48                     R += charValue % 2;
49                     charValue /= 2;
50                  }
51               } break;
52            case 1:
53               {
54                  if (s == State.hiding)
55                  {
56                     G += charValue % 2;
57                     charValue /= 2;
58                  }
59               } break;
60            case 2:
61               {
62                  if (s == State.hiding)
63                  {
64                     B += charValue % 2;
65                     charValue /= 2;
66                  }
67                  Imgbmp.SetPixel(j, i, Color.FromArgb(R, G, B));
68               } break;
69         }
70         colorUnitIndex++;
71         if (s == State.filling_with_zeros)
72         {
73            zeros++;
74         }
75      }
76    }
77  }
78  Application.DoEvents();
79  return Imgbmp;
80 }
```

8행 이미지의 R, G, B 값을 저장하기 위한 변수를 선언하는 문장이다.

11-77행 중첩 for 문(이미지의 가로 세로의 픽셀의 R, G, B 값을 구하기 때문)을 이용하여 Bitmap 클래스의 개체 Imgbmp에서 픽셀의 R, G, B 값을 구하거나 설정하는 작업을 수행하는 문장으로 암호화된 문자에 해당하는 아스키코드 값을 이용하여 픽셀의 R, G. B 값을 미세하게 변경하고 저장하여 이미지에 암호화된 문자를 숨기는 작업을 수행한다.

15행 Imgbmp.GetPixel() 메서드를 해당 Bitmap의 지정된 픽셀의 색을 가져와 Color 구조체를 생성하고 초기화하는 작업을 수행한다.

16-17행 Color.FromArgb() 메서드를 이용하여 지정된 8비트 값(빨강, 녹색 및 파랑)으로 Color 구조체를 만드는 작업을 수행한다. R, G, B 값은 0~255 범위에서 지정될 수 있다. 따라서 42~69행에서 0 또는 1을 가산할 수 있으므로 범위를 벗어나지 않도록 0 또는 1 값을 감산하여 pixcel 구조체를 초기화한다.

22-41행 colorUnitIndex 값을 0으로 나누고 나머지가 0일 때 즉, 8의 배수일 때 24~40행을 수행하여 암호화된 문자의 정수값을 charValue에 저장하고 switch 문을 이용하여 해당 R, G, B 값을 변경하는 작업을 수행한다. 8의 배수가 되는 이유는 42~69행의 switch 문에서 연산식(charValue /= 2)이 소스의 문자열 숨기기 알고리즘을 충족하기 위함이다. 이는 이미지에서 암호화된 문자열을 추출하기 위하여 약속한 범위로 2로 나누어 8번째까지는 나눈 몫이 0이 되어야 한다. 이 문의 궁극적인 이유는 암호화된 문자의 정수 최대 범위가 2로 나누어 0의 몫을 가질 때까지 8회 반복하면 무조건 구해지기 때문이다.

24-40행 HiddenText에 저장된 암호화된 문자열에서 하나의 문자를 추출하여 추출된 문자에 대한 정수값을 가져오는 작업을 수행한다.

30행 대리자를 호출하는 작업으로 진행률을 설정하는 작업을 수행하여 스테가노그래피의 진행률이 나타나도록 하는 문장이다.

39행 charValue 변수에 HiddenText 문자열의 문자를 반복하여 정수 타입으로 묵시적으로 변경하여 저장하는 작업을 수행한다.

42-69행 switch 문을 이용하여 픽셀 하나당 3회 반복하여 R, G, B, 값을 구하는 작업을 수행한다. 총 8회 반복하며 R, G, B 값도 변경되지만, 이 값은 암호화된 문자열을 저장하는 작업이기도 하다.

colorUnitIndex 값	R, G, B 값	charValue
0	69	255
1	34	255
2	17	255
3	8	254
4	4	254
5	2	254
6	1	255
7	0	255

67행 Imgbmp.SetPixel() 메서드를 이용하여 해당하는 픽셀의 R, G, B 값을 설정하는 작업을 수행한다.

79행 return 키워드를 이용하여 암호화된 문자열이 저장된 이미지를 반환하는 문장이다.

다음의 ExtractText() 메서드는 파라미터로 전달받은 Bitmap 이미지에서 숨겨있는 문자열을 추출하는 작업을 수행한다.

```
public string ExtractText(Bitmap Imgbmp)
{
    int colorUnitIndex = 0;
    int charValue = 0;
    string ExtractedText = String.Empty;
    int RunStatus = 0;
    Application.DoEvents();
    for (int i = 0; i < Imgbmp.Height; i++)
    {
        for (int j = 0; j < Imgbmp.Width; j++)
        {
            Color pixel = Imgbmp.GetPixel(j, i);
            for (int n = 0; n < 3; n++)
            {
                ++RunStatus;
                switch (colorUnitIndex % 3)
                {
                    case 0:
                        {
                            charValue = charValue * 2 + pixel.R % 2;
                        } break;
                    case 1:
                        {
                            charValue = charValue * 2 + pixel.G % 2;
                        } break;
                    case 2:
                        {
                            charValue = charValue * 2 + pixel.B % 2;
                        } break;
                }
                colorUnitIndex++;
                if (colorUnitIndex % 8 == 0)
                {
                    charValue = ReverseBits(charValue);
                    if (charValue == 0)
                    {
                        runNum(RunStatus);
                        return ExtractedText;
                    }
                    char c = (char)charValue;
                    ExtractedText += c.ToString();
                }
            }
        }
    }
```

```
46        Application.DoEvents();
47        return ExtractedText;
48    }
```

8-45행 중첩 for 문을 이용하여 이미지에 저장된 암호화된 문자열을 추출하는 작업을 수행한다. 이 문은 앞서 살펴본 embedText() 메서드의 구현 알고리즘을 반대로 실행하여 문자열을 추출하는 것과 같다. 다만 embedText() 메서드에서는 charValue 값을 가져와 저장하는 작업이고 추출하는 작업은 charValue 값을 모르는 상태에서 앞서 설명한 2로 나누는 작업을 반대로 8회 반복하여 추출하는 작업이다.

16-30행 switch 문을 이용하여 R, G, B 값에 숨겨있는 charValue 값을 구하는 작업을 수행한다. 8회 반복하면 다음과 같은 값이 도출된다.

colorUnitIndex 값	추출	숨기기	추출	숨기기
	charValue		R, G, B	
0	0	69	1	255
1	2	34	1	255
2	4	17	1	255
3	10	8	0	254
4	20	4	0	254
5	40	2	0	254
6	80	1	1	255
7	162	0	1	255

32-42행 6~30행 switch 문에서 추출된 charValue 값을 ReverseBits() 메서드에 매개변수로 지정하여 암호화된 문자의 정수값으로 변경하고 40~41행의 char 타입의 문자로 변경하는 작업을 수행한다.

다음의 ReverseBits() 메서드는 비트 값을 뒤집는 작업을 수행한다.

```
public static int ReverseBits(int n)
{
    int result = 0;
    for (int i = 0; i < 8; i++)
    {
        result = result * 2 + n % 2;
        n /= 2;
    }
    return result;
}
```

4-8행 파라미터로 전달받는 charValue 값을 반복적으로 계산하여 최종적으로 숨겨진 암호화된 문자의 정수를 추출하는 작업을 수행한다.

i값	result * 2 + n % 2	result
0	0*2 + 162%2	0
1	0*2 + 81%2	1
2	1*2 + 40%2	2
3	2*2 + 20%2	4
4	4*2 + 10%2	8
5	8*2 + 5%2	17
6	17*2 + 2%2	34
7	34*2 + 1%2	69

6.5 스테가노그래피 예제 실행

다음 그림은 스테가노그래피 예제를 실행한 결과이다.

위 그림에서 [암호화] 버튼을 누르고 이미지 파일을 저장하면 암호화된 이미지 파일이 생성된다. 다음 그림에서 알 수 있듯이 암호화되기 전 이미지와 암호화된 이미지를 살펴보면 육안으로는 변화를 확인할 수 없다.

위의 '바다_암호.png' 파일을 열고 비밀키를 입력한 다음 [복호화] 버튼을 누르면 다음 그림과 같이 이미지에 숨겨진 문자열이 정상적으로 추출되어 나타남을 확인 할 수 있다.

이 장의 설명은 스테가노그래피 예제를 살펴보는 것을 끝으로 마치고 다음 장에서는 프로세스 간 메시지 전송, 화면 보호기, 포스트 잇, 파일 헥사 뷰어, 기본 압축 프로그램 등 다양한 예제를 구현하면서 자주 사용하는 응용 프로그램의 기능에 대해 살펴보도록 한다.

CHAPTER 06 응용 프로그램 따라하기

이 장에서는 프로세스 간 메시지 전송, 화면 보호기, 포스트 잇, 파일 헥사 뷰어, 압축 프로그램을 구현하면서 일반적으로 또는 필요에 따라 쉽게 사용되는 응용 프로그램의 기능에 대해 살펴본다. 쉽게 사용하는 응용 프로그램이라고 하더라도 사실 구현하고자 한다면 매우 복잡한 로직으로 되어 있어 모든 기능에 대한 설명을 본 책에 담는 것은 제한된다. 따라서 이 장에서는 응용 프로그램에서 핵심적인 기능을 구현하면서 관련 클래스와 메서드, 인터페이스 등에 대해 살펴보도록 한다.

이 장에서 살펴보는 예제는 다음과 같다.

- 프로세스 간 메시지 전송(프로세스 종료 방지)
- 화면 보호기
- 포스트 잇
- 파일 헥사 뷰어
- 기본 압축 프로그램
- 응용 압축 프로그램

1. 프로세스 간 메시지 전송(프로세스 종료 방지)

이 절에서 살펴볼 프로세스 간 메시지 전송(프로세스 종료 방지) 예제는 두 개의 프로세스가 실행되는 구조로 구현되어 프로세스 간에 COPYDATASTRUCT 구조체를 이용하여 Window Message를 전달하는 기능과 스레드를 이용하여 프로세스 종료를 방지하는 기능으로 구성된다.

mook_PreventKill 프로세스는 mook_PreventKillAgent 프로세스에 5초마다 COPYDATASTRUCT 구조체를 이용하여 시스템 시간을전송하는 기능과 mook_PreventKillAgent 프로세스가 종료되는 것을 계속해서 점검하여 프로세스가 종료되면 다시 실행시키는 역할을 하는 종료 방지 기능으로 구현되어 있다.

다음 그림은 프로세스 간 메시지 전송(프로세스 종료 방지) 애플리케이션을 구현하고 실행한 결과 화면이다.

[결과 미리 보기 : mook_PreventKillAgent]

1.1 mook_PreventKillAgent 디자인

프로젝트 이름을 'mook_PreventKillAgent'로 하여 'C:\CSharpProject\Chap06' 경로에 새 프로젝트를 생성한다. 다음 그림과 같이 윈도우 폼에 필요한 컨트롤을 위치시켜 폼을 디자인하고 속성값을 설정한다.

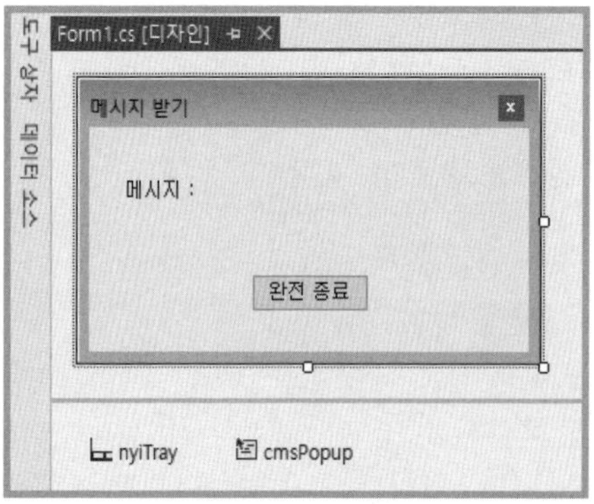

폼 디자인에 사용된 컨트롤의 주요 속성값은 다음과 같다.

폼 컨트롤	속 성	값
Form1	Name	Form1
	Text	메시지 받기
	ContextMenuStrip	csmPopup
	FormBorderStyle	FixedToolWindow
	MaximizeBox	False
	MinimizeBox	False
Label1	Name	lblMsg
	Text	메시지 :

Button1	Name	btnOff
	Text	완전 종료
NotifyIcon1	Name	nyiTray
	ContextMenuStrip	cmsPopup
	Icon	[설정]
ContextMenuStrip1	Name	cmsPopup

ContextMenuStrip 컨트롤인 camsPopup 컨트롤을 선택하여 다음 그림과 같이 메뉴를 추가한다.

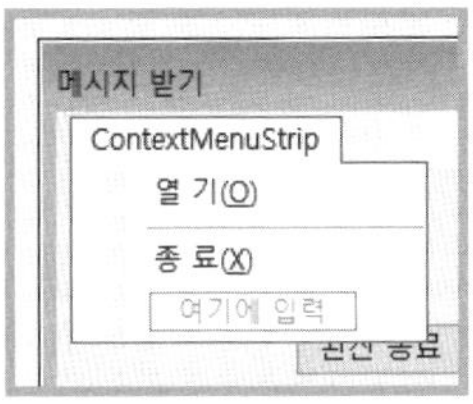

nyiTray 컨트롤의 Icon 속성을 설정하기 위해서 프로젝트에 'icon' 폴더를 생성하고 해당 폴더에 사용할 '.ico' 파일을 저장하여 활용한다.

1.2 mook_PreventKillAgent 코드 구현

다음과 같이 using 키워드를 이용하여 필요한 네임스페이스를 추가한다.

```
using System.Diagnostics;
using System.Runtime.InteropServices;
```

System.Runtime.InteropServices 네임스페이스는 WinAPI 이용을 쉽게 할 수 있도록 인터페이스를 제공한다.

TIP

WinAPI

C#을 이용하여 윈도우 애플리케이션을 구현하다 보면 Low-Level의 API를 사용할 경우가 발생한다. 본래 C#은 .NET Framework에서 제공하는 많은 라이브러리를 이용하여 애플리케이션을 구현하지만, 순수 .NET Framework에서 제공하는 라이브러리만으로는 구현하기 어렵거나 좀 더 강력한 기능을 구현하기 위해서 WinAPI를 사용한다.

WinAPI는 DLL(Dynamic Linking Library)로 구성되어 있는데 DLL은 작은 프로그램들의 집합으로서, 컴퓨터 내에서 실행되고 있는 큰 프로그램에서 필요로 할 때 DLL을 구성하는 작은 프로그램 중 어떤 것이라도 호출될 수 있다. 예를 들어, 대형 프로그램이 프린터나 스캐너 등과 같은 특정 장치와 통신을 할 수 있게 하는 작은 프로그램은 종종 DLL 프로그램으로 구성된다.

보통 'DLL 파일'이라고 불리는 DLL 파일들의 장점은 주프로그램과 함께 메모리에 적재되지 않기 때문에 메모리 공간을 절약하는 데 있다. DLL 파일은 필요한 경우에만 메모리에 적재되어 실행된다. 예를 들어, 마이크로소프트 워드(MS Word) 사용자가 문서를 편집하고 있는 동안 프린터의 DLL 파일은 메모리에 적재될 필요가 없다. 사용자가 문서를 출력하려고 할 때 워드 프로그램은 그 시점에서 프린터 DLL 파일을 적재하고 실행한다.

WinAPI는 Windows 운영 체제의 일부인 DLL이다. 직접 프로시저를 작성하기 어려울 때 WinAPI를 참조하여 사용할 수 있다. 예를 들어, Windows가 제공하는 FlashWindowEx 함수를 사용하여 응용 프로그램의 제목 표시 줄을 밝은 음영과 어두운 음영 중에서 선택적으로 표시할 수 있다.

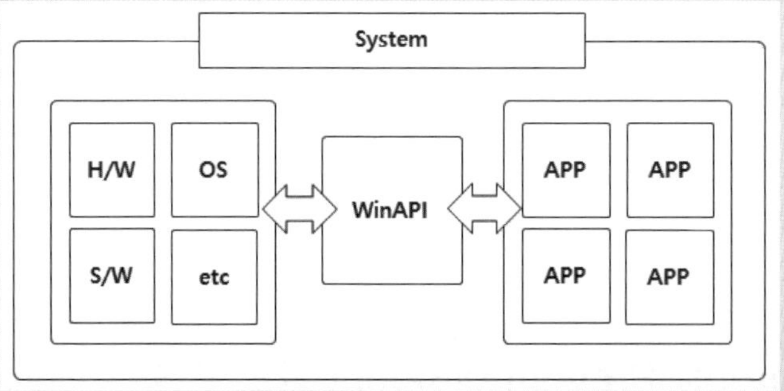

WinAPI에는 윈도우 기능을 바로 사용할 수 있는 여러 가지 유용한 함수가 포함되어 있기 때문에 이를 코드 작성에 사용하면 개발 시간을 절약할 수 있다는 장점이 있다. 하지만, WinAPI 자체적으로 문제가 발생하는 경우 WinAPI를 수정하지 않는 한 문제의 해결이 쉽지 않다는 단점이 있다.

전통적으로 WinAPI는 크게 Kernel API, User API, GDI API, 멀티미디어 API 등의 4개로 분류되며, 간단한 정의는 다음과 같다.

- **Kernel API (정의파일 : Kernel32.dll)**

메모리와 외부 기억장치 등 OS의 가장 하단부에 있는 메서드로 하드웨어적인 접근과 제어를 위해 사용하며, 파일과 폴더 등에 관련된 작업도 담당한다.

- **User API (정의파일 : User32.dll)**

창, 버튼, 메뉴 등을 다루는 메서드들을 제공하며, GDI API와 함께 사용한다.

- **GDI API (정의파일 : GDI32.dll)**

선을 그리거나 색을 칠하는 등의 그리기 기능과 관련된 메서드들이 정의되어 있으며, 그래픽에 관련된 메서드들을 관리한다.

- **멀티미디어 API (정의파일 : Winmm.dll)**

동영상, 소리 등을 다룰 수 있는 메서드들이 정의되어 있다.

WinAPI는 관리 코드를 사용하지 않고 형식 라이브러리가 기본 제공되지 않으며 Visual Studio에서 사용되는 것과 다른 데이터 형식을 사용한다.

WinAPI 함수 호출은 다음과 같이 DllImport 문을 이용하여 호출하고 사용한다.

WinAPI 함수 호출 형식

```
[DllImport("DLL이름.dll")]                    // API 함수를 포함하고 있는 DLL
public static extern int Function(string A, string B);   // API 함수 원형기재
```

다음과 같이 메시지를 저장하기 위한 멤버 변수를 클래스 상단에 추가한다.

```
private string Msg = String.Empty;    // 전달받은 데이터 저장
```

다음과 같이 Window Message 전송을 위한 상수와 COPYDATASTRUCT 구조체를 클래스 내부 상단에 추가한다. 이는 서로 다른 프로세스 간 데이터를 주고받고자 할 때 사용된다. 본래 프로세스 간 데이터를 주고받기 위해서는 시스템이 관리하는 논리적 주소 공간을 알고 있어야 하는데 논리적 주소 공간 즉, 포인터를 주고받는 것이 쉽지 않다. 따라서 논리적 주소 공간을 사용하는 것이 아니라 WM_COPYDATA를 이용하여 메시지를 주고받을 수 있으며, 실제 데이터는 COPYDATASTRUCT 구조체에 실어 주고받는다.

```
01  const int WM_COPYDATA = 0x4A
02  public struct COPYDATASTRUCT
03  {
04      public IntPtr dwData;
05      public int cbData;
06      [MarshalAs(UnmanagedType.LPStr)]
07      public string lpData;
08  }
```

4행 보내는 데이터의 종류를 구별할 수 있도록 하는 헤더를 저장하는 변수이다.

5행 보내는 데이터의 사이즈를 저장하는 변수이다.

7행 보내는 데이터가 실제 저장되는 변수이다.

다음은 Window Message를 전달받기 위해서 WndProc() 메서드를 오버라이드(override)하여 구현한 메서드로 mook_PreventKill 프로세스에서 전송된 시스템 시간을 받는 작업을 수행한다.

```
protected override void WndProc(ref Message m)
{
    try
```

```
04         {
05            switch (m.Msg)
06            {
07               case WM_COPYDATA:
08                  COPYDATASTRUCT cds =
09                     (COPYDATASTRUCT)m.GetLParam(typeof(COPYDATASTRUCT));
10                  if (cds.lpData.Split('$')[0] == "001")     // 데이터 전달
11                  {
12                     Msg = cds.lpData.Split('$')[1];
13                     this.lblMsg.Text = "메시지 : " + Msg;
14                  }
15                  break;
16               default:
17                  base.WndProc(ref m);
18                  break;
19            }
20         }
21         catch { }
22      }
```

1행 오버라이드된 WndProc(Message) 메서드(TIP "WndProc 메서드" 참고)는 운영체제의 식별된 메시지를 처리하는 메서드로 프로세스 간 전달하는 메시지를 참조 형태(ref)의 인자값으로 받는다.

5-19행 m.Msg 메시지의 id 번호를 식별하는 것으로 WM_COPYDATA일 때 메시지를 처리한다.

8-9행 m.GetLParam(Type) 메서드를 이용하여 구조체 형태의 데이터를 가져와 COPYDATASTRUCT 구조체의 개체 cds에 저장한다.

12행 cds.lpData의 값을 가져와 Msg 멤버 변수에 저장하는 작업을 수행한다.

13행 전달받은 데이터(mook_PreventKill 프로세스의 시스템 시간)를 lblMsg 컨트롤에 나타내는 작업을 수행한다.

TIP

WndProc(Message) 메서드

Windows 메시지를 처리한다.

- Message : Windows 메시지를 구현하는 구조체로 구조체의 구조는 다음과 같다.

이름	설명
HWnd	메시지의 창 핸들을 가져오거나 설정한다.
LParam	LParam 메시지의 필드
Msg	메시지에 대한 ID 번호를 가져오거나 설정한다.
Result	Windows 메시지 처리에 대한 응답으로 반환되는 값을 지정한다.
WParam	WParam 메시지의 필드

다음의 Form1_Load() 이벤트 핸들러는 폼을 더블클릭하여 생성한 프로시저로, 프로세스 구동 여부에 따른 실행을 수행하는 작업을 수행한다.

```
01 private void Form1_Load(object sender, EventArgs e)
02 {
03     VisibleChange(true, false);
04     var tproc = Process.GetProcessesByName("mook_PreventKill");
05     if (tproc.Length == 0)
06     {
07         var proc = new Process();
08         proc.StartInfo.FileName = "mook_PreventKill.exe";
09         proc.Start();
10     }
11 }
```

3행 VisibleChange() 메서드를 호출하여 폼을 숨기거나 나타내는 작업을 수행한다. 첫 번째 인자 값을 true로 지정하였기 때문에 폼을 나타내고, 두 번째 인자 값을 false로 하였기 때문에 트레이 아이콘을 숨기는 작업을 수행한다.

4행 Process.GetProcessesByName() 메서드를 이용하여 현재 실행되고 있는 프로세스 리스트를 얻는다.

5행 tproc.Length 속성값이 0일 때 즉, mook_PreventKill 프로세스가 구동되지 않았을 때 6~10행을 수행하여 mook_PreventKill 프로세스를 실행시키는 작업을 수행한다.

8행 proc.StartInfo.FileName 속성값에 실행시켜야 하는 프로세스 이름을 설정한다.

9행 proc.Start() 메서드를 이용하여 8행에서 설정한 프로세스를 실행시키는 작업을 수행한다.

다음의 VisibleChange() 함수는 인자값에 따라 폼을 숨기거나 나타내는 작업을 수행한다.

```
private void VisibleChange(Boolean FormVisible, Boolean TrayIconVisible)
{
    this.Visible = FormVisible;
    this.nyiTray.Visible = TrayIconVisible;
}
```

다음의 Form1_FormClosing() 이벤트 핸들러는 폼을 선택한 뒤에 이벤트 목록 창에서 [FormClosing] 항목을 더블클릭하여 생성한 프로시저로, 폼이 종료될 때 발생하는 이벤트를 처리하는 작업을 수행한다.

```
01    private void Form1_FormClosing(object sender, FormClosingEventArgs e)
02    {
03        e.Cancel = true;
04        VisibleChange(false, true);
05    }
```

3행 e.Cancel 속성을 false로 설정해서 폼이 종료되는 것을 방지한다.

4행 VisibleChange() 메서드를 호출하여 폼을 숨기고, 트레이 아이콘을 나타내는 작업을 수행한다.

다음의 열기ToolStripMenuItem_Click() 이벤트 핸들러는 [열기] 메뉴를 더블클릭하여 생성한 프로시저로 폼을 여는 작업을 수행한다.

```
private void 열기ToolStripMenuItem_Click(object sender, EventArgs e)
{
    VisibleChange(true, false);
}
```

다음의 종료EToolStripMenuItem_Click() 이벤트 핸들러는 [종료] 메뉴를 더블클릭하여 생성한 프로시저로 애플리케이션을 종료하는 작업을 수행한다.

```
private void 종료EToolStripMenuItem_Click(object sender, EventArgs e)
{
    this.Dispose();
    Application.Exit();
}
```

다음의 nyiTray_MouseDoubleClick() 이벤트 핸들러는 nyiTray 컨트롤을 선택한 뒤에 이벤트 목록 창에서 [MouseDoubleClick] 항목을 더블클릭하여 생성한 프로시저로 폼을 여는 작업을 수행한다.

```
private void nyiTray_MouseDoubleClick(object sender, MouseEventArgs e)
{
    VisibleChange(true, false);
}
```

다음의 btnOff_Click() 이벤트 핸들러는 [완전 종료] 버튼을 더블클릭하여 생성한 프로시저로 mook_PreventKill 프로세스와 mook_PreventKillAgent 프로세스를 종료하는 작업을 수행한다.

```
private void btnOff_Click(object sender, EventArgs e)
{
   var tproc = Process.GetProcessesByName("mook_PreventKill");
   if (tproc.Length == 1)
      tproc[0].Kill();
   this.Dispose();
   Application.Exit();
}
```

프로젝트의 실행은 'mook_PreventKillAgent' 프로젝트와 연동하여 실행되기 때문에 F5를 눌러 실행하지 않고, [빌드(B)]-[솔루션 빌드(B)] 메뉴(Ctrl+Shift+B)를 선택하여 프로젝트 빌드만 하고, 프로젝트 실행은 뒤에서 알아본다.

1.3 mook_PreventKill 디자인

프로젝트 이름을 'mook_PreventKill'로 하여 'C:\CSharpProject\Chap06' 경로에 새 프로젝트를 생성한다. 'mook_PreventKill' 프로젝트의 폼은 화면에 출력하지 않아도 되기 때문에 디자인이 필요 없다. 따라서 폼의 Size 속성값을 (0, 0)으로 설정하는 등 생성된 윈도우 폼의 속성값을 다음 표와 같이 변경한다.

폼 컨트롤	속 성	값
Form1	Name	Form1
	Text	프로세스 체크
	FormBorderStyle	None
	ShowIcon	False
	ShowInTaskbar	False
	Size	0, 0
	WindowState	Minimized

1.4 mook_PreventKill 코드 구현

다음과 같이 using 키워드를 이용하여 필요한 네임스페이스를 추가한다.

```
using System.Runtime.InteropServices;
using System.Threading;
using System.Diagnostics;
```

다음과 같이 Window Message를 전송하기 위한 상수와 COPYDATASTRUCT 구조체를 클래스 내부 상단에 추가한다.

```
const int WM_COPYDATA = 0x4A;
public struct COPYDATASTRUCT
{
    public IntPtr dwData;
    public int cbData;
    [MarshalAs(UnmanagedType.LPStr)]
    public string lpData;
}
```

다음과 같이 'user32.dll' 라이브러리에 정의된 SendMessage() 함수를 사용하기 위해 DllImport 문을 이용하여 함수 호출문을 선언한다.

```
01    [DllImport("user32.dll", CharSet = CharSet.Auto)]
02    public static extern IntPtr SendMessage(IntPtr hWnd, uint Msg, uint wParam,
03                                            ref COPYDATASTRUCT lParam);
```

2-3행　SendMessage(a, b, c, d) 메서드의 인자값 a는 데이터를 전달받을 프로세스의 핸들 값, b는 WM_COPYDATA, c는 0, d는 COPYDATASTRUCT 구조체 형태의 실제 데이터를 의미한다.

다음과 같이 멤버 변수와 스레드 멤버 개체를 클래스 상단에 추가한다.

```
private Thread MsgSendThre = null;    // 시스템 시간 전송
private Thread ProcKillChk = null;    // mook_PreventKillAgent 종료 방지
IntPtr Inthwd;                        // 프로세스 핸들 값
```

다음과 같이 Form1_Load() 이벤트 핸들러는 폼을 더블클릭하여 생성한 프로시저로, 메시지를 보내는 작업을 하는 스레드와 프로세스 종료 방지를 하는 스레드를 선언하고 실행하는 작업을 수행한다.

```
private void Form1_Load(object sender, EventArgs e)
{
    MsgSendThre = new Thread(MsgSendThreRun);
    MsgSendThre.Start();
    ProcKillChk = new Thread(ProcKillChkRun);
    ProcKillChk.Start();
}
```

다음의 MsgSendThreRun() 함수는 시스템 시간 데이터를 'mook_PreventKillAgent'에 전달하는 작업을 수행한다.

```
01  private void MsgSendThreRun()
02  {
03      while (true)
04      {
05          Thread.Sleep(1000);
06          var tproc = Process.GetProcessesByName("mook_PreventKillAgent");
07          if (tproc.Length != 0)
08          {
09              Inthwd = tproc[0].MainWindowHandle;
10              byte[] buff = System.Text.Encoding.Default.GetBytes("001$" +
11                                        DateTime.Now.ToString());
12              COPYDATASTRUCT cds = new COPYDATASTRUCT();
13              cds.dwData = IntPtr.Zero;
14              cds.cbData = buff.Length + 1;
15              cds.lpData = "001$" + DateTime.Now.ToString();
16              SendMessage(Inthwd, WM_COPYDATA, 0, ref cds);
17          }
18          Thread.Sleep(2000);
19      }
20  }
```

6행 Process.GetProcessesByName() 메서드를 이용하여 구동되는 'mook_PreventKillAgent' 프로세스의 리스트를 얻는 작업을 수행한다.

9행 proc[0].MainWindowHandle 속성을 이용하여 'mook_PreventKillAgent' 프로세스의 핸들 값을 구하는 작업을 수행한다.

10-11행 byte[] 타입의 변수 buff에 문자 데이터를 저장하기 위해서 System.Text.Encoding.Default.GetBytes() 메서드를 이용하여 구분자("001$")와 시스템 시간 문자 데이터를 저장한다.

12행 COPYDATASTRUCT 구조체의 객체 cds를 선언하고 초기화하는 작업을 수행한다.

16행 SendMessage() WinAPI를 이용하여 선언한 데이터를 'mook_PreventKillAgent' 프로세스에 주기적으로 전달하는 작업을 수행한다.

다음의 ProcKillChkRun() 함수는 'mook_PreventKillAgent' 프로세스가 종료되었을 때 다시 실행시켜 주는 작업을 수행한다.

```
01  private void ProcKillChkRun()
02  {
03      while (true)
04      {
05          var tproc = Process.GetProcessesByName("mook_PreventKillAgent");
06          if (tproc.Length == 1) continue;
07          else
08          {
09              var proc = new Process();
10              proc.StartInfo.FileName = "mook_PreventKillAgent.exe";
11              proc.Start();
12          }
13          Thread.Sleep(1);
14      }
15  }
```

6행 tproc.Length 값이 1일 경우, 즉 프로세스가 실행되고 있다면 continue 키워드를 이용하여 while 문을 재시작 하는 작업을 수행한다.

7-12행 프로세스가 종료되었다면 11행의 proc.Start() 메서드를 이용하여 프로세스를 실행하는 작업을 수행한다.

1.5 프로세스 간 메시지 진송(프로세스 종료 방지) 예제의 실행 환경

먼저 두 개의 프로젝트가 같은 컴파일 경로를 갖게 하려면 다음 그림과 같이 솔루션 탐색기에서 'mook_PreventKill' 프로젝트 이름을 마우스 오른쪽 버튼으로 클릭하여 표시되는 단축메뉴에서 [속성] 메뉴를 클릭한다.

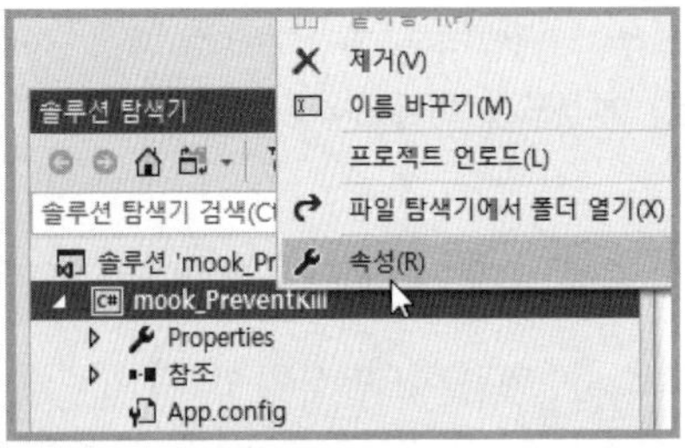

다음 그림과 같이 [프로세스 속성] 창이 나타나면 왼쪽에서 [빌드] 탭을 선택하고 [출력 경로] 항목에서 [찾아보기] 버튼을 클릭하여 'mook_PreventKill' 프로젝트의 빌드 경로를 입력한다.

```
..\mook_PreventKillAgent\bin\Debug\
```

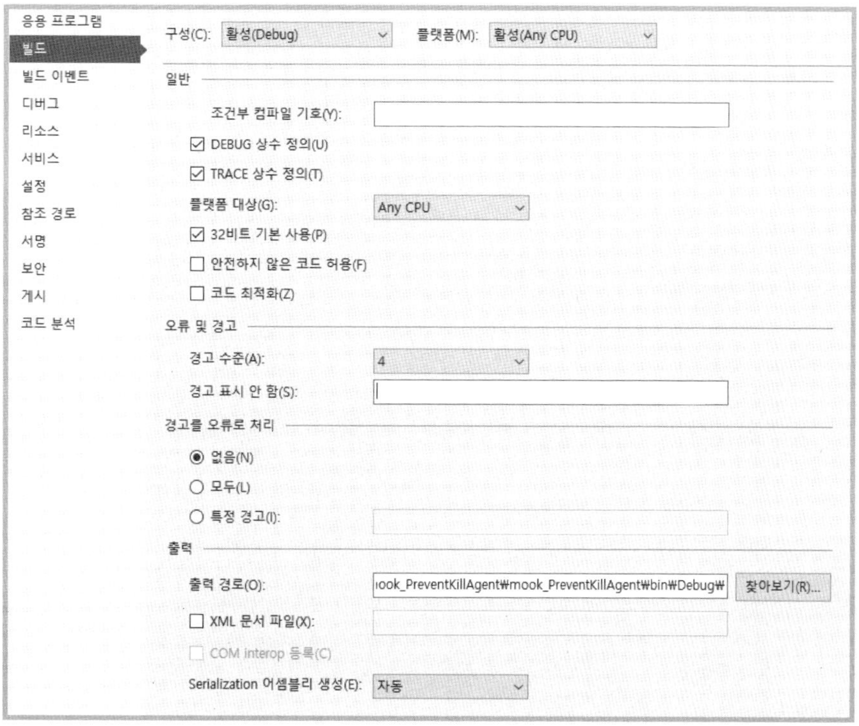

1.6 프로세스 간 메시지 진송(프로세스 종료 방지) 예제 실행

단축키 Ctrl+Shift+B를 눌러 솔루션을 빌드한 뒤에 파일 탐색기를 이용하여 확인하면 다음 그림과 같이 'mook_PreventKillAgent.exe'와 'mook_PreventKill.exe' 파일이 생성된 것을 알 수 있다.

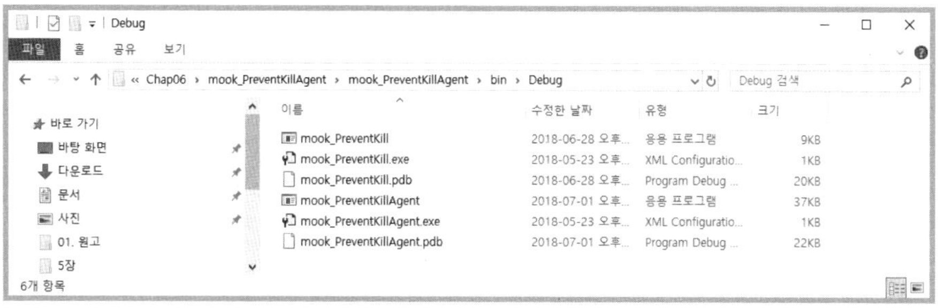

먼저 'mook_PreventKillAgent.exe' 더블클릭하여 실행하면 'mook_PreventKillAgent' 프로세스와 'mook_PreventKill' 프로세스가 구동되는 것을 확인할 수 있으며, 시스템 시간을 SendMessage() WinAPI를 이용하여 COPYDATASTRUCT 구조체를 통해 전송이 잘되는 것을 알 수 있다. 또한, 프로세스 종료 방지 기능을 확인하기 위해서 [작업관리자]의 [작업 끝내기] 또는 트레이 아이콘의 [종료] 메뉴를 클릭하여 프로세스를 종료하면 해당 프로세스가 다시 실행되는 것을 확인할 수 있다.

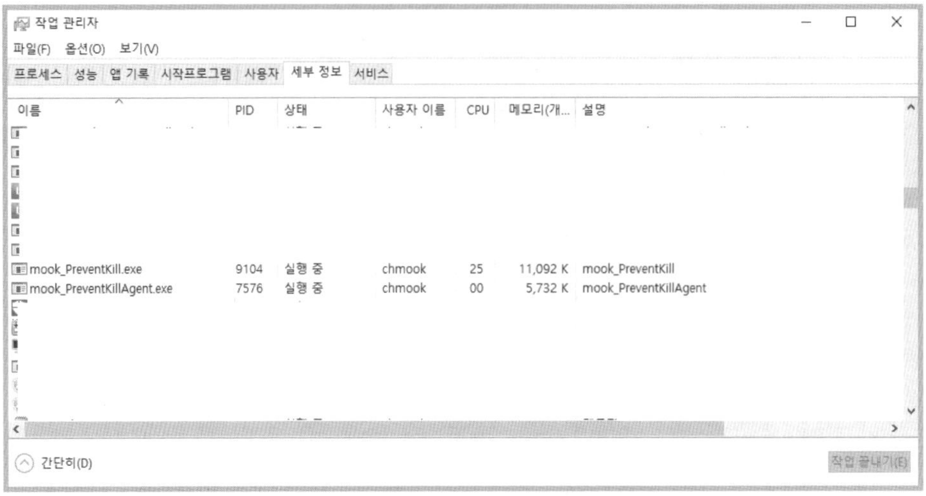

'mook_PreventKilAgent' 애플리케이션의 창에서 [완전 종료] 버튼을 클릭하면 'mook_PreventKillAgent' 애플리케이션을 종료한다.

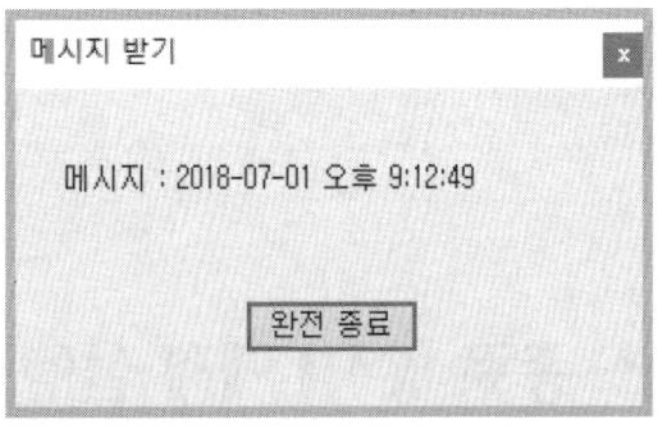

2. 화면 보호기

화면 보호기를 사용하는 이유를 크게 두 가지로 나눌 수 있다. 첫 번째로 LCD 모니터를 사용하기 이전에 사용하던 CRT 모니터 수명을 늘리기 위해 사용되었다. CRT 모니터는 계속하여 같은 화면을 출력할 경우 CRT 모니터 표면의 색상이 변경되어 잔상이 남는 문제가 발생하였다. 따라서 사용하지 않을 때 지속적으로 변하는 화면을 출력하여 영구적인 잔상이 남지 않도록 색상이 계속 변화되는 화면 보호기를 사용하여 모니터를 보호했다. 또 다른 이유는 사용자가 자리를 비울 때 작업하던 화면을 타인이 볼 수 없도록 화면을 잠그는 기능으로 사용하였다. 이때 화면을 다시 확인하려면 비밀번호를 입력하여야 정상적으로 화면을 확인할 수 있다.

이 절에서 살펴볼 보안 화면 보호기 애플리케이션 예제는 위에서 설명한 보안을 생각하여 구현한 화면 보호기로 'Alt+Tab', 'Alt+ESC', 'Windows Key' 등을 사용하지 못하게 하는 기능이 포함되어 있다. 현재는 화면 보호기를 통상적으로 잘 사용하지 않지만, 기능을 구현하면서 이 절의 예제를 구현하면서 화면 보호기의 기능에 대해 살펴보도록 하자.

다음 그림은 화면 보호기 애플리케이션을 구현하고 실행한 결과 화면이다.

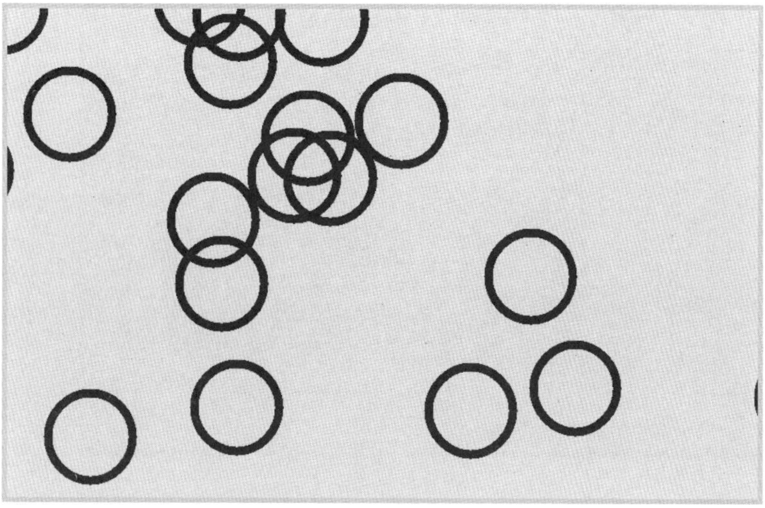

[결과 미리 보기]

2.1 화면 보호기(Form1) 디자인

프로젝트 이름을 'mook_SecurityScreen'으로 하여 'C:\CSharpProject\Chap06' 경로에 새 프로젝트를 생성한다. 다음 그림과 같이 윈도우 폼에 필요한 컨트롤을 위치시켜 폼을 디자인하고, 각 컨트롤의 속성값을 설정한다.

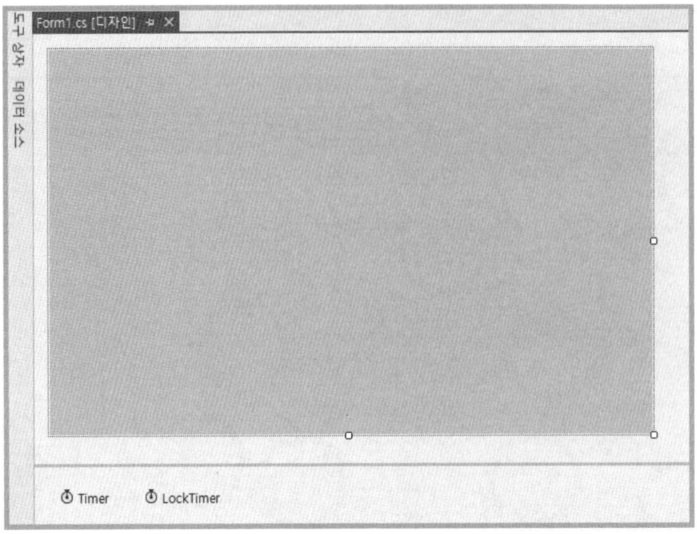

폼 디자인에 사용된 컨트롤의 주요 속성값은 다음과 같다.

폼 컨트롤	속 성	값
Form1	Name	Form1
	Text	화면 보호기
	FormBorderStyle	None
	BackColor	LightGray
	ShowIcon	False
	ShowTaskbar	False
	StartPosition	CenterScreen
	TopMost	True
	WindowState	Maximized
Timer1	Name	Timer
	Enabled	True
	Interval	500
Timer2	Name	LockTimer
	Enabled	False
	Interval	5000

2.2 화면 보호기(Form1.cs) 코드 구현

다음과 같이 using 키워드를 이용하여 필요한 네임스페이스를 추가한다.

```
using System.Runtime.InteropServices;    // DLL Import
using System.Diagnostics;                // Process 클래스 사용
using Microsoft.Win32;                   // 레지스트리 사용
```

다음과 같이 클래스 내부 제일 상단에 멤버 개체와 변수를 생성한다.

```
01 Rectangle fullScreen = Screen.PrimaryScreen.Bounds;  // 화면 사이즈
02 int mXStart = 0;      // 마우스 포인트 가로 좌표
03 int mYStart = 0;      // 마우스 포인트 세로 좌표
04 bool LkTime = true;
05 Random r = new Random();

06 [DllImport(“user32.dll”, CharSet = CharSet.Auto, SetLastError = true)]
07 private static extern int SetWindowsHookEx(int idHook,
08             LowLevelKeyboardProc lpfn, IntPtr hMod, uint dwThredId);

09 [DllImport(“user32.dll”, CharSet = CharSet.Auto, SetLastError = true)]
10 [return: MarshalAs(UnmanagedType.Bool)]
11 private static extern bool UnhookWindowsHookEx(int hhk);

12 [DllImport(“user32.dll”, CharSet = CharSet.Auto, SetLastError = true)]
13 private static extern int CallNextHookEx(int hhk, int nCode, int wParam,
14 ref KBDLLHOOKSTRUCT lParam);

15 [DllImport(“kernel32.dll”, CharSet = CharSet.Auto, SetLastError = true)]
16 private static extern IntPtr GetModuleHandle(string lpModulName);

17 public struct KBDLLHOOKSTRUCT
18 {
19    public int vkCode;
20    public int scanCode;
21    public int flags;
22    public int time;
23    public int dwExtraInfo;
24 }

25 private const int WH_KEYBOARD_LL = 13;
26 private const int WM_KEYDOWN = 0x0100;
27 private const int WM_KEYUP = 0x0101;
28 private const int WM_SYSKEYDOWN = 0x0104;
29 private const int WM_SYSKEYUP = 0x0105;
30 private static LowLevelKeyboardProc _proc = HookCallback;
31 private static int _hookID = 0;
32 public int frm2_hookID = 0;

33 private delegate int LowLevelKeyboardProc(int nCode, int wParam,
34                              ref KBDLLHOOKSTRUCT lParam);
```

5행 Random 클래스의 개체를 생성하는 문장으로 생성된 개체는 화면보호기가 동작했을 때 폼에 원을 그리는 데 사용한다.

6-16행 DllImport 문을 이용하여 시스템 DLL 파일을 참조하는 문장으로, 키보드를 후킹(TIP "후킹" 참고)하여 시스템 단축키를 사용하지 못하게 하는 작업을 수행한다.

6-8행 SetWindowsHookEx() 메서드를 이용한 시스템을 전역적으로 후킹하는 것으로 마우스, 키보드, 커서 등을 후킹 할 수 있다.

매개 변수	설명
idHook	후크의 종류(키보드, 마우스, 커서 등)
lpfn	후킹 프로시저의 주소
hMod	App.hInstance의 값
dwThredId	App.ThreadID의 값

9-11행 UnhookWindowsHookEx() 메서드를 이용하여 후킹을 해제하는 작업을 수행한다.

매개 변수	설명
hhk	SetWindowsHookEx에서 반환했던 후크의 핸들

12-14행 키보드 입력을 방지하는 기능에 대해 CallNextHookEx() 메서드를 이용하여 키보드 입력을 유효하게 하는 작업을 수행한다.

매개 변수	설명
hhk	SetWindowsHookEx에서 반환했던 후크의 핸들
nCode	메시지를 처리할 방법
wParam	눌린 키보드 키
lParam	KBDLLHOOKSTRUCT 구조체의 메모리 주소

15-16행 GetModuleHandle() 메서드를 이용하여 SetWindowsHookEx() 메서드에 지정하는 매개 변수 중 hMod 값을 얻는 문장으로 매개 변수로 지정된 이름을 가진 모듈의 핸들을 얻는 작업을 수행한다.

17-24행 KBDLLHOOKSTRUCT의 구조체를 선언한 문장이다.

TIP

후킹

후킹이란 OS, SW 등의 각종 컴퓨터 프로그램에서 구성 요소 간에 발생하는 함수 호출, 메시지, 이벤트 등을 중간에서 바꾸거나 가로채는 명령, 방법, 기술 등의 행위를 말한다. 이때 이러한 간섭된 함수 호출, 이벤트 또는 메시지를 처리하는 코드를 후크(Hook)라고 한다.

다음의 Form1_Load() 이벤트 핸들러는 폼을 더블클릭하여 생성한 프로시저로, 화면 보호기의 보안 모드를 실행하는 작업을 수행한다.

```
01  private void Form1_Load(object sender, EventArgs e)
02  {
03      this.Timer.Enabled = true;
04      this.LockTimer.Enabled = true;
05      LkTime = true;
06      Cursor.Hide();
07      KillCtrlAltDelete();
08      _hookID = SetHook(_proc);
09      frm2_hookID = _hookID;
10  }
```

3-4행 Timer, LockTimer 컨트롤을 활성화하여 폼에 동그라미를 그리는 작업과 보안 모드를 실행하는 작업을 수행한다.

6행 Cursor.Hide() 메서드를 호출하여 마우스 커서를 숨기는 작업을 수행한다.

7행 KillCtrlAltDelete() 메서드를 호출하여 작업관리자 실행을 방지하는 작업을 수행한다.

8행 SetHook() 메서드의 인자값은 CallNextHookEx() 메서드에서 반환받은 핸들값으로 이 값은 SetWindowsHookEx() 메서드에서 반환했던 후크의 핸들값이다. 이는 키보드 입력방지 기능을 비활성화하는 작업을 수행한다.

다음의 KillCtrlAltDelete() 메서드는 작업관리자를 실행하여 프로세스를 종료하는 작업을 방지하기 위해 작업관리자를 실행하지 못하도록 레지스트리 값을 수정하는 작업을 수행한다.

```
public static void KillCtrlAltDelete()
{
    RegistryKey regkey;
    string keyValueInt = "1";
    string subKey =
        "Software\\Microsoft\\Windows\\CurrentVersion\\Policies\\System";

    try
    {
        regkey = Registry.CurrentUser.CreateSubKey(subKey);
        regkey.SetValue("DisableTaskMgr", keyValueInt);
        regkey.Close();
    }
    catch (Exception ex)
    {
        MessageBox.Show(ex.ToString());
    }
}
```

9행 Registry.CurrentUser.CreateSubKey() 메서드에 레지스트리 경로를 지정하여 Registry 클래스의 개체를 생성하는 문장이다.

10행 regkey.SetValue() 메서드를 이용하여 지정된 레지스트리 이름과 값을 지정하는 작업을 수행한다.

매개 변수 값	설명
DisableTaskMgr	이름과 값이 지정되면 작업관리자가 정상적으로 실행되지 않음
1	

다음의 SetHook() 메서드는 파라미터로 전달받은 SetWindowsHookEx() 메서드를 호출하여 시스템을 전역적으로 후킹하는 작업을 수행한다.

```
01  private static int SetHook(LowLevelKeyboardProc proc)
02  {
03      using (Process curProcess = Process.GetCurrentProcess())
04      using (ProcessModule curModule = curProcess.MainModule)
05      {
06          return SetWindowsHookEx(WH_KEYBOARD_LL, proc,
07                          GetModuleHandle(curModule.ModuleName), 0);
08      }
09  }
```

3-4행 현재 실행되고 있는 프로세스의 주 모듈을 가져오는 작업을 수행한다.

6-7행 SetWindowsHookEx() 메서드를 호출하는 문장으로 시스템을 후킹하는 작업을 수행한다.

매개 변수	설명
WH_KEYBOARD_LL	13
proc	후킹 프로시저의 주소
GetModuleHandle (curModule.ModuleName)	프로시저의 모듈 이름을 가진 핸들
0	무시

다음의 HookCallback() 메서드는 키보드에서 입력을 받지 못하게 하는 기능을 활성화하거나 또는 비활성화하는 작업을 수행한다. 반환값으로 0이 아닌 값을 반환하면 키보드 입력을 받지 못하도록 하는 입력 방지 기능이 활성화되고, CallNextHookEx() 메서드를 호출하여 그 반환 값을 돌려주면 키보드 입력이 정상적으로 동작하도록 한다.

```
01  private static int HookCallback(int nCode, int wParam,
02                                  ref KBDLLHOOKSTRUCT lParam)
03  {
04      bool bReturn = false;
05      switch (wParam)
06      {
07          case WM_KEYDOWN:
08          case WM_KEYUP:
09          case WM_SYSKEYDOWN:
10          case WM_SYSKEYUP:

11              bReturn = ((lParam.vkCode == 0x09) && (lParam.flags == 0x20)) || // Alt + Tab
12                      ((lParam.vkCode == 0x1B) && (lParam.flags == 0x20)) ||   // Alt + Esc
13                      ((lParam.vkCode == 0x1B) && (lParam.flags == 0x00)) ||   // Ctrl + Esc
14                      ((lParam.vkCode == 0x5B) && (lParam.flags == 0x01)) ||   // Left ⊞
15                      ((lParam.vkCode == 0x5C) && (lParam.flags == 0x01)) ||   // Right ⊞
16                      ((lParam.vkCode == 0x73) && (lParam.flags == 0x20));     // Alt + F4

17              break;
18      }
19      if (bReturn == true)
20          return 1;
21      else
22          return CallNextHookEx(0, nCode, wParam, ref lParam);
23  }
```

11-16행 키보드에서 지정한 키가 입력되지 않도록 하는 키값을 지정하는 문장이다.

20행 키보드 입력을 받지 못하도록 0이 아닌 값을 반환하는 문이고, 22행은 키보드 입력이 정상적으로 동작하도록 CallNextHookEx() 메서드를 호출하여 그 반환 값을 돌려주는 작업을 수행한다.

다음의 Timer_Tick() 이벤트 핸들러는 Timer 컨트롤을 더블클릭하여 생성한 프로시저로, 폼에 동그라미를 랜덤한 위치에 그리는 작업을 수행한다.

```
private void Timer_Tick(object sender, EventArgs e)
{
    var w = r.Next(0, fullScreen.Width - 50);
    var h = r.Next(0, fullScreen.Height - 50);
    Graphics g = this.CreateGraphics();
    Pen p = new Pen(Color.Black, 10);
    Rectangle rectC = new Rectangle(1 * w, 1 * h, 100, 100);
    g.DrawArc(p, rectC, 0, 365);
}
```

3-4행 r.Next() 메서드를 이용하여 랜덤하게 정수를 얻는 작업을 수행하는데 이는 화면에 그려질 검은색 동그라미의 위치를 설정하는 문장이다.

매개 변수	설명
fullScreen.Width - 50	화면의 가로 픽셀에서 50을 감산한 값
fullScreen.Height - 50	화면의 세로 픽셀에서 50을 감산한 값

5행 Graphics 클래스의 개체 g를 생성하는 문장으로 화면에 검은색 동그라미를 그리기 위한 인터페이스를 제공한다.

6행 Pen 클래스의 개체를 생성하는 문장으로 매개 변수에 색상과 선의 굵기 값을 지정한다.

7행 Rectangle 클래스 개체(TIP "Rectangle 생성자" 참고)를 생성하는 문장으로 원이 그려질 위치를 지정하는 문장이다.

8행 g.DrawArc() 메서드(TIP "DrawArc 메서드" 참고)를 이용하여 검은색 원을 화면에 그린다.

TIP

Rectangle(x, y, width, height) 생성자

지정된 위치와 크기를 사용하여 Rectangle 클래스의 개체를 생성한다.

- x : 사각형의 왼쪽 위 모퉁이의 x좌표
- y : 사각형의 왼쪽 위 모퉁이의 y좌표
- width : 사각형의 너비
- height : 사각형의 높이

TIP

Graphics.DrawArc(pen, rect, startAngle, sweepAngle) 메서드

Rectangle 구조체에서 지정한 타원의 부분을 나타내는 호를 그린다.

- pen : 호의 색, 너비 및 스타일을 결정하는 Pen
- rect : 타원의 경계를 정의하는 RectangleF 구조체
- startAngle : X축에서 호의 시작점까지 시계 방향으로 측정된 각도(단위: 도)
- sweepAngle : startAngle 매개 변수에서 호의 끝점까지 시계 방향으로 측정된 각도(단위: 도)

다음의 LockTimer_Tick() 이벤트 핸들러는 LockTimer 컨트롤을 더블클릭하여 생성한 프로시저로, 프로그램 시작 후 5초 후에 즉, LockTimer 컨트롤이 활성화되면 비밀 모드로 전환 되도록 LkTime 변수에 false 값을 입력한다.

```
private void LockTimer_Tick(object sender, EventArgs e)
{
   LkTime = false;
   this.LockTimer.Enabled = false;
}
```

다음의 이벤트 핸들러는 폼을 선택한 후 이벤트 목록 창에서 MouseClick, MouseDown, Click 항목을 더블클릭하여 생성한 프로시저로, 화면 보호기를 종료하기 위해 StopScreenSaver() 메서드를 호출하는 작업을 수행한다.

```
private void Form1_MouseClick(object sender, MouseEventArgs e)
{
    StopScreenSaver();
}

private void Form1_MouseDown(object sender, MouseEventArgs e)
{
   StopScreenSaver();
}

private void Form1_Click(object sender, EventArgs e)
{
   StopScreenSaver();
}
```

다음의 Form1_MouseMove() 이벤트 핸들러는 폼을 선택한 후 이벤트 목록 창에서 MouseMove 항목을 더블클릭하여 생성한 프로시저로, 마우스의 움직임을 감지하여 움직임이 있을 때 StopScreenSaver() 메서드를 호출하여 화면 보호기를 종료한다.

```
01    private void Form1_MouseMove(object sender, MouseEventArgs e)
02    {
03       if((mXStart == 0) && (mYStart == 0))
04       {
05          mXStart = e.X;
06          mYStart = e.Y;
07          return;
08       }
09       else if ((e.X != mXStart) || (e.Y != mYStart))
10          StopScreenSaver();
11    }
```

3-8행 화면보호기가 처음 실행되었을 때 마우스의 위치를 멤버 변수에 저장하는 작업을 수행한다.

9-10행 마우스의 위치가 변경되면 화면 보호기를 종료하기 위해서 StopScreenSaver() 메서드를 호출하는 작업을 수행한다.

다음의 StopScreenSaver() 메서드는 애플리케이션을 종료하거나 비밀번호를 묻는 창을 호출하는 작업을 수행한다.

```
01  private void StopScreenSaver()
02  {
03      if (LkTime == true)
04      {
05          Cursor.Show();
06          Timer.Enabled = false;
07          UnhookWindowsHookEx(_hookID);
08          EnableCtrlAltDel();
09          Application.Exit();
10      } else {
11          Cursor.Show();
12          Form2 frm2 = new Form2();
13          if (frm2.ShowDialog() == DialogResult.OK)
14          {
15              mXStart = 0;
16              mYStart = 0;
17          }
18      }
19  }
```

3-9행 LkTime 변수의 값이 true일 경우 즉, LockTimer 컨트롤이 수행되지 않았을 경우(화면 보호기 실행 후 5초 전)에 애플리케이션을 종료하는 작업을 수행한다.

5행 Cursor.Show() 메서드를 이용하여 숨겼던 마우스 커서를 다시 보이게 하는 작업을 수행한다.

7행 SetWindowsHookEx()에서 반환했던 후크의 핸들값을 매개 변수에 지정하여 UnhookWindowsHookEx() 메서드를 호출한다. 이 작업으로 키보드 후킹 작업이 해제되어 키보드를 다시 정상적으로 사용할 수 있게 된다.

8행 EnableCtrlAltDel() 메서드를 호출하여 작업관리자를 사용할 수 있도록 레지스트리를 변경한다.

다음의 EnableCtrlAltDel() 메서드는 레지스트리를 변경하여 작업관리자를 사용할 수 있도록 한다.

```
01  public static void EnableCtrlAltDel()
02  {
03     try
04     {
05        string subKey =
06           "Software\\Microsoft\\Windows\\CurrentVersion\\Policies\\System";
07        RegistryKey rk = Registry.CurrentUser;
08        RegistryKey sk1 = rk.OpenSubKey(subKey);

09        if (sk1 != null)
10           rk.DeleteSubKeyTree(subKey);
11     }
12     catch (Exception ex)
13     {
14        MessageBox.Show(ex.ToString());
15     }
16  }
```

10행 rk.DeleteSubKeyTree() 메서드를 이용하여 하위 키와 하위 자식 키를 삭제하는 작업을 수행한다.

2.3 비밀번호 폼(Form2) 디자인

솔루션 탐색기에서 솔루션 이름을 마우스 오른쪽 버튼으로 클릭하여 표시되는 단축메뉴에서 [Windows Form] 메뉴를 클릭하여 Form2를 생성한다. 다음 그림과 같이 윈도우 폼에 필요한 컨트롤을 위치시켜 폼을 디자인하고, 각 컨트롤의 속성값을 설정한다.

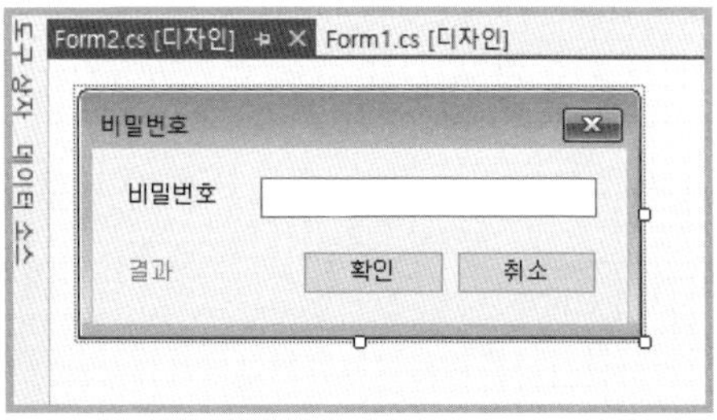

폼 디자인에 사용된 컨트롤의 주요 속성값은 다음과 같다.

폼 컨트롤	속 성	값
Form2	Name	Form2
	Text	비밀번호
	FormBorderStyle	FixedSingle
	MiniMumSize	False
	MaximizeBox	False
	ShowIcon	False
	ShowInTaskbar	False
	StartPosition	CenterScreen
	TopMost	True
Label1	Name	lblPwd
	Text	비밀번호
Label2	Name	lblResult
	ForeColor	Red
	Text	결과
TextBox1	Name	txtPwd
	PasswordChar	*
Button1	Name	btnOk
	Text	확인
Button2	Name	btnCancel
	Text	취소

2.4 비밀번호(Form2.cs) 코드 구현

다음과 같이 using 키워드를 이용하여 필요한 네임스페이스를 추가한다.

```
using System.IO;
using System.Runtime.InteropServices;
using Microsoft.Win32;
```

다음의 DllImport 문은 시스템 DLL 파일을 참조하는 문장으로 UnhookWindowsHookEx() 함수를 이용하여 후킹을 해제하는 작업을 수행한다.

```
[DllImport("user32.dll", CharSet = CharSet.Auto, SetLastError = true)]
[return: MarshalAs(UnmanagedType.Bool)]
private static extern bool UnhookWindowsHookEx(int hhk);
```

다음의 Form2_Load() 이벤트 핸들러는 폼을 더블클릭하여 생성한 프로시저로, 비밀번호가 포함된 파일을 확인하는 작업을 수행한다.

```
01  private void Form2_Load(object sender, EventArgs e)
02  {
03      var f = new FileInfo(@"config.ini");
04      if (f.Exists == true)
05      {
06          this.txtPwd.Focus();
07      }
08      else
09      {
10          this.Hide();
11          Form3 frm3 = new Form3();
12          if (frm3.ShowDialog() == DialogResult.OK) { }
13      }
14  }
```

3행 FileInfo() 생성자를 이용하여 파일을 만들고, 복사하고, 삭제하고, 이동하고, 열기 위한 속성 및 인스턴스 메서드를 제공하는 FileInfo 클래스의 개체를 생성한다.

4-7행 비밀번호를 담고 있는 파일(config.ini)이 존재한다면 txtPwd 컨트롤에 입력 포커스를 갖도록 하는 작업을 수행한다.

8-13행 파일(config.ini)이 존재하지 않으면 새로 생성하기 위해서 비밀번호를 생성하는 Form3을 호출하는 작업을 수행한다.

다음의 btnOk_Click() 이벤트 핸들러는 [확인] 버튼을 더블클릭하여 생성한 프로시저로 비밀번호 일치 시 애플리케이션을 종료하는 작업을 수행한다.

```
private void btnOk_Click(object sender, EventArgs e)
{
    var StrPwd = "";
    var sr = File.OpenText(@"config.ini");
    if (sr != null) { StrPwd = sr.ReadLine(); }
    sr.Close();

    if (StrPwd == this.txtPwd.Text)
    {
        Cursor.Show();
        Form1 frm1 = new Form1();
        UnhookWindowsHookEx(frm1.frm2_hookID);
        EnableCtrlAltDel();
        Application.ExitThread();   // 폼 종료
    }
    else { this.lblResult.Text = "비밀번호 오류"; }
}
```

4행 File.OpenText() 메서드에 파일 경로를 지정하여 파일을 읽기 위해 StreamReader 클래스의 개체 sr을 생성한다.

5행 sr.ReadLine() 메서드를 이용하여 'config.ini' 파일에 저장된 비밀번호를 읽어 StrPwd 변수에 저장하는 작업을 수행한다.

7-14행 입력된 비밀번호가 파일에 저장된 비밀번호와 일치하면 마우스 커서를 활성화시키고 UnhookWindowsHookEx()와 EnableCtrlAltDel() 메서드를 호출하여 키보드 사용과 작업관리자의 사용을 정상화하는 작업을 수행한 다음 화면보호기 애플리케이션을 종료한다.

다음의 EnableCtrlAltDel() 메서드는 레지스트리의 하위 키와 하위 자식 키를 삭제하여 작업관리자 사용을 활성화하는 작업을 수행한다.

```
public static void EnableCtrlAltDel()
{
    try
    {
        string subKey =
          "Software\\Microsoft\\Windows\\CurrentVersion\\Policies\\System";
        RegistryKey rk = Registry.CurrentUser;
        RegistryKey sk1 = rk.OpenSubKey(subKey);
        if (sk1 != null)
            rk.DeleteSubKeyTree(subKey);
    }
    catch (Exception ex)
    {
        MessageBox.Show(ex.ToString());
    }
}
```

다음의 btnCancel_Click() 이벤트 핸들러는 [취소] 버튼을 더블클릭하여 생성한 프로시저로, 폼을 종료하는 작업을 수행한다.

```
private void btnCancel_Click(object sender, EventArgs e)
{
    Cursor.Hide();
    this.txtPwd.Focus();
    this.txtPwd.Clear();
    DialogResult = DialogResult.OK;
}
```

다음의 Form2_FormClosing() 이벤트 핸들러는 폼을 선택하고 이벤트 목록 창에서 [FormClosing] 항목을 더블클릭하여 생성한 프로시저로, [닫기] 버튼을 눌렀을 때 폼이 종료되지 않도록 하는 작업을 수행한다.

```
private void Form2_FormClosing(object sender, FormClosingEventArgs e)
{
    if(DialogResult != DialogResult.OK) { e.Cancel = true; }
}
```

2.5 비밀번호 생성 폼(Form3) 디자인

솔루션 탐색기에서 솔루션 이름을 마우스 오른쪽 버튼으로 클릭하여 표시되는 단축메뉴에서 [추가]–[Windows Form] 메뉴를 클릭하거나, VS의 메뉴 [파일]–[추가]–[새 프로젝트]–[Windows Forms 응용 프로그램]을 선택하여 Form3을 생성한다. 다음 그림과 같이 생성된 윈도우 폼에 필요한 컨트롤을 위치시켜 폼을 디자인하고, 각 컨트롤의 속성값을 설정한다.

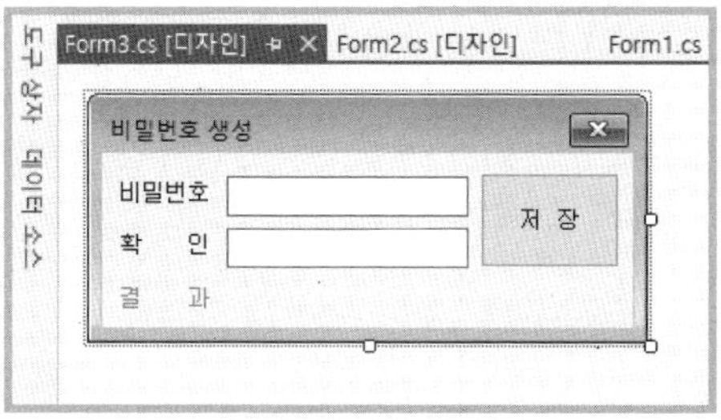

폼 디자인에 사용된 컨트롤의 주요 속성값은 다음과 같다.

폼 컨트롤	속 성	값
Form3	Name	Form3
	Text	비밀번호 생성
	FormBorderStyle	FixedSingle
	MiniMumSize	False
	MaximizeBox	False
	ShowIcon	False
	ShowInTaskbar	False
	StartPosition	CenterScreen
	TopMost	True
Label1	Name	lblPwd
	Text	비밀번호

Label2	Name	lblRePwd
	Text	확 인
Label	Name	lblResult
	ForeColor	Red
	Text	결 과
TextBox1	Name	txtPwd
	PasswordChar	*
TextBox2	Name	txtRePwd
	PasswordChar	*
Button1	Name	btnSave
	Text	저장

2.6 비밀번호 생성(Form3.cs) 코드 구현

다음과 같이 using 키워드를 이용하여 필요한 네임스페이스를 추가한다.

```
using System.IO;
```

다음의 bntSave_Click() 이벤트 핸들러는 [저장] 버튼을 더블클릭하여 생성한 프로시저로, 입력된 비밀번호를 파일에 저장하는 작업을 수행한다.

```
private void bntSave_Click(object sender, EventArgs e)
{
   if (this.txtPwd.Text != “” && this.txtRePwd.Text != “”)
   {
      if (this.txtPwd.Text != this.txtRePwd.Text)
      { this.lblResult.Text = “비밀번호가 다릅니다.”; return; }
      else
      {
         var sw = File.CreateText(@“config.ini”);
         var PassStr = this.txtPwd.Text;
         sw.WriteLine(PassStr);
         sw.Close();
         DialogResult = MessageBox.Show(“비밀번호가 저장되었습니다.”, “알림”,
            MessageBoxButtons.OK, MessageBoxIcon.Information);
         this.Dispose();
      }
   }
   else { this.lblResult.Text = “비밀번호를 입력하세요”; return; }
}
```

9행 파일을 생성하기 위해서 File.CreateText() 메서드에 생성할 파일의 경로와 파일 이름을 지정하여 StreamWriter 클래스의 개체 sw를 생성하는 작업을 수행한다.

11행 sw.WriteLine() 메서드를 이용하여 비밀번호를 스트림에 쓰는 작업을 수행하여 비밀번호를 파일에 저장한다.

12행 sw.Close() 메서드를 이용하여 StreamWriter 클래스 개체 및 내부 스트림을 닫는 작업을 수행한다.

다음의 Form3_FormClosing() 이벤트 핸들러는 폼을 선택하고 이벤트 목록 창에서 FormClosing 항목을 더블클릭하여 생성한 프로시저로, [닫기] 버튼을 눌러도 폼이 종료되지 않도록 하는 작업을 수행한다.

```
private void Form3_FormClosing(object sender, FormClosingEventArgs e)
{
    e.Cancel = true;
}
```

2.7 화면 보호기 예제 실행

다음 그림과 같이 화면 보호기 예제를 관리자 권한(TIP "관리자 권한으로 실행하기" 참고)으로 실행한다.

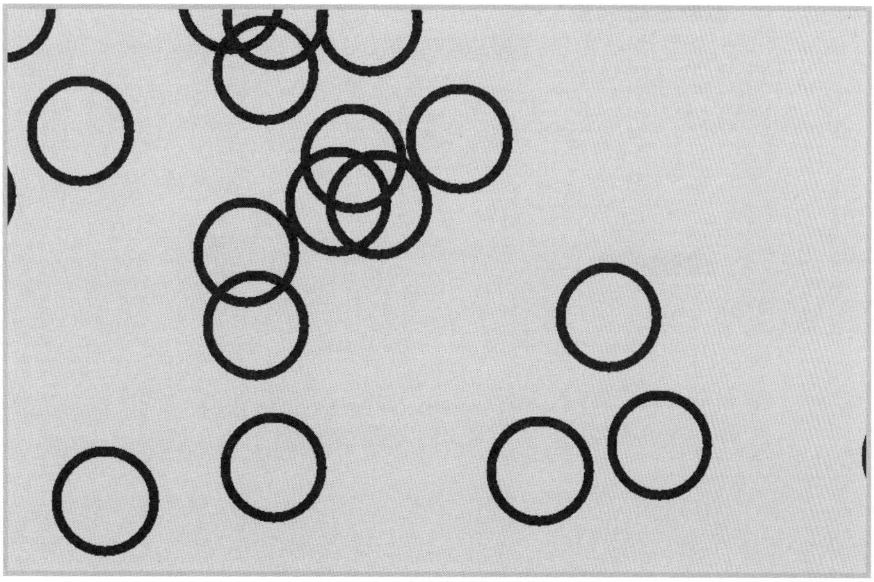

TIP

관리자 권한으로 실행하기

화면보호기 애플리케이션은 관리자 권한으로 실행해야 정상적으로 레지스트리 값을 읽고 쓰기가 적용된다. 실행 파일을 마우스 오른쪽 버튼으로 클릭하여 표시되는 단축메뉴에서 [관리자 권한으로 실행] 메뉴를 선택하여 실행할 수도 있고, 다음과 같이 솔루션 탐색기에서 프로젝트 이름을 마우스 오른쪽 버튼으로 클릭하여 표시되는 단축메뉴에서 [속성] 메뉴를 선택하여 실행한 다음 [보안] 항목에서 [ClickOnce 보안 설정 사용] 항목에 체크한다.

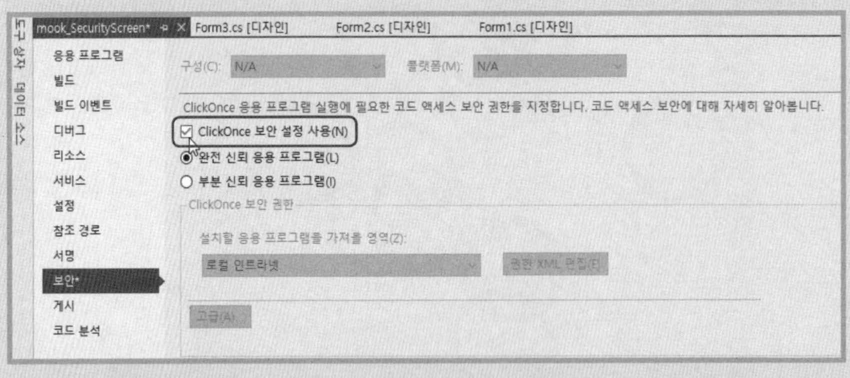

위의 작업으로 솔루션 탐색기에 'app.manifest' 파일이 생성된다. 'app.manifest' 파일을 더블클릭하여 파일을 열어 다음과 같이 코드를 수정한다.

```
<?xml version="1.0" encoding="utf-8"?>
<assembly manifestVersion="1.0" xmlns="urn:schemas-microsoft-com:asm.v1">
  <assemblyIdentity version="1.0.0.0" name="MyApplication.app" />
  <trustInfo xmlns="urn:schemas-microsoft-com:asm.v2">
    <security>
      <requestedPrivileges xmlns="urn:schemas-microsoft-com:asm.v3">
        <!-- UAC 매니페스트 옵션
             Windows 사용자 계정 컨트롤 수준을 변경하려면
             requestedExecutionLevel 노드를 다음 중 하나로 바꿉니다.

        <requestedExecutionLevel  level="asInvoker" uiAccess="false" />
        <requestedExecutionLevel  level="requireAdministrator" uiAccess="false" />
        <requestedExecutionLevel  level="highestAvailable" uiAccess="false" />

            requestedExecutionLevel 요소를 지정하면 파일 및 레지스트리 가상화를 사용하지 않습니다.
            이전 버전과의 호환성을 위해 응용 프로그램에 가상화가 필요한 경우
            이 요소를 제거합니다.
-->
        <requestedExecutionLevel level="requireAdministrator" uiAccess="false" />
      </requestedPrivileges>
      <applicationRequestMinimum>
        <defaultAssemblyRequest permissionSetReference="Custom" />
        <PermissionSet class="System.Security.PermissionSet" version="1" ID="Custom" SameSite="site" Unrestricted="true" />
      </applicationRequestMinimum>
    </security>
  </trustInfo>
  <compatibility xmlns="urn:schemas-microsoft-com:compatibility.v1">
    <application>
```

```
<requestedExecutionLevel level="requireAdministrator" uiAccess="false" />
```

위와 같이 코드 수정이 완료되면 Ctrl+S를 눌러 변경된 설정을 저장하고 프로젝트 속성의 [ClickOnce 보안 설정 사용] 체크를 해제한 뒤에 Ctrl+S 키를 눌러 변경된 프로젝트 속성을 저장한다. 이와 같은 작업이 완료되면 다음 그림과 같이 실행 파일에 방패 모양이 생긴 것을 확인할 수 있다. 이 방패 모양은 실행 파일을 관리자 권한으로 실행할 수 있게 해준다.

※ 컴파일하기 위해서는 Visual Studio 2017도 관리자 권한으로 실행하여 사용해야 한다.

3. 포스트 잇

이 절에서 살펴볼 포스트 잇 애플리케이션은 한컴 쪽지 애플리케이션의 일부 기능을 구현한 예제로, 메모 내용을 저장하고 위치 정보를 저장하는 기능과 레지스트리 설정을 통해 시스템이 다시 시작될 때 자동으로 애플리케이션이 구동되는 기능을 구현한다.

다음 그림은 포스트 잇 애플리케이션을 구현하고 실행한 결과 화면이다.

[결과 미리 보기]

3.1 포스트 잇 디자인

프로젝트 이름을 'mook_PostIt'로 하여 'C:\CSharpProject\Chap06' 경로에 새 프로젝트를 생성한다. 다음 그림과 같이 윈도우 폼에 필요한 컨트롤을 위치시켜 폼을 디자인하고, 각 컨트롤의 속성값을 설정한다.

폼 디자인에 사용된 컨트롤의 주요 속성값은 다음과 같다.

폼 컨트롤	속성	값
Form1	Name	Form1
	Text	포스트 잇
	BackColor	LightBlue
	Size	300, 300
	FormBorderStyle	None
	ShowIcon	False
	ShowInTaskbar	False
	TopMost	True
ToolStrip1	Name	tsBar
RichTextBox1	Name	rtbMemo
	BackColor	LightBlue
	BorderStyle	None
	Dock	Fill
Timer1	Name	tClose
	Text	5
Timer2	Name	tOpen
	Text	5

ToolStrip 컨트롤인 tsBar 컨트롤을 선택하고 ToolStrip의 [버튼 아이콘] 버튼을 클릭하여 다음 그림과 같이 하위 컨트롤로 Button 컨트롤과 Dropdownbutton 컨트롤을 추가한다.

속성 창에서 [Items] 속성의 [컬렉션] 버튼을 눌러 [항목 컬렉션 편집기] 대화상자를 연다. 추가된 두 개 하위 컨트롤의 기본 속성값을 다음과 같이 설정한다.

폼 컨트롤	속성	값
ToolStripButton	Name	tsbtnClose
	Text	닫기
	DisplayStyle	Image
	Image	[설정]
	ToolTipText	닫기

ToolStripDropDownButton	Name	tsddbtnOption
	Text	환경설정
	DisplayStyle	Image
	Image	[설정]
	ToolTipText	환경설정

tsBar 컨트롤의 내부에 추가된 tsddbtnOption 컨트롤을 선택하여 다음 그림과 같이 메뉴를 추가한다.

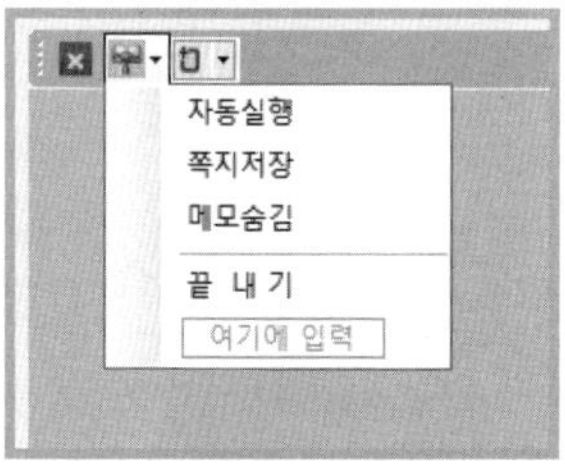

프로젝트 하위에 'img' 폴더를 생성하고 예제에서 사용할 이미지를 저장 및 활용한다.

3.2 포스트 잇 코드 구현

다음과 같이 using 키워드를 이용하여 필요한 네임스페이스를 추가한다.

```
using System.IO;              // 파일 클래스 사용
// BinaryFormatter 클래스 사용
using System.Runtime.Serialization.Formatters.Binary;
using Microsoft.Win32;        // RegistryKey 클래스 사용
using System.Collections;     // Hashtable 클래스 사용
```

TIP

직렬화 및 역직렬화

System.Runtime.Serialization.Formatters.Binary
개체 또는 연결된 개체의 전체 그래프를 이진 형식으로 serialize 및 deserialize한다.

직렬화

바이너리 형태의 스트림으로 데이터를 변환하여 파일 등으로 저장하는 방식이다.

- **바이너리 직렬화**
  - 바이너리 직렬화는, 타입이 원래 객체의 타입과 똑같도록 보존해 준다.
  - 객체의 상태를 다른 응용 프로그램 호출 사이에 보존하고자 할 때 유용하다.

■ **XML 직렬화**

- XML 직렬화는 공용 프로퍼티와 공용 필드만 직렬화한다.
- 바이너리 직렬화와는 달리, 타입이 원래 객체의 타입과 똑같도록 보존해 주지는 않는다.
- 웹상에서 데이터를 공유할 때, XML은 탁월한 선택이 된다.

역직렬화

직렬화와는 반대되는 기능을 수행하며, 스트림에서 객체를 재구성한다.

다음과 같이 멤버 변수 및 개체를 클래스 상단에 추가한다.

```
int SizeY = 300;              // 세로 사이즈
Boolean COCheck = true;  // 열고 숨기기 메뉴 체크
Boolean FormReSize = true;

Point ptMouseCurrentPos;  // 마우스 클릭 좌표 지정
Point ptMouseNewPos;      // 이동시 마우스 좌표
Point ptFormCurrentPos;   // 폼 위치 좌표 지정
Point ptFormNewPos;        // 이동시 폼 위치 좌표
bool bFormMouseDown = false;
RegistryKey regKey = Registry.CurrentUser;   // 레지스트리 루트 지정
```

다음은 폼을 더블클릭하여 생성한 Form1_Load() 이벤트 핸들러와 파일에 저장된 내용을 rtbMemo 컨트롤에 출력하는 DataView() 메서드 그리고 'sys.ini' 파일에 저장된 정보에 따라 폼의 위치를 설정하는 FormShow() 메서드 그리고 폼의 위치 포인트 값을 파일에 저장하는 SysFileSave() 메서드로 구성된다.

```
private void Form1_Load(object sender, EventArgs e)
{
   try
   {
      regKey = regKey.CreateSubKey(
               "Software\\Microsoft\\Windows\\CurrentVersion\\Run");
      if (regKey.GetValue("Memo").ToString() != null)
      {
         this.자동실행ToolStripMenuItem.Checked = true;
      }
   }
   catch { }
   DataView();     // 데이터 출력 함수 호출
   FormShow();    // Form1 Loaction 맞춤
}

private void DataView()
{
   try
```

```
        {
            Hashtable addresses = new Hashtable();
            FileStream fs = new FileStream("Memo.dat", FileMode.Open);
            BinaryFormatter formatter = new BinaryFormatter();
            addresses = (Hashtable)(formatter.Deserialize(fs));
            foreach (DictionaryEntry de in addresses)
            {
                if (de.Key.ToString() != "")
                {
                    this.rtbMemo.AppendText(de.Key.ToString());
                    this.rtbMemo.AppendText("\r\n");
                    this.rtbMemo.AppendText(de.Value.ToString());
                }
            }
            fs.Close();
        }
        catch { }
    }
    private void FormShow()
    {
        FileInfo f = new FileInfo(Application.StartupPath + @"\sys.ini");
        if (f.Exists != true)
        {
            System.Drawing.Rectangle fullScreen =
                        System.Windows.Forms.Screen.PrimaryScreen.Bounds;
            this.Location = new System.Drawing.Point(fullScreen.Width - 300, 0);
            SysFileSave();
        }
        else
        {
            StreamReader sr =
                    new StreamReader(Application.StartupPath + @"\sys.ini");
            var LocationXY = sr.ReadLine().Split('=')[1].ToString().Split(',');
            this.Location = new Point(Convert.ToInt32(LocationXY[0]),
                                Convert.ToInt32(LocationXY[1]));
            sr.Close();
        }
    }

    private void SysFileSave()
    {
        StreamWriter sw = File.CreateText(Application.StartupPath + @"\sys.ini");
        sw.WriteLine("FormLocation=" + this.Location.X + "," + this.Location.Y);
        sw.Close();
    }
```

5-6행 윈도우를 시작할 때 시작 프로그램 정보를 저장하여 자동 실행시킬 수 있는 레지스트리 경로를 CreateSubKey() 메서드에 대입하여 RegistryKey 클래스의 개체 regKey에 저장한다.

7행 GetValue() 메서드를 이용하여 키와 일치하는 값이 있다면 8행 [자동 실행] 메뉴의 Checked 속성을 true로 지정한다.

20행 Hashtable 생성자를 이용하여 기본 초기 용량, 로드 비율, 해시 코드 공급자 및 비교자를 사용하여 Hashtable 클래스의 개체 addresses를 생성한다.

21행 FileStream(path, mode) 생성자를 이용하여 지정된 경로와 생성 모드를 사용하여 FileStream 클래스의 개체 fs를 생성한다.

22행 BinaryFormatter() 생성자를 이용하여 기본값으로 BinaryFormatter 클래스의 개체 formatter를 생성한다.

23행 formatter.Deserialize() 메서드를 파생 클래스에서 재정의하는 경우, 연결된 스트림이 만들어질 때 deserialize되며 해당 스트림에 원래 serialize된 그래프와 동일한 개체 그래프가 만들어진다. 재정의된 Deserialize() 메서드를 호출하여 명시적으로 Hashtable 클래스의 개체에 저장하는 작업을 수행한다. 즉, formatter.Deserialize() 메서드를 이용하면 문자를 유니코드 형태로 포맷을 변경하여 저장하는 작업을 수행하고 그래프 형식으로 각 키값에 매칭되는 값이 존재한다.

24-32행 foreach 문으로 지정된 address 개체의 정보를 이용하여 DictionaryEntry 클래스의 개체를 초기화하고 키와 값을 사용하여 rtbMemo 컨트롤에 출력하는 작업을 수행한다.

33행 fs.Close() 메서드를 이용하여 개체의 리소스를 제거하는 작업을 수행한다.

39행 FileInfo() 메서드를 이용하여 지정된 경로를 대입하여 파일 개체를 생성한다.

40행 지정된 경로에 파일이 존재하는지에 따라 존재하지 않으면 41~46행을 실행하거나, 존재하면 47~55행을 실행하도록 한다.

42-43행 System.Windows.Forms.Screen.PrimaryScreen.Bounds 속성을 이용하여 컴퓨터의 스크린 전체 포인트 값을 반환받는다.

44행 애플리케이션의 초기 위치를 지정하는 문장으로 예를 들면 스크린 사이즈(1000*800)의 '700*0'에 위치시키는 작업을 수행한다.

45행 애플리케이션의 위치를 저장하는 작업을 수행하는 SysFileSave() 메서드를 호출한다. 이는 위치 정보를 가지고 있는 파일을 생성하는 것으로 44행의 위치 정보를 저장한다.

49-50행 StreamReader 클래스 생성자에 파일의 경로를 대입하여 개체 sr을 생성한다.

51행 sr 개체의 ReadLine() 메서드를 이용하여 행 단위로 파일의 문자열을 읽어와 구분자'='와 ','로 구분하여 배열 변수에 저장한다.

52-53행 'sys.ini' 파일에서 얻은 위치 정보를 이용하여 애플리케이션의 초기 Location 정보를 설정하는 문장이다.

59행 File.CreateText() 메서드를 이용하여 지정된 경로에 파일을 생성하고 StreamWriter 클래스의 개체 sw에 정보를 대입한다.

60행 sw.WriteLine() 메서드를 이용하여 폼의 Location 속성 정보를 저장한다.

다음의 자동실행ToolStripMenuItem_Click() 이벤트 핸들러는 [자동 실행] 메뉴를 더블클릭하여 생성한 프로시저로, [자동 실행] 메뉴를 선택할 때 자동실행 기능을 설정하거나 해제하는 작업을 수행한다.

```
private void 자동실행ToolStripMenuItem_Click(object sender, EventArgs e)
{
   RegistryKey regKey = Registry.CurrentUser;       // 레지스트리 루트 지정
   regKey = regKey.CreateSubKey(
            "Software\\Microsoft\\Windows\\CurrentVersion\\Run");
   Boolean keyExist = false;
   foreach (string str in regKey.GetValueNames())
   {
      if (str == "Memo")
      {
         keyExist = true;
      }
   }
   if (!(this.자동실행ToolStripMenuItem.Checked))
   {
      if (!(keyExist))
      {
         string path = Application.ExecutablePath;
         regKey.SetValue("Memo", path);
      }
      this.자동실행ToolStripMenuItem.Checked = true;
   }
   else
   {
      if (keyExist)
      {
         regKey.DeleteValue("Memo");
      }
      this.자동실행ToolStripMenuItem.Checked = false;
   }
}
```

7-13행 3~5행에서 지정한 레지스트리 경로에서 레지스트리 이름 'Memo'의 존재 여부를 체크하는 문장으로 이름이 존재한다면 11행에서 keyExist 변수에 true 값을 저장한다.

14-22행 자동실행 상태가 아니라면 현재 19행에서 SetValue() 메서드를 이용하여 'Memo' 레지스트리에 파일명을 포함한 경로를 설정한다.

23-30행 자동실행 상태라면 해제하기에 DeleteValue() 메서드를 이용하여 레지스트리 키의 이름 'Memo'와 해당 키의 값을 삭제한다.

다음은 쪽지저장ToolStripMenuItem_Click() 이벤트 핸들러는 [쪽지 저장] 메뉴를 더블 클릭하여 생성한 프로시저로, 파일에 입력된 내용을 저장하는 SaveData() 메서드로 구성된다.

```
private void 쪽지저장ToolStripMenuItem_Click(object sender, EventArgs e)
{
   SaveData(DateTime.Now.Month.ToString() + "월" +
            DateTime.Now.Day.ToString() + "일" + "  메모 " + "\r\n");
}

private void SaveData(string StrDate)
{
   Hashtable addresses = new Hashtable();
   if (StrDate == "")
      addresses.Add("", "");
   else
      addresses.Add(StrDate, this.rtbMemo.Text);

   FileStream fs = new FileStream("Memo.dat", FileMode.Create);
   BinaryFormatter formatter = new BinaryFormatter();
   try
   {
      formatter.Serialize(fs, addresses);
   }
   catch
   {
      MessageBox.Show("저장할 수 없습니다.", "에러",
          MessageBoxButtons.OK, MessageBoxIcon.Error);
   }
   fs.Close();
}
```

3-4행 파일 내용을 저장하기 위하여 SaveData() 메서드를 호출하는 문장으로 인자값으로 현재 날짜를 대입하여 호출한다.

8행 Hashtable 생성자를 이용하여 Hashtable 개체 addresses를 선언한다.

9-12행 SaveData() 메서드가 전달받은 인자값의 존재 여부에 따라 내용 저장과 내용 삭제를 구분하여 실행한다.

12행 addresses.Add() 메서드(TIP "Hashtable.add() 메서드" 참고)를 이용하여 지정한 키와 값을 가지는 요소를 Hashtable 개체에 정보를 추가하는 작업을 수행한다.

13행 FileStream() 생성자를 이용하여 'Memo.dat' 파일을 생성하면서 fs 개체를 생성하는 작업을 수행한다.

17행 formatter.Serialize() 메서드를 이용하여 파생 클래스에서 재정의하는 경우 루트가 지정된 개체 그래프를 연결된 스트림에 serialize한다.

23행 fs.Close() 메서드를 이용하여 개체의 리소스를 제거하는 작업을 수행한다.

TIP

Hashtable.Add(key, value) 메서드

- key : 추가할 요소의 키 value : 추가할 요소의 값

TIP

BinaryFormatter.Serialize(serializationStream, graph) 메서드

- serializationStream : 개체가 serialize 되는 스트림
- graph : 그래프의 루트에 있는 serialize 할 개체

다음의 tsbtnClose_Click() 이벤트 핸들러는 [닫기] 버튼을 더블클릭하여 생성한 프로시저로, 폼 종료를 수행하는 FormClose() 메서드를 호출한다.

```
private void tsbtnClose_Click(object sender, EventArgs e)
{
   FormClose();        // 폼 종료 메서드 호출
}

private void FormClose()
{
   DialogResult dlr = MessageBox.Show(
            "저장된 데이터 및 설정을 초기화합니다.", "알림",
            MessageBoxButtons.YesNo, MessageBoxIcon.Question);
   if (dlr == DialogResult.Yes)
   {
```

```
12          SaveData("");
13          this.Close();
14       }
15       else
16       {
17          this.Close();
18       }
19    }

20    private void 끝내기ToolStripMenuItem_Click(object sender, EventArgs e)
21    {
22       FormClose();        // 폼 종료 메서드 호출
23    }
```

7-9행 메시지 박스의 반환값을 DialogResult 타입의 변수 dlr에 저장한다.

10-14행 저장된 데이터 및 설정을 초기화하는 문장으로 "" 값을 전달하면서 SaveData() 메서드를 호출한다.

다음의 tsBar_DoubleClick() 이벤트 핸들러는 tsBar 컨트롤을 선택하고 이벤트 목록 창에서 [DoubleClick] 항목을 더블클릭하여 생성한 프로시저로, 폼의 사이즈를 변경하는 작업을 수행한다.

```
01    private void tsBar_DoubleClick(object sender, EventArgs e)
02    {
03       if (FormReSize == true)
04       {
05          this.Size = new System.Drawing.Size(60, 25);
06          FormReSize = false;
07       }
08       else
09       {
10          this.Size = new System.Drawing.Size(300, 300);
11          FormReSize = true;
12       }
13    }
```

3-7행 폼이 정상적으로 펼쳐져 있을 때 수행하는 문장으로 폼 사이즈를 변경하기 위해 System.Drawing.Size() 메서드를 이용하여 Size 속성을 설정한다.

8-12행 폼이 최소화되어 있을 때 tsBar 컨트롤을 더블클릭하면 지정된 최대 화면크기 (300, 300)로 펼쳐지는 작업을 수행한다.

다음의 메모숨김ToolStripMenuItem_Click() 이벤트 핸들러는 [메모숨김] 메뉴를 더블클릭하여 생성한 프로시저로, 폼을 열고 숨기는 작업을 수행하기 위해 tClose와 tOpen 컨트롤의 Enabled 속성값을 true로 설정한다.

```
private void 메모숨김ToolStripMenuItem_Click(object sender, EventArgs e)
{
    if (COCheck == true)
    {
        this.tClose.Enabled = true;    // [tClose] 컨트롤 활성화
        this.메모숨김ToolStripMenuItem.Text = “메모열기”;
        COCheck = false;
    }
    else
    {
        this.tOpen.Enabled = true;    // [tOpen] 컨트롤 활성화
        this.메모숨김ToolStripMenuItem.Text = “메모숨김”;
        COCheck = true;
    }
}
```

다음의 이벤트 핸들러는 Timer 컨트롤을 더블클릭하여 생성한 프로시저로, 폼 사이즈를 변경하는 작업을 수행한다.

```
private void tOpen_Tick(object sender, EventArgs e)
{
    if (SizeY <= 300)    // 폼 사이즈 늘림
    {
        SizeY += 10;
        this.Size = new System.Drawing.Size(300, SizeY);    // 폼 사이즈 설정
    }
    else
    {
        this.tOpen.Enabled = false;
    }
}

private void tClose_Tick(object sender, EventArgs e)
{
    if (SizeY > 25)        // 폼 사이즈 줄임
    {
        SizeY -= 5;
         this.Size = new System.Drawing.Size(300, SizeY);   // 폼 사이즈 설정
    }
    else
    {
        this.tClose.Enabled = false;
    }
}
```

3행　폼의 높이가 300픽셀이 될 때까지 10픽셀씩 증가시켜 폼의 사이즈를 증가시켜 변경한다.

6행　System.Drawing.Size() 메서드를 이용하여 폼의 높이를 설정하는 문장이다.

10행　폼의 높이가 300픽셀이 되면 더는 폼의 높이가 증가할 필요가 없기 때문에 tOpen 컨트롤의 Enabled 속성값을 false로 저장한다.

다음의 이벤트 핸들러는 tsBar 컨트롤을 선택하고 이벤트 목록 창에서 [MouseDown], [MouseUp], [MouseMove] 항목을 각각 더블클릭하여 생성한 프로시저로, tsBar 컨트롤을 마우스로 클릭하고 움직여 폼을 이동하는 작업을 수행한다.

```
private void tsBar_MouseDown(object sender, MouseEventArgs e)
{
   if (e.Button == MouseButtons.Left)
   {
      bFormMouseDown = true;                        // 왼쪽 마우스 클릭 체크
      ptMouseCurrentPos = Control.MousePosition; // 마우스 클릭 좌표
      ptFormCurrentPos = this.Location;             // 폼의 위치 좌표
   }
}

private void tsBar_MouseUp(object sender, MouseEventArgs e)
{
   if (e.Button == MouseButtons.Left)
      bFormMouseDown = false;              // 왼쪽 마우스 클릭 해제 체크
   SysFileSave();
}

private void tsBar_MouseMove(object sender, MouseEventArgs e)
{
   // 왼쪽 마우스 클릭시
   if (bFormMouseDown == true && e.Button == MouseButtons.Left)
   {
      ptMouseNewPos = Control.MousePosition;
      // 마우스 이동시 가로 좌표
      ptFormNewPos.X = ptMouseNewPos.X - ptMouseCurrentPos.X +
                     ptFormCurrentPos.X;
      // 마우스 이동시 세로 좌표
      ptFormNewPos.Y = ptMouseNewPos.Y - ptMouseCurrentPos.Y +
                     ptFormCurrentPos.Y;
      this.Location = ptFormNewPos;
      ptFormCurrentPos = ptFormNewPos;
      ptMouseCurrentPos = ptMouseNewPos;
   }
}
```

3.3 포스트 잇 예제 실행

다음 그림은 포스트 잇 예제를 F5를 눌러 실행한 화면이다. 메모 입력란에 문자열을 입력하고 메모 저장 및 자동 실행 기능 등을 클릭하여 기능 테스트를 한다. 자동 실행 기능을 수행하면 다음 그림과 같이 레지스트리에 시작 프로그램으로 등록되며, 쪽지를 저장하면 'Memo.dat' 파일에 저장되며 폼을 옮기면 애플리케이션의 위치 좌표를 'Sys.ini' 파일로 저장한다.

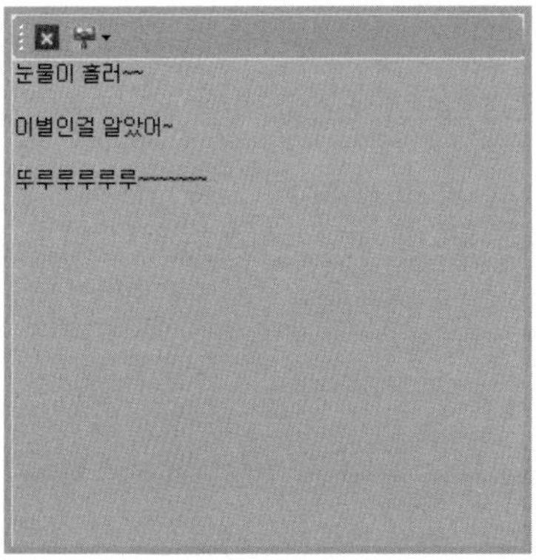

다음은 시작 프로그램으로 등록된 레지스트리를 확인한 결과이다.

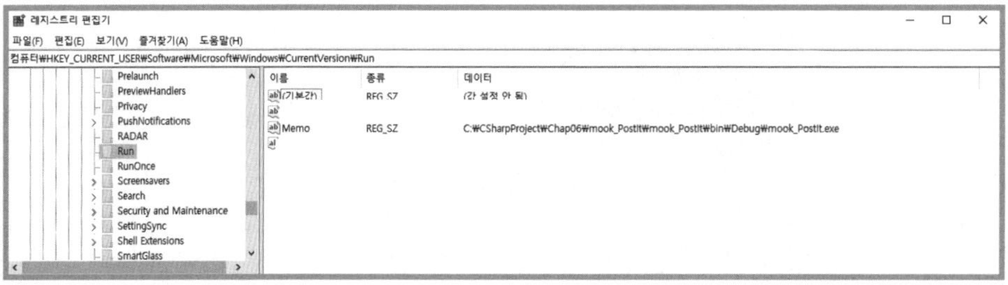

다음은 메모의 내용이 저장된 'Memo.dat' 파일과 메모장의 위치를 저장하는 'sys.ini' 파일을 파일 탐색기에서 확인해 본 결과이다.

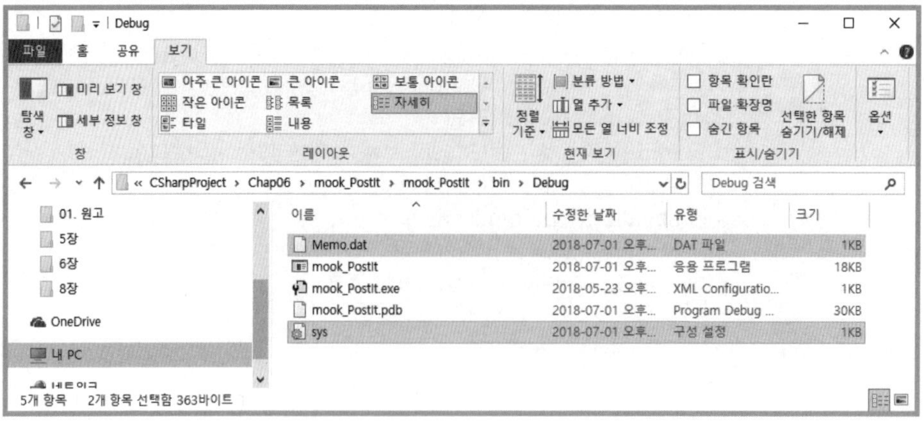

4. 파일 헥사 뷰어

이 절에서 알아볼 파일 헥사 뷰어(File Hexa Viewer) 애플리케이션 예제는 악성코드 분석 및 디지털 포렌식 분야에서 필수로 사용되는 애플리케이션이다. 또한, 디지털 포렌식에서 파일의 확장자 변경을 찾는 조사과정에서 파일의 바이너리와 시그니처를 분석하여 정확한 확장자를 확인한다. 이 예제를 활용한다면 이러한 악성코드나 디지털 포렌식 분야의 분석 도구 기능을 구현할 수 있다.

다음 그림은 파일 헥사 뷰어 애플리케이션을 구현하고 실행한 결과 화면이다.

[결과 미리 보기]

4.1 파일 헥사 뷰어 디자인

프로젝트 이름을 'mook_HexEditor'로 하여 'C:\CSharpProject\Chap06' 경로에 새 프로젝트를 생성한다. 다음 그림과 같이 윈도우 폼에 필요한 컨트롤을 위치시켜 폼을 디자인하고, 각 컨트롤의 속성값을 설정한다.

폼 디자인에 사용된 컨트롤의 주요 속성값은 다음과 같다.

폼 컨트롤	속 성	값
Form1	Name	Form1
	Text	파일 헥사 뷰어
	FormBorderStyle	FixedSingle
	MaximizeBox	False
Button1	Name	btnFile
	Text	파일
ProgressBar1	Name	pgbView
RichTextBox1	Name	HexView
	Font	Courier New, 9pt
	ForColor	Black
StatusBar1	Name	stbView
OpenFileDialog1	Name	ofdFile
	Filter	텍스트 파일 (*.txt)|*.txt| 모든 파일 (*.*)|*.*

4.2 파일 헥사 뷰어 코드 구현

다음과 같이 using 키워드를 이용하여 필요한 네임스페이스를 추가한다.

```
using System.IO;
using System.Threading;
```

다음과 같이 클래스 내부 제일 상단에 멤버 개체 및 변수를 생성한다.

```
private string fileName = "";           // 파일 이름 저장
private Thread HexAnalysis = null;  // 파일 헥사 분석 스레드
private delegate void OnHexViewDelegate(int i, string s);  // 델리게이트 선언
private OnHexViewDelegate OnView = null;                  // 델리게이트 선언
```

다음의 Form1_Load() 이벤트 핸들러는 폼을 더블클릭하여 생성한 프로시저로, 델리게이트를 초기화하고 대리자 메서드를 선언한다.

```
01  private void Form1_Load(object sender, EventArgs e)
02  {
03      OnView = new OnHexViewDelegate(OnViewRun);
04  }

05  private void OnViewRun(int i, string s)
06  {
07      if (i == 0)
08          this.HexView.AppendText(s);
09      else if (i == 1)
10          this.stbView.Text = s;
11      else if (i == 2)
12          this.pgbView.Maximum = Convert.ToInt32(s);
13      else if (i == 3)
14          this.pgbView.Value = Convert.ToInt32(s);
15  }
```

8행 HexView.AppendText() 메서드를 이용하여 HexView 컨트롤에 데이터를 나타내는 작업을 수행한다.

10행 stbView.Text 속성을 이용하여 작업 상황을 나타낸다.

11-14행 pgbView 컨트롤의 Maximum과 Value 속성의 값을 설정하는 작업을 수행한다.

다음의 btnFile_Click() 이벤트 핸들러는 [File] 버튼을 더블클릭하여 생성한 프로시저로, [열기] 대화상자를 호출하고, [열기] 대화상자에서 파일을 선택한 뒤 [열기] 버튼이 클릭되면 파일을 분석할 스레드를 실행하는 작업을 수행한다.

```
private void btnFile_Click(object sender, EventArgs e)
{
    if (this.ofdFile.ShowDialog() == DialogResult.OK)
    {
        fileName = ofdFile.FileName;
        this.HexView.Text = "";
        int fsize = getFileSize(fileName);
```

```
08          if (fsize > 0)
09          {
10             HexAnalysis = new Thread(
11                            new ParameterizedThreadStart(hexEditor));
12             HexAnalysis.Start(fileName + "?" + fsize);
13          }
14          else
15          {
16             this.HexView.AppendText("\n 파일 선택이 잘 못 되었습니다. \n");
17          }
18       }
19    }
```

3행 ofdFile.ShowDialog() 메서드를 이용하여 [열기] 대화상자를 호출하고 [열기] 대화상자에서 파일을 선택 후 [열기] 버튼을 클릭하면 5행의 파일 경로를 멤버 변수 fileName에 저장하는 작업을 수행한다.

7행 getFileSize() 메서드를 호출하여 선택된 파일의 크기를 구하는 작업을 수행한다.

10-12행 파일 내용에 대한 Hex 값을 구하기 위해 새로운 스레드를 생성하고 스레드에서 실행할 hexEditor() 메서드를 설정하는 작업을 수행한다. 스레드를 시작할 때 fineName과 fsize를 파라미터로 전달한다.

다음의 getFileSize() 메서드는 파라미터값으로 받은 파일의 경로에 따라 파일의 사이즈를 구하고 반환하는 작업을 수행한다.

```
private int getFileSize(string inFile)
{
   long size = -1;
   try
   {
      FileInfo fi = new FileInfo(inFile);
      size = fi.Length;
      if (size > 2147483640)
      {
         return -1;
      }
      else
      {
         return (int)size;
      }
   }
   catch
   {
      return -1;
   }
}
```

6행 파일의 정보를 구하기 위해서 FileInfo 클래스의 개체 fi를 생성하는 작업을 수행한다.

7행 fi.Length 속성을 이용하여 선택된 파일의 사이즈를 구하고 long 타입의 size 변수에 저장하는 작업을 수행한다.

8행 파일의 사이즈가 2,147,483,640 미만이어야 정상적으로 사이즈를 반환한다. 이는 파일 사이즈가 지정한 크기보다 컸을 경우 정상적인 분석이 제한되기 때문이다.

다음의 스레드에서 구동되는 hexEditor() 메서드는 object 타입의 인자값을 받아 선택된 파일의 Hex 값을 구하는 작업을 수행한다.

```
private void hexEditor(object _inFileinSize)
{
   var inFile = _inFileinSize.ToString().Split('?')[0];
   int inSize = Convert.ToInt32(_inFileinSize.ToString().Split('?')[1]);
   StringBuilder biglocal = new StringBuilder();
   StringBuilder sblocal = new StringBuilder();
   string message = "\n " + fileName + " " + (int)inSize + " bytes\n\n";
   Invoke(OnView, 0, message);
   Invoke(OnView, 1, " " + fileName + " " + (int)inSize + " bytes");
   FileStream fs;
   byte[] MyData;
   try
   {
      fs = new FileStream
            ((string)inFile, FileMode.OpenOrCreate, FileAccess.Read);
      MyData = new byte[fs.Length];
   }
   catch
   {
      Invoke(OnView, 0, "\n 파일 분석에 오류가 발생하였습니다.\n\n");
      return;
   }
   Invoke(OnView, 1, "하드 디스크 파일 분석");
   fs.Read(MyData, 0, (int)fs.Length);
   fs.Close();
   int newrow = 0;        // 행
   int global = 0;        // Offset 넘버링
   string hex = " ";      // hex 값
   string numb = " ";     // offset 값
   Invoke(OnView, 2, MyData.Length.ToString());
   Invoke(OnView, 3, (0).ToString());
   Invoke(OnView, 1, "메모리 영역 분석");
   for (int i = 0; i < MyData.Length; ++i)
   {
```

```
35            if (i % 1000 == 0)
36            {
37                Invoke(OnView, 3, (i).ToString());
38            }
39            if (newrow == 0)
40            {
41                numb = padZeros(global);
42                biglocal.Append(“ ” + numb + “ ”);
43                global += 16;
44            }
45            hex = convertByteToHexString(MyData[i]);
46            biglocal.Append(“ “ + hex);     // 3 characters
47            int g = MyData[i];
48            if (g > 32 && g < 126)
49            {
50                sblocal.Append((char)MyData[i]);
51            }
52            else
53            {
54                sblocal.Append(“.”);
55            }
56            ++newrow;
57            if (newrow >= 16)
58            {
59                biglocal.Append(“    ” + sblocal.ToString() + “\n”);
60                sblocal = new StringBuilder();
61                newrow = 0;
62            }
63        }
64        if (newrow > 0 && newrow < 16)
65        {
66            for (int i = 0; i < (16 - newrow); ++i)
67            {
68                biglocal.Append(“    ”);
69            }
70            biglocal.Append(“    ” + sblocal);
71        }
72        biglocal.Append(“\n”);
73        Invoke(OnView, 1, “Hex 값을 쓰기”);
74        Invoke(OnView, 0, biglocal.ToString());
75        Invoke(OnView, 1, “작업 완료”);
76        Invoke(OnView, 3, MyData.Length.ToString());
77        HexAnalysis.Abort();
78    }
```

3-4행 Split() 메서드를 이용하여 파일 경로와 파일 사이즈를 분리하는 작업을 수행한다.

5-6행 StringBuilder 클래스의 개체 biglocal, sblocal을 생성하는 문장이다. StringBuilder 클래스는 변경이 가능한 문자열 표현을 위한 클래스이다. 쉽게 말해 문자열을 합치는데 성능 측면에서 String보다 좋기 때문에 사용된다. String 클래스를 이용하여 문자열을 결합할 때 '+' 연결 연산자를 이용한다. 이는 내부적으로 String 인스턴스를 생성하는 방식으로 성능상의 문제가 발생한다. 반면에 StringBuilder 클래스는 append 메서드를 이용하여 문자열을 결합하는 작업을 수행하기 때문에 성능상에서 우월하다고 볼 수 있다. 성능이 우월한 배경은 문자열을 저장하고 변경하기 위한 메모리 공간(버퍼)을 내부에 지니는데 이 메모리 공간 크기가 자동으로 조절되는 특징을 갖고 있기 때문이다.

7-9행 파일 경로와 사이즈를 HexView, stbView 컨트롤에 나타내는 작업을 수행한다.

8행 Invoke() 메서드를 이용하여 HexView 컨트롤의 현재 텍스트에 텍스트를 추가하는 작업을 수행한다.

14-15행 설정된 파일 경로에 매개 변수 inFile의 값으로 FileStream 클래스 개체를 생성하는 문장이다.

16행 버퍼를 만들기 위하여 파일 사이즈를 이용하여 byte 배열을 생성한다.

24행 fs.Read() 메서드를 이용하여 스트림에서 바이트 블록을 읽어서 해당 데이터를 제공된 버퍼에 쓰는 작업을 수행한다.

25행 fs.Close() 메서드를 이용하여 현재 스트림을 닫고 현재 스트림과 관련된 소켓과 파일 핸들 등의 리소스를 모두 해제하는 작업을 수행한다.

30-31행 pgbView 컨트롤의 속성값을 설정하기 위해 Invoke() 메서드를 이용하여 분석 진행률을 설정하기 위한 문장이다.

33-63행 for 문을 반복하면서 파일의 byte 값에 따라 offset Line, hex 값, Value 값을 구하는 작업을 수행한다.

Offset Line	Hex	Value
00000000	4D 5A 90 00 03 00 00 00 04 00 00 00 FF FF 00 00	MZ..............
00000010	B8 00 00 00 00 00 00 00 40 00 00 00 00 00 00 00	........@.......
00000020	00 00 00 00 00 00 00 00 00 00 00 00 00 00 00 00	....
00000030	00 00 00 00 00 00 00 00 00 00 00 00 E8 00 00 00	....
00000040	0E 1F BA 0E 00 B4 09 CD 21 B8 01 4C CD 21 54 68	........!..L.!Th
00000050	69 73 20 70 72 6F 67 72 61 6D 20 63 61 6E 6E 6F	is.program.canno
00000060	74 20 62 65 20 72 75 6E 20 69 6E 20 44 4F 53 20	t.be.run.in.DOS.
00000070	6D 6F 64 65 2E 0D 0D 0A 24 00 00 00 00 00 00 00	mode....$.......
00000080	D9 2C 7C 53 9D 4D 12 00 9D 4D 12 00 9D 4D 12 00	.,|S.M...M...M..
00000090	FF 52 01 00 95 4D 12 00 1E 51 1C 00 9F 4D 12 00	.R...M...Q...M..
000000A0	75 52 18 00 96 4D 12 00 75 52 16 00 94 4D 12 00	uR...M..uR...M..
000000B0	9D 4D 13 00 E3 4F 12 00 75 52 19 00 B5 4D 12 00	.M...O..uR...M..
000000C0	25 4B 14 00 9C 4D 12 00 52 69 63 68 9D 4D 12 00	%K...M..Rich.M..
000000D0	00 00 00 00 00 00 00 00 00 00 00 00 00 00 00 00	....
000000E0	00 00 00 00 00 00 00 00 50 45 00 00 4C 01 04 00	........PE..L...
000000F0	62 7E 88 35 00 00 00 00 00 00 00 00 E0 00 0F 01	b..5............

39-44행 Offset Line 값을 구하는 문장으로 한 행에 16진수의 Offset 값을 갖는다.

41행 padZeros() 메서드를 호출하여 OffSet Line 값을 구하는 작업을 수행한다.

42행 biglocal.Append() 메서드를 이용하여 StringBuilder 클래스의 biglocal 개체에 문자열을 합치는 작업을 수행한다.

43행　16을 가산하여 Offset Line의 다음 값을 갖도록 설정한다.

45행　convertByteToHexString() 메서드를 이용하여 Hex 값을 구하는 작업을 수행한다.

46행　biglocal.Append() 메서드를 이용하여 Hex 값을 합치는 작업을 수행한다.

48-55행 value 값을 구하는 작업을 수행하며 value의 값은 sblocal 개체에 별도로 저장하고 59행에서 Offset Line 값과 hex 값에 합치는 작업을 수행한다.

50, 54행 파일의 byte 값에 대해 Char 타입으로 변형하여 sblocal 개체에 저장하는 작업으로 10진수의 값에 매칭되어 있는 Char 값으로 변형하는 작업이다.

56행　newrow 값을 가산하여 Hex 값 16개가 차례대로 저장되도록 한다.

64-71행 다음 그림과 같이 Hex 값이 16개를 만족하지 못하면 공백으로 만들기 위한 문장이다.

```
--------- -- -- -- -- -- -- -- -- -- -- -- -- -- -- -- --   ----------------
00079FF0  00 00 00 00 00 00 00 00 00 00 00 00 00 00 00 00   ................
0007A000  4E 42 31 30 00 00 00 00 62 7E 88 35 01 00 00 00   NB10....b..5....
0007A010  45 3A 5C 38 31 36 38 5C 76 63 39 38 5C 73 70 79   E:\8168\vc98\spy
0007A020  78 78 2E 35 35 5C 52 65 6C 65 61 73 65 5C 53 70   xx.55\Release\Sp
0007A030  79 78 78 2E 70 64 62 00                           yxx.pdb.
```

73-76행 66~69행의 for 문에서 작업한 biglocal 개체 문자열 값과 진행 상황을 델리게이트 OnView를 이용하여 컨트롤에 나타내는 작업을 수행한다.

TIP

ASCII 코드표

DEC	HEX	OCT	Char	DEC	HEX	OCT	Char	DEC	HEX	OCT	Char
0	00	000	Ctrl-@ NUL	43	2B	053	+	86	56	126	V
1	01	001	Ctrl-A SOH	44	2C	054	,	87	57	127	W
2	02	002	Ctrl-B STX	45	2D	055	-	88	58	130	X
3	03	003	Ctrl-C ETX	46	2E	056	.	89	59	131	Y
4	04	004	Ctrl-D EOT	47	2F	057	/	90	5A	132	Z
5	05	005	Ctrl-E ENQ	48	30	060	0	91	5B	133	[
6	06	006	Ctrl-F ACK	49	31	061	1	92	5C	134	W
7	07	007	Ctrl-G BEL	50	32	062	2	93	5D	135	]
8	08	010	Ctrl-H BS	51	33	063	3	94	5E	136	^
9	09	011	Ctrl-I HT	52	34	064	4	95	5F	137	_
10	0A	012	Ctrl-J LF	53	35	065	5	96	60	140	`
11	0B	013	Ctrl-K VT	54	36	066	6	97	61	141	a
12	0C	014	Ctrl-L FF	55	37	067	7	98	62	142	b
13	0D	015	Ctrl-M CR	56	38	070	8	99	63	143	c
14	0E	016	Ctrl-N SO	57	39	071	9	100	64	144	d
15	0F	017	Ctrl-O SI	58	3A	072	:	101	65	145	e
16	10	020	Ctrl-P DLE	59	3B	073	;	102	66	146	f
17	11	021	Ctrl-Q DCI	60	3C	074	<	103	67	147	g
18	12	022	Ctrl-R DC2	61	3D	075	=	104	68	150	h
19	13	023	Ctrl-S DC3	62	3E	076	>	105	69	151	i
20	14	024	Ctrl-T DC4	63	3F	077	?	106	6A	152	j
21	15	025	Ctrl-U NAK	64	40	100	@	107	6B	153	k
22	16	026	Ctrl-V SYN	65	41	101	A	108	6C	154	l
23	17	027	Ctrl-W ETB	66	42	102	B	109	6D	155	m

24	18	030	Ctrl-X CAN	67	43	103	C	110	6E	156	n
25	19	031	Ctrl-Y EM	68	44	104	D	111	6F	157	o
26	1A	032	Ctrl-Z SUB	69	45	105	E	112	70	160	p
27	1B	033	Ctrl-[ESC	70	46	106	F	113	71	161	q
28	1C	034	Ctrl-₩ FS	71	47	107	G	114	72	162	r
29	1D	035	Ctrl-] GS	72	48	110	H	115	73	163	s
30	1E	036	Ctrl-^ RS	73	49	111	I	116	74	164	t
31	1F	037	Ctrl_ US	74	4A	112	J	117	75	165	u
32	20	040	Space	75	4B	113	K	118	76	166	v
33	21	041	!	76	4C	114	L	119	77	167	w
34	22	042	"	77	4D	115	M	120	78	170	x
35	23	043	#	78	4E	116	N	121	79	171	y
36	24	044	$	79	4F	117	O	122	7A	172	z
37	25	045	%	80	50	120	P	123	7B	173	{
38	26	046	&	81	51	121	Q	124	7C	174	|
39	27	047	'	82	52	122	R	125	7D	175	}
40	28	050	(	83	53	123	S	126	7E	176	

다음의 padZeros() 메서드는 Offset Line 값을 구하는 작업을 수행한다.

```
01  private string padZeros(int inInt)
02  {
03      StringBuilder sblocal = new StringBuilder();
04      string hex = Convert.ToString(inInt, 16);
05      if (hex.Length < 8)
06      {
07          int ix = 8 - hex.Length;
08          for (int i = 0; i < ix; ++i)
09          {
10              sblocal.Append("0");
11          }
12      }
13      sblocal.Append(hex);
14      return sblocal.ToString().ToUpper();
15  }
```

4행 Convert.ToString() 메서드를 이용하여 Int32 값을 16진수로 변환하여 문자열로 저장하는 작업을 수행한다.

5-12행 Offset Line 값은 16진수로 이뤄진 8자리로 구성되어 있다. 따라서 8자리 수에서 4행에서 구한 16진 자리수를 제외한 값이 '0'으로 채워진다. sblocal.Append() 메서드를 이용하여 "0" 값을 결합하는 작업을 수행한다.

10진수 값	16진수 값	'0'값(개수)	결과
0	0	0000000(7개)	00000000
16	10	0000000(6개)	00000010
32	20	0000000(6개)	00000020

14행 ToUpper() 메서드를 이용하여 Offset Line 값을 대문자로 변환하는 작업을 수행한다.

다음의 convertByteToHexString() 메서드는 Hex 값을 구하는 작업을 수행한다.

```
01 public string convertByteToHexString(byte inByte)
02 {
03     StringBuilder sblocal = new StringBuilder();
04     string hex = Convert.ToString(inByte, 16);
05     if (hex.Length == 1)
06     {
07         sblocal.Append("0");
08         sblocal.Append(hex);
09     }
10     else
11     {
12         sblocal.Append(hex);
13     }
14     return sblocal.ToString().ToUpper();
15 }
```

4행 Convert.ToString() 메서드를 이용하여 byte 값을 16진수로 변환하여 문자열 타입으로 hex 변수에 저장하는 작업을 수행한다.

5-9행 자리가 한 자릿수일 때 앞에 '0'을 임의로 붙여주는 작업을 수행한다.

4.3 파일 헥사 뷰어 예제 실행

다음 그림은 파일 헥사 뷰어 예제를 F5를 눌러 실행한 화면이다. [파일] 버튼을 클릭하여 예제 애플리케이션의 실행 파일 "mook_HexEditor.exe"를 선택한 결과이다.

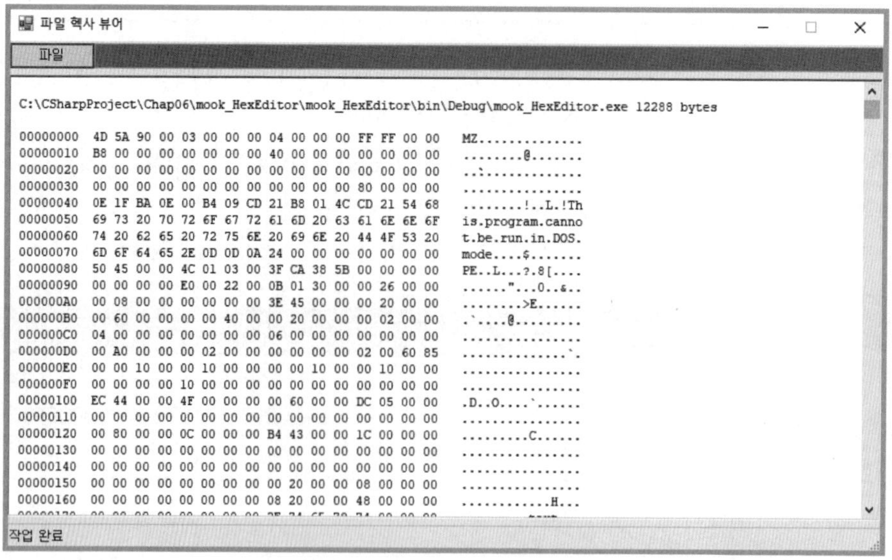

5. 기본 압축 프로그램

이 절에서 살펴볼 기본 압축 프로그램 예제는 .Net Framework에서 제공하는 클래스를 이용하여 파일을 압축하고 압축을 해제하는 간단한 애플리케이션을 구현한다. 다음 절에서는 라이브러리를 이용하여 좀 더 복잡하고 다양한 기능의 압축 프로그램을 만드는데 앞서 압축/해제의 핵심 기능에 대한 이해를 돕기 위한 부분도 있으며, .NET Framework에서 제공하는 클래스이기 때문에 쉽고 빠르게 구현할 수 있으며 안정적으로 기능이 수행된다. 만약 압축/해제 기능만을 구현한다면 압축 성능도 좋고 빠르게 구현할 수 있는 본 절의 압축 프로그램 기능을 이용하는 것도 나쁘지 않을 것 같다.

다음 그림은 기본 압축 프로그램 애플리케이션을 구현하고 실행한 결과이다.

[결과 미리 보기]

5.1 기본 압축 프로그램 디자인

프로젝트 이름을 'mook_DefaultCompression'으로 하여 'C:\CSharpProject\Chap06' 경로에 새 프로젝트를 생성한다. 다음 그림과 같이 윈도우 폼에 필요한 컨트롤을 위치시켜 폼을 디자인하고, 각 컨트롤의 속성값을 설정한다.

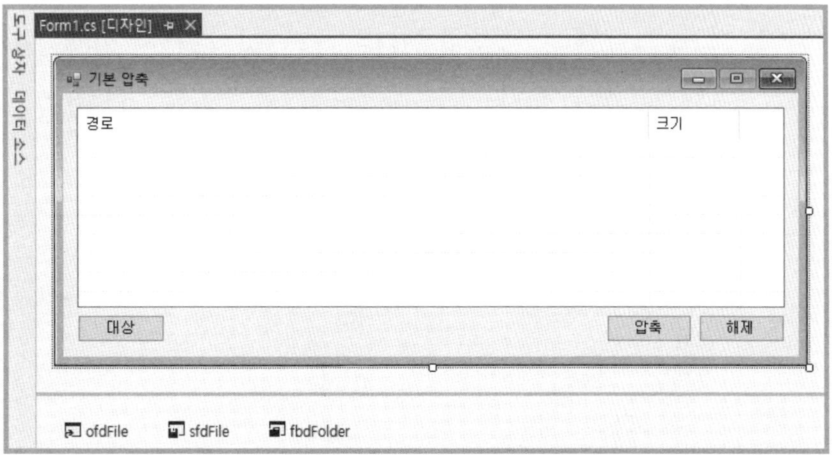

폼 디자인에 사용된 컨트롤의 주요 속성값은 다음과 같다.

폼 컨트롤	속 성	값
Form1	Name	Form1
	Text	기본 압축
	FormBorderStyle	FixedSingle
	MaximizeBox	False
ListView1	Name	lvList
	GridLines	True
	View	Details
Button1	Name	btnPath
	Text	대상
Button2	Name	btnComp
	Text	압축
Button3	Name	btnDeComp
	Text	해제
OpenFileDialog1	Name	ofdFile
	Filter	모든 파일(*.*)|*.*
	Multiselect	True
SaveFileDialog1	Name	sfdFile
	Filter	ZIP 파일(*.zip)|*.zip
FolderBrowserDialog1	Name	fbdFolder

압축 파일을 생성하거나 압축을 해제하기 위하여 솔루션 탐색기에서 [참조]–[참조 추가] 메뉴를 선택하여 사용할 라이브러리를 다음 그림과 같이 선택하여 추가한다.

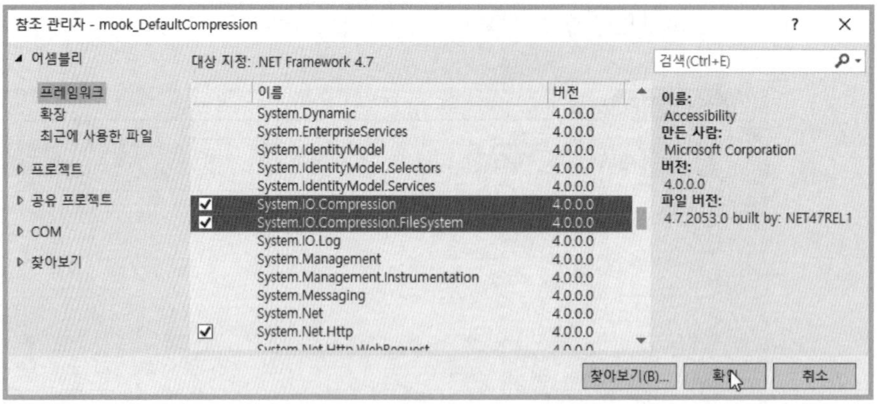

5.2 기본 압축 프로그램 코드 구현

다음과 같이 using 키워드를 이용하여 필요한 네임스페이스를 추가한다.

```
using System.IO;
using System.IO.Compression;
using System.Diagnostics;
```

System.IO.Compression 네임스페이스는 스트림에 대한 기본 압축 및 압축 풀기 서비스를 제공하는 클래스와 메서드 및 인터페이스를 제공한다.

다음의 Form1_Load() 이벤트 핸들러는 폼을 더블클릭하여 생성한 프로시저로 압축할 파일을 임시로 저장할 디렉터리를 생성하는 작업을 수행한다.

```
01  private void Form1_Load(object sender, EventArgs e)
02  {
03      if (!Directory.Exists("temp"))
04          Directory.CreateDirectory("temp");
05  }
```

3-4행 Directory.Exists() 메서드를 이용하여 애플리케이션이 실행되는 경로에 'temp' 디렉터리의 존재 여부를 판단하며, 존재하지 않는 경우 Directory.CreateDirectory() 메서드를 이용하여 'temp' 디렉터리를 생성한다.

다음의 btnPath_Click() 이벤트 핸들러는 [대상] 버튼을 더블클릭하여 생성한 프로시저로, 선택한 파일들의 정보를 lvList 컨트롤에 출력하는 작업을 수행한다.

```
01  private void btnPath_Click(object sender, EventArgs e)
02  {
03      if (this.ofdFile.ShowDialog() == DialogResult.OK)
04      {
05          foreach(string p in this.ofdFile.FileNames)
06          {
07              FileInfo fi = new FileInfo(p);
08              this.lvList.Items.Add(new ListViewItem(new string[] {
09                  fi.FullName, fi.Length.ToString() }));
10          }
11      }
12  }
```

3행 ofdFile.ShowDialog() 메서드를 이용하여 [열기] 대화상자를 호출하여 파일을 선택할 수 있도록 한다.

5-10행 foreach 문을 이용하여 선택된 파일의 정보를 lvList 컨트롤에 저장하는 작업을 수행한다.

다음의 btnComp_Click() 이벤트 핸들러는 [압축] 버튼을 더블클릭하여 생성한 프로시저로, 선택한 파일을 압축하는 작업을 수행한다.

```
01  private void btnComp_Click(object sender, EventArgs e)
02  {
03      if (lvList.Items.Count > 0)
04      {
05          if (this.sfdFile.ShowDialog() == DialogResult.OK)
06          {
07              for(int i = 0; i < this.lvList.Items.Count; i++)
08              {
09                  FileInfo fi = new FileInfo(this.lvList.Items[i].SubItems[0].Text);
10                  fi.CopyTo(Application.StartupPath + @“\temp\” + fi.Name);
11              }
12              ZipFile.CreateFromDirectory(Application.StartupPath + @“\temp”,
13                      this.sfdFile.FileName, CompressionLevel.Fastest, false);
14              DirectoryInfo di = new DirectoryInfo(Application.StartupPath +
15                        @“\temp”);
16              foreach (FileInfo ffi in di.GetFiles())
17                  ffi.Delete();
18              MessageBox.Show(“압축을 완료하였습니다.”, “알림”,
19                          MessageBoxButtons.OK, MessageBoxIcon.Information);
20              this.lvList.Items.Clear();
21          }
22          else
23              MessageBox.Show(“압축 파일 이름을 입력하세요.”, “알림”,
24                          MessageBoxButtons.OK, MessageBoxIcon.Error);
25      }
26      else
27          MessageBox.Show(“압축할 대상 파일이 없습니다.”, “알림”,
28                      MessageBoxButtons.OK, MessageBoxIcon.Error);
29  }
```

7-11행 압축 대상의 파일을 temp 폴더에 fi.CopyTo() 메서드를 이용하여 복사해서 저장하는 작업을 수행한다.

12-13행 ZipFile.CreateFromDirectory() 메서드(TIP “ZipFileCreateFromDirectory() 메서드” 참고)를 이용하여 temp 폴더 내의의 파일을 압축하는 작업을 수행한다.

16-17행 ffi.Delete() 메서드를 이용하여 temp 디렉터리에 저장된 임시 파일을 삭제하는 작업을 수행한다.

TIP

ZipFile.CreateFromDirectory(sourceDirectoryName, destinationArchiveFileName, compressionLevel, includeBaseDirectory) 메서드

지정된 디렉터리의 파일 및 디렉터리를 포함하고 지정된 압축 수준을 사용하며 기본 디렉터리를 선택적으로 포함하는 Zip 파일을 생성한다.

- sourceDirectoryName : 생성되는 디렉터리 경로(상대 또는 절대 경로로 지정)
- destinationArchiveFileName : 생성할 파일의 경로(상대 또는 절대 경로로 지정)
- compressionLevel : 압축 파일을 생성할 때 속도 또는 압축 효율을 강조할지를 나타내는 열거형 값 중 하나
- includeBaseDirectory : true(디렉터리 이름 포함), false(디렉터리의 내용만 포함)

CompressionLevel 열거형

압축 작업에서 속도 또는 압축 크기를 강조하는지 여부를 나타내는 값을 지정한다.

멤버 이름	설명
Fastest	압축 작업을 최대한 빨리 완료한다.
Optimal	압축 작업을 최적으로 완료한다.

다음의 btnDeComp_Click() 이벤트 핸들러는 [해제] 버튼을 더블클릭하여 생성한 프로시저로, 선택한 압축 파일을 해제하는 작업을 수행한다.

```
01  private void btnDeComp_Click(object sender, EventArgs e)
02  {
03     if (this.ofdFile.ShowDialog() == DialogResult.OK)
04     {
05        if (this.fbdFolder.ShowDialog() == DialogResult.OK)
06        {
07           ZipFile.ExtractToDirectory(this.ofdFile.FileName,
08                          this.fbdFolder.SelectedPath);
09           MessageBox.Show("압축 해제를 완료하였습니다.", "알림",
10                 MessageBoxButtons.OK, MessageBoxIcon.Information);
11           Process.Start(this.fbdFolder.SelectedPath);
12        }
13        else
14           MessageBox.Show("압축을 해제할 경로를 입력하세요.", "알림",
15                MessageBoxButtons.OK, MessageBoxIcon.Error);
16     }
17  }
```

7-8행　ZipFile.ExtractToDirectory(해제 대상 파일, 압축을 해제할 경로) 메서드를 이용하여 압축 파일을 해제하는 작업을 수행한다.

11행　Process.Start() 메서드를 이용하여 압축된 결과를 확인할 수 있도록 해당 경로의 파일 탐색기를 실행한다.

5.3 기본 압축 프로그램 예제 실행

기본 압축 프로그램 예제를 F5를 눌러 실행한 결과이다. [대상] 버튼을 클릭하여 임의의 디렉터리의 파일들 선택하고, [압축] 버튼을 클릭한다. 압축 파일의 이름을 입력하고 [확인] 버튼을 클릭하면 다음 그림과 같은 결과를 확인할 수 있다.

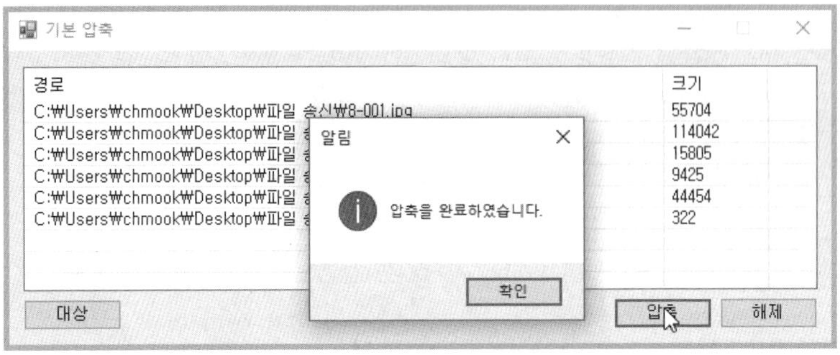

파일 탐색기를 이용하여 다음 그림과 같이 'test.zip' 압축 파일이 정상적으로 생성된 것을 확인할 수 있다.

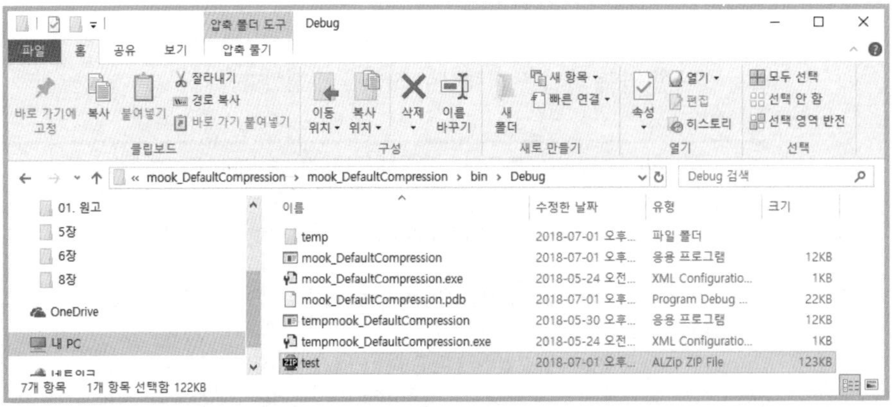

[대상] 버튼을 클릭하여 압축 파일 'test.zip'을 선택하고, [해제] 버튼을 클릭한다. 폴더 찾아보기 대화상자에서 압축을 해제할 폴더를 선택하고 [확인] 버튼을 클릭하여 압축 해제를 실행한다.

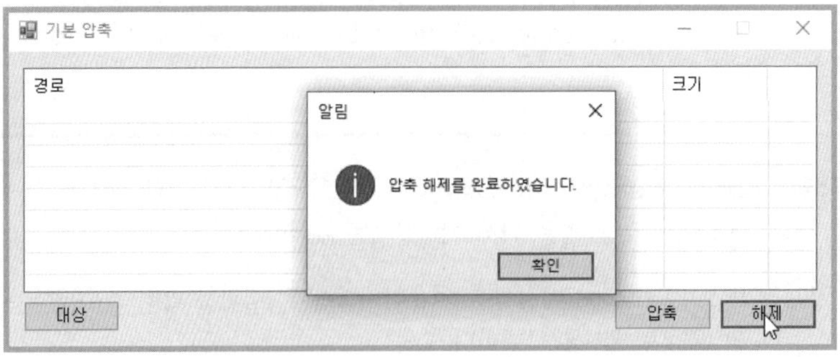

다음 그림과 같이 정상적으로 압축 파일이 해제된 파일 목록을 확인할 수 있다.

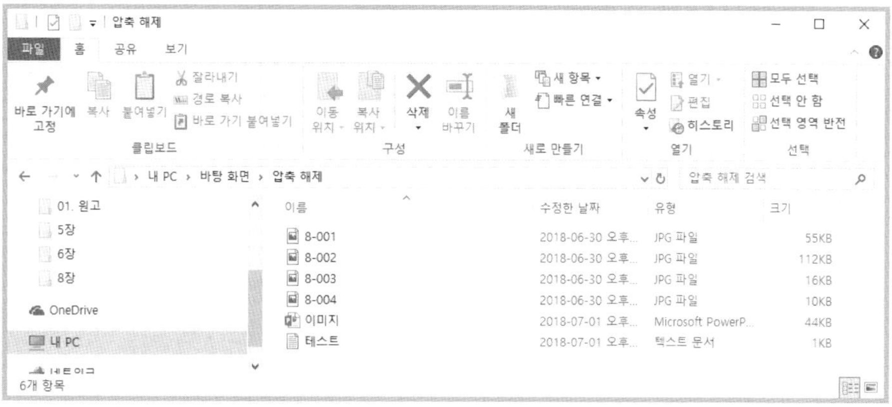

6. 응용 압축 프로그램

이 절에서 살펴볼 응용 압축 프로그램 예제는 앞에서 알아본 기본 압축 프로그램보다 등 다양한 기능을 제공하는 오픈 소스 라이브러리 "ICSharpCode.SharpZipLib.zip"을 이용한 응용 압축 프로그램을 구현한다. "ICSharpCode.SharpZipLib.zip" 라이브러리를 이용하면 비밀번호 설정과 압축률 및 압축 진행률 표시 등 다양한 기능을 구현할 수 있다. 이 예제에서는 비밀번호 설정과 압축 진행률을 나타내는 기능에 대해 살펴보도록 한다.

다음 그림은 응용 압축 프로그램 애플리케이션을 구현하고 실행한 결과 화면이다.

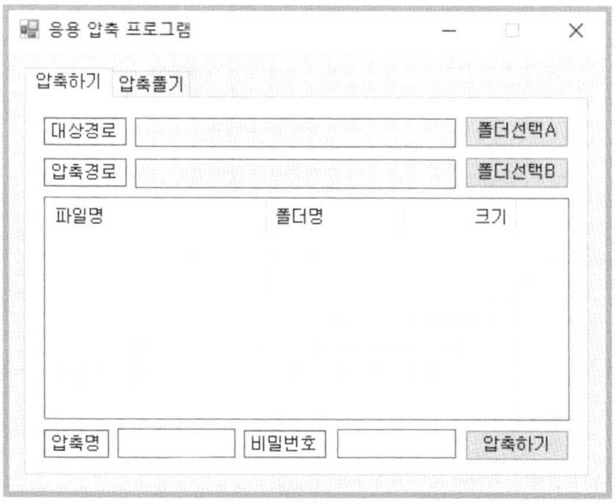

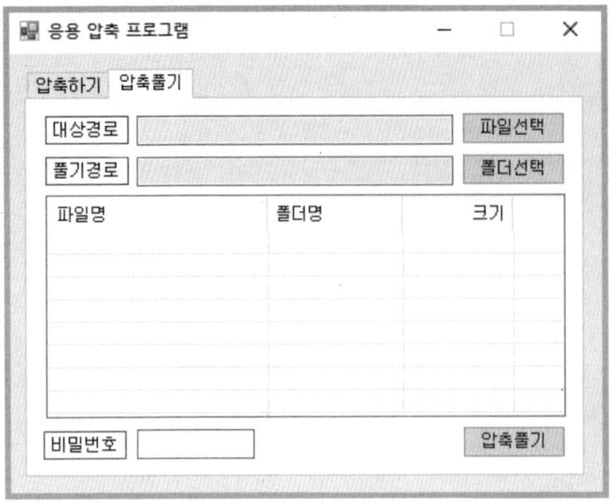

[결과 미리 보기]

6.1 응용 압축 프로그램 디자인

프로젝트 이름을 'mook_Zip'로 하여 'C:\CSharpProject\Chap06' 경로에 새 프로젝트를 생성한다. 다음 그림과 같이 윈도우 폼에 필요한 컨트롤을 위치시켜 폼을 디자인하고, 각 컨트롤의 속성값을 설정한다. 첫 번째 탭인 [압축하기] 탭의 디자인은 다음과 같다.

두 번째 탭인 [압축풀기] 탭의 디자인은 다음과 같다.

폼에 TabControl을 배치하고 기본 속성값을 다음과 같이 설정한다.

폼 컨트롤	속 성	값
Form1	Name	Form1
	Text	응용 압축 프로그램
	FormBorderStyle	FixedSingle
	MaximizeBox	False
TabControl1	Name	TabMenu
FolderBrowserDialog1	Name	fbdFolder
OpenFiledialog1	Name	ofdFile

폼에 디자인된 TabControl을 선택한다.

TabControl을 선택하고 속성 목록 창에서 TabPages 속성의 ...(컬렉션) 버튼을 클릭하여 TabPage 컬렉션 편집기 창을 연다. [추가] 버튼을 클릭하여 두 개의 멤버를 추가하고 다음과 같이 속성값을 설정한다.

폼 컨트롤	속성	값
TabPage1	Name	tpZip
	Text	압축하기
	UseVisualStyleBackColor	True
TabPage2	Name	tpUnZip
	Text	압축풀기
	UseVisualStyleBackColor	True

첫 번째 [압축하기] 탭에 디자인된 컨트롤의 주요 속성값은 다음과 같다.

폼 컨트롤	속성	값
Label1	Name	lblPath
	Text	대상경로
	BorderStyle	FixedSingle
	Size	60, 20
	TextAlign	MiddleCenter
Label2	Name	lblZipPath
	Text	압축경로
	BorderStyle	FixedSingle
	Size	60, 20
	TextAlign	MiddleCenter
Label3	Name	lblZipName
	Text	압축명
	BorderStyle	FixedSingle
	Size	60, 20
	TextAlign	MiddleCenter
Label4	Name	lblZipPwd
	Text	비밀번호
	BorderStyle	FixedSingle
	Size	60, 20
	TextAlign	MiddleCenter
TextBox1	Name	txtPath
	Text	
	ReadOnly	True
TextBox2	Name	txtZipPath
	Text	
	ReadOnly	True

TextBox3	Name	txtZipName
	Text	
TextBox4	Name	txtZipPwd
	Text	
	PasswordChar	*
Button1	Name	btnPath
	Text	폴더선택A
Button2	Name	btnZipPath
	Text	폴더선택B
Button3	Name	btnZip
	Text	압축하기
ListView1	Name	lvZipFile
	GridLines	True
	View	Details
ProgressBar1	Name	ProgressBarZip
	ForeColor	Highlight
	Visible	False

두 번째 탭인 [압축풀기] 탭에 디자인된 컨트롤의 주요 속성값은 다음과 같다.

폼 컨트롤	속 성	값
Label5	Name	lblUnPath
	Text	대상경로
	BorderStyle	FixedSingle
	Size	60, 20
	TextAlign	MiddleCenter
Label6	Name	lblUnZipPath
	Text	풀기경로
	BorderStyle	FixedSingle
	Size	60, 20
	TextAlign	MiddleCenter
Label7	Name	lblUnZipPwd
	Text	비밀번호
	BorderStyle	FixedSingle
	Size	60, 20
	TextAlign	MiddleCenter
TextBox5	Name	txtUnPath
	Text	
	ReadOnly	True

TextBox6	Name	txtUnZipPath
	Text	
	ReadOnly	True
TextBox7	Name	txtUnZipPwd
	Text	
	PasswordChar	*
Button4	Name	btnUnPath
	Text	파일선택
Button5	Name	btnUnZipPath
	Text	폴더선택
Button6	Name	btnUnZip
	Text	압축풀기
ListView2	Name	lvUnZipFile
	GridLines	True
	View	Details
ProgressBar2	Name	ProgressBarUnZip
	ForeColor	Highlight
	Visible	False

[압축하기] 탭에 디자인된 ListView 컨트롤인 lvZipFile 컨트롤을 선택하고, 속성 목록에서 Columns 항목의 ...(컬렉션) 버튼을 클릭하여 ColumnHeader 컬렉션 편집기 창을 연다.

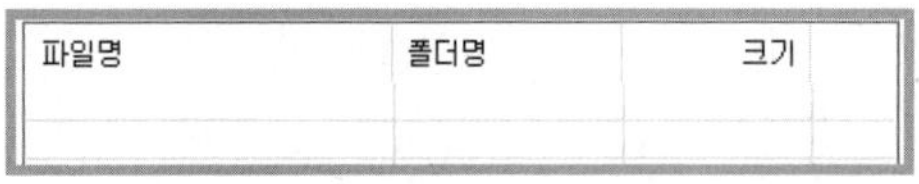

ColumnHeader 컬렉션 편집기 창에서 [추가] 버튼을 클릭하여 세 개의 멤버를 추가하고 다음과 같이 기본 속성값을 설정한다.

폼 컨트롤	속 성	값
ColumnHeader1	Name	chFileName
	Text	파일명
	Width	169
ColumnHeader2	Name	chFolderName
	Text	폴더명
	Width	100
ColumnHeader3	Name	chSize
	Text	크기
	Width	80
	TextAlign	Right

[압축풀기] 탭에 디자인된 ListView 컨트롤인 lvUnZipFile 컨트롤을 선택하고, 속성 목록에서 Columns 항목의 [...](컬렉션) 버튼을 클릭하여 ColumnHeader 컬렉션 편집기 창을 연다.

ColumnHeader 컬렉션 편집기 창에서 [추가] 버튼을 클릭하여 세 개의 멤버를 추가하고 다음과 같이 기본 속성값을 설정한다.

폼 컨트롤	속 성	값
ColumnHeader4	Name	chUnZipFileName
	Text	파일명
	Width	169
ColumnHeader5	Name	chUnZipFolderName
	Text	폴더명
	Width	100
ColumnHeader6	Name	chUnZipSize
	Text	크기
	Width	80
	TextAlign	Right

이 절에서 사용하는 'ICSharpCode.SharpZipLib.Zip.dll' 파일은 출판사 웹페이지에서 다운로드한 예제 파일에서 'Chap06' 폴더를 참고하여 현재 프로젝트의 [솔루션 탐색기] 창에서 [참조]-[참조 추가] 메뉴를 선택하여 [참조 관리자] 대화상자를 통해 추가한다.

6.2 응용 압축 프로그램 코드 구현

다음과 같이 using 키워드를 이용하여 필요한 네임스페이스를 추가한다.

```
using System.IO;
using ICSharpCode.SharpZipLib.Zip;
using System.Diagnostics;
```

다음과 같이 멤버 변수를 클래스 내부 상단에 추가한다.

```
string NewZipFileName = String.Empty;      // 압축 파일 이름
```

다음의 btnPath_Click() 이벤트 핸들러는 [압축하기] 탭에 있는 [폴더선택A] 버튼을 더블클릭하여 생성한 프로시저로, 압축할 파일을 선택하는 작업을 수행한다.

```
01  private void btnPath_Click(object sender, EventArgs e)
02  {
03     if (this.fbdFolder.ShowDialog() == DialogResult.OK)
04     {
05        this.txtPath.Text = this.fbdFolder.SelectedPath;
06        ListFiles();
07     }
08  }
```

3행　folderDialog.ShowDialog() 메서드를 이용하여 [폴더 찾아보기] 대화상자를 호출하고 폴더를 선택을 확인하는 if 문장이다.

6행　ListFiles() 메서드를 호출하여 선택한 폴더 하위의 폴더 및 파일 목록을 lvZipFile 컨트롤에 나타낸다.

다음의 ListFiles() 메서드는 선택된 경로의 파일 정보를 [압축하기] 탭의 lvZipFile 컨트롤에 나타내는 작업을 수행한다.

```
01  private void ListFiles()
02  {
03     this.lvZipFile.Items.Clear();
04     string strDir = this.txtPath.Text;
05     if ((strDir == “”) || (!Directory.Exists(strDir))) return;
06     string TmpDir = String.Empty;
07     string[] files = Directory.GetFiles(
08           strDir, “*.*”, SearchOption.AllDirectories);
09     foreach (string f in files)
10     {
11        FileInfo fi = new FileInfo(f);
12        TmpDir = fi.DirectoryName.Replace(strDir, “”);
13        this.lvZipFile.Items.Add(new ListViewItem(new string[] {
14                                fi.Name, TmpDir,
15                                String.Format(“{0:N0}”,
16                                fi.Length.ToString()) }));
17     }
18  }
```

7-8행　Directory.GetFiles() 메서드를 이용하여 String 타입의 배열 변수에 지정된 경로의 모든 파일 및 폴더 정보를 저장한다. Directory.GetFiles) 메서드 호출에서 사용하는 각 파라미터는 다음과 같은 의미이다.

파라미터	설명
strDir	압축할 폴더 경로
.	모든 폴더 및 파일
AllDirectories	현재 디렉터리와 모든 하위 디렉터리 포함

9-17행 foreach 문을 이용하여 지정된 폴더 경로에서 폴더 및 파일을 lvZipFile 컨트롤에 나타내는 문장이다.

11행 FileInfo 클래스의 fi 개체를 생성하여 폴더 이름 및 크기 정보를 가져올 준비를 한다.

12행 폴더일 경우에만 수행되는 문장으로 fi.DirectoryName 속성을 이용하여 디렉터리의 전체 경로 변수에 저장하고, 선택한 폴더의 상위 경로는 나타낼 필요가 없으므로 fi.DirectoryName.Replace(strDir, "") 메서드를 이용하여 삭제하는 작업을 수행한다.

13-16행 String.Format("{0:N0}", fi.Length) 메서드를 이용하여 fi 개체에 할당된 파일 크기를 바이트 단위로 계산하여 lvZipFile 컨트롤에 나타내는 작업을 수행한다.

다음의 btnZipPath_Click() 이벤트 핸들러는 [폴더선택B] 버튼을 더블클릭하여 생성한 프로시저로, 압축 파일이 생성될 경로를 지정하는 작업을 수행한다.

```
private void btnZipPath_Click(object sender, EventArgs e)
{
   if(this.fbdFolder.ShowDialog() == DialogResult.OK)
   {
      this.txtZipPath.Text = this.fbdFolder.SelectedPath;
   }
}
```

다음의 btnZip_Click() 이벤트 핸들러는 [압축하기] 버튼을 더블클릭하여 생성한 프로시저로, 각 입력 컨트롤의 입력 유효성을 검사하는 if 문장으로 입력이 정상적이라면 FileCompression() 메서드를 호출하여 파일을 압축한다.

```
private void btnZip_Click(object sender, EventArgs e)
{
   if (this.txtPath.Text == "") return;
   if (this.txtZipPath.Text == "") return;
   if (this.txtZipName.Text == "") return;
   else
   {
      NewZipFileName = this.txtZipName.Text;
      if (FileNameCheck(this.txtZipPath.Text + @"₩" + this.txtZipName.Text))
         FileCompression();
   }
}
```

다음의 FileNameCheck() 메서드는 압축 파일이 저장되는 폴더에 같은 이름의 압축 파일이 존재하는지를 체크하는 문장으로 새로운 압축 파일명을 생성하거나, 기존 파일을 삭제하고 파일을 생성하는 작업을 수행한다.

```
01  private bool FileNameCheck(string FileName)
02  {
03      int i = 1;
04      if (File.Exists(FileName))
05      {
06          var dlr = MessageBox.Show(
07              "같은 이름의 압축파일이 있습니다. 파일 수정 Yes, 파일 삭제 No",
08              "알림",
09              MessageBoxButtons.YesNoCancel, MessageBoxIcon.Information);
10          if (dlr == DialogResult.Yes)
11          {
12              string NewFilePath = String.Empty;
13              do
14              {
15                  NewFilePath = Path.GetDirectoryName(FileName) + @"\" +
16                      Path.GetFileNameWithoutExtension(FileName) +
17                      "(" + i.ToString() + ").zip";
18                  i++;
19              } while (File.Exists(NewFilePath));
20              return true;
21          }
22          else if (dlr == DialogResult.No)
23          {
24              if (File.Exists(FileName)) File.Delete(FileName);
25              return true;
26          }
27          else
28              return false;
29      }
30      return true;
31  }
```

4행 동일한 파일명이 존재할 경우 파일명을 변경하기 위한 if 문장으로 13~19행의 do ~ while 문을 이용하여 파일 이름을 변경한다. do ~ while 문의 조건인 File.Exists(NewFilePath)가 거짓이 되도록 파일 이름에 '(i)'를 붙여 새로운 파일명을 만든다.

24행 기존 파일을 삭제하고 새로 파일을 생성하는 위한 if 문으로 File.Delete(fiPath) 메서드를 이용하여 해당 파일을 삭제한다.

다음의 FileCompression() 메서드는 선택한 폴더 하위의 폴더 및 파일을 압축하는 작업을 수행한다.

```
private void FileCompression()
{
   string strOrgDir = this.txtPath.Text;
   string strDir = this.txtZipPath.Text;
   int FileListCnt = this.lvZipFile.Items.Count;
   if (FileListCnt == 0) return;
   string strDestPathFile = strDir + @“\” + NewZipFileName;
   this.ProgressBarZip.Visible = true;
   this.ProgressBarZip.Value = 0;
   this.ProgressBarZip.Minimum = 0;
   this.ProgressBarZip.Maximum = FileListCnt;
   try
   {
      Cursor = Cursors.WaitCursor;
      using (ZipOutputStream s =
            new ZipOutputStream(File.Create(strDestPathFile)))
      {
         s.SetLevel(9);   // 압축률 0~9
         s.Password = this.txtZipPwd.Text;
         byte[] buffer = new byte[4096];
         string strOrgFile = String.Empty;
         string strOrgPathFile = String.Empty;
         string strOrgPath = String.Empty;
         for(int i = 0; i < FileListCnt; i++)
         {
            strOrgFile = this.lvZipFile.Items[i].Text;
            strOrgPath = this.lvZipFile.Items[1].SubItems[1].Text;
            if (strOrgPath == “”)
               strOrgPathFile = strOrgDir + @“\” + strOrgFile;
            else
               strOrgPathFile = strOrgDir + strOrgPath + @“\” +
                                 strOrgFile;
            ZipEntry entry =
               new ZipEntry(Path.GetFileName(strOrgPathFile));
            entry.Comment = strOrgPath;   // 폴더생성
            s.PutNextEntry(entry);
            using (FileStream fs =File.OpenRead(strOrgPathFile))
            {
               int sourcebyte = 0;
               do
               {
                  sourcebyte = fs.Read(buffer, 0, buffer.Length);
                  s.Write(buffer, 0, sourcebyte);
               } while (sourcebyte > 0);
            }
```

```
46                this.ProgressBarZip.Value = i + 1;
47             }
48             s.Finish();
49             s.Close();
50             Cursor = Cursors.Default;
51             MessageBox.Show("압축을 완료하였습니다.", "알림",
52                   MessageBoxButtons.OK, MessageBoxIcon.Information);
53             this.ProgressBarZip.Visible = false;
54          }
55       }
56       catch {
57          Cursor = Cursors.Default;
58          this.ProgressBarZip.Visible = false;
59          MessageBox.Show("정상적으로 압축을 완료하지 못하였습니다.", "알림",
60                MessageBoxButtons.OK, MessageBoxIcon.Error);
61       }
62    }
```

14행 압축이 진행되는 동안 마우스 커서를 기다리는 표시로 바꾸는 작업을 수행한다.

15-16행 ICSharpCode.SharpZipLib.Zip 네임스페이스 하위의 ZipOutputStream 클래스의 생성자를 이용하여 s 개체를 생성하는 문장이다. 이 문은 파일을 압축하기 위한 압축 파일 스트림을 쓰기 위한 준비 작업이다. 매개 변수에 File.Create(strDestPathFile)를 입력하여 지정된 압축 파일의 경로를 전달하여 파일을 생성한다.

18행 s.SetLevel() 메서드를 이용하여 압축률을 설정하는 문장으로 0~9단계로 설정할 수 있으며, 최대 압축률은 9이다.

19행 s.Password 속성을 이용하여 압축 파일에 비밀번호를 설정하는 문장이다.

24-47행 for 문을 이용하여 lvZipFile 컨트롤에 나타낸 폴더 및 파일 개수만큼 반복하면서 압축 파일에 파일을 추가하는 작업을 수행한다.

33-34행 ZipEntry 클래스의 개체 entry를 생성하는 문장으로 lvZipFile 컨트롤에 나타난 파일을 지정된 압축 파일에 추가하는 작업을 수행한다.

35행 entry.Comment 속성을 이용하여 폴더를 표시해 두었다가 압축을 풀 때 폴더를 생성한다.

36행 s.PutNextEntry() 메서드를 이용하여 33~34행에서 생성한 개체 entry를 대입하고, 이를(선택된 파일 이름) 15~16행에서 생성한 압축 파일 스트림에 추가하는 작업을 수행한다.

37행 File.OpenRead() 메서드를 이용하여 FileStream 클래스의 개체 fs를 생성한다.

40-44행 do ~ while 문을 이용하여 선택(lvZipFile 컨트롤에 추가된 파일)된 파일을 42행에서 바이트 단위로 가져와 43행에서 스트림에 쓰는 작업을 수행한다.

46행 ProgressBarZip 컨트롤의 진행률을 설정하는 위한 문장으로 1씩 증가하면서 진행률을 나타낸다.

48-49행 압축 파일 스트림의 쓰기를 종료하는 작업을 수행한다.

다음의 btnUnPath_Click() 이벤트 핸들러는 [파일선택] 버튼을 더블클릭하여 생성한 프로시저로, 압축 파일을 선택하기 위한 작업을 수행한다.

```
private void btnUnPath_Click(object sender, EventArgs e)
{
    if (this.ofdFile.ShowDialog() == DialogResult.OK)
        this.txtUnPath.Text = this.ofdFile.FileName;
}
```

다음의 btnUnZipPath_Click() 이벤트 핸들러는 [폴더선택] 버튼을 더블클릭하여 생성한 프로시저로, 압축을 풀기 할 폴더를 선택하는 작업을 수행한다.

```
private void btnUnPath_Click(object sender, EventArgs e)
{
    if (this.ofdFile.ShowDialog() == DialogResult.OK)
        this.txtUnPath.Text = this.ofdFile.FileName;
}
```

다음의 btnUnZip_Click() 이벤트 핸들러는 [압축풀기] 버튼을 더블클릭하여 생성한 프로시저로, 입력 컨트롤에 데이터가 정상적으로 입력되었는지 확인하는 if 문으로 정상적인 데이터가 입력되면 FileUnCompress() 메서드를 호출하여 압축을 푼다.

```
private void btnUnZip_Click(object sender, EventArgs e)
{
    if (this.txtUnPath.Text == "") return;
    if (this.txtUnZipPath.Text == "") return;
    FileUnCompression();
}
```

다음의 FileUnCompression() 메서드는 선택한 압축 파일을 지정한 경로에 압축을 푸는 작업을 수행한다.

```
private void FileUnCompression()
{
    this.lvUnZipFile.Items.Clear();
    this.ProgressBarUnZip.Visible = true;
    this.ProgressBarUnZip.Value = 0;
    this.ProgressBarUnZip.Minimum = 0;
```

```
string strUnZipDir = String.Empty;
try
{
    List<string> FList = new List<string>();
    using (ZipFile zFile = new ZipFile(this.txtUnPath.Text))
    {
        foreach(ZipEntry z in zFile)
        {
            if (z.IsFile)
                FList.Add(z.Comment);
        }
    }
    int TotCnt = FList.Count;
    this.ProgressBarUnZip.Maximum = TotCnt;
    int FNum = 0;
    using (ZipInputStream s =
            new ZipInputStream(File.OpenRead(this.txtUnPath.Text)))
    {
        s.Password = this.txtUnZipPwd.Text;
        int i = 0;
        ZipEntry theEntry = s.GetNextEntry();
        while(theEntry != null)
        {
            string fileName = theEntry.Name;
            string FolderName = FList[FNum];
            strUnZipDir = this.txtUnZipPath.Text;
            if (FolderName != null)
            {
                if (FolderName.Length > 0)
                {
                    strUnZipDir = this.txtUnZipPath.Text + @“\” +
                                  FolderName;
                    DirectoryInfo di = new DirectoryInfo(strUnZipDir);
                    if (di.Exists)
                        Directory.CreateDirectory(strUnZipDir);
                }
            }
            if (fileName != “”)
            {
                string struz = strUnZipDir + @“\” + fileName;
                this.lvUnZipFile.Items.Add(fileName);
                using (FileStream fs = File.Create(struz))
                {
                    int size = 0;
                    byte[] unZipData = new byte[4096];
                    while(true)
                    {
                        size = s.Read(unZipData, 0, unZipData.Length);
```

```
55                      if (size > 0)
56                          fs.Write(unZipData, 0, size);
57                      else
58                          break;
59                  }
60              }
61              FileInfo fi = new FileInfo(struz);
62              if (FList[FNum] == "")
63                  this.lvUnZipFile.Items[i].SubItems.Add("");
64              else
65                  this.lvUnZipFile.Items[i].SubItems.Add(FList[FNum]);
66              this.lvUnZipFile.Items[i].SubItems.Add(
67                  String.Format("{0:N0}", fi.Length));
68          }
69          i++;
70          FNum++;
71          this.ProgressBarUnZip.Value = FNum;
72          theEntry = s.GetNextEntry();
73      }
74      s.Close();
75  }
76  Cursor = Cursors.Default;
77  MessageBox.Show("압축풀기가 완료되었습니다.", "알림",
78          MessageBoxButtons.OK, MessageBoxIcon.Information);
79  this.ProgressBarUnZip.Visible = false;
80  Process.Start(this.txtUnZipPath.Text);
81  }
82  catch
83  {
84      Cursor = Cursors.Default;
85      this.ProgressBarUnZip.Visible = false;
86      MessageBox.Show("압축풀기를 완료하지 못하였습니다.", "알림",
87          MessageBoxButtons.OK, MessageBoxIcon.Error);
88  }
89  }
```

10행 List<string>의 개체 FList를 생성하는 문장이다.

11-18행 Using 키워드와 ZipFile 클래스의 생성자를 이용하여 압축된 파일의 정보를 갖는 개체를 생성한다. 매개 변수에는 압축된 파일의 경로를 대입한다.

13-17행 foreach 문을 이용하여 11행의 zFile 개체에서 폴더 정보(e.Comment)를 가져와 List 개체 FList에 Add() 메서드를 이용하여 저장한다.

19-20행 FList 개체에 저장된 폴더 정보의 개수를 설정하는 문장으로 ProgressBar UnZip 컨트롤에 진행 상황을 설정하기 위함이다.

22-23행 ZipInputStream 클래스의 개체 s를 생성하는 문장으로 File.OpenRead() 메서드를 이용하여 압축 파일을 열어 파일 스트림을 읽는 작업을 준비한다.

25행 비밀번호가 걸린 압축 파일을 풀기 위하여 s.Password 속성에 비밀번호는 입력한다.

27행 s.GetNextEntry() 메서드를 이용하여 압축 파일의 스트림에서 각 파일 및 폴더 정보를 가져와 theEntry 개체에 저장하는 작업을 수행한다.

28-73행 while 문을 수행하면서 반복적으로 압축 파일의 압축된 파일 및 폴더의 압축을 해제하는 작업을 수행한다.

30-31행 파일의 이름(30행)과 폴더의 이름(31행)을 구해 변수에 저장하는 작업을 수행한다.

35-42행 FolderName.Length 속성값을 이용하여 폴더 이름이 존재하면 41행 Directory.CreateDirectory() 메서드를 이용하여 폴더를 생성하는 작업을 수행한다.

44행 파일 이름이 null 값이 아니면 45~68행을 수행하면서 압축 파일 스트림에서 읽어와 파일로 생성하며, 파일 및 폴더 이름과 파일 크기를 lvUnZipFile 컨트롤에 출력하는 작업을 수행한다.

48행 File.Create() 메서드를 이용하여 파일을 생성하고 FileStream 개체 fs를 생성하는 문장이다.

52-59행 while 문은 s.Read() 메서드를 이용하여 압축 파일에서 바이트 단위(4096)로 스트림을 읽어 fs.Write() 메서드를 이용하여 파일에 스트림을 쓰는 작업을 수행한다. 이는 압축을 해제하는 작업을 수행하는 것이다.

61행 FileInfo 클래스 생성자를 이용하여 개체 fi를 생성하고 파일에 대한 이름 및 크기 정보를 가져오기 위한 준비를 수행하는 문장이다.

62-67행 압축이 풀리는 폴더 및 파일의 정보에 대해 lvUnZipFile 컨트롤에 나타내는 작업을 수행한다.

70-71행 ProgressBarUnZip.Value 속성에 1씩 가산하여 압축 풀기 진행률을 나타낸다.

72행 while 루프를 반복적으로 실행하면서 s.GetNextEntry() 메서드를 이용하여 압축 파일 경로에 포함된 압축 풀기가 되지 않은 다음 파일 및 폴더 정보를 개체에 저장하는 작업을 수행한다.

74행 s.Close() 메서드를 이용하여 개체 s의 리소스를 해제하는 작업을 수행한다.

80행 압축이 풀린 폴더를 자동으로 열기 위한 작업으로 Process.Start() 메서드를 이용하여 압축이 해제된 폴더의 목록을 나타낸다.

6.3 응용 압축 프로그램 예제 실행

다음 그림은 응용 압축 프로그램 예제를 Ctrl+F5를 눌러 실행한 화면이다. [폴더선택A] 버튼을 클릭하여 압축할 폴더를 선택하고, [폴더선택B] 버튼을 클릭하여 압축 파일이 저장될 폴더를 선택한 뒤에 [압축하기] 버튼을 클릭한다.

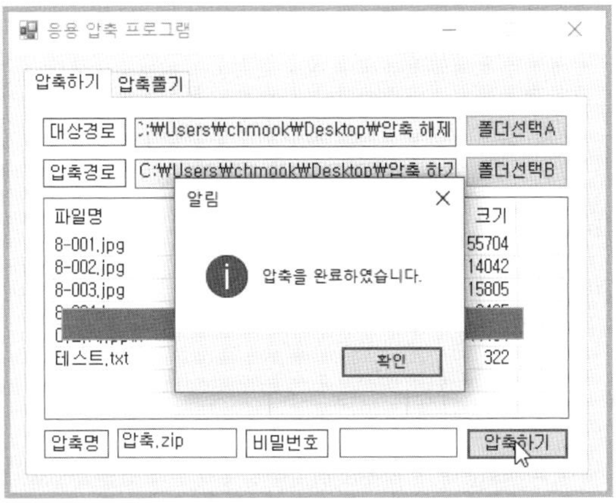

파일 탐색기를 이용하여 지정된 경로에 압축된 파일이 생성된 것을 확인할 수 있다.

[압축풀기] 탭을 선택한 뒤에 [파일선택] 버튼을 클릭하여 압축을 해제할 압축 파일을 선택하고, 압축을 해제한 결과를 저장할 경로를 [폴더선택] 버튼을 클릭하여 지정한 뒤에, [압축풀기] 버튼을 클릭한다.

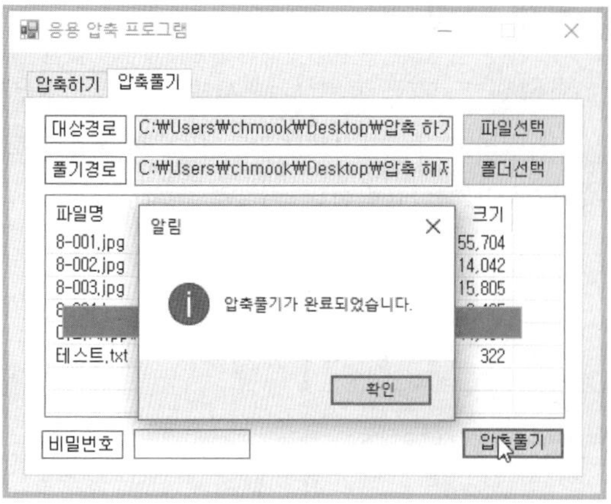

다음 그림은 지정된 경로에 압축 파일이 풀린 것을 확인할 수 있다.

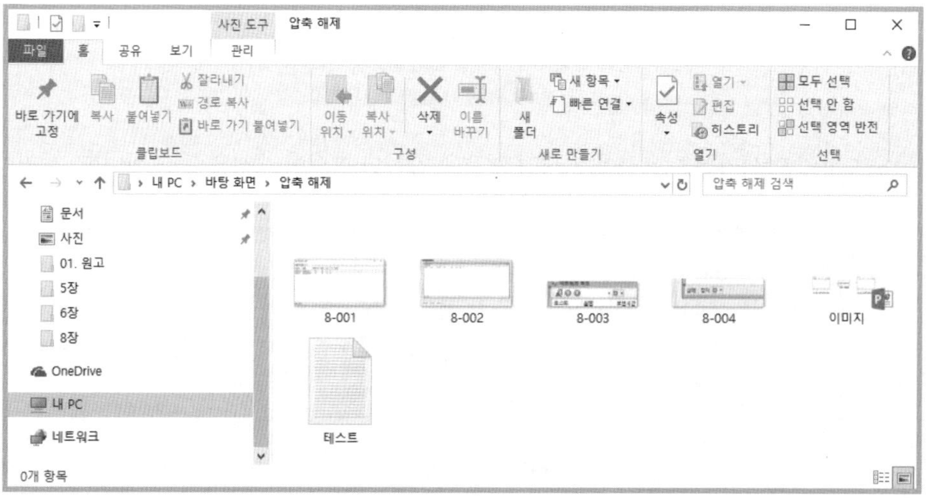

이 장의 설명은 응용 압축 프로그램 예제를 살펴보는 것을 끝으로 마치고 다음 장에서는 엑셀 파일에 파일 정보 저장하기, MS ACCESS를 이용한 인명부, MariaDB를 이용하여 차계부 및 데이터 로딩, SQL Server 2017을 이용한 학사관리 및 자동 업데이트 등 다양한 예제를 구현하면서 데이터베이스 프로그래밍에 대해 살펴보도록 한다.

CHAPTER 07 데이터베이스 프로그래밍

이 장에서는 파일 정보 저장하기, 인명부, 차계부, 데이터 로딩, 학사관리, 자동 업데이트 예제를 살펴보면서 데이터베이스 시스템과 연동하는 방법에 대해 알아본다.

데이터베이스 프로그래밍은 윈도우 애플리케이션을 사용할 때 당연히 사용되는 기능으로 생각될 만큼 보편적인 기능으로 데이터베이스 시스템에서 정보를 가져와 사용자에게 제공한다. 언뜻 생각하면 당연한 구현 방식과 같으며 쉽게 구현할 수 있을 것으로 생각된다. 하지만 예전에는 각 데이터베이스와의 호환성 문제와 프로그래밍 언어의 구조적 문제로 인해 개발의 어려움이 있었고 다른 개발 작업보다 반복적인 작업이 많아 개발자들이 상당히 꺼려하였다.

.Net Framework에서 제공하는 데이터베이스 연동 클래스 및 인터페이스를 이용하면 쉽게 데이터베이스와의 연동을 독립적으로 기능을 구현할 수 있어 예전보다 상당히 편리하고 빠르게 구현할 수 있다. 이 장에서는 File, Excel, MS ACCESS, MariaDB, SQL Server 2017 데이터베이스와 연동하는 방법에 대해 알아본다.

이 책에서는 데이터베이스 설치 및 사용법에 대해 살펴보지 않으니 관련 서적 또는 인터넷의 참고하기 바란다.

이 장에서 살펴보는 예제는 다음과 같다.

- 파일 정보 저장하기
- 인명부 (MS ACCESS)
- 차계부 (MariaDB)
- 데이터로딩 (MariaDB)
- 학사관리 (SQL Server 2017)
- 자동 업데이트 (SQL Server 2017)

1. 파일 정보 저장하기

응용 애플리케이션을 구현하면서 내부적으로 데이터를 텍스트 파일 또는 엑셀로 저장하는 기능을 자주 사용하게 된다. 이 절에서는 파일을 선택하고 파일의 정보를 검색하여 나타내주고, 그 나타낸 정보를 텍스트 파일 또는 엑셀로 저장하는 기능을 구현한다. 텍스트 파일과 엑셀은 DBMS처럼 관리적으로 데이터를 처리하지는 않지만 간단한 데이터를 저장하는 측면으로 보면 단위 데이터베이스라 할 수 있다.

이 절에서는 간단히 데이터를 저장하는 것만 구현하지만, 텍스트 데이터를 읽고 쓰는 방법에 대해서는 4장에서 자세히 살펴보았고, 엑셀을 읽는 것은 저장하는 기능을 응용하면 스스로 쉽게 구현할 수 있을 것으로 생각한다.

다음 그림은 파일 정보 저장하기 애플리케이션을 구현하고 실행한 결과 화면이다.

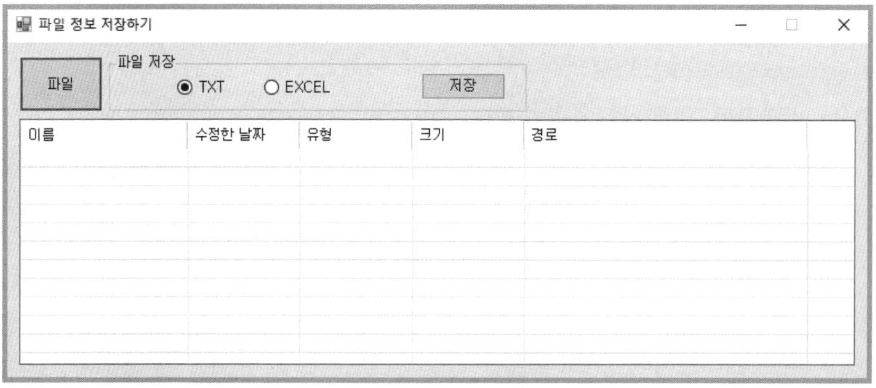

[결과 미리 보기]

1.1 파일 정보 저장하기 디자인

프로젝트 이름을 'mook_FileExcelSave'로 하여 'C:\CSharpProject\Chap07' 경로에 새 프로젝트를 생성한다. 다음 그림과 같이 윈도우 폼에 필요한 컨트롤을 위치시켜 폼을 디자인하고, 각 컨트롤의 속성값을 설정한다.

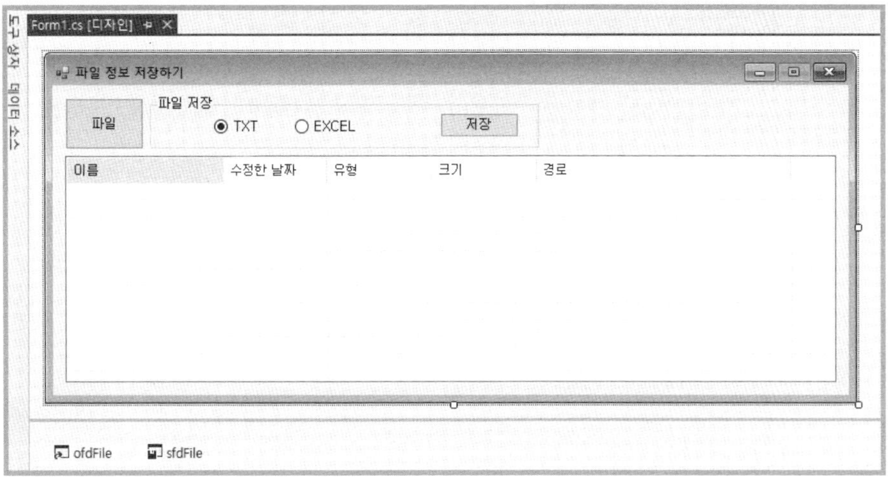

폼 디자인에 사용된 컨트롤의 주요 속성값은 다음과 같다.

폼 컨트롤	속 성	값
Form1	Name	Form1
	Text	파일 정보 저장하기
	FormBorderStyle	FixedSingle
	MaximizeBox	False
Button1	Name	btnPath
	Text	파일
Button2	Name	btnSave
	Text	저장
GroupBox1	Name	gbSave
	Text	파일 저장
RadioButton1	Name	rbText
	Text	TXT
RadioButton2	Name	rbExcel
	Text	EXCEL
ListView1	Name	lvFile
	FullRowSelect	True
	GridLines	True
	View	Details
OpenFileDialog1	Name	ofdFile
	Filter	모든 파일(*.*)|*.*
	Multiselect	True
SaveFileDialog1	Name	sfdFile

파일 정보를 나타내는 lvFile 컨트롤을 선택하고 속성 목록 창에서 Colimns 속성의 ... (컬렉션) 버튼을 클릭하여 ColimnHeader 컬렉션 편집기 창을 연다. [추가] 버튼을 클릭하여 5개의 멤버를 추가하고 다음 그림과 같이 컨트롤의 속성을 설정한다.

추가하는 멤버의 주요 속성값은 다음과 같다.

폼 컨트롤	속 성	값
ColumnHeader1	Name	chName
	Text	이름
	Width	150
ColumnHeader2	Name	chDate
	Text	수정한 날짜
	Width	100
ColumnHeader3	Name	chType
	Text	유형
	Width	100
ColumnHeader4	Name	chSize
	Text	크기
	Width	100
ColumnHeader5	Name	chPath
	Text	경로
	Width	250

Excel을 사용하기 위해서 Excel을 관리할 수 있는 라이브러리를 추가해야 한다. 솔루션 탐색기에서 [참조] 항목을 마우스 오른쪽 버튼을 클릭하여 표시되는 단축메뉴에서 [참조 추가]-[COM]-[형식 라이브러리] 메뉴를 선택하고, 다음 그림과 같이 [Microsoft Excel 16.0 Object Library] 항목을 선택한 뒤에 [확인] 버튼을 클릭하여 라이브러리를 추가한다.

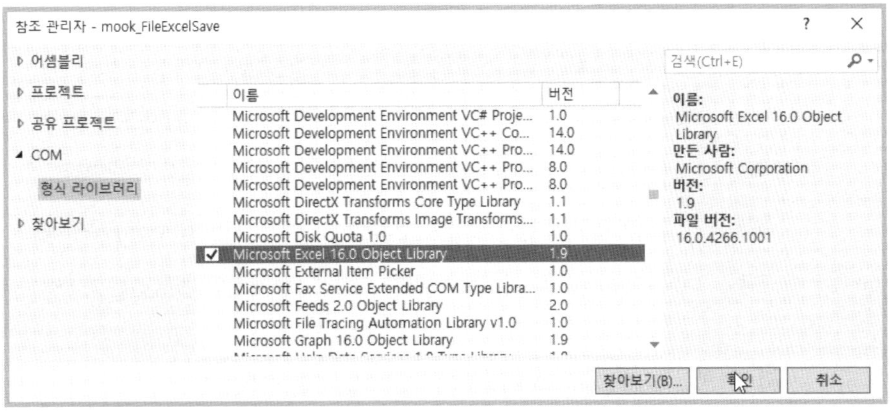

1.2 파일 정보 저장하기 코드 구현

다음과 같이 using 키워드를 이용하여 필요한 네임스페이스를 추가한다.

```
using System.IO;
using Excel = Microsoft.Office.Interop.Excel;
```

Microsoft.Office.Interop.Excel 네임스페이스는 Excel 파일을 읽고 쓰는데 필요한 클래스와 메서드 등의 인터페이스를 사용하기 쉽게 한다. 또한, 네임스페이스의 별칭을 부여하는 형식을 사용하였다. 위 코드에서는 네임스페이스에 'Excel'로 별칭을 부여한 것이다.

다음과 같이 멤버 개체 및 변수를 클래스 상단에 추가한다.

```
FileInfo fi = null;      // 파일 정보 가져오기
string FsPath = "";      // 파일 경로 저장
```

다음의 btnPath_Click() 이벤트 핸들러는 [파일] 버튼을 더블클릭하여 생성한 프로시저로, 파일을 열고 파일 속성 정보를 나타내는 작업을 수행한다.

```
private void btnPath_Click(object sender, EventArgs e)
{
    if (this.ofdFile.ShowDialog() == DialogResult.OK)
    {
        foreach (string f in this.ofdFile.FileNames)
        {
            fi = new FileInfo(f);
            this.lvFile.Items.Add(new ListViewItem(new string[]
                    { fi.Name, fi.LastWriteTime.ToString(),
                      fi.Extension.Split('.')[1],
                      GetFileSize(fi.Length), fi.FullName }));
```

```
12          }
13      }
14  }
```

3행 [열기] 대화상자를 호출하여 파일을 선택하는 작업을 수행한다.

5행 3행에서 선택한 파일들의 경로를 가져오기 위한 foreach 문이다.

7행 파일의 정보를 가져오기 위한 FileInfo 클래스의 개체 fi를 초기화하는 작업을 수행한다.

8-11행 lvFile.Items.Add() 메서드를 이용하여 선택된 파일에 대한 이름, 마지막 수정날짜, 확장자, 사이즈, 경로를 lvFile 컨트롤에 나타내는 작업을 수행한다.

다음의 GetFileSize() 메서드는 String.Format() 메서드를 이용하여 파일의 사이즈를 표준화하여 반환하는 작업을 수행한다.

```
private string GetFileSize(double byteCount)
{
    string size = "0 Bytes";
    if (byteCount >= 1073741824.0)
        size = String.Format("{0:##.##}", byteCount / 1073741824.0) + " GB";
    else if (byteCount >= 1048576.0)
        size = String.Format("{0:##.##}", byteCount / 1048576.0) + " MB";
    else if (byteCount >= 1024.0)
        size = String.Format("{0:##.##}", byteCount / 1024.0) + " KB";
    else if (byteCount > 0 && byteCount < 1024.0)
        size = byteCount.ToString() + " Bytes";

    return size;
}
```

다음의 btnSave_Click() 이벤트 핸들러는 [저장] 버튼을 더블클릭하여 생성한 프로시저로, 저장할 형식에 맞춰 텍스트 또는 엑셀 파일로 저장하기 위한 메서드를 호출하는 작업을 수행한다.

```
private void btnSave_Click(object sender, EventArgs e)
{
    if (this.lvFile.Items.Count == 0)
    {
        MessageBox.Show("저장할 파일 정보가 없습니다.", "알림",
                MessageBoxButtons.OK, MessageBoxIcon.Information);
        return;
    }
```

```
    if (this.rbTxt.Checked == true)
    {
        this.sfdFile.Filter = "텍스트 파일(*.txt) | *.txt";
        if (this.sfdFile.ShowDialog() == DialogResult.OK)
        {
            FsPath = this.sfdFile.FileName;
            TxtSave();
        }
    }
    else
    {
        this.sfdFile.Filter = "엑셀 파일(*.xlsx) | *.xlsx";
        if (this.sfdFile.ShowDialog() == DialogResult.OK)
        {
            FsPath = this.sfdFile.FileName;
            ExcelSave();
        }
    }
}
```

다음의 TxtSave() 메서드는 StreamWriter 클래스 개체를 생성하여 lvFile 컨트롤에 입력된 파일 정보를 텍스트 파일로 저장하는 작업을 수행한다.

```
01  private void TxtSave()
02  {
03      using (StreamWriter sw = new StreamWriter(FsPath))
04      {
05          sw.WriteLine("이름" + "\t" + "수정한 날짜" + "\t" +
06                          "유형" + "\t" + "크기" + "\t" + "경로" + "\t");
07          for (int n = 0; n < this.lvFile.Items.Count; n++)
08          {
09              string FInfo = "";
10              for (int i = 0; i < this.lvFile.Items[n].SubItems.Count; i++)
11              {
12                  FInfo += this.lvFile.Items[n].SubItems[i].Text + "\t";
13              }
14              sw.WriteLine(FInfo);
15          }
16          sw.Close();
17      }
18  }
```

3행 using 키워드를 이용하여 StreamWriter 클래스의 개체 sw를 생성하는 문장으로 저장할 파일 경로를 대입하여 sw 개체를 초기화한다.

5-6행 sw.WriteLine() 메서드를 이용하여 스트림에 데이터의 헤더를 기록하고, 14행에서 lvFile 컨트롤에 나타난 파일 정보를 탭 기준으로 나눠 스트림에 쓰는 작업을 수행한다.

10-13행 for 문을 이용하여 lvFile 컨트롤에 입력된 파일 정보를 모두 가져오는 작업을 수행한다.

다음의 ExcelSave() 메서드는 lvFile 컨트롤에 나타난 파일 속성 정보를 엑셀 파일에 저장하는 작업을 수행한다.

```
private void ExcelSave()
{
   Excel.Application eApp;
   Excel.Workbook eWorkbook;
   Excel.Worksheet eWorkSheet;

   string[,] data;

   eApp = new Excel.Application();
   eWorkbook = eApp.Workbooks.Add(true);
   // Excel Sheet 배열은 1부터 시작한다.
   eWorkSheet = (Excel.Worksheet)eWorkbook.Sheets[1];

   int rnum = this.lvFile.Items.Count + 1;
   int cnum = 5;

   data = new string[rnum, cnum];
   data[0, 0] = "이름";
   data[0, 1] = "수정한 날짜";
   data[0, 2] = "유형";
   data[0, 3] = "크기";
   data[0, 4] = "경로";

   for (int n = 0; n < this.lvFile.Items.Count; n++)
   {
      for (int i = 0; i < this.lvFile.Items[n].SubItems.Count; i++)
      {
         data[n + 1, i] = this.lvFile.Items[n].SubItems[i].Text;
      }
   }
   string EndStr = "E" + rnum.ToString();
   eWorkSheet.get_Range("A1:" + EndStr).Value2 = data;
   eWorkbook.SaveAs(
         FsPath, Excel.XlFileFormat.xlWorkbookDefault, Type.Missing,
         Type.Missing, false, false, Excel.XlSaveAsAccessMode.xlShared, false,
         false, Type.Missing, Type.Missing, Type.Missing);
   eWorkbook.Close(false, Type.Missing, Type.Missing);
   eApp.Quit();
}
```

3-5행 엑셀을 사용하기 위한 클래스의 개체를 생성하는 문장으로 3행은 Application 클래스의 개체 eApp, 4행은 Workbook 클래스의 개체 eWorkbook, 5행은 Worksheet 클래스의 개체 eWorkSheet를 생성하는 문장이다.

6행 엑셀에서 데이터를 나타내기 위해서는 2차원 배열로 처리되기 때문에 2차원 배열을 생성하는 문장이다.

7-8행 7행에서 Excel을 사용하기 위한 개체를 생성하고, 8행에서 eApp.Workbooks.Add() 메서드를 이용해서 엑셀에 Workbook을 추가하는 작업을 수행하며 매개 변수에 true를 전달하여 eWorkbook 클래스의 개체를 초기화하는 작업을 수행한다.

10행 eWorkSheet 개체를 초기화하는 작업을 수행하며, (Excel.Worksheet) eWorkbook.Sheets[1] 문장으로 시트(sheet) 하나를 만든다.

11-12행 엑셀 시트로 사용하는 배열을 초기화하기 위해 값을 지정하는 문장으로 lvFile 컨트롤에 추가된 Items 수를 행의 수로 지정하고 칼럼의 수는 5로 지정한다.

13행 엑셀의 실제 데이터가 들어갈 범위의 배열을 초기화하는 작업을 수행한다.

14-18행 칼럼의 명칭을 지정하는 문장으로 data[0, 0] ~ data[0, 4] 범위에 각각 lvFile 헤더 이름을 지정한다.

19-25행 for 문을 이용하여 lvFile 컨트롤에 나타난 파일 속성 정보를 data 배열에 저장하는 작업을 수행한다.

27행 eWorkSheet.get_Range("A1:" + EndStr).Value2 속성에 data를 입력하여 data 배열에 저장된 데이터를 eWorkSheet 개체에 저장하는 작업을 수행한다. eWorkSheet.get_Range() 메서드에 전달하는 매개 변수는 실제 엑셀에 데이터가 저장되는 범위 'A1:E5'와 같이 대입된다.

28-31행 eWorkbook.SaveAs() 메서드를 이용하여 첫 번째 매개 변수에 지정된 엑셀 파일 경로에 파일 즉, 시트를 쓰는 작업을 수행한다. 나머지 매개 변수는 기본설정으로 예제 코드와 동일하게 설정한다.

32행 eWorkbook.Close() 메서드를 이용하여 Workbook 클래스 개체를 해제하는 작업을 수행한다.

33행 eApp.Quit() 메서드를 이용하여 엑셀 저장하는 작업을 종료하는 작업을 수행한다.

1.3 파일 정보 저장하기 예제 실행

다음 그림은 파일 정보 저장하기 예제를 F5를 눌러 실행한 화면이다. [파일] 버튼을 클릭하여 임의의 디렉터리에서 파일을 선택한다. 파일 저장을 위한 형식으로 'EXCEL'을 선택하고 [저장] 버튼을 클릭하면 선택된 파일들의 정보가 엑셀 파일로 저장된다.

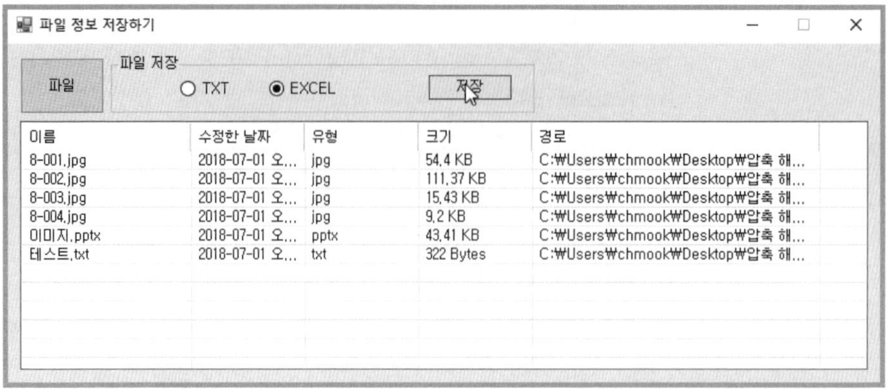

파일 탐색기를 이용하여 TXT 형식의 파일과 Excel 형식의 파일로 저장된 목록이 생성된 것을 확인할 수 있다.

예제 실행으로 생성된 '파일 정보 저장하기.xlsx' 파일을 열어서 내용이 정상적으로 기록되었는지 확인한다.

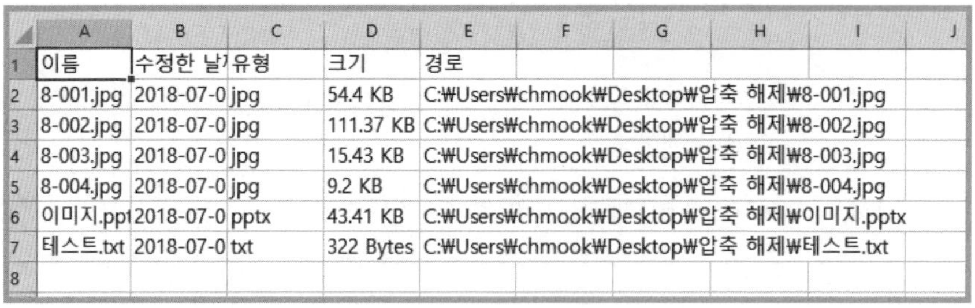

2. 인명부

이 절에서는 간단한 인명부 애플리케이션을 구현하면서 MS ACCESS 데이터베이스를 연동하는 방법에 대해 살펴보도록 한다. MS ACCESS 데이터베이스와 연동을 위해

System.Data.OleDb 네임스페이스 하위의 OleDbConnection과 OleDbCommand 클래스를 이용하여 데이터를 입력하고 수정 또는 삭제한다. 추가로 LINQ to DataSet을 이용한 데이터베이스에 엑세스하는 방법에 대해서도 살펴본다.

다음 그림은 인명부 애플리케이션을 구현하고 실행한 결과 화면이다.

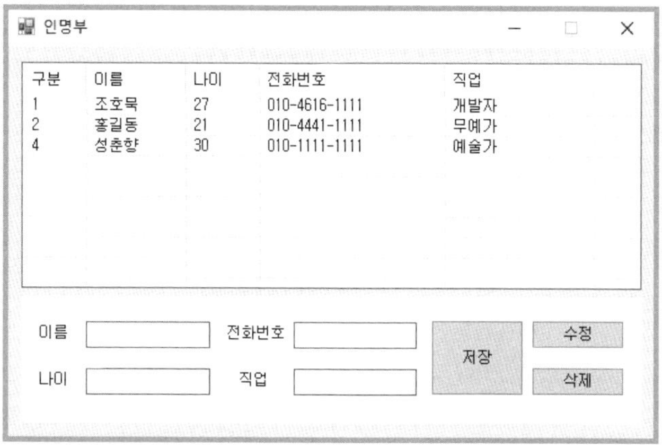

[결과 미리 보기]

2.1 인명부 디자인

프로젝트 이름을 'mook_HumanList'로 하여 'C:\CSharpProject\Chap07' 경로에 새 프로젝트를 생성한다. 다음 그림과 같이 윈도우 폼에 필요한 컨트롤을 위치시켜 폼을 디자인하고, 각 컨트롤의 속성값을 설정한다.

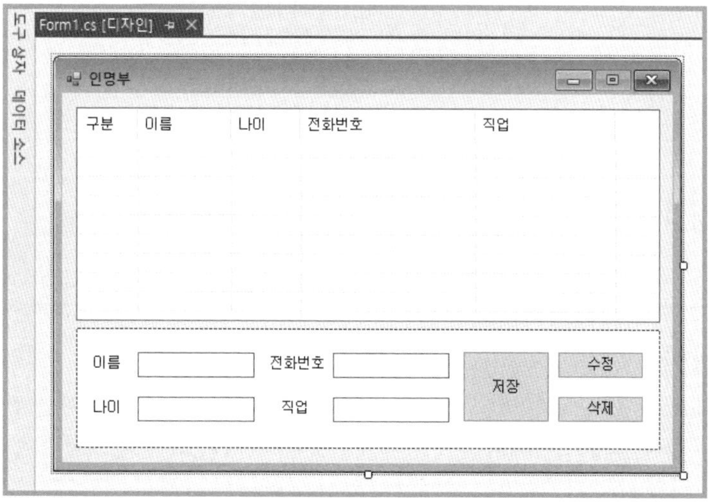

폼 디자인에 사용된 컨트롤의 주요 속성값은 다음과 같다.

폼 컨트롤	속 성	값
Form1	Name	Form1
	Text	인명부
	FormBorderStyle	FixedToolWindow
	MaximizeBox	False
Panel1	Name	plGroup
	BackColor	White
Label1	Name	lblName
	Text	이름
Label2	Name	lblPhone
	Text	전화번호
Label3	Name	lblAge
	Text	나이
Label4	Name	lblJob
	Text	직업
TextBox1	Name	txtName
TextBox2	Name	txtPhone
TextBox3	Name	txtAge
TextBox4	Name	txtJob
Button1	Name	btnSave
	Text	저장
Button2	Name	btnModify
	Text	수정
Button3	Name	btnDel
	Text	삭제
ListView1	Name	lvList
	FullRowSelect	True
	GridLines	True
	View	Details

lvList 컨트롤에 ColumnHeader를 추가하기 위해서 lvList 컨트롤을 선택하고 속성 목록에서 Columns 항목의 ...(컬렉션) 버튼을 눌러 [ColumnHeader 컬렉션 편집기] 대화상자를 실행한다. 대화상자에서 [추가] 버튼을 클릭하여 5개의 멤버를 추가한다.

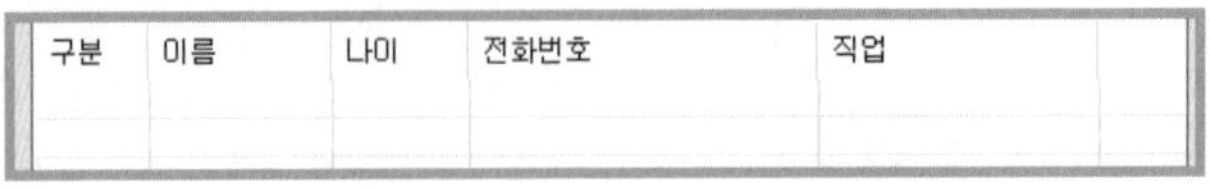

추가된 각 멤버의 속성값은 다음과 같이 설정한다.

폼 컨트롤	속 성	값
ColumnHeader1	Name	chId
	Text	구분
	Width	50
ColumnHeader2	Name	chName
	Text	이름
	Width	80
ColumnHeader3	Name	chAge
	Text	나이
	Width	60
ColumnHeader4	Name	chPhone
	Text	전화번호
	Width	150
ColumnHeader5	Name	chJob
	Text	직업
	Width	120

2.2 데이터베이스 설정

MS ACCESS 파일을 mook_HumanList 프로젝트의 실행 파일이 생성되는 경로 '...\bin\Debug' 하위에 'humaninfo.accdb' 파일로 저장한다.

MS ACCESS에 테이블 이름을 't_info'로 하여 다음 표와 같은 구조로 테이블을 생성한다. 테이블 't_info'를 생성한다.

필드 이름	데이터 형식	필드 크기	비고
m_id	일련번호		Primary Key 설정 자동 증가(1)
m_name	짧은 텍스트	10	
m_age	숫자		
m_phone	짧은 텍스트	20	
m_job	짧은 텍스트	30	

2.3 인명부 코드 구현

다음과 같이 using 키워드를 이용하여 필요한 네임스페이스를 추가한다.

```
using System.Data.OleDb;   // OleDbConnection, OleDbCommand 클래스 등 사용
```

다음과 같이 멤버 변수를 클래스 상단에 추가하여 데이터베이스 연결 문자열을 설정한다.

```
private string StrSQL =
        @"Provider=Microsoft.ACE.OLEDB.16.0;" +
        "Data Source=humaninfo.accdb;Mode=ReadWrite";
private int num = 0;
```

TIP

MS ACCESS 버전별 접속 방법

- MS Office 2003
  "Provider=Microsoft.Jet.OLEDB.4.0;Data Source=C:₩Human.mdb"
- MS Office 2007/2010/2013
  "Provider=Microsoft.ACE.OLEDB.12.0;" +
    "Data Source=C:\Human.accdb;Mode=ReadWrite"

※ Data Source 속성의 값은 MS Access 데이터베이스 파일의 절대 경로를 설정한다.

다음의 Form1_Load() 이벤트 핸들러는 폼을 더블클릭하여 생성한 프로시저로, 폼이 로드 될 때 데이터베이스에서 데이터를 가져와 lvList 컨트롤에 출력해 주는 lvList_OleDb_View() 메서드로 구성된다. lvList_OleDb_View() 메서드는 System.Data.OleDb 네임스페이스 하위의 클래스를 이용하여 데이터를 검색하고 가져온다.

```
private void Form1_Load(object sender, EventArgs e)
{
   lvList_OleDb_View();
}

private void lvList_OleDb_View()
{
   this.lvList.Items.Clear();
   var Conn = new OleDbConnection(StrSQL);
   Conn.Open();

   var Comm = new OleDbCommand("SELECT * FROM t_info", Conn);
   var myRead = Comm.ExecuteReader();
   while (myRead.Read())
   {
      this.lvList.Items.Add(new ListViewItem(new string[] {
                     myRead[0].ToString(),
                     myRead[1].ToString(), myRead[2].ToString(),
                     myRead[3].ToString(), myRead[4].ToString() }));
   }
```

```
19        myRead.Close();
20        Conn.Close();
21    }
```

7행 lvList 컨트롤의 Items 속성값을 초기화하는 문장이다.

8행 데이터베이스 연결 문자열을 인자값으로 대입하여 OleDbConnection 클래스의 개체 Conn을 생성하는 문장이다.

9행 Conn.Open() 메서드를 이용하여 데이터베이스를 연다.

10행 t_info 테이블에서 모든 칼럼의 데이터를 검색하여 가져오는 SELECT 문과 Conn 개체를 매개 변수로 하여 OleDbCommand 클래스의 개체를 생성한다.

11행 Comm.ExecuteReader() 메서드를 이용하여 10행의 SELECT 쿼리문을 실행하고 데이터베이스에서 가져온 데이터를 OleDbDataReader 클래스의 개체 myRead에 저장한다.

12-18행 myRead 개체에 데이터베이스의 칼럼과 같이 배열로 저장되어 있어 myRead[인덱스] 형식으로 데이터를 가져와 lvList 컨트롤에 나타낸다.

19행 myRead.Close() 메서드를 호출하여 OleDbDataReader 클래스 개체를 종료하는 작업을 수행한다.

20행 Conn.Close() 메서드를 호출하여 데이터베이스를 닫는 작업을 수행한다.

다음의 btnSave_Click() 이벤트 핸들러는 [저장] 버튼을 더블클릭하여 생성한 프로시저로, 입력 컨트롤에 저장된 데이터를 데이터베이스에 저장하는 문장이다.

```
private void btnSave_Click(object sender, EventArgs e)
{
    if (txtCheck() == true)
    {
        var Conn = new OleDbConnection(StrSQL);
        Conn.Open();
        string Sql = "INSERT INTO t_info(m_name, m_age, m_phone, m_job) ";

        Sql += "VALUES('" + this.txtName.Text + "'," +
                        Convert.ToInt32(this.txtAge.Text) + ", '" +
                        this.txtPhone.Text + "', '" + this.txtJob.Text + "')";
        var Comm = new OleDbCommand(Sql, Conn);
        int i = Comm.ExecuteNonQuery();
        Conn.Close();
        if (i == 1)
        {
            MessageBox.Show("정상적으로 데이터가 저장되었습니다.", "알림",
                 MessageBoxButtons.OK, MessageBoxIcon.Information);
```

```
18            lvList_DataSet_View();
19            txtClear();
20         }
21         else
22         {
23            MessageBox.Show("정상적으로 데이터가 저장되지 않았습니다.", "에러",
24                   MessageBoxButtons.OK, MessageBoxIcon.Error);
25         }
26      }
27   }
```

3행 txtCheck() 메서드를 호출하는 문장으로 이 메서드는 각 입력 컨트롤에 입력된 값을 체크하여 정상적으로 입력되었으면 true 값을 반환한다.

5행 OleDbConnection 클래스 생성자의 인자값으로 MS ACCESS에 연결 문자열을 전달하고 6행의 Open() 메서드를 이용하여 데이터베이스를 연다.

7-10행 't_info' 테이블에 데이터를 입력하는 INSERT 쿼리문이다.

11행 OleDbCommand 클래스의 생성자에 7~10행의 INSERT 쿼리 문과 데이터베이스의 연결정보를 갖는 Conn 개체를 이용하여 Comm 개체를 초기화한다.

12행 Comm.ExecuteNonQuery() 메서드를 이용하여 INSERT 쿼리문을 실행하고 데이터 입력에 대한 성공 여부의 반환 값을 받는다. INSERT 쿼리문을 실행하여 입력이 성공하면 1을 반환하여 15~20행을 실행한다. 만약 입력에 실패하면 22~26행을 실행한다.

13행 Conn.Close() 메서드를 호출하여 데이터베이스를 닫는 작업을 수행한다.

다음의 txtCheck() 메서드는 입력 컨트롤의 문자 입력 여부를 검사하는 작업을 수행하고, txtClear() 메서드는 입력란을 초기화하는 작업을 수행한다.

```
private bool txtCheck()
{
   if (this.txtName.Text == "")
   {
      this.txtName.Focus();
      return false;
   }
   if (this.txtAge.Text == "")
   {
      this.txtAge.Focus();
      return false;
   }
   if (this.txtPhone.Text == "")
   {
```

```
        this.txtPhone.Focus();
        return false;
    }
    if (this.txtJob.Text == “”)
    {
        this.txtJob.Focus();
        return false;
    }
    return true;
}

private void txtClear()     // 입력란 공백 처리
{
    this.txtName.Clear();
    this.txtAge.Clear();
    this.txtPhone.Clear();
    this.txtJob.Clear();
}
```

다음의 lvList_Click() 이벤트 핸들러는 lvList 컨트롤을 선택하고 이벤트 목록 창에서 [Click] 란을 더블클릭하여 생성한 프로시저로, lvList 컨트롤의 선택된 행의 데이터를 입력 컨트롤에 나타내는 작업을 수행한다.

```
private void lvList_Click(object sender, EventArgs e)
{
    if (this.lvList.SelectedItems.Count > 0)
    {
        num = Convert.ToInt32(this.lvList.SelectedItems[0].SubItems[0].Text);

        this.txtName.Text = this.lvList.SelectedItems[0].SubItems[1].Text;
        this.txtAge.Text = this.lvList.SelectedItems[0].SubItems[2].Text;
        this.txtPhone.Text = this.lvList.SelectedItems[0].SubItems[3].Text;
        this.txtJob.Text = this.lvList.SelectedItems[0].SubItems[4].Text;
    }
}
```

다음의 btnModify_Click() 이벤트 핸들러는 [수정] 버튼을 더블클릭하여 생성한 프로시저로, 입력 컨트롤에 수정된 데이터를 데이터베이스에 저장하는 작업을 수행한다.

```
private void btnModify_Click(object sender, EventArgs e)
{
    if (txtCheck() == true)
    {
        var Conn = new OleDbConnection(StrSQL);
         Conn.Open();
```

```
07         string Sql = "UPDATE t_info SET m_name ='" + this.txtName.Text +
08                 "', m_age=" + Convert.ToInt32(this.txtAge.Text);
09         Sql += ", m_phone='" + this.txtPhone.Text + "', m_job= '" +
10                 this.txtJob.Text + "' WHERE m_id =" + num + "";
11         var Comm = new OleDbCommand(Sql, Conn);
12         int i = Comm.ExecuteNonQuery();
13         Conn.Close();
14         if (i == 1)
15         {
16             MessageBox.Show("정상적으로 데이터가 수정되었습니다.", "알림",
17                     MessageBoxButtons.OK, MessageBoxIcon.Information);
18             lvList_DataSet_View();
19             txtClear();
20         }
21         else
22         {
23             MessageBox.Show("정상적으로 데이터가 수정되지 않았습니다.", "에러",
24                     MessageBoxButtons.OK, MessageBoxIcon.Error);
25         }
26     }
27 }
```

5-6행 OleDbConnection 클래스의 개체 Conn을 선언하고, Conn.Open() 메서드를 이용하여 데이터베이스에 연결하는 작업을 수행한다.

7-10행 데이터베이스에 저장된 데이터를 선택하여 수정하기 위한 UPDATE 쿼리문이다.

11행 OleDbCommand 클래스의 개체를 생성하면서 매개 변수로는 7행의 UPDATE 쿼리 문과 5행의 Conn 개체를 전달한다.

12행 Comm.ExecuteNonQuery() 메서드를 이용하여 7~10행의 UPDATE 쿼리문을 실행한 다음 성공 여부에 대한 반환 값을 int 타입으로 받는다.

다음의 lvList_DataSet_View() 메서드는 LINQ to DataSet 쿼리를 이용하여 데이터베이스에서 데이터를 가져와 lvList 컨트롤에 나타내는 작업을 수행한다.

```
private void lvList_DataSet_View()
{
    this.lvList.Items.Clear();
    var Conn = new OleDbConnection(StrSQL);
    Conn.Open();
    var OleAdapter = new OleDbDataAdapter("SELECT * FROM t_info", Conn);
    DataSet ds = new DataSet();
    DataTable dt = ds.Tables.Add("dsTable");
    OleAdapter.Fill(ds, "dsTable");
    IEnumerable<DataRow> query =
            from HumanInfo in dt.AsEnumerable()
```

```
12                 select HumanInfo;
13         foreach (DataRow HumData in query)
14         {
15             var strArray = new String[] {
16                     HumData.Field<int>(“m_id”).ToString(),
17                     HumData.Field<string>(“m_name”),
18                     HumData.Field<int>(“m_age”).ToString(),
19                     HumData.Field<string>(“m_phone”),
20                     HumData.Field<string>(“m_job”) };
21             this.lvList.Items.Add(new ListViewItem(strArray));
22         }
23         Conn.Close();
24     }
```

6행 OleDataAdapter 클래스의 생성자에 SELECT 쿼리문과 Conn 개체를 전달하면서 객체를 생성하여 OleAdapter 개체에 저장한다. DataSet을 채우고 데이터 소스를 업데이트하는데 사용되는 데이터 명령 집합 및 데이터베이스 연결을 나타낸다.

7행 DataSet 클래스의 개체 ds를 생성하는 문장이다.

8행 DataSet 클래스 개체에 ds.Tables.Add() 메서드를 이용하여 테이블 이름을 'dsTable'로하여 데이터 소스 테이블을 추가하는 작업을 수행한다.

9행 OleAdapter.Fill() 메서드를 이용하여 지정된 DataSet에 'dsTable' 데이터 소스 테이블에서 가져온 데이터를 채운다.

10-12행 dt.AsEnumerable() 메서드는 DataSet에 저장된 소스 테이블의 데이터를 참조하고 IEnumerable(DataRow) 개체를 반환하며 반환된 값은 query 개체에 저장된다.

13-22행 foreach 문을 이용하여 쿼리 변수인 query 개체에 저장된 데이터를 DataRow 타입의 HumData에 저장한다.

15-20행 HumData.Field〈타입〉(“칼럼명”) 문을 이용하여 HumData에 대입된 칼럼 데이터를 얻어와 배열 변수에 저장하고 21행의 문장으로 lvList 컨트롤에 데이터를 나타낸다.

다음의 btnDel_Click() 이벤트 핸들러는 [삭제] 버튼을 더블클릭하여 생성한 프로시저로, 선택된 데이터를 식별자로 하여 데이터베이스에서 삭제한다.

```
private void btnDel_Click(object sender, EventArgs e)
{
    if (this.lvList.SelectedItems.Count > 0)
    {
        DialogResult dlr =
            MessageBox.Show(“선택한 데이터를 삭제할까요?”, “알림”,
```

```
07                  MessageBoxButtons.YesNo, MessageBoxIcon.Question);
08          switch (dlr)
09          {
10              case DialogResult.Yes:
11                  var Conn = new OleDbConnection(StrSQL);
12                  Conn.Open();
13                  string Sql = “DELETE FROM t_info WHERE m_id =” + num + “”;
14                  var Comm = new OleDbCommand(Sql, Conn);
15                  int i = Comm.ExecuteNonQuery();
16                  Conn.Close();
17                  if (i == 1)
18                  {
19                      MessageBox.Show(“정상적으로 데이터가 삭제되었습니다.”, “알림”,
20                          MessageBoxButtons.OK, MessageBoxIcon.Information);
21                      lvList_DataSetRamda_View();
22                      txtClear();
23                  }
24                  else
25                  {
26                      MessageBox.Show(“정상적으로 데이터가 삭제되지 않았습니다.”, “에러”,
27                             MessageBoxButtons.OK, MessageBoxIcon.Error);
28                  }
29                  break;
30              case DialogResult.No:
31                  break;
32          }
33      }
34  }
```

3행 삭제할 데이터가 선택되었는지 판단하기 위한 if 문으로 lvList 컨트롤에 삭제할 행을 선택하면 lvList.SelectedItems.Count 값이 0보다 크다.

5-7행 메시지 박스를 이용하여 데이터 삭제 여부를 묻는 문장으로, MessageBox Buttons 열거형을 'YesNo'로 설정하고, 메시지 박스의 버튼 선택 결과를 dlr 개체에 저장하여 switch 문으로 결과를 판단한다.

10-29행 메서지 박스에서 [Yes] 버튼을 클릭하였을 때 실행되는 문장으로, 13행의 DELETE 쿼리문을 15행에서 Comm.ExecuteNonQuery() 메서드를 이용하여 실행한다.

17-23행 데이터가 정상적으로 삭제되면 수행되는 문장으로 lvList 컨트롤의 데이터를 최신 상태로 수정하고, 입력 컨트롤의 데이터를 초기화하는 작업을 수행한다.

다음의 lvList_DataSetRamda_View() 메서드는 LINQ to DataSet 메서드 기반의 쿼리를 이용하여 데이터베이스에서 데이터를 가져와 lvList 컨트롤에 출력하는 작업을 수행한다.

```
01  private void lvList_DataSetRamda_View()
02  {
03     this.lvList.Items.Clear();
04     var Conn = new OleDbConnection(StrSQL);
05     Conn.Open();
06     var OleAdapter = new OleDbDataAdapter(“SELECT * FROM t_info”, Conn);

07     DataSet ds = new DataSet();
08     DataTable dt = ds.Tables.Add(“dsTable”);
09     OleAdapter.Fill(ds, “dsTable”);
10     var query = dt.AsEnumerable().
11     Select(HumanInfo => new
12     {
13        Id = HumanInfo.Field<int>(“m_id”).ToString(),
14        Name = HumanInfo.Field<string>(“m_name”),
15        Age = HumanInfo.Field<int>(“m_age”).ToString(),
16        Phone = HumanInfo.Field<string>(“m_phone”),
17        Job = HumanInfo.Field<string>(“m_job”),
18     });

19     foreach (var HumData in query)
20     {
21        var strArray = new String[] {
22                          HumData.Id, HumData.Name,
23                          HumData.Age, HumData.Phone,
24                          HumData.Job };
25        this.lvList.Items.Add(new ListViewItem(strArray));
26     }
27     Conn.Close();
28  }
```

6행 OleDbDataAdapter 클래스의 생성자에 SELECT 쿼리문과 Conn 개체를 전달하여 OleAdapter 개체를 생성하고 초기화한다.

7행 DataSet 클래스의 개체 ds를 생성하는 문장이다.

8행 DataSet 클래스의 개체에 ds.Tables.Add() 메서드를 이용하여 테이블 이름을 'dsTable'로 하는 데이터 소스 테이블을 추가하는 작업을 수행한다.

9행 OlelAdapter.Fill() 메서드를 이용하여 지정된 데이터 소스 테이블 dt에서 가져온 데이터를 채운다.

10행 dt.AsEnumerable() 메서드를 이용하여 DataSet에 저장된 소스 테이블의 데이터를 참조하고 IEnumerable(T) 개체를 반환하며, 반환된 값은 query에 저장되고 Select 메서드를 이용하여 람다식을 매개 변수로 전달하여 데이터베이스의 데이터를 가져오는 작업을 수행하는 코드이다. Select 메서드는 HumanInfo 데이터 형식에서 new 키워드를 이용하여 Name, Age, Phone 변수의 값으로 DataSet 개체의 각 데이터 값을 가져와 저장한다.

19-26행 foreach 문을 이용하여 HumData에 저장된 데이터를 lvList 컨트롤에 속성값을 나타낸다.

2.4 인명부 예제 실행

다음 그림은 인명부 예제를 Ctrl+F5를 눌러 실행한 화면이다. 데이터베이스에 저장된 데이터 목록을 확인할 수 있다. 목록에서 특정 데이터를 클릭하여 [수정] 또는 [삭제] 버튼을 클릭하여 결과를 확인하고, 새로운 데이터를 입력한 뒤에 [저장] 버튼을 클릭하여 새로운 데이터가 저장된 결과를 확인한다.

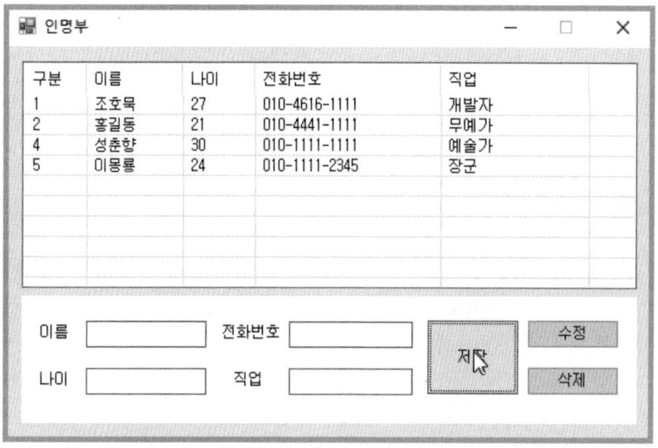

TIP

MS Access Database Engine 설치

본 예제를 실행하였을 때 다음 그림과 같은 오류 메시지가 나타나면서 정상적으로 MS ACCESS와 연동되지 않는다면, Office 2016(Access 포함 버전) 또는 Microsoft Access Database Engine 2016 재배포 가능 패키지를 설치하면 해결된다.

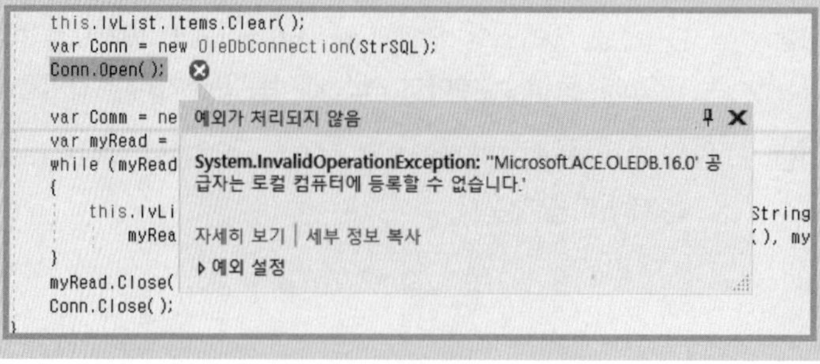

Microsoft Access Database Engine 2016 재배포 가능 패키지는 다음 사이트에서 다운로드할 수 있다.

URL : https://www.microsoft.com/en-us/download/details.aspx?id=54920
파일 : AccessDatabaseEngine_X64.exe
※ PC 환경을 고려하여 32bit 또는 64bit 선택적으로 설치한다.

Microsoft Access Database Engine 2016 재배포 가능 패키지를 설치(64bit 설치시)했음에도 불구하고 같은 에러가 발생한다면 다음 그림과 같이 [솔루션 탐색기] 창에서 프로젝트 이름을 마우스 오른쪽 버튼으로 눌러 [속성] 메뉴를 선택한다. 좌측의 [빌드] 메뉴를 누르고 [플랫폼 대상] 옵션을 현재 로컬 시스템과 동일한 비트로 수정한다.

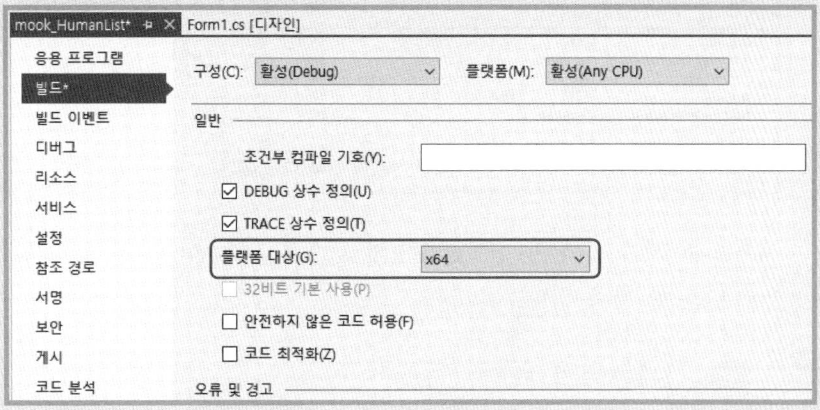

3. 차계부

이 절에서는 차를 관리할 때 사용하는 차계부를 구현하면서 MariaDB와 연동하는 방법에 대해 알아보도록 한다. MariaDB는 프리웨어 데이터베이스 시스템으로 MySQL과 거의 동일하게 사용할 수 있다. MariaDB에 연동하기 위해서는 Connector/NET 8.0.12를 웹에서 다운로드 받아 설치하고, 이 커넥터에서 제공하는 연결 클래스, 메서드 등 인터페이스를 활용하여 애플리케이션을 개발할 수 있다.

MariaDB는 다음의 URL을 이용하여 다운로드할 수 있으며 간단히 설치할 수 있다.

MariaDB 다운로드 URL
https://downloads.mariadb.org/mariadb/10.3.9/

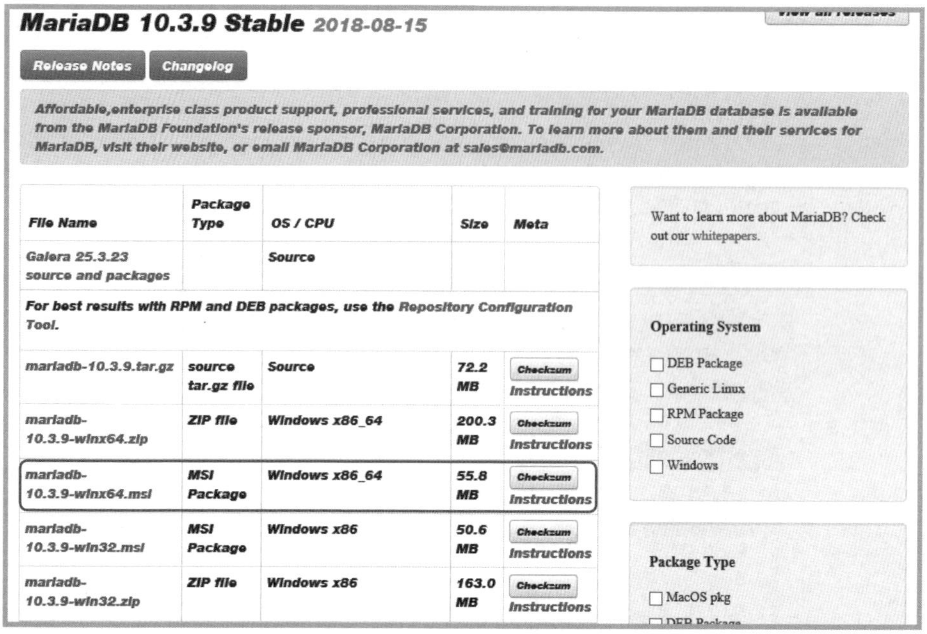

애플리케이션과 mariadb 연결에 필요한 Connector/NET 8.0.11은 다음의 URL을 이용하여 다운로드할 수 있다.

Connector 다운로드 URL
https://www.mysql.com/downloads/connector/net/

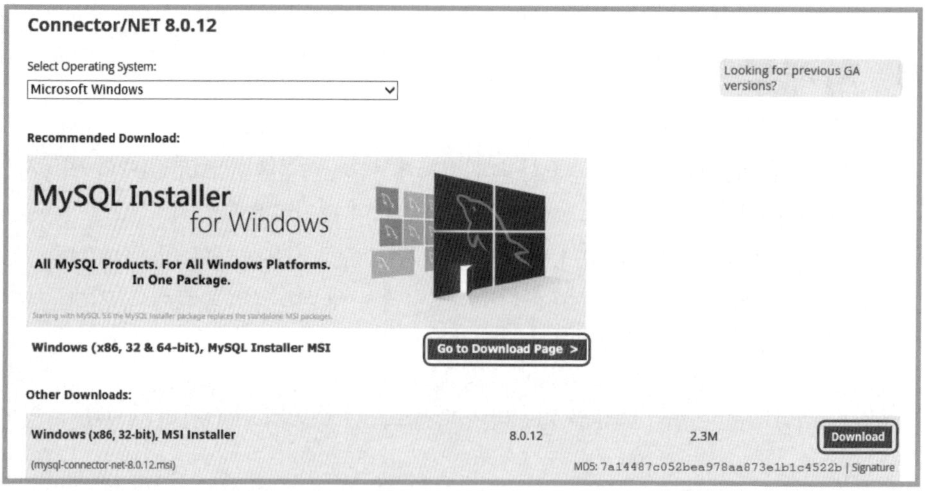

Connector를 다운로드하여 실행하면 [Install], [Next] 또는 [Finish] 버튼을 클릭하는 것으로 쉽게 설치를 진행할 수 있으므로 설치 과정에 대한 설명은 생략하도록 한다.

다음 그림은 차계부 애플리케이션을 구현하고 실행한 결과 화면이다.

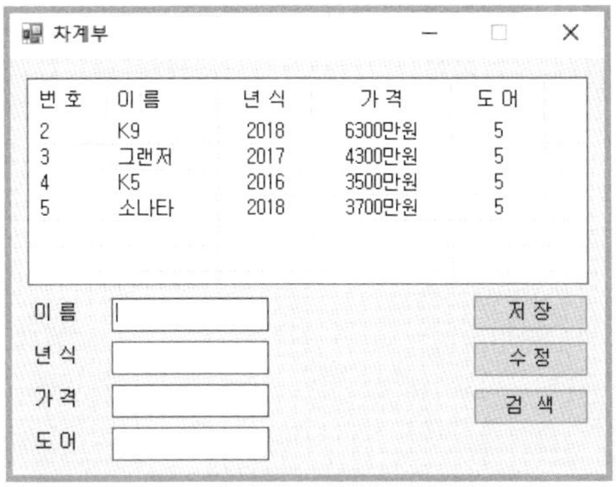

[결과 미리 보기]

3.1 데이터베이스 설정

MariaDB에 접속하여 데이터베이스 이름을 'mook'로 하여 데이터베이스를 생성하고, 다음 표와 같은 구조의 테이블 'carinfo'를 생성한다.

필드 이름	데이터 형식	필드 크기	비고
id	일련번호		Primary Key 설정 자동 증가(1)
c_name	varchar	20	
c_year	varchar	8	
c_price	varchar	10	
c_door	int	11	

테이블 생성을 위한 SQL 문은 다음과 같다.

```
CREATE TABLE 'carinfo' (
   'Id' int(11) NOT NULL AUTO_INCREMENT,
   'c_name' varchar(20) DEFAULT NULL,
   'c_year' varchar(8) DEFAULT NULL,
   'c_price' varchar(10) DEFAULT NULL,
   'c_door' int(11) DEFAULT NULL,
   PRIMARY KEY ('Id')
) ENGINE=InnoDB DEFAULT CHARSET=utf8;
```

3.2 차계부 디자인

프로젝트 이름을 'mook_CarInfo'로 하여 'C:\CSharpProject\Chap07' 경로에 새 프로젝트를 생성한다. 다음 그림과 같이 윈도우 폼에 필요한 컨트롤을 위치시켜 폼을 디자인하고, 각 컨트롤의 속성값을 설정한다.

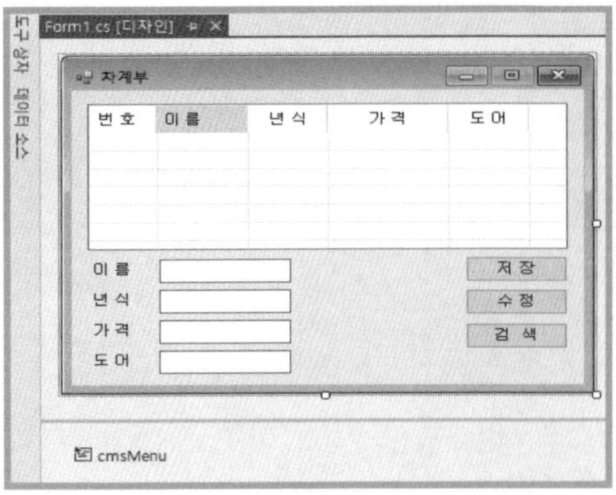

폼 디자인에 사용된 컨트롤의 주요 속성값은 다음과 같다.

폼 컨트롤	속 성	값
Form1	Name	Form1
	Text	차계부
	FormBorderStyle	FixedToolWindow
	MaximizeBox	False
Label1	Name	lblName
	Text	이 름
Label2	Name	lblYear
	Text	년 식
Label3	Name	lblPrice
	Text	가 격
Label4	Name	lblDoor
	Text	도 어
TextBox1	Name	txtName
TextBox2	Name	txtYear
TextBox3	Name	txtPriace
TextBox4	Name	txtDoor
Button1	Name	btnSave
	Text	저 장
Button2	Name	btnModify
	Text	수 정
Button3	Name	btnSearch
	Text	검 색

ListView1	Name	lvList
	ContextMenuStrip	cmsMenu
	FullRowSelect	True
	GridLines	True
	View	Details
ContextMenuStrip1	Name	cmsMenu

lvList 컨트롤에 ColumnHeader를 추가하기 위해서 lvList 컨트롤을 선택하고 속성 목록에서[Columns] 항목의 ...(컬렉션) 버튼을 눌러 [ColumnHeader 컬렉션 편집기] 대화상자를 실행한다. 대화상자에서 [추가] 버튼을 클릭하여 5개의 멤버를 추가한다.

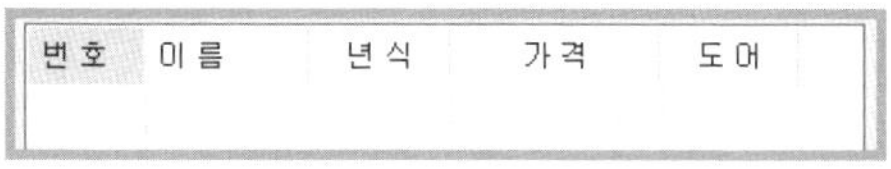

추가된 각 멤버의 기본 속성값을 다음과 같이 설정한다.

폼 컨트롤	속 성	값
ColumnHeader1	Name	chNum
	Text	번 호
	Width	50
ColumnHeader2	Name	chName
	Text	이 름
	Width	70
ColumnHeader3	Name	chYear
	Text	년 식
	Width	60
ColumnHeader4	Name	chPrice
	Text	가 격
	Width	90
ColumnHeader5	Name	chDoor
	Text	도 어
	Width	120

cmsMenu 컨트롤을 선택하고 팝업 메뉴를 다음 그림과 같이 추가한다.

[프로젝트]-[참조 추가] 메뉴를 클릭하여 [참조 관리자] 대화상자를 열어 다음 그림과 같이 [MySql.Data] 구성요소를 선택하고 [확인] 버튼을 클릭하여 눌러 구성요소를 추가한다.

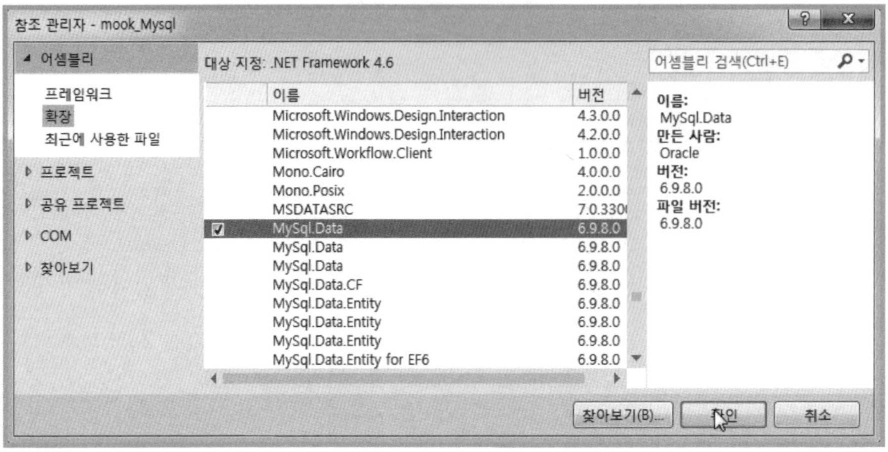

3.3 차계부 코드 구현

다음과 같이 using 키워드를 이용하여 필요한 네임스페이스를 추가한다.

```
using MySql.Data.MySqlClient;
```

다음과 같이 클래스 내부 상단에 멤버 변수를 추가한다.

```
// 데이터베이스 연결 문자열 설정
private string StrSQL = "Data Source=localhost;Database=mook;" +
            "User Id=root;Password=p12345!@";SslMode=none;CharSet=utf8;";
private string Data_Num;  // 선택된 lvList 컨트롤 행의 값 저장
```

MariaDB 연결 문자열은 다음과 같이 구성된다.

```
Data Source=[서버 아이피 주소];Database=[데이터베이스 이름];User
Id=[MariaDB 접속 아이디];Password=[MariaDB 접속 비밀번호];SslMode=[SSL
접속 기능];CharSet=[문자 타입 설정]
```

다음의 Form1_Load() 이벤트 핸들러는 폼을 더블클릭하여 생성한 프로시저로, 폼을 로드할 때 MariaDB 서버에서 데이터를 검색하여 lvList 컨트롤에 데이터를 출력하는 lvList_MySqlClient_View()를 호출하는 작업을 수행한다.

```
01  private void Form1_Load(object sender, EventArgs e)
02  {
03     lvList_MySqlClient_View();
04  }

05  private void lvList_MySqlClient_View()
06  {
07     this.lvList.Items.Clear();
08     var Conn = new MySqlConnection(StrSQL);
09     Conn.Open();
10     var Comm = new MySqlCommand(“Select * From carinfo”, Conn);
11     var myRead = Comm.ExecuteReader();
12     while (myRead.Read())
13     {
14        var strArray = new String[] { myRead[“id”].ToString(),
15              myRead[“c_name”].ToString(), myRead[“c_year”].ToString(),
16              myRead[“c_price”].ToString(), myRead[“c_door”].ToString() };
17        var lvt = new ListViewItem(strArray);
18        this.lvList.Items.Add(lvt);
19     }
20     myRead.Close();
21     Conn.Close();
22  }
```

7행 lvList 컨트롤의 Items 속성값을 초기화하는 문장이다.

8행 데이터베이스 연결 문자열을 인자로 전달하여 MySqlConnection 클래스의 개체 Conn을 생성한다.

9행 Conn.Open() 메서드를 이용하여 데이터베이스를 연다.

10행 ‘carinfo’ 테이블에서 모든 칼럼의 데이터를 검색하여 가져오는 SELECT 문과 Conn 개체를 매개 변수로 하여 MySqlCommand 클래스의 개체를 생성하여 Comm에 저장한다.

11행 Comm.ExecuteReader() 메서드를 이용하여 10행의 SELECT 쿼리문을 실행하고 데이터베이스에서 가져온 데이터를 MySqlDataReader 클래스의 개체 myRead에 저장한다.

12-19행 myRead 개체에 배열 형태로 저장된 데이터를 가져오기 위해서 myRead[“칼럼명”] 형식으로 데이터를 가져와 lvList 컨트롤에 나타내는 작업을 수행한다.

20행 myRead.Close() 메서드를 호출하여 MySqlbDataReader 개체의 리소스를 해제하는 작업을 수행한다.

다음의 btnSave_Click() 이벤트 핸들러는 [저장] 버튼을 더블클릭하여 생성한 프로시저로, 입력 컨트롤에 입력된 데이터를 MariaDB 서버에 저장하는 작업을 수행한다.

```
01  private void btnSave_Click(object sender, EventArgs e)
02  {
03      if (this.txtName.Text != “” && this.txtYear.Text != “” &&
04        this.txtPrice.Text != “” && this.txtDoor.Text != “”)
05      {
06          var Conn = new MySqlConnection(StrSQL);
07          Conn.Open();
08          string Sql = “insert into carinfo(c_name, c_year, c_price, c_door) ”;

09          Sql += “values(‘” + this.txtName.Text + “’,” + this.txtYear.Text + “,‘” +
10                this.txtPrice.Text + “’,” + Convert.ToInt32(this.txtDoor.Text) + “)”;
11          var Comm = new MySqlCommand(Sql, Conn);
12          int i = Comm.ExecuteNonQuery();
13          Conn.Close();
14          if (i == 1)
15          {
16              MessageBox.Show(“정상적으로 데이터가 저장되었습니다.”, “알림”,
17                    MessageBoxButtons.OK, MessageBoxIcon.Information);
18              lvList_MySqlClient_View();
19              Control_Clear();
20          }
21          else
22          {
23              MessageBox.Show(“정상적으로 데이터가 저장되지 않았습니다.”, “에러”,
24                    MessageBoxButtons.OK, MessageBoxIcon.Error);
25          }
26      }
27  }
```

3-4행 각 입력 컨트롤의 데이터가 모두 입력되면 if 문 블록 내부의 코드를 실행시키는 문장이다.

6행 MySqlConnection 클래스의 생성자에 MariaDB에 연결할 문자열을 매개 변수로 전달하고, 7행의 Conn.Open() 메서드를 이용하여 데이터베이스를 연다.

8-10행 ‘carinfo’ 테이블에 새 데이터를 입력하는 INSERT 쿼리문이다.

11행 MySqlCommand 클래스 생성자에 8~10행의 INSERT 쿼리문과 6행의 Conn 개체를 매개 변수로 전달하여 MySqlCommand 클래스의 개체 Comm을 생성하고 초기화한다.

12행 Comm.ExecuteNonQuery() 메서드를 이용하여 데이터베이스의 연결에 대한 8~10행의 INSERT 쿼리문을 실행하여 성공 여부에 대한 int 타입의 값을 반환받는다.

13행 Conn.Close() 메서드를 호출하여 데이터베이스를 닫는 작업을 수행한다.

다음의 Control_Clear() 메서드는 입력 컨트롤의 데이터를 초기화하는 작업을 수행한다.

```
private void Control_Clear()
{
   this.txtName.Clear();
   this.txtYear.Clear();
   this.txtPrice.Clear();
   this.txtDoor.Clear();
}
```

다음의 lvList_Click() 이벤트 핸들러는 lvList 컨트롤을 선택하고 이벤트 목록 창에서 [Click] 항목을 더블클릭하여 생성한 프로시저로, 선택된 lvList 컨트롤의 행의 데이터를 입력 컨트롤에 나타내는 작업을 수행한다.

```
private void lvList_Click(object sender, EventArgs e)
{
   if (this.lvList.SelectedItems.Count > 0)
   {
      this.txtName.Text = this.lvList.SelectedItems[0].SubItems[1].Text;
      this.txtYear.Text = this.lvList.SelectedItems[0].SubItems[2].Text;
      this.txtPrice.Text = this.lvList.SelectedItems[0].SubItems[3].Text;
      this.txtDoor.Text = this.lvList.SelectedItems[0].SubItems[4].Text;
      Data_Num = this.lvList.SelectedItems[0].SubItems[0].Text;
   }
}
```

다음의 btnModify_Click() 이벤트 핸들러는 [수정] 버튼을 더블클릭하여 생성한 프로시저로, [lvList] 컨트롤에 출력된 데이터를 선택하고 선택된 데이터의 수정 값을 MariaDB 서버에 저장한다.

```
private void btnModify_Click(object sender, EventArgs e)
{
   if (this.txtName.Text != "" && this.txtYear.Text != "" &&
     this.txtPrice.Text != "" && this.txtDoor.Text != "")
   {
      try
      {
         var Conn = new MySqlConnection(StrSQL);
         Conn.Open();
         var MySqlAdapter =

               new MySqlDataAdapter("select * from carinfo", Conn);

         var ds = new DataSet();
         MySqlAdapter.Fill(ds, "dsTable");
```

```
14             var dt = ds.Tables["dsTable"].Select("id =" +
15                         Convert.ToInt32(this.Data_Num),
16                         null, DataViewRowState.CurrentRows);

17             DataRow drTemp;
18             drTemp = dt[0];
19             drTemp["c_name"] = this.txtName.Text;
20             drTemp["c_year"] = this.txtYear.Text;
21             drTemp["c_price"] = this.txtPrice.Text;
22             drTemp["c_door"] = this.txtDoor.Text;

23             var cmdBuild = new MySqlCommandBuilder(MySqlAdapter);
24             MySqlAdapter.UpdateCommand = cmdBuild.GetUpdateCommand();
25             MySqlAdapter.Update(ds, "dsTable");
26             cmdBuild.Dispose();

27             MessageBox.Show("정상적으로 데이터가 수정되었습니다.", "알림",
28                     MessageBoxButtons.OK, MessageBoxIcon.Information);
29             lvList_MySqlClient_View();
30             Control_Clear();
31         }
32         catch
33         {
34             MessageBox.Show("정상적으로 데이터가 수정되지 않았습니다.", "에러",
35                     MessageBoxButtons.OK, MessageBoxIcon.Error);
36         }
37     }
38 }
```

8행 데이터베이스 연결 문자열을 매개 변수로 대입하여 MySqlConnection 클래스의 개체 Conn을 초기화하는 문장이다.

9행 Conn.Open() 메서드를 이용하여 데이터베이스를 연다.

10-11행 SELECT 쿼리문과 MySqlConnection 클래스의 개체 Conn을 매개 변수로 전달하여 MySqlDataAdapter 클래스의 개체 MySqlAdapter를 초기화한다.

14-16행 DataSet.Tables["가상 테이블"].Select() 문을 이용하여 가상테이블에서 데이터를 선택하여 가져오는 작업을 수행한다. 데이터베이스의 데이터를 수정할 때는 인덱스 값을 이용하기 때문에 lvList 컨트롤에 나타난 칼럼의 첫 번째 값으로 데이터를 선택하여 가져온다.

17행 DataRow 클래스의 개체 변수 drTemp를 선언한다.

18행 생성된 drTemp 개체에 14~16행에서 가져온 가상테이블의 데이터 행과 동일한 스키마와 데이터를 저장한다.

19-22행 입력 컨트롤의 입력된 데이터를 drTemp 개체에 수정하여 대입한다.

23행 MySqlCommandBuilder 클래스의 개체 cmdBuild를 선언하고 초기화하는 문장으로 MySqlCommandBuilder 클래스의 생성자에 MySqladapter 개체를 전달하여 cmdBuild 개체를 생성한다.

24행 cmdBuilder.GetUpdateCommand() 메서드를 이용하여 데이터베이스를 업데이트하기 위해 가상 데이터 소스를 업데이트한다.

25행 MySqlDataAdapter.Update() 메서드를 이용하여 지정된 데이터 테이블 이름('dsTable')을 갖는 DataSet(ds)을 업데이트하여 데이터베이스의 원본 데이터 소스에 반영한다.

26행 cmdBuild.Dispose() 메서드를 이용하여 리소스를 제거하는 작업을 수행한다.

29행 lvList_MySqlClient_View() 메서드를 호출하여 변경된 데이터를 lvList 컨트롤에 출력하는 작업을 수행한다.

다음의 btnSearch_Click() 이벤트 핸들러는 [검색] 버튼을 더블클릭하여 생성한 프로시저로, 입력 컨트롤의 데이터를 이용하여 정보를 검색한다.

```
private void btnSearch_Click(object sender, EventArgs e)
{
    this.lvList.Items.Clear();
    var Conn = new MySqlConnection(StrSQL);
    Conn.Open();

    var Comm = new MySqlCommand(
                "Select * From carinfo where c_name = '" +
                this.txtName.Text + "' or c_year = '" +
                this.txtYear.Text + "' or c_price = '" +
                this.txtPrice.Text + "' or c_door = " +
                Convert.ToInt32((this.txtDoor.Text == "") ? 0 :
                Convert.ToInt32(this.txtDoor.Text)) + "", Conn);
    var myRead = Comm.ExecuteReader();
    while (myRead.Read())
    {
        var strArray = new String[] { myRead["id"].ToString(),
                myRead["c_name"].ToString(), myRead["c_year"].ToString(),
                myRead["c_price"].ToString(), myRead["c_door"].ToString() };
        var lvt = new ListViewItem(strArray);
        this.lvList.Items.Add(lvt);
    }
    myRead.Close();
    Conn.Close();
}
```

6-12행 MySqlCommand 클래스의 생성자에 매개 변수로 데이터 검색을 위한 SELECT 쿼리문과 데이터베이스 연결 정보를 갖는 Conn 개체를 전달하여 Comm 개체를 생성한다.

13행 Comm.ExecuteReader() 메서드를 이용하여 검색된 데이터를 myRead 개체에 저장한다.

14-21행 while 문을 이용하여 검색된 데이터를 lvList 컨트롤에 나타내는 작업을 수행한다.

다음의 삭제ToolStripMenuItem_Click() 이벤트 핸들러는 [삭제] 메뉴를 더블클릭하여 생성한 프로시저로, lvList 컨트롤의 선택된 행을 삭제하는 작업을 수행한다.

```
01  private void 삭제ToolStripMenuItem_Click(object sender, EventArgs e)
02  {
03      if (this.lvList.SelectedItems.Count > 0)
04      {
05          DialogResult dlr = MessageBox.Show("데이터를 삭제할까요?", "알림",
06                  MessageBoxButtons.YesNo, MessageBoxIcon.Question);
07          if (dlr == DialogResult.Yes)
08          {
09              var Conn = new MySqlConnection(StrSQL);
10              Conn.Open();
11              string Sql = "delete from carinfo where id = " +
12                  Convert.ToInt32(this.lvList.SelectedItems[0].SubItems[0].Text) + "";
13              var Comm = new MySqlCommand(Sql, Conn);
14              int i = Comm.ExecuteNonQuery();
15              if (i == 1)
16                  MessageBox.Show("데이터가 정상적으로 삭제되었습니다.", "알림",
17                          MessageBoxButtons.OK, MessageBoxIcon.Information);
18              else
19                  MessageBox.Show("데이터를 삭제하지 못하였습니다..", "알림",
20                      MessageBoxButtons.OK, MessageBoxIcon.Error);
21              Control_Clear();
22              lvList_MySqlClient_View();
23          }
24      }
25      else
26          MessageBox.Show("삭제할 행을 선택하세요.", "알림",
27              MessageBoxButtons.OK, MessageBoxIcon.Warning);
28  }
```

5-6행 삭제할 데이터의 선택과 삭제 여부를 묻는 문장으로, 메시지 박스에서 선택된 버튼의 MessageBoxButtons 열거값이 'Yes'일 경우 7~23행을 수행한다.

11-12행 lvList 컨트롤에서 선택된 삭제할 데이터에 해당하는(id 일치) 데이터베이스의 데이터를 삭제하는 DELETE 쿼리문이다.

14행 DELETE 쿼리문을 Comm.ExecuteNonQuery() 메서드를 이용하여 실행하고 수행 여부를 int 타입으로 반환받는다.

3.4 차계부 예제 실행

다음 그림은 차계부 예제를 Ctrl+F5를 눌러 실행한 화면이다. 입력 란에 새로운 데이터를 입력하고 [저장] 버튼을 클릭하여 목록에 표시되는 것을 확인한다. 또한, 목록에서 임의의 데이터를 선택한 뒤에 값을 수정하고 [수정] 버튼을 클릭하여 목록에 수정한 내용이 반영되는 지를 확인한다. 마지막으로 이름 란에 값을 입력하고 [검색] 버튼을 클릭하여 데이터 검색 기능을 확인한다.

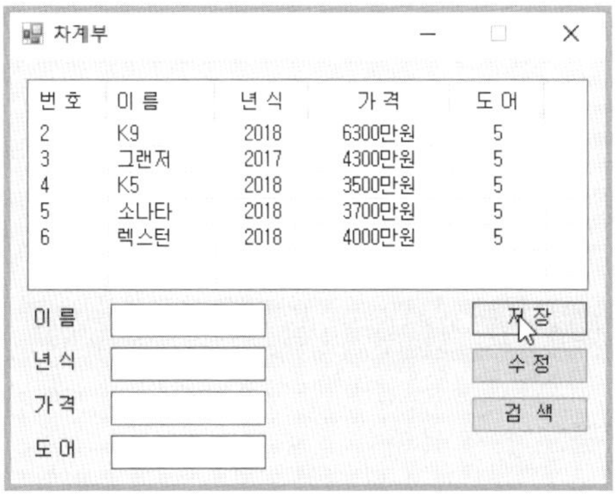

4. 데이터 로딩

이 절에서는 MariaDB와 연동하여 질의할 데이터가 대용량일 때 데이터 로딩 작업을 자연스럽게 하도록 "로딩 중"이라는 표시를 나타내는 기능을 구현해 본다.

웹에서 파일을 다운로드하거나 또는 윈도우 애플리케이션에서 많은 데이터를 가져오는 등의 로딩이 필요할 때 모래시계 또는 프로그레스 바 형태의 움직이는 이미지가 나타나는 것을 흔히 접할 수 있다. 이는 일반적으로 데이터베이스 연동에서 대용량 데이터를 질의하고자 하면 데이터를 가져오는 작업은 내부적으로 처리되고 있지만, 주 스레드가 멈추는 현상이 일어나기 때문에 자연스러운 데이터 로딩 처리를 하지 못한다. 따라서 이는 보조 스레드를 사용하여 처리한다. 또한, 사용자가 기다릴 때 움직이는 이미지가 표시되면 기다림의 지루함을 덜어줄 수 있다. 예제를 테스트하기 위해 약 450 만개 데이터를 인덱스를 설정하지 않은 상태에서 데이터베이스에 미리 입력하여 데이터 로딩 예제를 구현하였다.

다음 그림은 데이터 로딩 애플리케이션을 구현하고 실행한 결과 화면이다.

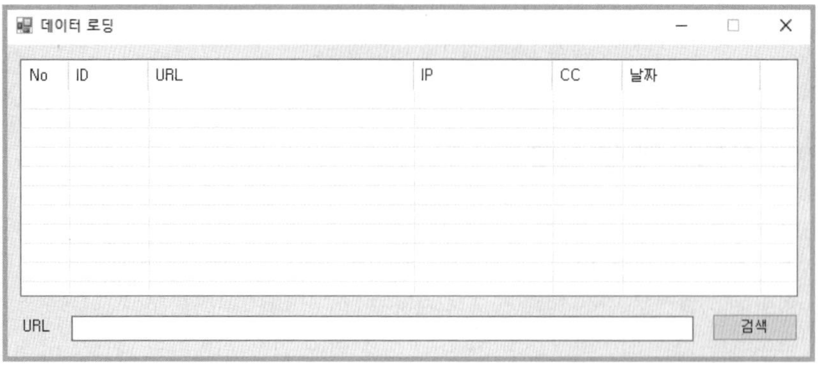

[결과 미리 보기]

4.1 데이터베이스 설정

MariaDB에 접속하여 데이터베이스 이름을 ‘mook’로 하여 데이터베이스를 생성하고, 다음 표와 같이 테이블 ‘test_data’를 생성한다.

필드 이름	데이터 형식	필드 크기	비고
id	일련번호		Primary Key 설정 자동 증가(1)
url	varchar	100	
ip	varchar	20	
cc	varchar	5	
pcn	varchar	5	
datetime	datetime		
redirection	text		

테이블 생성을 위한 SQL 문은 다음과 같다.

```
CREATE TABLE ‘test_data’ (
   ‘Id’ int(11) NOT NULL AUTO_INCREMENT,
   ‘url’ varchar(100) NOT NULL DEFAULT ‘’,
   ‘ip’ varchar(20) DEFAULT ‘’,
   ‘cc’ varchar(5) DEFAULT NULL,
   ‘pcn’ varchar(5) DEFAULT NULL,
   ‘datetime’ datetime DEFAULT NULL,
   ‘redirection’ text,
   PRIMARY KEY (‘Id’)
) ENGINE=InnoDB AUTO_INCREMENT=4765359 DEFAULT CHARSET=utf8;
```

4.2 데이터 로딩(Form1) 디자인

프로젝트 이름을 'mook_DataLoading'으로 하여 'C:\CSharpProject\Chap07' 경로에 새 프로젝트를 생성한다. 다음 그림과 같이 윈도우 폼에 필요한 컨트롤을 위치시켜 폼을 디자인하고, 각 컨트롤의 속성값을 설정한다.

폼 디자인에 사용된 컨트롤의 주요 속성값은 다음과 같다.

폼 컨트롤	속 성	값
Form1	Name	Form1
	Text	데이터 로딩
	FormBorderStyle	FixedToolWindow
	MaximizeBox	False
Label1	Name	lblURL
	Text	URL
TextBox1	Name	txtURL
Button1	Name	btnSearch
	Text	검색
ListView1	Name	lvList
	ContextMenuStrip	cmsMenu
	FullRowSelect	True
	GridLines	True
	View	Details

lvList 컨트롤에 ColumnHeader를 추가하기 위해서 lvList 컨트롤을 선택하고 속성 목록 창에서 [Columns] 항목의 ...(컬렉션) 버튼을 눌러 [ColumnHeader 컬렉션 편집기] 대화상자를 실행한다. 대화상자에서 [추가] 버튼을 클릭하여 6개의 멤버를 다음 그림과 같이 추가한다.

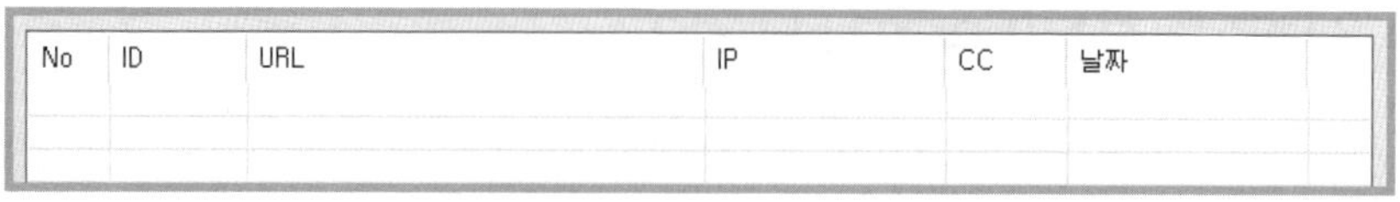

추가된 멤버의 기본 속성값은 다음과 같다.

폼 컨트롤	속 성	값
ColumnHeader1	Name	chNo
	Text	No
	Width	40
ColumnHeader2	Name	chID
	Text	ID
	Width	70
ColumnHeader3	Name	chURL
	Text	URL
	Width	230
ColumnHeader4	Name	chIP
	Text	IP
	Width	120
ColumnHeader5	Name	chcc
	Text	CC
	Width	60
ColumnHeader6	Name	chDate
	Text	날짜
	Width	120

프로젝트 내부에 'img' 폴더를 생성하고 "로딩 중"이라는 표시를 할 때 사용할 이미지 파일을 붙여넣기 하여 활용한다.

4.3 데이터 로딩(Form1.cs) 코드 구현

다음과 같이 클래스 내부 상단에 멤버 개체 및 변수를 선언한다.

```
String StrSQL =
    "Server = localhost; Database=mook;Uid=root;Password=p12345!@;" +
    "port=3306;CharSet=utf8;SslMode=none";

List<DataResult.DBResult> DataItems = new List<DataResult.DBResult>();
```

1행　MariaDB 연결을 위한 연결 문자열을 설정한다.

4행　List〈T〉 멤버 변수로 List에 저장될 형식은 DataResult.DBResult 구조체 형식을 갖는다.

다음의 btnSearch_Click() 이벤트 핸들러는 [검색] 버튼을 더블클릭하여 생성한 프로시저로, Form2를 호출하여 대용량 데이터를 검색하는 작업을 수행한다.

```
01  private void btnSearch_Click(object sender, EventArgs e)
02  {
03      this.lvList.Items.Clear();
04      this.DataItems.Clear();
05      Form2 frm2 = new Form2();
06      frm2.URL = this.txtUrl.Text;
07      frm2.SQL = StrSQL;
08      if (frm2.ShowDialog() == DialogResult.OK)
09      {
10          DataItems = frm2.Result;
11          frm2.Close();

12          int n = 1;
13          foreach(DataResult.DBResult data in DataItems)
14          {
15              this.lvList.Items.Add(new ListViewItem(new string[] {
16                      n.ToString(), data.num.ToString(), data.url.ToString(),
17                      data.ip.ToString(), data.cc.ToString(), data.date.ToString()}));
18              n++;
19          }
20      }
21  }
```

6행　검색할 URL을 Form2의 접근자에 전달하는 문장이다.

7행　MariaDB 연결문을 From2 접근자에 전달하는 문장이다.

8행　frm2.ShowDialog() 메서드를 이용하여 모달 형태로 Form2를 호출하고 Form2에서 DialogResult 열거형의 'OK'가 반환되면 9~20행을 수행하여 데이터베이스에서 얻은 데이터를 lvList 컨트롤에 나타낸다.

10행　Form2에서 데이터 로딩이 모두 완료된 후 List〈T〉 타입의 frm2.Result 개체 값을 DataItems에 저장한다. 즉, 검색한 데이터를 저장하는 작업을 수행한다.

13-19행　foreach 문을 이용하여 10행에서 저장된 DataItems의 구조체 타입의 리스트 개체의 값을 lvList에 나타내는 작업을 수행한다.

4.4 DataResult.cs 클래스 추가 및 코드 구현

솔루션 탐색기에서 프로젝트 이름을 마우스 오른쪽 버튼으로 클릭하여 표시되는 단축메뉴에서 [추가]-[클래스] 메뉴를 선택한다. [새 항목 추가] 대화상자가 나타나면 이름에 'DataResult.cs'를 입력하고 [추가] 버튼을 클릭하여 클래스를 생성한다.

다음과 같이 클래스 내부에 DBResult 구조체를 선언한다. 이는 입력한 URL에 대해 데이터베이스에서 검색된 정보를 저장하는 구조체로, 이 구조체를 다시 List 타입의 개체를 통해 선언한다.

```
public class DataResult
{
    public struct DBResult
    {
        public string num;
        public string url;
        public string ip;
        public string cc;
        public string date;
    }
}
```

4.5 로딩(Form2) 디자인

솔루션 탐색기에서 프로젝트 이름을 마우스 오른쪽 버튼으로 클릭하여 표시되는 단축메뉴에서 [추가]-[Windows Form] 메뉴를 선택하여 'Form2'를 생성하다. 다음 그림과 같이 윈도우 폼에 필요한 컨트롤을 위치시켜 폼을 디자인하고, 각 컨트롤의 속성값을 설정한다.

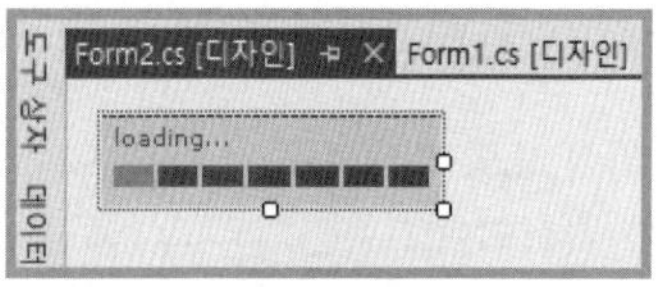

폼 디자인에 사용된 컨트롤의 주요 속성값은 다음과 같다.

폼 컨트롤	속 성	값
Form2	Name	Form2
	Text	로딩
	FormBorderStyle	None
	BackColor	GradientInactiveCaption
	ShowIcon	False
	ShowTaskbar	False
	StartPosition	CenterParent
Label1	Name	lbltmp
	BackColor	GradientInactiveCaption
PictureBox1	Name	picLoad
	BackColor	GradientInactiveCaption
	Image	[설정]
	SizeMode	CenterImage

※ Label1 컨트롤은 임시 데이터를 저장하는 역할을 하며, 적당한 곳에 위치함

4.6 로딩(Form2.cs) 코드 구현

다음과 같이 using 키워드를 이용하여 필요한 네임스페이스를 추가한다.

```
using MySql.Data.MySqlClient;
using System.Threading;
```

다음과 같이 클래스 내부 상단에 멤버 변수를 추가한다.

```
01  public string URL { get; set; }
02  public string SQL { get; set; }
03  public List<DataResult.DBResult> Result { get; set; }

04  public delegate void PreviewHandler(object sender, EventArgs e);
05  public event PreviewHandler Preview;
06  public delegate void InvokeDelegate(List<DataResult.DBResult> data);

07  private DBAccess dbc;
08  Thread Workstart = null;

09  List<DataResult.DBResult> DataItems = new List<DataResult.DBResult>();
```

1-2행 Form1에서 전달받은 URL과 SQL 연결문을 저장하기 위한 접근자를 선언하는 문장이다.

3행 1행에서 전달받은 URL에 대한 데이터베이스 검색 정보를 저장하는 구조체 타입의 리스트 접근자이다.

4-5행　　델리게이트 및 이벤트를 선언하는 문장이다.

다음의 Form2_Load() 이벤트 핸들러는 폼을 더블클릭하여 생성한 프로시저로, 이벤트 등록 및 스레드를 초기화하여 시작하는 작업을 수행한다.

```
01  private void Form2_Load(object sender, EventArgs e)
02  {
03      dbc = new DBAccess();
04      this.Preview += new PreviewHandler(ControlEventMethod);
05      Workstart = new Thread(new ThreadStart(GetData));
06      Workstart.Priority = ThreadPriority.Lowest;
07      Workstart.IsBackground = true;
08      Workstart.Start();
09  }
```

3행　　DBAccess 클래스의 개체 dbc를 초기화 하는 문장이다.

4행　　'+' 연산자를 이용하여 Preview 이벤트를 등록하는 문장으로 매개 변수에 ControlEventMethod 이벤트 핸들러를 전달한다.

5행　　Workstart 스레드를 초기화하는 문장으로 GetData() 메서드를 대리자로 선언한다.

6행　　Workstart.Priority 속성에 Lowest 열거형을 설정하여 우선순위를 낮게 설정한다.

8행　　Workstart.Start() 메서드를 이용하여 스레드를 실행한다.

다음의 ControlEventMethod() 이벤트 핸들러는 Preview 이벤트가 발생하면 해당 이벤트를 처리하는 작업을 수행한다. 이는 데이터베이스에서 검색이 모두 완료되면 검색된 데이터를 Form1에 전달한다.

```
01  public void ControlEventMethod(object sender, EventArgs e)
02  {
03      if (lbltmp.InvokeRequired)
04      {
05          InvokeDelegate del = new InvokeDelegate(InvokeController);
06          lbltmp.BeginInvoke(del, (List<DataResult.DBResult>)sender);
07      }
08  }
```

3행　　lbltmp.InvokeRequired 속성을 이용하여 크로스 스레드 에러를 방지하는 문장이다. 만약 다른 스레드에서 lbltmp 컨트롤에 접근하려 할 때는 크로스 스레드 에러가 발생한다. 다른 스레드에서 lbltmp 컨트롤에 접근할 경우 InvokeDelegate 델리게이트를 이용하여 안전하게 이벤트를 처리한다.

5행 InvokeDelegate 개체 del을 초기화하는 문장으로 매개 변수로 작업 수행을 위한 InvokeController 이벤트 핸들러를 전달한다.

6행 lbltmp.BeginInvoke() 메서드를 이용하여 lbltmp 내부 핸들이 작성된 스레드에서 특정 인수를 사용하여 지정된 대리자를 비동기식으로 실행하는 작업을 수행한다. 이 작업으로 비동기적으로 InvokeController 실행하여 List〈DataResult.DBResult〉을 전달한다.

다음의 GetData() 메서드는 Workstart 스레드에서 실행되며, dbc 클래스 개체에 SQL 연결문과 검색 URL을 넘겨주고 데이터베이스에서 질의를 유도 한다.

```
01  public void GetData()
02  {
03      dbc.SQL = SQL;
04      dbc.URL = URL;
05      List<DataResult.DBResult> tmpDataItems = dbc.Select();
06      this.Preview(tmpDataItems, null);
07  }
```

3-4행 SQL 문과 검색할 URL을 DBAccess 클래스에 접근자를 통해 전달하는 문장이다.

5행 dbc.Select() 메서드를 호출하여 데이터베이스에 SELECT 쿼리문을 질의하는 작업을 수행하여 결과값을 List〈DataResult.DBResult〉 타입의 개체 tmpDataItems에 저장한다.

6행 Preview 이벤트를 호출하는 문장이다.

다음의 InvokeController() 이벤트 핸들러는 del 델리게이트에서 수행되며 데이터베이스에서 SELECT 쿼리문 질의를 완료하여 검색된 데이터를 Form1에 전달하는 작업을 수행한다.

```
public void InvokeController(List<DataResult.DBResult> Data)
{
    Result = Data;
    DialogResult = DialogResult.OK;
}
```

다음의 DBAccess 클래스 선언은 실제 데이터베이스에 지정된 URL에 대한 정보를 가져오는 작업을 수행한다.

```
01  public class DBAccess
02  {
03      public string SQL { get; set; }
04      public string URL { get; set; }

05      List<DataResult.DBResult> DataItems = new List<DataResult.DBResult>();

06      public List<DataResult.DBResult> Select()
07      {
08          string url = URL;
09          string sql = SQL;

10          var Conn = new MySqlConnection(sql);
11          Conn.Open();
12          var Comm = new MySqlCommand(
13                  “Select id, url, ip, cc, datetime From test_data ” +
14                  “where url = ‘” + url + “’ order by id asc”, Conn);
15          var myRead = Comm.ExecuteReader();
16          while (myRead.Read())
17          {
18              DataResult.DBResult dr = new DataResult.DBResult();
19              dr.num = myRead[0].ToString();
20              dr.url = myRead[1].ToString();
21              dr.ip = myRead[2].ToString();
22              dr.cc = myRead[3].ToString();
23              dr.date = myRead[4].ToString();
24              DataItems.Add(dr);
25          }
26          myRead.Close();
27          Conn.Close();

28          return DataItems;
29      }
30  }
```

6-29행 반환 타입이 List〈DataResult.DBResult〉로 데이터베이스에서 입력된 URL의 정보를 가져오는 작업을 수행하는 메서드이다.

10행 MySqlConnection 클래스의 개체 Conn을 선언하고 초기화하는 작업을 수행한다.

12-14행 Form1에서 전달받은 URL에 대한 정보를 검색하기 위한 SELECT 쿼리문과 Conn 개체를 매개 변수로 전달하여 SqlCommand 클래스의 개체 Comm을 초기화한다.

15행 Comm.ExecuteReader() 메서드를 이용하여 12~14행에서 정의한 SELECT 쿼리문을 실행한다.

16-25행 while 문과 myRead.Read() 메서드를 이용하여 데이터베이스에서 가져온 URL 정보를 DataResult.DBResult 구조체에 저장하는 작업을 수행한다.

4.7 데이터 로딩 예제 실행

다음 그림은 데이터 로딩 예제를 Ctrl+F5를 눌러 실행한 화면이다. "loading..." 이미지가 표시되는 것을 확인할 수 있다.

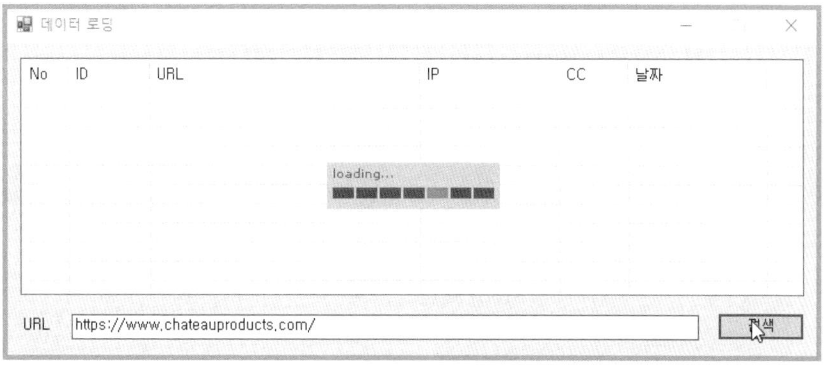

검색을 위한 URL을 입력하고 [검색] 버튼을 클릭하면 데이터베이스에 저장된 데이터가 표시되는 것을 확인할 수 있다.

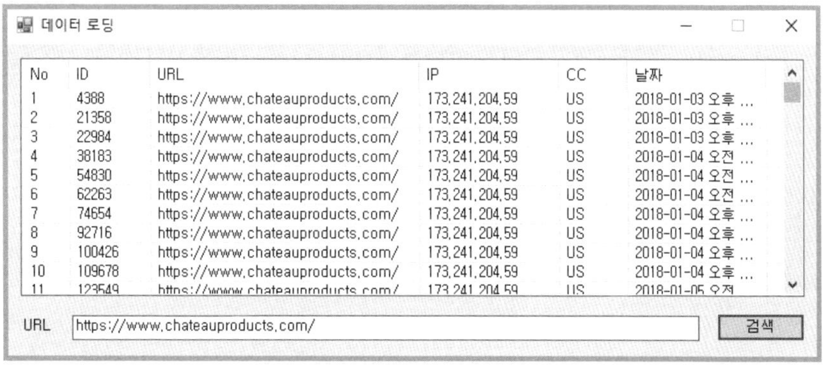

5. 학사관리

이 절에서는 SQL Server 2017과 연동하여 학사 정보를 검색하고 저장 및 수정하는 애플리케이션을 살펴보도록 한다. SQL Server 2017과의 연동은 별도의 연결 Connector를 설치하지 않아도 .Net Framework에서 제공하는 네임스페이스를 추가하고 메서드 및 인터페이스를 이용하여 쉽게 연동할 수 있다.

SQL Server 2017은 다음의 URL에서 다운로드할 수 있다.

SQL Server 2017 다운로드 URL
https://www.microsoft.com/en-us/sql-server/sql-server-downloads Download 파일 : SQLServer2017-SSEI-Dev.exe

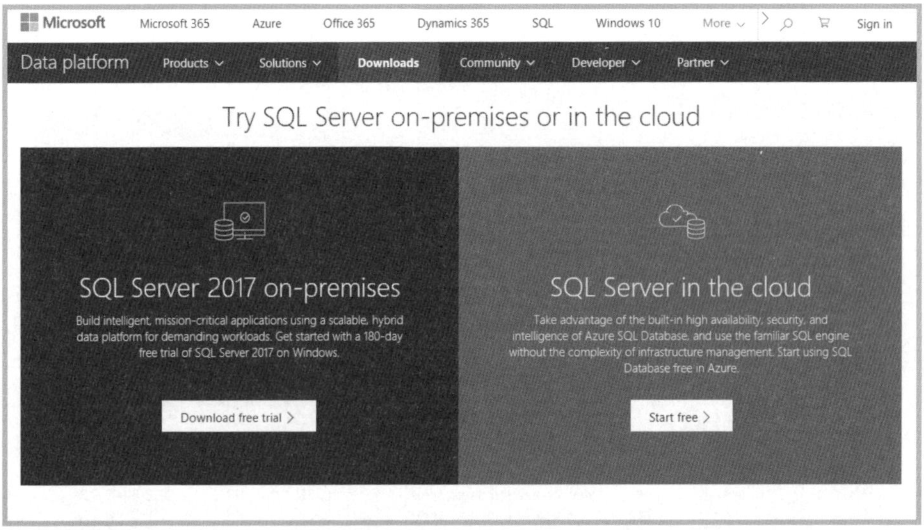

SQL Server 2017을 사용하기 위해서는 관리 도구로 SQL Server Management Studio(SSMS)를 사용해야 한다. 관리 도구인 SSMS는 다음의 URL에서 다운로드할 수 있다.

SQL Server Management Studio 다운로드 URL
https://docs.microsoft.com/ko-kr/sql/ssms/download-sql-server-management-studio-ssms?view=sql-server-2017 Download 파일 : SSMS-Setup-KOR.exe

SSMS(SQL Server Management Studio) 다운로드

2018. 07. 20. • 읽는 데 13분 • 참가자

이 항목은 다음에 적용됩니다. SQL Server Azure SQL Database Azure SQL Data Warehouse 병렬 데이터 웨어하우스

SSMS는 SQL Server에서 SQL Database까지 모든 SQL 인프라를 관리하기 위한 통합 환경입니다. SSMS는 SQL의 인스턴스를 구성, 모니터링 및 관리하는 도구를 제공합니다. SSMS를 사용하면 응용 프로그램에 사용되는 데이터 계층 구성 요소를 배포, 모니터링 및 업그레이드하고 쿼리 및 스크립트를 작성할 수 있습니다.

로컬 컴퓨터 또는 클라우드 등 어디에서나 SSMS(SQL Server Management Studio)를 사용하여 데이터베이스 및 데이터 웨어하우스를 쿼리, 디자인 및 관리할 수 있습니다.

SSMS는 무료입니다.

SSMS 17.X는 *SQL Server Management Studio*의 최신 세대이며 SQL Server 2017을 지원합니다.

SQL Server Management Studio 17.8.1 다운로드**(컴퓨터에 이전 SSMS 17.x 버전이 필요하지 않음)**

SQL Server Management Studio 17.8.1 업그레이드 패키지 다운로드**(17.x를 17.8.1로 업그레이드, 컴퓨터에 이전 SSMS 17.x 버전이 필요함)**

다음 그림은 학사관리 애플리케이션을 구현하고 실행한 결과 화면으로 사용자 로그인 화면과 정보 조회 및 수정 화면이다.

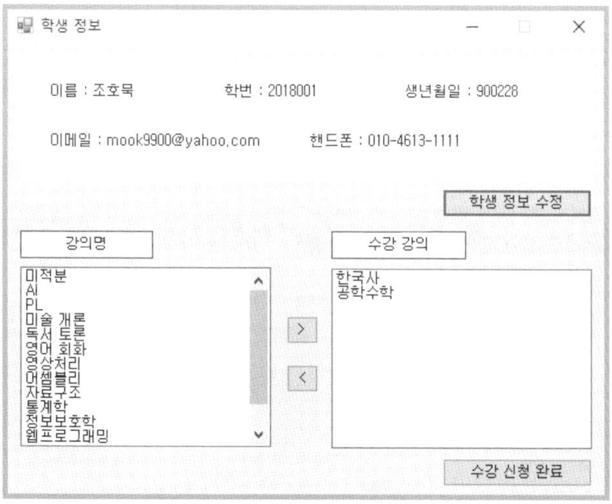

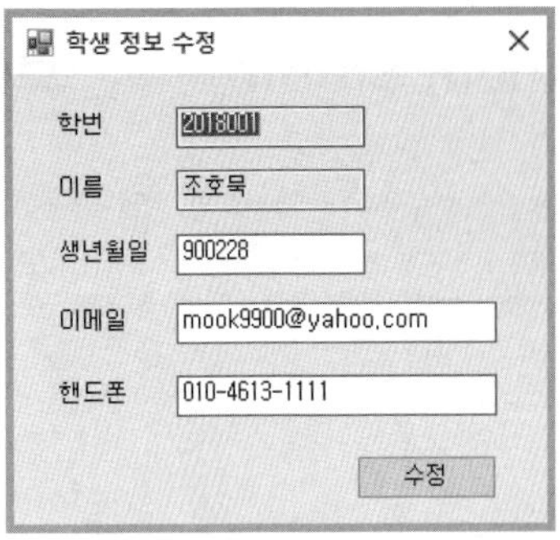

[결과 미리 보기]

5.1 데이터베이스 설정

SQL Server Management Studio를 열어 데이터베이스 이름을 'mook'로 하여 데이터베이스를 생성하고 다음과 같은 데이터 테이블을 생성한다.

테이블 이름 : 't_login'
테이블 용도 : 로그인 기능 구현을 위해 기본 데이터 관리
테이블 구조 :

필드 이름	데이터 형식	필드 크기	비고
id	int		Primary Key 설정 자동 증가(1)
userid	varchar	30	
userpwd	varchar	30	

테이블 이름 : 't_userinfo'
테이블 용도 : 't_login' 테이블의 아이디와 매칭되는 기본 인사 정보 관리
테이블 구조 :

필드 이름	데이터 형식	필드 크기	비고
id	int		Primary Key 설정 자동 증가(1)
userid	varchar	30	
edunum	int		
name	varchar	20	
birth	varchar	30	
email	varchar	40	
phone	varchar	30	

테이블 이름 : 't_subject'
테이블 용도 : 강의명 기본 데이터 관리
테이블 구조 :

필드 이름	데이터 형식	필드 크기	비고
id	int		Primary Key 설정 자동 증가(1)
subject	varchar	50	

테이블 이름 : 't_user_subject'
테이블 용도 : t_userinfo 테이블의 학번(edunum)과 매칭되는 수강 신청된 강의명 관리
테이블 구조 :

필드 이름	데이터 형식	필드 크기	비고
id	int		Primary Key 설정 자동 증가(1)
edunum	int		
subject	varchar	50	

5.2 로그인(Form1) 디자인

프로젝트 이름을 'mook_EduMgr'로 하여 'C:\CSharpProject\Chap07' 경로에 새 프로젝트를 생성한다. 다음 그림과 같이 윈도우 폼에 필요한 컨트롤을 위치시켜 폼을 디자인하고, 각 컨트롤의 속성값을 설정한다.

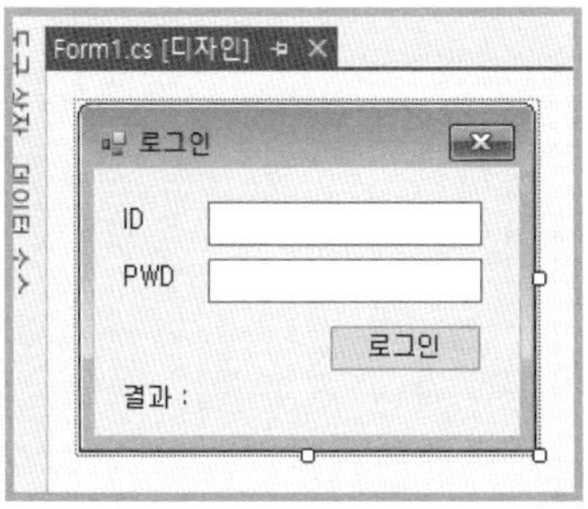

폼 디자인에 사용된 컨트롤의 주요 속성값은 다음과 같다.

폼 컨트롤	속 성	값
	Name	Form1
	Text	로그인
Form1	FormBorderStyle	FixedToolWindow
	MaximizeBox	False
	MinimizeBox	False

Label1	Name	lblId
	Text	ID
Label2	Name	lblPwd
	Text	PWD
Label3	Name	lblResult
	Text	결과 :
TextBox1	Name	txtId
TextBox2	Name	txtPwd
Button1	Name	btnLogin
	Text	로그인

5.3 로그인(Form1.cs) 코드 구현

다음과 같이 using 키워드를 이용하여 필요한 네임스페이스를 추가한다.

```
using System.Data.SqlClient;
```

System.Data.SqlClient 네임스페이스는 SQL Serve 2017을 연결하기 위한 클래스와 메서드 등 인터페이스를 제공한다.

다음과 같이 멤버 변수를 클래스 상단에 추가한다.

```
// SQL Server 연결 문자열
private string Constr =
   "server=localhost;uid=mook;pwd=p12345!@;database=mook";
```

SQL Server 2017을 연결하기 위한 연결문은 다음과 같이 구성된다.

```
server=[서버 아이피 주소];uid=[SQL Server 2017 접속 아이디];pwd=[SQL
Server 2017 접속 비밀번호];database=[데이터베이스 이름]
```

다음의 btnLogin_Click() 이벤트 핸들러는 [로그인] 버튼을 더블클릭하여 생성한 프로시저로, 학사관리의 로그인 하는 작업을 수행한다.

```
private void btnLogin_Click(object sender, EventArgs e)
{
   var Conn = new SqlConnection(Constr);
   Conn.Open();

   var Comm = new SqlCommand("Select userpwd from t_login " +
```

```
06                  “where userid = ‘” + this.txtId.Text + “’”, Conn);
07          var myRead = Comm.ExecuteReader();
08          if (myRead.Read())
09          {
10              string strpwd = myRead[0].ToString();
11              if (strpwd == this.txtPwd.Text)
12              {
13                  myRead.Close();
14                  Conn.Close();
15                  Form2 frm2 = new Form2();
16                  frm2.UserId = this.txtId.Text;
17                  frm2.Show();
18                  this.Hide();
19              }
20              else
21              {
22                  this.lblResult.Text = “결과 : 로그인 실패”;
23                  txtClear();
24              }
25          }
26          else
27          {
28              this.lblResult.Text = “결과 : 로그인 실패”;
29              txtClear();
30          }
31          myRead.Close();
32          Conn.Close();
33      }
```

3행 SqlConnection 클래스의 개체 Conn을 생성하는 문장으로 생성자의 매개 변수에 SQL Sever 2017을 연결하기 위한 연결 문자열을 전달한다.

4행 Conn.Open() 메서드를 이용하여 데이터베이스를 연다.

5-6행 SqlCommand 생성자의 매개 변수에 로그인을 위해 입력된 아이디를 이용하여 패스워드를 질의하는 SELECT 쿼리문과 Conn 개체를 대입하여 SqlCommand의 개체 Comm을 생성하고 초기화한다.

7행 5~6행의 SELECT 쿼리문을 실행하여 데이터를 가져오는 작업을 수행한다. Comm.ExecuteReader() 메서드를 이용하여 데이터를 가져와 SqlDataReader 클래스의 개체 myRead에 저장한다.

8행 myRead.Read() 메서드를 이용하여 myRead 개체에 저장된 데이터를 읽는 작업을 수행한다.

10행 myRead[“칼럼 번호”] 형태로 myRead 개체에 저장된 배열 데이터 즉, 패스워드 값을 변수에 저장한다.

13-14행 myRead와 Conn 개체를 각각 Close() 메서드를 이용하여 리소스를 해제하는 작업을 수행한다.

15-18행 로그인이 완료되었기 때문에 Form2를 보이고 this.Hide() 메서드를 이용하여 로그인 폼을 숨기는 작업을 수행한다.

16행 Form2의 UserId 접근자에 입력된 아이디를 전달하는 문장이다.

다음의 txtClear() 메서드는 입력 컨트롤의 데이터를 초기화하는 작업을 수행한다.

```
private void txtClear()
{
    this.txtId.Text = "";
    this.txtPwd.Text = "";
}
```

5.4 학생 정보(Form2) 디자인

솔루션 탐색기에서 프로젝트 이름을 마우스 오른쪽 버튼으로 클릭하여 표시되는 단축메뉴에서 [추가]-[Windows Form] 메뉴를 클릭하여 'Form2'를 생성하다. 다음 그림과 같이 윈도우 폼에 필요한 컨트롤을 위치시켜 폼을 디자인하고, 각 컨트롤의 속성값을 설정한다.

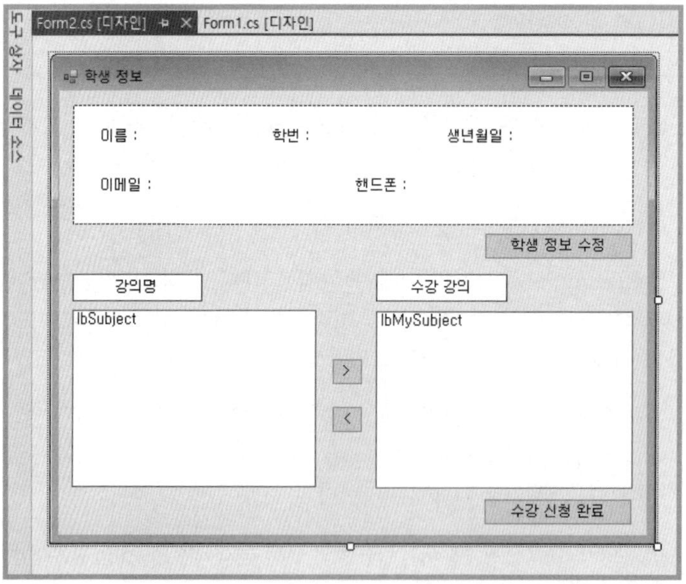

폼 디자인에 사용된 컨트롤의 주요 속성값은 다음과 같다.

폼 컨트롤	속 성	값
Form2	Name	Form2
	Text	학생 정보
	FormBorderStyle	FixedSingle
	MaximizeBox	False
Panel1	Name	plGroup
Label1	Name	lblName
	Text	이름 :
Label2	Name	lblEduNum
	Text	학번 :
Label3	Name	lblBirth
	Text	생년월일 :
Label4	Name	lblEmail
	Text	이메일 :
Label5	Name	lblPhone
	Text	핸드폰 :
Label6	Name	lblSubject
	Text	강의명
	BackColor	White
	BorderStyle	FixedSingle
	TextAlign	MiddleCenter
Label7	Name	lblMySubject
	Text	수강 강의
	BackColor	White
	BorderStyle	FixedSingle
	TextAlign	MiddleCenter
Button1	Name	btnModify
	Text	학생 정보 수정
Button2	Name	btnAdd
	Text	〉
Button3	Name	btnDel
	Text	〈
Button4	Name	
	Text	수강 신청 완료
ListBox1	Name	lbSubject
	SelectionMode	MultiSimple
ListBox2	Name	lbMySubject
	SelectionMode	MultiSimple

5.5 학생 정보(Form2.cs) 코드 구현

다음과 같이 using 키워드를 이용하여 필요한 네임스페이스를 추가한다.

```
using System.Data.SqlClient;
```

다음과 같이 멤버 개체 및 변수 그리고 접근자를 클래스 상단에 추가한다.

```
01  public string UserId { get; set; }
02  // SQL Server 연결 문자열 설정
03  private string Constr =
04        “server=localhost;uid=mook;pwd=p12345!@;database=mook”;
05  private int EduNum = 0;
06  List<string> subtmp = new List<string>();
```

1행 string 타입의 접근자로 Form1에서 입력된 아이디를 전달받는 문장이다.

6행 수강 강의 설정을 위한 List〈T〉 멤버 개체를 선언하는 문장이다.

다음의 Form2_Load() 이벤트 핸들러는 폼을 더블클릭하여 생성한 프로시저로, 폼을 로드할 때 데이터베이스의 데이터를 가져오는 메서드를 호출하는 작업을 수행한다.

```
private void Form2_Load(object sender, EventArgs e)
{
   DataLoad();
   SubjectLoad();
}
```

다음의 DataLoad(), SubjectLoad()는 폼을 로드할 때 학생 정보와 수강 강의 데이터를 가져와 폼에 나타내는 작업을 수행한다.

```
private void DataLoad()
{
   var Conn = new SqlConnection(Constr);
   Conn.Open();

    var Comm01 = new SqlCommand(
              Select name, edunum, birth, email, phone “ +
              “from t_userinfo where userid = ‘” + UserId + “’”, Conn);
   var myRead01 = Comm01.ExecuteReader();
   if (myRead01.Read())
   {
      this.lblName.Text = “이름 : ” + myRead01[0].ToString();
      this.lblEduNum.Text = “학번 : ” + myRead01[1].ToString();
```

```
13          EduNum = Convert.ToInt32(myRead01[1].ToString());
14          this.lblBirth.Text = "생년월일 : " + myRead01[2].ToString();
15          this.lblEmail.Text = "이메일 : " + myRead01[3].ToString();
16          this.lblPhone.Text = "핸드폰 : " + myRead01[4].ToString();
17       }
18       myRead01.Close();
19       subtmp.Clear();
20       var Comm02 = new SqlCommand(
21              "Select subject from t_user_subject " +
22              "where edunum = " + EduNum + "", Conn);
23       var myRead02 = Comm02.ExecuteReader();
24       while (myRead02.Read())
25       {
26          subtmp.Add(myRead02[0].ToString());
27       }
28       myRead02.Close();
29       Conn.Close();
30    }

31    private void SubjectLoad()
32    {
33       var Conn = new SqlConnection(Constr);
34       Conn.Open();
35       var Comm = new SqlCommand("Select subject from t_subject", Conn);
36       var myRead = Comm.ExecuteReader();
37       while (myRead.Read())
38       {
39          if (!subtmp.Contains(myRead[0].ToString()))
40             this.lbSubject.Items.Add(myRead[0].ToString());
41       }
42       myRead.Close();
43       Conn.Close();
44       foreach (string s in subtmp)
45          this.lbMySubject.Items.Add(s);
46    }
```

3행 SqlConnection 클래스의 개체 Conn 생성하고 초기화하는 작업을 수행한다.

4행 Conn.Open() 메서드를 이용하여 데이터베이스를 여는 문장이다.

5-7행 SqlCommand 클래스의 개체 Comm01을 생성하는 문장으로 SqlCommand 클래스의 생성자에 매개 변수로 SELECT 쿼리문과 Conn 개체를 전달한다.

8행 Comm01.ExecuteReader() 메서드를 이용하여 myRead01 개체를 생성하고 데이터베이스에서 SELECT 쿼리문의 실행 결과를 저장한다.

9-17행 SELECT 쿼리문의 데이터를 선택적으로 가져와 컨트롤에 나타내는 작업을 수행한다.

20-27행 't_user_subject' 테이블에서 해당 학번에 해당하는 수강 강의명을 가져오는 SELECT 쿼리문을 이용하여 List 개체 subtmp에 저장하는 작업을 수행한다.

35-41행 't_subject' 테이블에서 수강 대상 과목명을 SELECT 쿼리문으로 질의하여 결과를 lbSubject에 나타내는 작업을 수행한다.

39-40행 subtmp.Contains() 메서드를 이용하여 35행의 SELECT 쿼리문으로 가져온 강의명이 subtmp에 존재하지 않는 강의에 대해 40행을 수행하여 lbSubject에 나타낸다. 이는 현재 수강하지 않는 강의이기 때문에 수강 대상 강의로 lbSubject 컨트롤에 나타내기 위함이다.

44-45행 foreach 문을 이용하여 subtmp에서 수강하는 강의명을 lbMySubject 컨트롤에 나타내는 작업을 수행한다.

다음의 btnAdd_Click() 이벤트 핸들러는 [〉] 버튼을 더블클릭하여 생성한 프로시저로, 강의명을 선택하여 수강 강의 화면으로 이동시키는 작업을 수행한다.

```
01  private void btnAdd_Click(object sender, EventArgs e)
02  {
03      subtmp.Clear();
04      foreach (string s in lbSubject.SelectedItems)
05      {
06          this.lbMySubject.Items.Add(s);
07          subtmp.Add(s);
08      }
09      foreach (string s in subtmp)
10      {
11          this.lbSubject.Items.Remove(s);
12      }
13  }
```

4-8행 lbSubject 컨트롤에 나타난 강의명 중 선택된 강의명을 lbMySubject.Items.Add() 메서드를 이용하여 이동시키고, subtmp에 저장하는 작업을 수행한다.

9-12행 수강 강의로 이동된 강의명은 왼쪽 강의명 화면에 나타날 필요가 없기 때문에 lbSubject.Items.Remove() 메서드를 이용하여 삭제한다.

다음의 btnDel_Click() 이벤트 핸들러는 [〈] 버튼을 더블클릭하여 생성한 프로시저로 [〉] 버튼의 반대 작업을 수행하여 수강 강의에서 강의명을 삭제하고 왼쪽 강의명에 선택된 강의명을 추가한다.

```
private void btnDel_Click(object sender, EventArgs e)
{
    subtmp.Clear();
    foreach (string s in lbMySubject.SelectedItems)
    {
        this.lbSubject.Items.Add(s);
        subtmp.Add(s);
    }
    foreach (string s in subtmp)
    {
        this.lbMySubject.Items.Remove(s);
    }
}
```

다음의 btnSave_Click() 이벤트 핸들러는 [수강 신청 완료] 버튼을 더블클릭하여 생성한 프로시저로, 수강 강의 화면에 나타난 강의명을 데이터베이스에 저장하는 작업을 수행한다.

```
private void btnSave_Click(object sender, EventArgs e)
{
    try
    {
        var Conn = new SqlConnection(Constr);
        Conn.Open();

        var myCom01 = new SqlCommand(
                    “delete from t_user_subject where edunum = ” +
                    EduNum + “”, Conn);
        myCom01.ExecuteNonQuery();

        foreach (string sub in this.lbMySubject.Items)
        {
            var strSQL = “insert into t_user_subject(edunum, subject) ” +
                        “ values(” + EduNum + “, ‘” + sub + “’)”;
            var myCom02 = new SqlCommand(strSQL, Conn);
            myCom02.ExecuteNonQuery();
        }
        Conn.Close();
        MessageBox.Show(“데이터가 저장 되었습니다.”, “알람”,
            MessageBoxButtons.OK, MessageBoxIcon.Information);
    }
    catch
    {
        MessageBox.Show(“데이터가 저장 되지 않았습니다.”, “알람”,
            MessageBoxButtons.OK, MessageBoxIcon.Error);
    }
}
```

7-10행 수강 강의를 데이터베이스에 입력하기 위해서 먼저 자신의 수강 과목을 모두 삭제하는 DELETE 쿼리문을 myCom01.ExecuteNonQuery() 메서드를 이용하여 수행한다.

11-17행 lblMySubject.Items 속성값을 foreach 문을 이용하여 수강 강의명을 모두 가져와 INSERT 쿼리문을 이용하여 데이터베이스에 저장하는 작업을 수행한다.

다음의 btnModify_Click() 이벤트 핸들러는 [학생 정보 수정] 버튼을 더블클릭하여 생성한 프로시저로, Form3를 호출하고 접근자 EudNum에 학번을 전달하여 학생 정보를 수정한다.

```
private void btnModify_Click(object sender, EventArgs e)
{
    Form3 frm3 = new Form3();
    frm3.EudNum = EduNum;
    if (frm3.ShowDialog() == DialogResult.OK)
    {
        DataLoad();
        frm3.Close();
    }
}
```

다음의 Form2_FormClosing() 이벤트 핸들러는 폼을 선택하여 이벤트 목록 창에서 [FormClosing] 항목을 더블클릭하여 생성한 프로시저로, 애플리케이션을 종료하는 작업을 수행한다.

```
private void Form2_FormClosing(object sender, FormClosingEventArgs e)
{
    Application.ExitThread();
}
```

5.6 학생 정보 수정(Form3) 디자인

솔루션 탐색기에서 프로젝트 이름을 마우스 오른쪽 버튼으로 클릭하고 표시되는 단축메뉴에서 [추가]-[Windows Form] 메뉴를 클릭하여 'Form3'을 생성하다. 다음 그림과 같이 윈도우 폼에 필요한 컨트롤을 위치시켜 폼을 디자인하고, 각 컨트롤의 속성값을 설정한다.

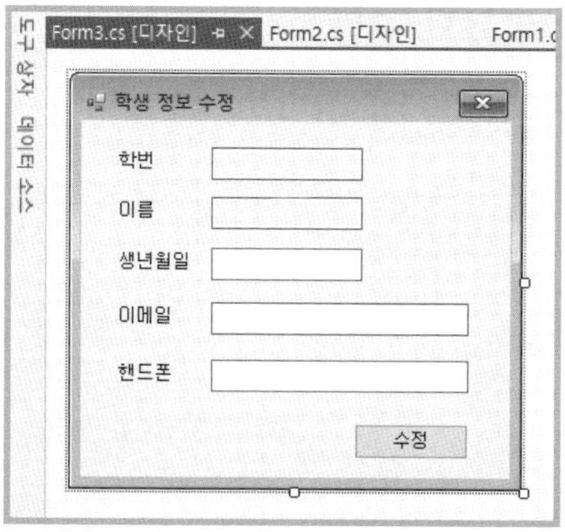

폼 디자인에 사용된 컨트롤의 주요 속성값은 다음과 같다.

폼 컨트롤	속성	값
Form3	Name	Form3
	Text	학생 정보 수정
	FormBorderStyle	FixedSingle
	MaximizeBox	False
	MinimizeBox	False
Label1	Name	lblEduNum
	Text	학번
Label2	Name	lblName
	Text	이름
Label3	Name	lblBirth
	Text	생년월일
Label4	Name	lblEmail
	Text	이메일
Label5	Name	lblPhone
	Text	핸드폰
TextBox1	Name	txtEduNum
	ReadOnly	True
TextBox2	Name	txtName
	ReadOnly	True
TextBox3	Name	txtBirth
TextBox4	Name	txtEmail
TextBox5	Name	txtPhone
Button1	Name	btnModify
	Text	수정

5.7 학생 정보 수정(Form3.cs) 코드 구현

다음과 같이 using 키워드를 이용하여 필요한 네임스페이스를 추가한다.

```
using System.Data.SqlClient;
```

다음과 같이 멤버 변수와 접근자를 클래스 상단에 추가한다.

```
public int EudNum { get; set; }
// SQL Server 연결 문자열 설정
private string Constr =
      "server=localhost;uid=mook;pwd=p12345!@;database=mook";
```

다음의 Form3_Load() 이벤트 핸들러는 폼을 더블클릭하여 생성한 프로시저로, Form2에서 접근자를 통해 전달받은 학생 번호에 해당하는 데이터를 가져와 입력 컨트롤에 나타내는 작업을 수행한다.

```
01  private void Form3_Load(object sender, EventArgs e)
02  {
03      var Conn = new SqlConnection(Constr);
04      Conn.Open();

05      var Comm = new SqlCommand(
06                  "Select name, edunum, birth, email, phone " +
07                  "from t_userinfo where edunum = " + EudNum + "", Conn);
08      var myRead = Comm.ExecuteReader();
09      if (myRead.Read())
10      {
11          this.txtName.Text = myRead[0].ToString();
12          this.txtEduNum.Text = myRead[1].ToString();
13          this.txtBirth.Text = myRead[2].ToString();
14          this.txtEmail.Text = myRead[3].ToString();
15          this.txtPhone.Text = myRead[4].ToString();
16      }
17      myRead.Close();
18      Conn.Close();
19  }
```

5-7행 SqlCommand 클래스의 개체 Comm을 생성하는 문장으로 SqlCommand 생성자에 SELECT 쿼리문과 Conn 개체를 대입한다.

8행 학생 번호에 해당하는 학생 정보를 가져와 myRead 개체에 저장하는 작업을 수행한다.

다음의 btnModify_Click() 이벤트 핸들러는 [수정] 버튼을 더블클릭하여 생성한 프로시저로, UPDATE 쿼리문을 이용하여 데이터를 수정한다.

```
01  private void btnModify_Click(object sender, EventArgs e)
02  {
03      var Conn = new SqlConnection(Constr);
04      Conn.Open();
05      var strSQL = “update t_userinfo set birth = ‘” +
06              this.txtBirth.Text + “’, email = ‘” + this.txtEmail.Text +
07              “’, phone = ‘” + this.txtPhone.Text +
08              “’ where edunum = ” + EudNum + “”;
09      var myCom = new SqlCommand(strSQL, Conn);
10      int i = myCom.ExecuteNonQuery();
11      Conn.Close();
12      if (i == 1) DialogResult = DialogResult.OK;
13  }
```

5-8행 UPDATE 쿼리문을 이용하여 Form2에서 전달받은 학생 번호에 매칭되는 데이터를 수정하는 문장이다.

10행 myCom.ExecuteNonQuery() 메서드를 이용하여 5~8행의 UPDATE 쿼리문을 실행하고 실행 여부 반환 값을 변수에 저장하는 작업을 수행한다.

12행 DialogResult 열거형을 'OK'로 설정하여 Form2에 데이터가 저장되었다는 것을 알리는 작업을 수행한다.

5.8 학사관리 예제 실행

다음 그림은 학사관리 예제를 F5를 눌러 실행한 화면이다. SQL Server 데이터베이스에 설정된 ID와 PWD 값을 입력하고 [로그인] 버튼을 클릭한다.

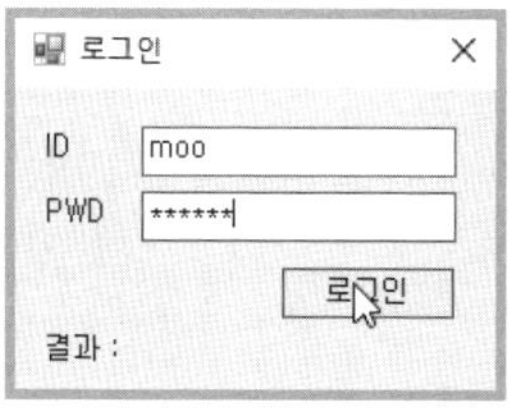

[강의명] 목록에서 임의의 항목을 선택하고 [>] 버튼을 눌러 [강의명] 목록에서 [수강 강의] 목록으로 잘 전환되는지 확인한다.

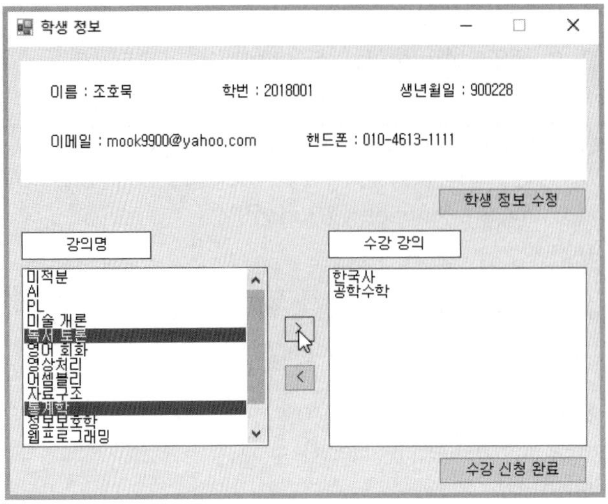

[학생 정보 수정] 버튼을 눌러 학생 정보를 변경하고 [수정] 버튼을 클릭하여 수정된 내용을 반영한다.

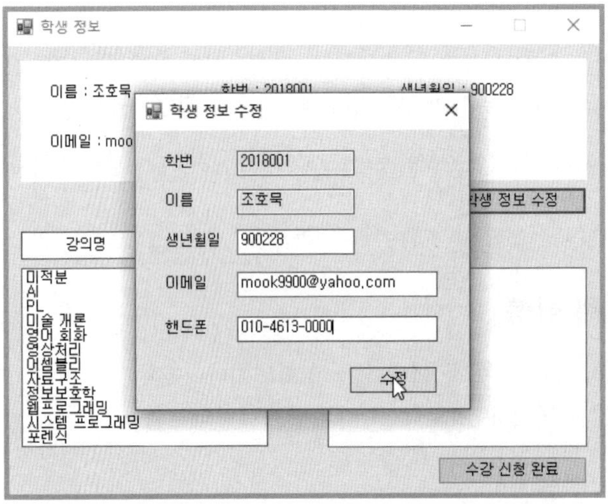

학생 정보가 정상적으로 수정된 것을 확인할 수 있으며, [수강 신청 완료] 버튼을 눌러 수강 강의 목록을 데이터베이스에 저장한다.

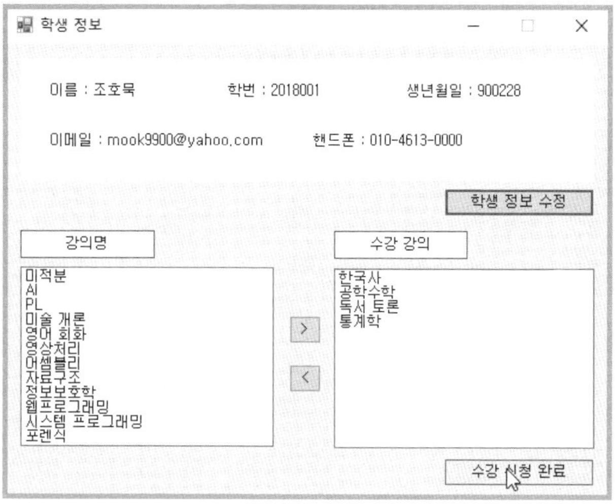

6. 데이터베이스를 이용한 자동 업데이트

이 절에서는 SQL Server 2017 데이터베이스를 이용하여 자동 업데이트 애플리케이션을 구현한다. 자동 업데이트 애플리케이션을 구현하면서 SQL Server 2017 데이터베이스에 파일을 저장하고 불러오는 기능에 대해 알아보고, 애플리케이션 프로세스를 제어하는 기능에 대해서도 알아보자.

이 애플리케이션은 파일을 세 개의 폼으로 구현된다. 첫 번째는 업로드하는 자동 업데이트 관리자(mook_AutoAdmin) 폼, 두 번째는 데이터베이스에서 업데이트 상태를 체크하는 클라이언트 자동 업데이트(mook_AutoMain) 폼, 마지막으로 데이터베이스에서 파일을 다운로드하여 최신 클라이언트 자동 업데이트 폼을 실행할 수 있게 하는 자동 업데이트(mook_AutoUpdate) 폼으로 구현된다.

다음 그림은 애플리케이션을 실행했을 때 각각의 폼의 모습이다.

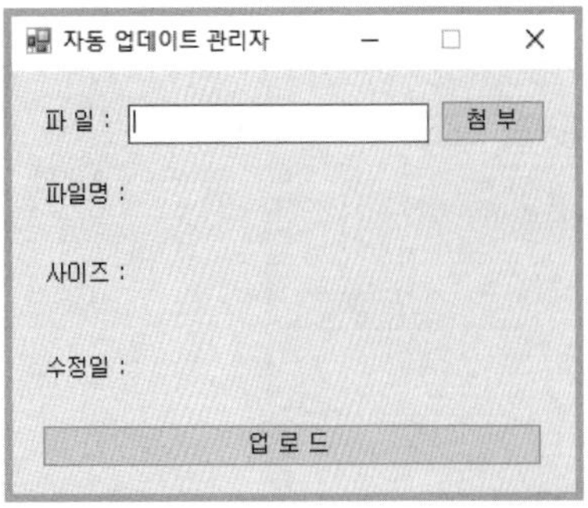

[자동 업데이트 관리자(mook_AutoAdmin.exe)]

[클라이언트 자동 업데이트(mook_AutoMain.exe)]

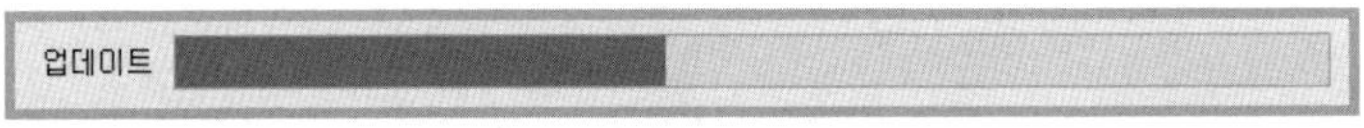

[자동 업데이트(mook_AutoUpdate.exe)]

데이터베이스를 이용한 자동 업데이트 구현은 관리자 PC에서 'mook_AutoAdmin.exe' 애플리케이션을 이용하여 버전이 올라간 'mook_AutoMain.exe(v2.0)' 애플리케이션을 업로드하며, 클라이언트 PC에서는 'mook_AutoMain.exe(v1.0)', 'mook_AutoUpdate.exe' 애플리케이션이 구동된다. 클라이언트의 'mook_AutoMain.exe(v1.0)' 애플리케이션이 지정한 시간 간격으로 데이터베이스의 버전을 체크하여 버전이 변경되었으면 'mook_AutoUpdate.exe' 애플리케이션을 실행하여 데이터베이스에서 'mook_AutoMain.exe(v2.0)' 파일을 다운로드하여 새로운 버전의 'mook_AutoMian.exe(v2.0)' 애플리케이션을 실행하는 구성으로 구현된다.

다음 그림은 전체적인 자동 업데이트 애플리케이션의 구현 체계도로 그림을 확인하면 쉽게 이해하리라 생각된다.

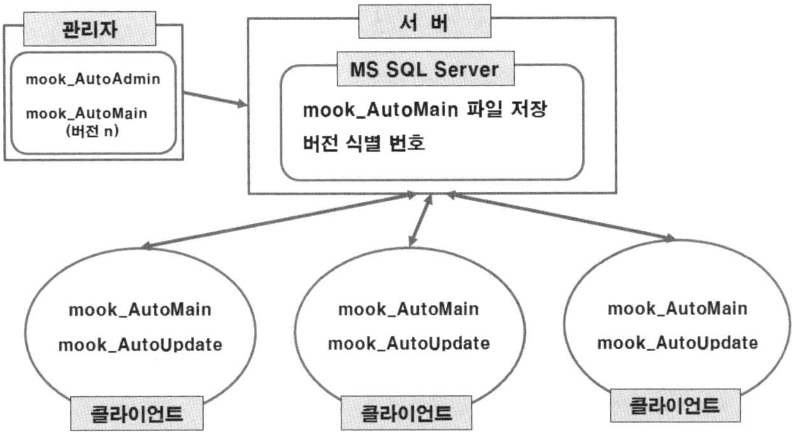

TIP

자동 업데이트 애플리케이션의 실행은 이 절의 후반 [자동 업데이트 실행]에서 설명되어 있다. 여러 대의 PC가 없더라도 실습할 수 있다.

6.1 데이터베이스 및 테이블 생성

'mook' 데이터베이스 하위에 업데이트 파일 저장을 담당하는 테이블을 'File_Infor'이라는 이름으로 다음 표와 같이 생성한다.

테이블 이름 : File_Infor

테이블 구조 :

필드 이름	데이터 형식	필드 크기	비고
M_Num	int		기본 값 "1" 추가
M_FileName	varchar	50	
M_Size	varchar	20	
M_LastWrite	varchar	25	
M_File	image		
M_Date	varchar	30	

테이블 이름 : File_Update

테이블 구조 :

필드 이름	데이터 형식	필드 크기	비고
M_Num	int		기본 값 "1" 추가
M_Update	int		기본 값 "1" 추가

6.2 자동 업데이트 관리자 디자인

프로젝트 이름을 'mook_AutoAdmin'으로 'C:\CSharpProject\Chap07' 경로에 새 프로젝트를 생성한다. 다음 그림과 같이 윈도우 폼에 필요한 컨트롤을 위치시켜 폼을 디자인하고, 각 컨트롤의 속성값을 설정한다.

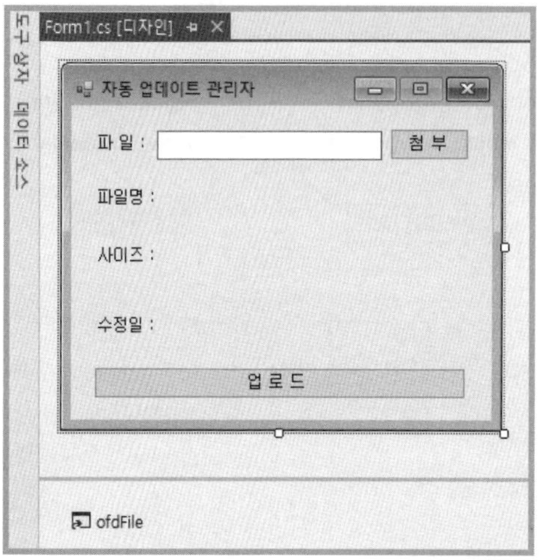

폼 디자인에 사용된 컨트롤의 주요 속성값은 다음과 같다.

폼 컨트롤	속 성	값
Form1	Name	Form1
	Text	자동 업데이트 관리자
	FormBorderStyle	FixedSingle
	MaximizeBox	False
Label1	Name	lblFile
	Text	파일 :
Label2	Name	lblFileName
	Text	파일명 :
Label3	Name	lbldisName
Label4	Name	lblFileSize
	Text	사이즈 :
Label5	Name	lbldisSize
Label6	Name	lblFileDate
	Text	수정일 :
Label7	Name	lbldisDate
TextBox1	Name	txtFile
Button1	Name	btnFile
	Text	첨부

Button2	Name	btnUpload
	Text	업로드
OpenFileDialog1	Name	ofdFile
	FileName	mook_AutoUpMain.exe
	Filter	실행 파일(*.exe)|*.exe

6.3 자동 업데이트 관리자 코드 구현

다음과 같이 using 키워드를 이용하여 필요한 네임스페이스를 추가한다.

```
using System.IO;                  // 파일 클래스 사용
using System.Data.SqlClient;   // SqlConnection 클래스 사용
```

다음과 같이 클래스 내부 상단에 클래스 멤버 개체 및 변수를 추가한다.

```
FileInfo f = null;           // 파일 정보 검색
// SQL Server 연결 문자열
string Constr =
   "server=localhost;uid=mook;pwd=p12345!@;database=mook";
string FileName = "";   // 파일 이름 저장
string FileSize = "";   // 파일 사이즈 저장
string FileDate = "";   // 파일 마지막 쓴날짜 저장
```

다음의 btnFile_Click() 이벤트 핸들러는 [첨 부] 버튼을 더블클릭하여 생성한 프로시저로, [열기] 대화상자를 실행하여 업로드할 파일을 선택하고 파일 정보를 출력 컨트롤에 나타내는 작업을 수행한다.

```
private void btnFile_Click(object sender, EventArgs e)
{
   if (this.ofdFile.ShowDialog() == DialogResult.OK)
   {
      this.txtFile.Text = this.ofdFile.FileName;
      f = new FileInfo(this.ofdFile.FileName);
      this.FileName = f.Name;
      this.lblFileName.Text = this.lblFileName.Text.Split(':')[0] + ": " + f.Name;
      this.lblFileSize.Text = this.lblFileSize.Text.Split(':')[0] +
                        ": " + GetFileSize(f.Length);
      FileSize = GetFileSize(f.Length);
      this.lblFileDate.Text = this.lblFileDate.Text.Split(':')[0] +
                        ": " + f.LastWriteTime.ToString();
```

```
14            FileDate = f.LastWriteTime.ToString();
15        }
16    }
```

3행 ofdFile 컨트롤의 ShowDialog() 메서드를 호출하여 [열기] 대화상자 실행하여 업로드 할 파일을 정상적으로 선택하였으면 블록 내부의 코드를 실행한다.

5행 txtFile 컨트롤의 Text 속성에 ofdFile 컨트롤의 FileName 속성을 이용하여 파일의 경로와 파일명 포함하여 입력한다.

6행 FileInfo 클래스의 개체 f를 선언하는 것으로 파일 경로와 파일명을 포함하여 매개 변수로 전달한다.

8행 선택된 파일명을 lblName 컨트롤에 출력한다.

9-10행 선택된 파일 사이즈를 lblSize 컨트롤에 출력한다.

12-13행 선택된 파일의 마지막 수정 일시를 lblDate 컨트롤에 출력한다.

다음의 GetFileSize() 메서드는 파일의 사이즈를 표준화하는 작업을 수행한다.

```
private string GetFileSize(double byteCount)
{
    string size = "0 Bytes";
    if (byteCount >= 1073741824.0)
        size = String.Format("{0:##.##}",
                             byteCount / 1073741824.0) + " GB";
    else if (byteCount >= 1048576.0)
        size = String.Format("{0:##.##}", byteCount / 1048576.0) + " MB";
    else if (byteCount >= 1024.0)
        size = String.Format("{0:##.##}", byteCount / 1024.0) + " KB";
    else if (byteCount > 0 && byteCount < 1024.0)
        size = byteCount.ToString() + " Bytes";

    return size;
}
```

다음의 btnUpload_Click() 이벤트 핸들러는 [업 로 드] 버튼을 더블클릭하여 생성한 프로시저로, 데이터베이스에 파일을 업로드하는 작업을 수행한다.

```
private void btnUpload_Click(object sender, EventArgs e)
{
    var fs = f.OpenRead();
    var bytebuffer = new byte[fs.Length];
    fs.Read(bytebuffer, 0, Convert.ToInt32(fs.Length));
    fs.Close();
```

```
07        var conn = new SqlConnection(Constr);
08        conn.Open();

09        var cmd = conn.CreateCommand();
10        cmd.CommandType = CommandType.Text;

11        var Sql = “update File_Infor set M_File=@M_File, M_FileName = ‘” +
12              this.FileName + “’, M_Size = ‘” + this.FileSize + “’, M_LastWrite = ‘” +
13              this.FileDate + “’, M_Date = ‘” + DateTime.Now.ToString() +
14              “’ where M_Num = 1”;

15        cmd.CommandText = Sql;
16        cmd.Parameters.Add(new SqlParameter(“@M_File”,
17                          System.Data.SqlDbType.Image)).Value = bytebuffer;
18        int iResult = cmd.ExecuteNonQuery();
19        conn.Close();

20        if (iResult > 0)
21        {
22           MessageBox.Show(“저장이 정상적으로 되었습니다.”, “알림”,
23                 MessageBoxButtons.OK, MessageBoxIcon.Information);
24           if (DataSave() == 0)
25           {
26              MessageBox.Show(“업데이트가 정상적으로 반영되지 않았습니다.”, “알림”,
27                    MessageBoxButtons.OK, MessageBoxIcon.Information);
28           }
29           this.Close();
30        }
31        else
32        {
33           MessageBox.Show(“저장이 되지 않았습니다.”, “에러”,
34                 MessageBoxButtons.OK, MessageBoxIcon.Error);
35        }
36     }
```

3행 FileStream 클래스의 개체 fs를 생성하고 FileInfo.OpenRead() 메서드를 이용하여 반환된 개체를 저장하는 작업을 수행하며, f.OpenRead() 메서드는 FileShare 모드가 Read로 설정된 읽기 전용 FileStream 개체를 반환한다.

4행 이진 데이터의 가변 길이 스트림을 저장할 수 있는 Byte 형식의 배열 변수를 fs.Length 길이만큼 선언한다.

5행 fs.Read() 메서드를 이용하여 스트림에서 바이트 블록을 읽어 해당 데이터를 제공된 버퍼에 쓰는 작업을 수행한다.

7행 데이터베이스 연결 문자열을 포함한 문자열을 매개 변수로 하여 SqlConnection 클래스의 conn 개체를 초기화하는 작업을 수행한다.

8행 conn.Open() 메서드를 이용하여 데이터베이스를 여는 작업을 수행한다.

9행 conn.CreateCommand() 메서드를 이용하여 SqlCommand 클래스의 개체 cmd를 생성하고 초기화하는 작업을 수행한다.

10행 CommandType 속성을 StoredProcedure로 설정할 경우 CommandText 속성은 저장 프로시저의 이름으로 설정해야 한다. ExecuteNoneQuery 메서드 중 하나를 호출할 때 명령이 이 저장 프로시저를 실행한다.

15행 11~14행의 UPDATE 쿼리문을 CommandType 열거형에 대입한다.

16-17행 cmd.Parameters.Add(new SqlParameter("@e_file", System.Data.SqlDbType.Image)) 메서드를 이용하여 4행에서 생성한 Byte 타입의 바이트 블록에 저장된 파일을 데이터베이스 M_File 칼럼에 저장하는 작업을 수행한다.

18행 cmd.ExecuteNonQuery() 메서드를 이용하여 11~14행의 UPDATE 쿼리문을 실행하고 16행의 SqlParameter 클래스의 인스턴스를 실행시켜 바이트 블록에 저장된 파일 스트림 즉, 'mook_AutoMain.exe' 파일을 데이터베이스에 저장하는 작업을 수행한다.

19행 열려 있는 데이터베이스를 닫는 작업을 수행하기 위해 Close() 메서드를 실행한다.

20행 iResult 변수 값이 0이면 즉, 쿼리문을 실행하여 반영된 행이 한 개 이상이고 DataSave() 메서드의 반환값이 1 이상이면 if 문 블록을 실행하고 아니면 else 문 블록을 실행시킨다.

TIP

SQL Server 2017 주요 테이터 형식

멤버 이름	설명
BigInt	64비트 부호 있는 정수
Binary	Byte 형식의 Array
Bit	0, 1 및 Null 참조 일 수 있는 부호 없는 숫자 값
Char	범위가 1자에서 8,000자까지이고 유니코드가 아닌 문자의 고정 길이 스트림
DateTime	3.33밀리 초의 정확성으로 값의 범위가 1753년 1월 1일에서 9999년 12월 31일까지인 날짜 및 시간 데이터
Decimal	$-10^{38}-1$과 $10^{38}-1$ 사이의 고정 전체 자릿수 및 소수 자릿수 값
Float	범위가 -1.79E +308에서 1.79E +308까지인 부동 소수점 숫자
Image	범위가 0바이트에서 $2^{31}-1$(2,147,483,647)바이트까지인 이진 데이터의 가변 길이 스트림
Text	최대 길이가 $2^{31}-1$(2.147.483.647)자이고 유니코드가 아닌 데이터의 가변 길이 스트림

다음의 DataSave() 메서드는 'mook_AutoMain.exe' 파일이 업로드될 때 호출되는 메서드로 호출시 버전 식별 수를 1씩 증가한다.

```
01  private int DataSave()
02  {
03     var Conn = new SqlConnection(Constr);
04     Conn.Open();
05     var strSQL = "update File_Update set M_Update = M_Update + 1";
06     var myCom = new SqlCommand(strSQL, Conn);
07     var i = myCom.ExecuteNonQuery();
08     Conn.Close();
09     return i;
10  }
```

3-4행 SqlConnection 클래스의 개체 Conn을 생성하고 Open() 메서드를 이용하여 데이터베이스를 연다.

5행 UPDATE 쿼리 문장으로 File_Update 테이블의 버전 식별자 'M_Date' 칼럼의 값을 1 씩 증가하는 쿼리문이다.

6행 SqlCommand 클래스의 개체 myCom을 생성하는 문장으로 UPDATE 쿼리문과 Conn 개체를 매개 변수로 전달하여 초기화하는 작업을 수행한다.

7행 myCom.ExecuteNonQuery() 메서드를 이용하여 5행의 쿼리문을 실행하고 수정이 정상적으로 반환되면 1을 반환한다.

6.4 자동 업데이트 관리 예제 실행

다음 그림은 자동 업데이트 관리 예제를 F5 눌러 실행한 화면이다. [첨부] 버튼을 클릭하여 업로드할 파일을 선택하고, [업로드] 버튼을 클릭하면 선택된 파일이 업로드된다. 하지만, 아직 애플리케이션이 완성된 것은 아니므로 파일 업로드는 하지 않는다. 상세한 실행 방법은 다음 단계에서 알아볼 것이다.

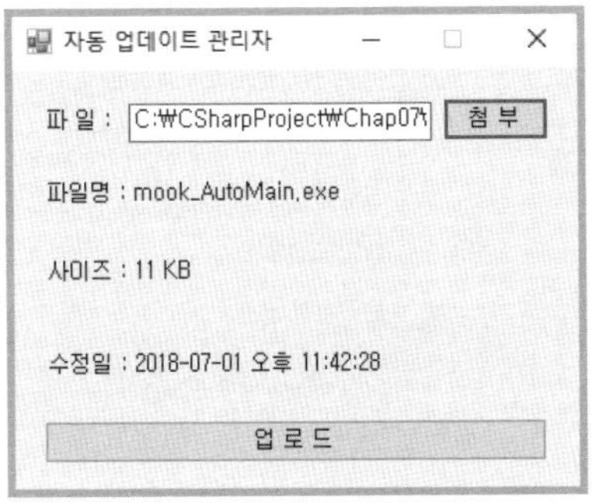

'mook_AutoMain.exe(v1.0)' 버전을 데이터베이스에 업로드하면 'File_Infor' 테이블의 데이터는 다음과 같다.

	M_Num	M_FileName	M_Size	M_LastWrite	M_File	M_Date
▸	1	mook_AutoMai...	11 KB	2018-07-01 오...	<이진 데이터>	2018-07-02 오...
*	*NULL*	*NULL*	*NULL*	*NULL*	*NULL*	*NULL*

6.5 자동 업데이트 클라이언트 생성 및 디자인

프로젝트 이름을 'mook_AutoMain'로 하여 'C:\CSharpProject\Chap07' 경로에 새 프로젝트를 생성하고, 다음 그림과 같이 윈도우 폼에 필요한 컨트롤을 위치시켜 폼을 디자인하고, 각 컨트롤의 속성값을 설정한다.

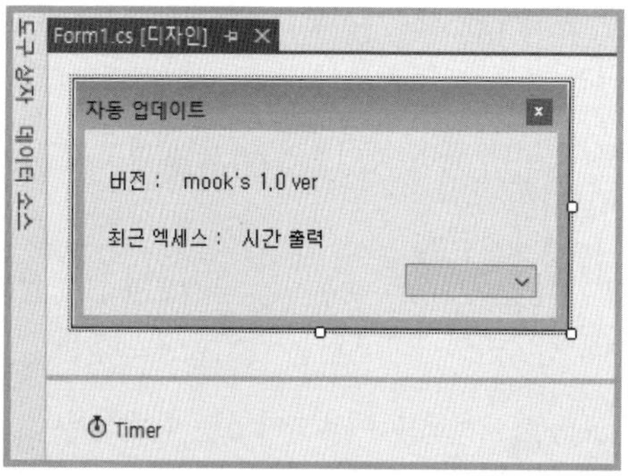

폼 디자인에 사용된 컨트롤의 주요 속성값은 다음과 같다.

폼 컨트롤	속 성	값
Form1	Name	Form1
	Text	자동 업데이트
	FormBorderStyle	FixedToolWindow
	MaximizeBox	CenterScreen
Label1	Name	lblVer
	Text	버전 :
Label2	Name	lbldisVer
	Text	mook's 1.0 ver
Label3	Name	lblUpdate
	Text	최근 엑세스 :
Label4	Name	lbldisUpdate
	Text	시간 출력
ComboBox1	Name	cbTime
	DropDownStyle	DropDownList

Timer1	Name	Timer
	Enabled	True

cbTime 컨트롤을 선택하고 속성 목록 창에서 Items 속성의 ...(컬렉션) 버튼을 클릭하여 문자열 컬렉션 편집기를 실행하고, 다음과 같이 문자열을 입력한다.

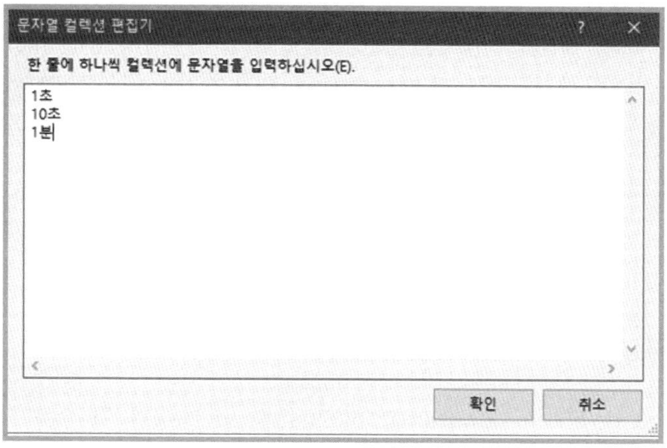

6.6 자동 업데이트 클라이언트 코드 구현

다음과 같이 using 키워드를 이용하여 필요한 네임스페이스 추가한다.

```
using System.IO;                    // 파일 클래스 사용
using System.Data.SqlClient;        // SqlConnection 클래스 사용
using System.Diagnostics;           // Process 클래스 사용
```

다음과 같이 SQL Server 2017 데이터베이스 연결문을 저장하는 멤버 변수에 클래스 내부 상단에 추가한다.

```
string Constr = "server=localhost;uid=mook;pwd=p12345;database=mook";
```

다음의 Form1_Load() 이벤트 핸들러는 폼을 더블클릭하여 생성한 프로시저로, 폼이 실행될 때 버전 식별 정보를 확인하는 'setup.txt' 파일이 없으면 생성하는 작업을 수행한다.

```
private void Form1_Load(object sender, EventArgs e)
{
   this.cbTime.Text = "1초";        // cbTime [Text] 속성값 입력
   if(File.Exists("setup.txt") == false)
   {
      using (StreamWriter sw = new StreamWriter("setup.txt"))
```

```
        {
            sw.WriteLine("1");
            sw.Close();
        }
    }
}
```

다음의 Timer_Tick() 이벤트 핸들러는 [Timer] 컨트롤을 더블클릭하여 생성한 프로시저로, 데이터베이스를 액세스하여 버전 식별 칼럼의 값을 가져와 애플리케이션 하위의 텍스트 파일 'setup.txt'의 데이터와 비교하여 업데이트 폼을 실행하는 작업을 수행한다.

```
private void Timer_Tick(object sender, EventArgs e)
{
    this.lbldisUpdate.Text = DateTime.Now.ToString();
    int UpdateNum = 0;
    using (StreamReader srt = File.OpenText("setup.txt"))
    {
        UpdateNum = Convert.ToInt32(srt.ReadLine());
        srt.Close();
    }

    if (UpdateNum == Convert.ToInt32(DataCheck()))
    {
        return;
    }
    else if (UpdateNum < Convert.ToInt32(DataCheck()))
    {
        this.Timer.Enabled = false;
        var dlr = MessageBox.Show("최신 프로그램을 다운로드 받으시겠습니까??", "알림",
                MessageBoxButtons.YesNo, MessageBoxIcon.Question);
        if (dlr == System.Windows.Forms.DialogResult.Yes)
        {
            var myprocess = new Process();
            myprocess.StartInfo.FileName = "mook_AutoUpdate.exe";
            myprocess.Start();
            Application.Exit();
        }
        else
        {
            this.Timer.Enabled = true;
            return;
        }
    }
    else
    {
        MessageBox.Show("잘못된 프로그램입니다.", "알림",
```

```
35                 MessageBoxButtons.OK, MessageBoxIcon.Error);
36             this.Close();
37         }
38     }
```

3행 현재 날짜와 시간을 lbldisUpdate 컨트롤에 출력하는 작업을 수행한다.

5행 File.OpenText() 메서드를 이용하여 인코딩된 기존 텍스트 파일을 읽기용으로 열고 그 데이터를 생성한 StreamReader 클래스의 개체 srt에 대입한다.

7행 srt.ReadLine() 메서드를 이용하여 개체 변수 srt 저장된 값을 정수로 변환하여 UpdateNum 변수에 저장하는 작업을 수행한다.

10행 7행의 변수값과 데이터베이스의 버전 식별 값을 비교하는 문장으로 같다면 업데이트가 필요하지 않아 블록 내부의 return 문을 실행한다.

14행 만약 데이터베이스의 버전 식별 값이 파일에 저장된 값보다 크다면 즉, 업데이트된 파일 'mook_AutoMain.exe'이 이진 데이터 형식으로 데이터베이스에 저장되었다면 else if 블록 내부 코드를 실행하여 데이터베이스로부터 이진 데이터의 다운로드를 담당하는 'mook_AutoUpdate.exe' 파일 실행시키는 작업을 수행한다.

16행 업데이트된 파일이 존재하므로 더는 데이터베이스를 액세스할 필요가 없음으로 Timer 컨트롤의 Enabled 속성값을 false로 설정한다.

21행 Process 클래스의 개체 myprocess를 생성하는 문장이다.

22행 Process.StartInfo 속성을 이용하여 실행될 파일을 설정하는 문장이다. StartInfo는 프로세스를 시작하는 데 사용한 매개 변수 집합을 나타낸다. Start를 호출한 경우 시작할 프로세스를 지정하는 데 StartInfo가 사용된다. 설정해야 하는 StartInfo의 유일한 필수 멤버는 FileName 속성이다.

23행 Process.Start() 메서드를 이용하여 22행에 대입된 파일명으로 파일을 실행한 후 24행을 실행하여 애플리케이션을 종료한다.

다음의 DataCheck() 메서드는 데이터베이스의 버전 식별자 값을 가져오는 작업을 수행한다.

```
private string DataCheck()
{
    var Conn = new SqlConnection(Constr);
    Conn.Open();

    var Comm = new SqlCommand("Select * from File_Update", Conn);
    var myRead = Comm.ExecuteReader();
    if (myRead.Read())
    {
        var str = myRead["M_Update"].ToString();
```

```
10          myRead.Close();
11          Conn.Close();
12          return str;
13       }
14       else
15       {
16          myRead.Close();
17          Conn.Close();
18          return "1";
19       }
20    }
```

3-4행 SqlConnection 클래스의 개체 Conn을 생성하고 Open() 메서드를 이용하여 데이터베이스를 연다.

5행 SqlCommand 클래스의 개체 Comm을 선언하는 문장으로 매개 변수에 SELECT 쿼리 문과 Conn 개체를 전달하여 개체를 초기화한다.

6행 Comm.ExecuteReader() 메서드를 이용하여 5행의 SELECT 문을 실행하고 데이터베이스의 데이터를 가져와 SqlDataReader 클래스의 개체 myRead에 저장한다.

7행 myRead.Read() 메서드를 이용하여 읽을 데이터가 있다면 데이터를 읽을 준비를 하고 if 블록 내부의 코드를 실행한다.

9-12행 개체 myRead와 Conn의 Close() 메서드를 이용하여 해당 개체에서 사용된 리소스를 제거하고 버전 식별 칼럼인 M_Update 칼럼의 데이터 값을 반환한다.

14-19행 만약 읽어올 데이터가 없다면 myRead와 Conn 개체를 Close() 메서드를 이용하여 사용된 리소스를 제거하고 반환값으로 "1"을 반환한다.

다음의 cbTime_SelectedIndexChanged() 이벤트 핸들러는 cbTime 컨트롤을 더블클릭하여 생성한 프로시저로, Timer의 Interval 속성값을 변경하는 작업을 수행한다.

```
private void cbTime_SelectedIndexChanged(object sender, EventArgs e)
{
   if (this.cbTime.SelectedItem.ToString() == "1초")          // 1초
   {
      this.Timer.Interval = 1000;
      this.Timer.Enabled = true;
   }
   else if (this.cbTime.SelectedItem.ToString() == "10초")   // 10초
   {
      this.Timer.Interval = 10000;
      this.Timer.Enabled = true;
   }
```

```
    else if (this.cbTime.SelectedItem.ToString() == "1분") // 1분
    {
        this.Timer.Interval = 60000;
        this.Timer.Enabled = true;
    }
}
```

이 파일의 실행은 이 절 후반부에 자동 업데이트 실행을 설명하는 단계에서 저장 위치 및 초기 데이터값 설정에 대해 살펴볼 것이다. 아직 자동 업데이트 애플리케이션이 완벽히 완성되지 않았기 때문에 여기서는 F5를 눌러 컴파일을 실행하지 않고 빌드 과정만을 진행한다.

6.7 업데이트 생성 및 디자인

프로젝트 이름을 'mook_AutoUpdate'로 하여 'C:\CSharpProject\Chap07' 경로에 새 프로젝트를 생성하고, 다음 그림과 같이 윈도우 폼에 필요한 컨트롤을 위치시켜 폼을 디자인하고, 각 컨트롤의 속성값을 설정한다.

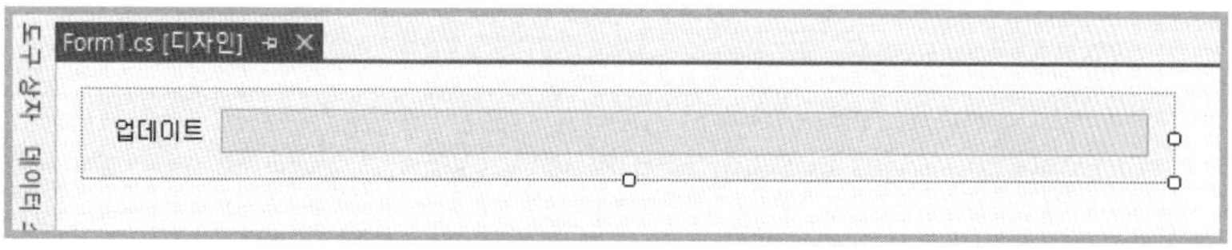

폼 디자인에 사용된 컨트롤의 주요 속성값은 다음과 같다.

폼 컨트롤	속 성	값
Form1	Name	Form1
	Text	업데이트
	FormBorderStyle	None
	StartPosition	CenterScreen
	ShowIcon	False
	ShowInTaskbar	False
	TopMost	True
Label1	Name	lblTitle
	Text	업데이트

ProgressBar1	Name	ProgressBar
	Cursor	AppStarting
	ForeColor	Lime
	Size	500, 23
	Maximum	500

6.8 업데이트 코드 구현

다음과 같이 using 키워드를 이용하여 필요한 네임스페이스를 추가한다.

```
using System.Data.SqlClient;   // SqlConnection와 SqlCommand 클래스 사용
using System.IO;               // 파일 클래스 사용
using System.Threading;        // 스레드 클래스 사용
using System.Diagnostics;      // Process 클래스 사용
```

다음과 같이 클래스 전체에서 참조할 수 있는 멤버 개체 및 변수를 클래스 내부 상단에 추가한다.

```
private Thread myDownload;                              // 스레드개체
private delegate void OnDelegateStatusView(int i, bool f);  // 델리게이트 선언
private OnDelegateStatusView OnView = null; // 델리게이트 개체 생성
private delegate void OnDoneDelegate();         // 델리게이트 선언
private OnDoneDelegate OnDone = null;           // 폼 닫기 델리게이트
// SQL Server 연결 문자열
private string Constr =
      "server=localhost;uid=mook;pwd=p12345!@;database=mook";
```

다음의 Form1_Load() 이벤트 핸들러는 폼을 더블클릭하여 생성한 프로시저로, FileStream 클래스 개체를 생성하고 스레드를 생성한다.

```
private void Form1_Load(object sender, EventArgs e)
{
   OnView = new OnDelegateStatusView(ProStaus);
   OnDone = new OnDoneDelegate(OnDoneRun);
   try
   {
      var tProcess = Process.GetProcessesByName("mook_AutoMain");
      if (tProcess.Length == 1)
         tProcess[0].Kill();
   }
   catch { }
   var fs = new FileStream("setup.txt", FileMode.Create);
```

```
13        var sw = new StreamWriter(fs);
14        sw.WriteLine(DataCheck());
15        sw.Close();
16        fs.Close();
17        myDownload = new Thread(DataDownLoding);
18        myDownload.Start();
19    }
```

3행　　델리게이트 개체 OnView를 초기화하는 작업을 수행한다.

5-11행　try ~ catch 문을 이용하여 'mook_AutoMain.exe' 프로세스를 종료하는 문장으로, 7행에서 Process.GetProcessesByName() 메서드를 이용하여 'mook_AutoMain' 프로세스의 개체를 생성한다. 9행에서 tProcess 개체의 Kill() 메서드를 이용하여 강제 종료한다. 이는 기존의 'mook_AutoMain' 프로세스를 종료하고 새로 다운로드한 업데이트 파일을 실행하기 위함이다.

12행　FileStream 클래스의 개체 fs를 선언하고 매개 변수로 지정된 경로 및 FileMode.Create 모드를 사용하여 FileStream 클래스의 개체를 초기화한다. 개체를 생성할 때 'setup.txt' 파일을 새롭게 생성하면서 개체를 초기화한다.

13행　기본 버퍼 크기를 사용하는 스트림으로 StreamWriter 클래스의 개체 sw를 생성한다.

14행　sw.WriteLine() 메서드를 이용하여 DataCheck() 사용자에서 반환된 String 값(버전 식별 넘버)을 'setup.txt' 파일에 쓰는 작업을 수행한다.

15-16행 StreamWriter와 FileStream 클래스의 개체가 갖는 Cloas() 메서드를 이용하여 개체의 리소스를 제거하는 문장이다.

17행　Thread 클래스의 개체 myDownload를 초기화하는 문장으로 생성된 외부 스레드에서 구동될 DataDownLoding() 메서드를 대입한다. 이 메서드의 역할은 데이터베이스에 저장된 'mook_AutoMain.exe' 파일을 다운로드하고 다운로드가 완료되면 해당 파일을 실행시키는 작업을 수행한다.

18행　myDownload.Start() 메서드를 이용하여 스레드 개체 myDownload를 실행한다.

다음의 ProStaus() 메서드는 델리게이트에 의해 실행되며, ProgressBar의 진행률을 나타내는 작업을 수행한다.

```
private void ProStaus(int i, bool f)
{
   if(f == true)
   {
      this.ProgressBar.Maximum = i;
   }
   else
   {
```

```
        this.ProgressBar.Value = i;
    }
}
```

다음의 DataCheck() 메서드는 'File_Update' 테이블에서 'M_Update' 칼럼의 값을 읽어와 자동 업데이트 버전 식별자로 사용하며 'setup.txt' 파일에 칼럼 값을 기록한다.

```
01  private string DataCheck()
02  {
03      var Conn = new SqlConnection(Constr);
04      Conn.Open();

05      var Comm = new SqlCommand("Select * from File_Update", Conn);
06      var myRead = Comm.ExecuteReader();
07      if (myRead.Read())
08      {
09          string Update = myRead["M_Update"].ToString();
10          myRead.Close();
11          Conn.Close();
12          return Update;
13      }
14      else
15      {
16          myRead.Close();
17          Conn.Close();
18          return "1";
19      }
20  }
```

5행 'File_Update' 테이블의 'M_Update' 칼럼의 값을 가져오는 문장으로, 'M_Update' 칼럼의 값은 자동 업데이트 관리자('mook_AutoAdmin.exe')에서 새로운 버전의 'mook_AutoMain.exe' 애플리케이션을 데이터베이스에 업로드하면 값이 증가한다.

	M_Num	M_Update
▸	1	1
*	*NULL*	*NULL*

※ 'M_Update' 칼럼은 클라이언트 에이전트 애플리케이션('mook_AutoMain.exe')의 버전을 나타내는 숫자

9-12행 myRead() 메서드를 이용하여 'M_Date' 칼럼의 값을 변수에 저장하고 반환(12행)하는 작업을 수행한다.

다음의 DataDownLoding() 메서드는 데이터베이스에 저장된 파일을 다운로드하는 작업을 수행한다.

```
01    private void DataDownLoding()
02    {
03       byte[] bytes = DatabaseDownload(1);
04       var fs = new FileStream("mook_AutoMain.exe", FileMode.Create);
05       fs.Write(bytes, 0, bytes.Length);
06       fs.Close();
07       Invoke(OnDone);
08    }
```

3행 DatabaseDownload() 메서드를 호출하여 다운로드될 'mook_AutoMain.exe' 파일을 바이트 배열로 반환 받는 작업을 수행하며, 5행에서 버퍼를 이용하여 스트림에 쓰는 작업을 수행하기 위한 문장이다.

4행 FileStream 클래스의 생성자를 이용하여 fs 개체를 생성하는 문장으로 FileMode가 Create이기 때문에 'mook_AutoMain.exe' 파일을 생성(파일이 없으면 새로 생성하고 파일이 존재하면 덮어쓴다)한다.

5행 fsWrite() 메서드를 이용하여 스트림에 바이트 블록을 쓰는 작업을 수행한다.

7행 폼을 닫기 위해 Invoke() 메서드를 통해 OnDone 델리게이트를 호출하는 문장이다.

다음의 OnDoneRun() 메서드는 OnDone 델리게이트에 의해 실행되며 폼을 종료하는 작업을 수행한다.

```
private void OnDoneRun()
{
   this.Close();
}
```

다음의 DatabaseDownload() 메서드는 데이터베이스에서 업로드된 'mook_AutoMain.exe' 파일을 다운로드하는 작업과 다운로드할 때 [ProgressBar] 컨트롤을 이용하여 다운로드하는 진행률을 나타내는 작업을 수행한다.

```
private byte[] DatabaseDownload(int M_Num)
{
   using(var Conn = new SqlConnection(Constr))
   {
      Conn.Open();
      var sql =
         "Select DataLength(M_File) From File_Infor WHERE M_Num=@M_Num";
      SqlParameter param = new SqlParameter("@M_Num", SqlDbType.Int);
```

```
09            param.Value = M_Num;
10            SqlCommand cmd = new SqlCommand(sql, Conn);
11            cmd.Parameters.Add(param);
12            int totalLength = Convert.ToInt32(cmd.ExecuteScalar());
13            Invoke(OnView, totalLength, true);
14            Invoke(OnView, 0, false);
15            sql = "Select M_File From File_Infor WHERE M_Num=@M_Num";
16            param = new SqlParameter("@M_Num", SqlDbType.Int);
17            param.Value = M_Num;
18            cmd = new SqlCommand(sql, Conn);
19            cmd.Parameters.Add(param);
20            SqlDataReader reader =
21                  cmd.ExecuteReader(CommandBehavior.SequentialAccess);
22            reader.Read();

23            long remainder = totalLength;
24            int bufferSize = 2048;
25            if (totalLength < bufferSize)
26               totalLength = bufferSize;
27            byte[] buf = new byte[(int)totalLength];
28            int startIndex = 0;
29            long retval = reader.GetBytes(0, startIndex, buf, 0, bufferSize);
30            remainder -= retval;
31            while(remainder >0)
32            {
33               startIndex += bufferSize;
34               if (remainder < bufferSize)
35                  bufferSize = (int)remainder;
36               retval = reader.GetBytes(0, startIndex, buf, startIndex, bufferSize);
37               remainder -= retval;
38               Invoke(OnView, startIndex, false);
39               Thread.Sleep(100);
40            }
41            Invoke(OnView, totalLength, false);
42            reader.Close();
43            return buf;
44        }
45    }
```

6-7행 'Update_File' 데이터베이스 테이블의 'M_File' 칼럼의 길이 즉, 업로드된 파일의 크기를 계산하는 SELECT 쿼리문이다.

8행 SqlParameter(String, SqlDbType) 클래스의 생성자를 이용하여 param 개체를 생성하는 문장으로 매개 변수에는 식별자 및 데이터 형식(정수형)을 전달한다.

9행 param.Value 속성값에 매개 변수의 값을 설정한다.

10-12행 6~7행의 SELECT 쿼리문과 MS SQL 서버의 연결 정보를 담고 있는 연결 문자열을 매개 변수로 전달하여 cmd 개체를 생성하고, cmd.ExecuteScalar() 메서드를 이용하여 'M_File' 칼럼에 업로드된 파일의 크기를 반환(12행)하는 작업을 수행한다.

13-14행 ProgressBar 컨트롤을 초기화하는 문장으로 Invoke() 메서드를 호출하여 델리게이트를 통해 ProgressBar의 진행률을 나타낸다.

15-22행 SELECT 쿼리문을 이용하여 'M_File' 칼럼의 업로드 된 파일을 다운로드하는 작업을 수행한다.

20-21행 cmd.ExecuteReader() 메서드를 이용하여 결과값을 reader 개체에 저장하는 작업을 수행하는데, 매개 변수로 CommandBehavior.SequentialAccess 열거형(TIP "CommandBehavior 열거형" 참고)을 전달한다. 이 열거형은 DataReader에서 이진값을 갖는 칼럼을 처리하는 방법을 제공한다.

22행 reader.Read() 메서드를 이용하여 reader 개체를 읽는 작업을 수행한다.

23-28행 바이트 버퍼에 사용할 버퍼 오프셋 값과 버퍼 크기를 초기화하는 작업을 수행한다.

29행 reader.GetBytes() 메서드(TIP "SqlDataReader.GetBytes() 메서드" 참고)를 이용하여 지정된 열 오프셋의 바이트 스트림을 지정된 버퍼 오프셋에서 시작하는 버퍼 및 배열로 읽어 들이는 작업을 수행한다.

30행 파일의 총 길이에서 29행의 실제 읽어온 수를 감산한다. 이는 while 문의 조건문에 사용하며, while 루프를 종료하는 작업을 수행한다.

33행 버퍼 크기를 가산하여 초기 인덱스에 사용된다.

34-35행 remainder 변수의 크기가 bufferSize 보다 작으면 36행 reader.GetBytes() 메서드의 네 번째 매개 변수의 값으로 사용하면 되므로 bufferSize에 값을 저장하는 작업을 수행한다. 만약 if 문이 성립되면 34행을 한번 수행하고 while 문은 종료된다.

36행 reader.GetBytes() 메서드는 29행에서 수행한 다음 인덱스부터 읽어 들이는 작업을 수행한다.

38행 Invoke() 메서드를 호출하여 델리게이트를 통해 ProgressBar의 진행률을 나타낸다.

43행 29~40행을 수행하여 바이트 스트림을 지정된 버퍼 오프셋에서 시작하는 버퍼(바이트 배열)에 읽어 들인 값을 return 키워드를 이용하여 반환하는 작업을 수행하여 DataDownLoding() 메서드 2행의 바이트 배열인 bytes에 저장한다.

TIP

CommandBehavior 열거형

쿼리의 결과와 데이터베이스에 미치는 영향을 반영한다.

멤버 이름	설명
CloseConnection	명령을 실행하면 관련 Connection 개체는 관련 DataReader 개체가 닫힐 때 함께 닫힘
Default	쿼리는 여러 결과 집합을 반환할 수 있음
KeyInfo	쿼리는 열과 기본 키 정보를 반환하며 KeyInfo가 명령 실행에 사용되면 공급자는 기존 기본 키 및 타임스탬프 열의 결과 집합에 열을 더 추가함
SchemaOnly	쿼리에서 열 정보만 반환함
SequentialAccess	DataReader에서 대형 이진 값을 갖는 열이 포함된 행을 처리하는 방법을 제공함
SingleResult	쿼리는 단일 결과 집합을 반환함
SingleRow	쿼리가 첫 번째 결과 집합의 단일 행을 반환

TIP

SqlDataReader.GetBytes(i, dataIndex, buffer, bufferIndex, length) 메서드

지정된 열 오프셋의 바이트 스트림을 지정된 버퍼 오프셋에서 시작하는 버퍼 및 배열로 읽어들인다.

- i : 열 번호를 나타내는 '0'부터 시작하는 서수
- dataIndex : 읽기 작업을 시작하는 필드 내의 인덱스
- buffer : 바이트 스트림을 읽어올 버퍼
- bufferIndex : 쓰기 작업을 시작할 buffer 내 인덱스
- length : 버퍼로 복사할 최대 길이
- **반환 값** : 실제로 읽은 바이트 수

다음의 Form1_FormClosing() 이벤트 핸들러는 폼이 종료될 때 실행되는 프로시저로, 외부 스레드를 종료하고 다운로드된 'mook_AutoMain.exe' 파일을 실행하는 작업을 수행한다.

```
private void Form1_FormClosing(object sender, FormClosingEventArgs e)
{
    if (this != null)
    {
        myDownload.Abort();
        var myProcess = new Process();
        myProcess.StartInfo.FileName = "mook_AutoMain.exe";
        myProcess.Start();
    }
}
```

5행 myDownload.Abort() 메서드를 이용하여 외부 스레드를 강제 종료하는 작업을 수행한다.

7-8행 myprocess.StartInfo.FileName 속성에 데이터베이스에서 다운로드된 'mook_AutoMain.exe' 애플리케이션을 실행하는 문장이다.

프로젝트 컴파일은 앞서 설명한 것과 같이 현재 프로젝트는 F5를 눌러 실행하지 않고 빌드만을 수행하고 진행한다.

6.9 자동 업데이트 실행

먼저 데이터베이스 'File_Infor'의 'M_File' 칼럼에 아무 파일이 존재하지 않기 때문에 'mook_AutoMain.exe' 파일을 저장하는 작업을 시작한다. 자동 업데이트 관리자 애플리케이션인 mook_AutoAdmin 프로젝트를 F5를 눌러 애플리케이션을 실행시키고 [첨 부] 버튼을 클릭하여 앞에서 구현하고 빌드가 완료된 'mook_AutoMain.exe' 파일을 선택한 다음 [업 로 드] 버튼을 클릭하여 데이터베이스에 파일(mook_AutoMain.exe)을 저장한다.

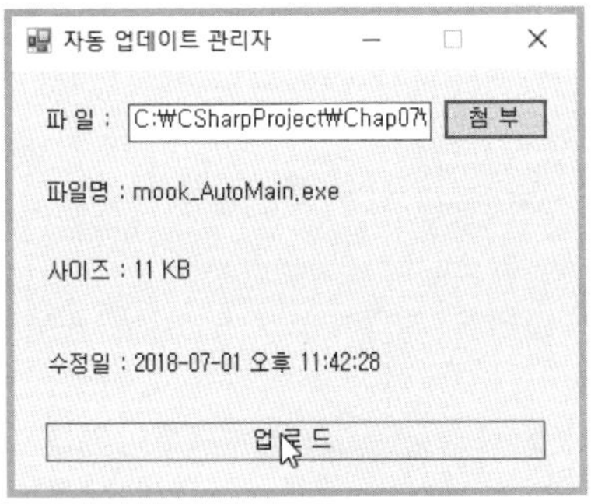

파일이 업로드되면 다음 그림과 같이 데이터베이스의 칼럼 값이 변경된 것을 확인할 수 있을 것이다.

· File_Update 테이블

	M_Num	M_Update
▶	1	2
*	NULL	NULL

· File_Infor 테이블

	M_Num	M_FileName	M_Size	M_LastWrite	M_File	M_Date
▶	1	mook_AutoMai...	11 KB	2018-07-01 오...	<이진 데이터>	2018-07-02 오...
*	NULL	NULL	NULL	NULL	NULL	NULL

'File_Update' 테이블을 초기값으로 다시 설정하기 위해서 'M_Update' 칼럼의 데이터 값을 '1'로 수정한 다음 실행 아이콘( ) 버튼을 눌러 수정을 적용한다.

앞의 체계 구성도를 살펴보면 관리자와 클라이언트로 나누어져 있고 애플리케이션도 다르게 구성되어 있다. 여러 대의 PC를 가지고 테스트하면 완벽한 기능 시험이 이뤄지겠지만, 환경이 그렇지 못하다면 필자의 방법으로 테스트해 보기를 바란다. 로컬 PC에 '관리자PC'와 '클라이언트PC'로 두 개의 폴더를 나누어 생성하고, 자동 업데이트 관리자와 클라이언트 실행 파일을 각각 저장하고 실행하는 방법이다.

다음 그림과 같이 '관리자PC'와 '클라이언트PC' 폴더를 생성한 다음 각 프로젝트 하위의 'bin' 폴더에서 실행 파일을 복사하여 붙여넣기한다.

▶ '관리자PC' 폴더 : mook_AutoAdmin.exe, mook_AutoMain.exe
주의할 점은 '관리자PC' 폴더의 'mook_AutoMian.exe' 파일은 'mook_AutoMain' 프로젝트의 Form1에 위치한 lbldisVer 컨트롤의 Text 속성값을 'mook's 2.0 ver'로 수정하고 프로젝트를 한 번 더 빌드한 것으로, 이 실행 파일을 복사하여 붙여넣기하면 관리자 구성은 완벽하게 완료된다. 이렇게 하는 이유는 관리자가 클라이언트 에이전트를 업데이트하기 위해서 버전이 올라간 에이전트 애플리케이션을 관리하기 때문이다.

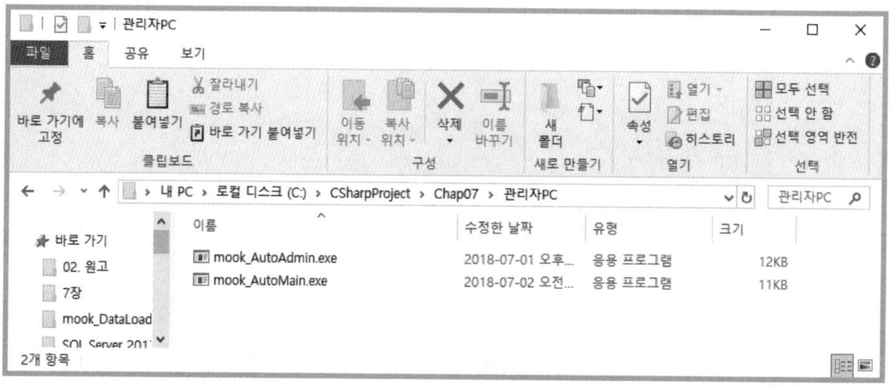

▶ '클라이언트PC' 폴더 : mook_AutoMain.exe, mook_AutoUpdate.exe, setup.txt
'setup.txt' 파일 : 메모장을 실행하여 문자열 '1'을 입력하고 'setup.txt' 파일 이름으로 저장한다.

'mook_AutoMain.exe' 파일 : Form1에 위치한 lbldisVer 컨트롤의 Text 속성값이 "mook's 1.0 ver"으로 빌드된 에이전트 실행 파일이다.

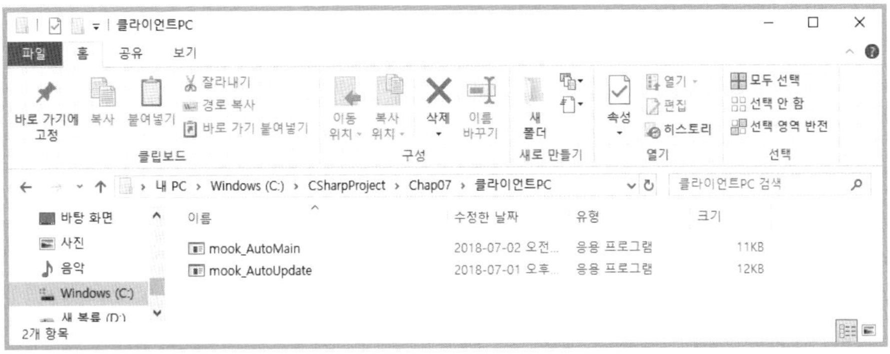

위의 작업으로 자동 업데이트 프로젝트를 실행할 환경 구성은 모두 완료되었다. 먼저 '클라이언트PC' 폴더에 있는 'mook_AutoMain.exe' 파일을 더블클릭하여 다음과 같이 애플리케이션을 실행하면 데이터베이스에 주기적 액세스하여 버전 식별 숫자와 'setup.txt' 파일에 저장된 숫자와 일치 여부를 체크한다.

버전을 업데이트하기 위하여 '관리자PC' 폴더의 'mook_AutoAdmin.exe' 파일을 더블클릭하고 애플리케이션이 실행되면 버전을 올려 빌드한 'mook_AutoMain.exe(v2.0)' 파일([lbldisVer] 컨트롤의 Text 속성값을 "mook's 2.0 ver"로 수정된 파일)을 다음 그림과 같이 데이터베이스로 업로드한다.

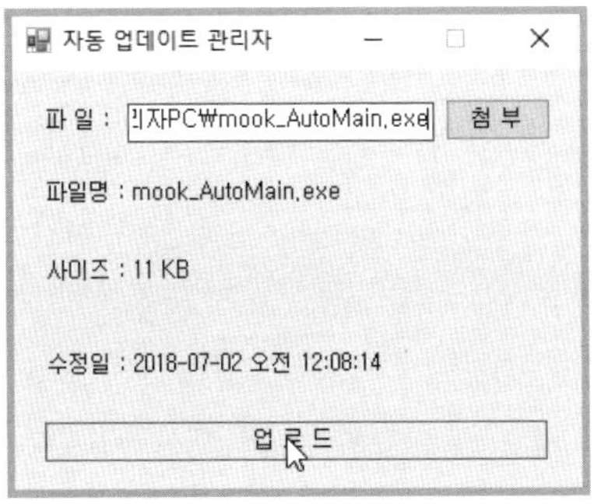

자동 업데이트 관리자 애플리케이션에서 버전업된 'mook_AutoMain.exe(v2.0)' 파일을 업로드하면 클라이언트의 'mook_AutoMain.exe(v1.0)'에서 데이터베이스의 버전 식별 번호를 확인하고 식별 번호가 변경되었다면 다음과 같이 알림 메시지가 나타난다. [예] 버튼을 클릭하여 데이터베이스에 저장된 최신 파일을 다운로드한다.

다음 그림과 같이 'mook_AutoUpdate.exe' 파일이 실행되어 데이터베이스에서 버전이 올라간 'mook_AutoMain.exe(v2.0)' 파일을 다운로드하고 다운로드가 완료되면, 'mook_AutoUpdate.exe' 애플리케이션은 자동으로 종료되면서 다운로드된 최신의 'mook_AutoMain(v2.0).exe' 파일이 실행된다.

다음 그림에서 버전을 확인하면 알 수 있듯이 버전("mook's 2.0 ver") 올라간 자동 업데이트 에이전트 애플리케이션이 실행된 것을 알 수 있을 것이다.

이 장은 데이터베이스를 이용한 자동 업데이트 예제 구현을 끝으로 마무리한다. 실제 자동 업데이트는 데이터베이스를 이용하여 구현하지 않는다. 다양한 방법으로 구현할 수 있지만 대부분 XML과 네트워크 프로그래밍을 이용하여 자동 업데이트 기능을 구현한다.

다음 장에서는 네트워크 체크, 포트 스캔, NetStat, 네트워크 드라이브, XML 파서, 1:1 채팅, 파일 원격 전송 등 다양한 예제를 구현하면서 네트워크 프로그래밍에 대해 살펴보도록 한다.

CHAPTER 08

네트워크 프로그래밍

이 장에서는 네트워크 프로그램과 관련한 다양한 프로그램 예제를 구현하면서 네트워크 프로그래밍에 대해 살펴보도록 한다. 최근 인터넷 발달로 인하여 윈도우 프로그램은 네트워크와 연결을 하지 않고서는 사용자가 요구하는 기능을 전반적으로 구현하지 못할 만큼 네트워크 기능은 중요해졌다.

이 장에서 살펴보는 네트워크 프로그램 예제를 통해 네트워크 프로그래밍에 대한 모든 기능을 살펴볼 수는 없겠지만, 네트워크 프로그래밍에 대한 개념과 방법에 대해 살펴보도록 하자.

이 장에서 살펴보는 예제는 다음과 같다.

- 네트워크 체크
- 포트 스캔
- NetStat
- 네트워크 드라이브
- XML 파서
- 1:1 채팅
- 파일 원격 전송
- 정적 웹크롤러
- 동적 웹크롤러

1. 네트워크 체크

이 절에서 알아볼 네트워크 체크 애플리케이션 예제는 네트워크 연결을 점검할 때 명령 프롬프트에서 자주 사용하는 ping 테스트를 애플리케이션으로 만든 것으로 원격지 시스템의 서비스 또는 네트워크가 정상적으로 운영되는지를 점검할 수 있는 아주 기본적인 도구다. 이 애플리케이션은 여러 시스템을 관리하기 위해 사용한다면 효율적으로 시스템을 관리할 수 있다.

다음 그림은 네트워크 체크 애플리케이션을 구현하고 실행한 결과 화면이다.

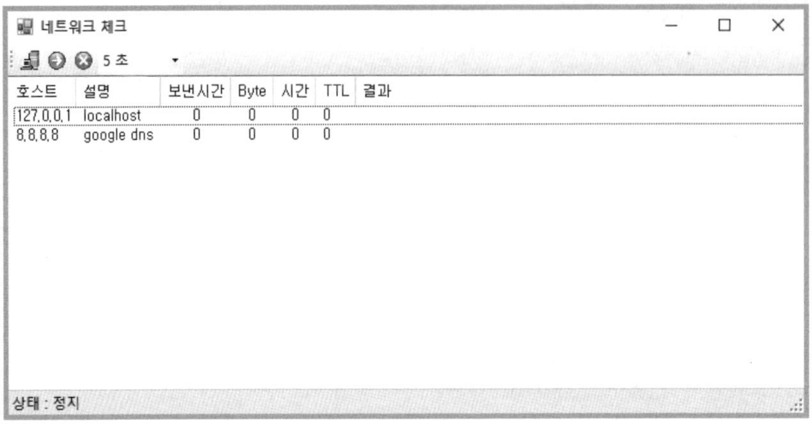

[결과 미리 보기]

1.1 네트워크 체크(Form1) 디자인

프로젝트 이름을 'mook_NetworkChk'로 하여 'C:\CSharpProject\Chap08' 경로에 새 프로젝트를 생성한다. 다음 그림과 같이 윈도우 폼에 필요한 컨트롤을 위치시켜 폼을 디자인하고, 각 컨트롤의 속성값을 설정한다.

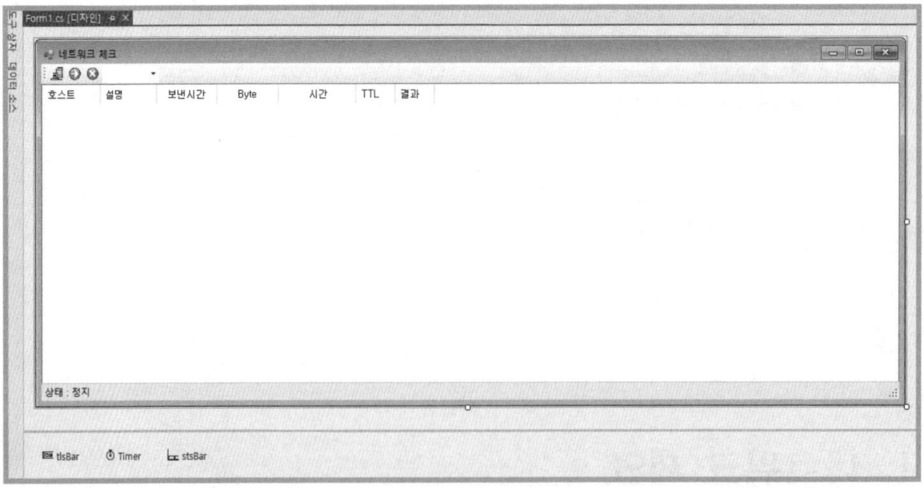

폼 디자인에 사용된 컨트롤의 주요 속성값은 다음과 같다.

폼 컨트롤	속 성	값
Form1	Name	Form1
	Text	네트워크 체크
	MaximizeBox	False
ToolStrip1	Name	tlsBar
ListView1	Name	lvStatus
	Dock	Fill
	HeaderStyle	Nonclickable
	MultiSelect	False
	View	Details
StatusStrip1	Name	stsBar
Timer1	Name	Timer
	Interval	5000

tlsBar 컨트롤의 선택하여 다음 그림과 같이 3개의 버튼 멤버와 1개의 ComBox 멤버를 추가하고 속성값을 설정한다.

추가된 멤버의 주요 속성값은 다음과 같다.

폼 컨트롤	속 성	값
ToolStripButton1	Name	tsbtnAddHost
	DisplayStyle	Image
	Image	[설정]
	Text	AddHost
ToolStripButton2	Name	tsbtnStart
	DisplayStyle	Image
	Image	[설정]
	Text	Start
ToolStripButton3	Name	tsbtnStop
	DisplayStyle	Image
	Image	[설정]
	Text	Stop
ToolStripComboBox1	Name	tslcbTime
	DropDownStyle	DropDownList

tlsBar 컨트롤에 추가된 tslcbTime 컨트롤을 선택하고 속성 목록 창에서 Items 속성의 ...(컬렉션) 버튼을 클릭하여 문자열 컬렉션 편집기 창을 열고 다음 그림과 같이 문자열을 추가한다.

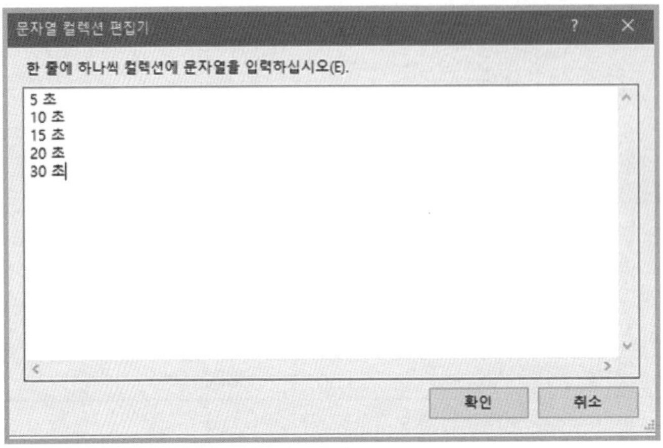

창의 아랫부분에 상태행으로 사용할 stsBar 컨트롤을 선택하고 StatusLabel 컨트롤 멤버를 다음 그림과 같이 추가하고 속성값을 설정한다.

stsBar 컨트롤에 추가된 StatusLable 컨트롤의 속성값은 다음과 같이 설정한다.

폼 컨트롤	속 성	값
ToolStripStatusLabel1	Name	tsslblStatus
	Text	상태 : 정지

애플리케이션에서 사용할 아이콘 및 사운드(wav) 파일을 저장하기 위해서 프로젝트 이름을 마우스 오른쪽 버튼을 클릭하여 표시되는 단축메뉴에서 [추가]-[새 폴더] 항목을 클릭하여 'icon'과 'Sound' 폴더를 각각 생성하고 사용할 파일을 저장하여 활용할 수 있도록 한다.

1.2 네트워크 체크(Form1.cs) 코드 구현

다음과 같이 using 키워드를 이용하여 필요한 네임스페이스를 추가한다.

```
using System.Net.NetworkInformation;
using System.IO;
using System.Threading;
```

TIP

System.Net.NetworkInformation 네임스페이스

System.Net.NetworkInformation 네임스페이스를 사용하면 로컬 컴퓨터에 대한 주소 변경 알림, 네트워크 주소 정보 및 네트워크 트래픽 데이터에 액세스할 수 있다. 이 네임스페이스에는 Ping 유틸리티를 구현하는 클래스도 포함되어 있는데, Ping과 관련 클래스를 사용하여 컴퓨터가 네트워크 연결이 가능한지 여부(네트워크가 살아있는지)를 확인할 수 있다.

다음은 Form1 클래스 개체를 static으로 선언하는 문장으로 Form2에서 Form1에 접근하기 위한 개체 변수이다.

```
private static Form1 staticForm;
```

다음은 staticForm 개체를 초기화하는 문장이다.

```
01  public Form1()
02  {
03      InitializeComponent();
04      staticForm = this;
05  }
```

4행　Form2에서 모니터링 대상 호스트를 추가할 때 Form1 컨트롤에 변경된 내용을 반영하기 위해 Form2에서 접근 가능한 개체 변수인 staticForm에 Form1(this)을 저장한다.

다음과 같이 멤버 개체 및 변수를 클래스 상단에 코드를 추가한다.

```
01  public string HostNameEntry = ""; // 호스트 아이피
02  public string DescriptionEntry = ""; // 호스트 설명
03  public static int Hostcount = 0;      // 네트워크 체크 호스트 수
04  Ping pingSender = new Ping();
05  PingOptions options = new PingOptions();
06  string data = "aaaaaaaaaaaaaaaaaaaaaaaaaaaaaaaa";    // 32바이트
07  const int timeout = 120;               // 네트워크 체크를 위한 타임아웃
08  private Thread SoundPlayThread;   // 사운드 실행 스레드 개체 생성
```

4행　Ping 클래스의 개체를 생성하는 문장으로 Ping 클래스는 원격 컴퓨터를 네트워크를 통해 액세스할 수 있는지를 확인하는 인터페이스를 제공한다.

5행　PingOptions 클래스의 개체를 생성하는 문장으로 PingOptions 클래스는 ICMP(Internet Control Message Protocol) 에코 요청 패킷 전송되는 방식을 제어하는 인터페이스를 제공한다.

다음의 Form1_Load() 이벤트 핸들러는 폼을 더블클릭하여 생성한 프로시저로, tslcbTime 컨트롤의 초기화 및 시스템 설정 파일에서 정보를 가져와 화면에 나타내는 작업을 수행한다.

```
private void Form1_Load(object sender, EventArgs e)
{
    this.tslcbTime.Text = "5 초";
    MainConfig();
}
```

다음의 MainConfig() 메서드는 시스템 설정 파일에 저장된 호스트를 lvStatus 컨트롤에 추가하는 작업을 수행한다.

```
01  private void MainConfig()
02  {
03      if (File.Exists("ICMPConfig.ini") == true)
04      {
05          string ss = string.Empty;
06          using (StreamReader sr = new StreamReader("ICMPConfig.ini"))
07          {
08              ss = sr.ReadLine();
09              while (ss != null)
10              {
11                  HostNameEntry = sr.ReadLine();
12                  DescriptionEntry = sr.ReadLine();
13                  AddList(HostNameEntry, DescriptionEntry);
14                  ss = sr.ReadLine();
15              }
16              sr.Close();
17          }
18      }
19  }
```

3행 File.Exists() 메서드를 이용하여 파일의 존재 여부를 확인한다.

6행 StreamReader 클래스의 개체 sr을 생성하는 문장으로 'ICMPConfig.ini' 파일명을 매개 변수로 전달하여 개체를 초기화한다.

13행 AddList() 메서드에 검색된 호스트 이름과 설명 문자열을 대입하여 호출한다.

다음의 AddList() 메서드를 호출하여 전달받은 호스트 정보에 따라 lvStatus 컨트롤에 나타내는 작업을 수행한다.

```
01  public static void AddList(string AnyHostEntry, string DescriptionEntry)
02  {
03      string[] Entry = new string[8];

04      Entry[0] = AnyHostEntry;
05      Entry[1] = DescriptionEntry;
06      int hold = 0;
07      ListViewItem Entries = new ListViewItem(Entry);
08      staticForm.lvStatus.Items.Add(Entries);
09      Hostcount = Hostcount + 1;
10      for (int column = 2; column < 7; column++)
11          if (column < 6)
12              staticForm.lvStatus.Items[Hostcount - 1].SubItems[column].Text =
13                      hold.ToString();
14          else
15              staticForm.lvStatus.Items[Hostcount - 1].SubItems[column].Text = "";

16      staticForm.lvStatus.AutoResizeColumns(
17                      ColumnHeaderAutoResizeStyle.ColumnContent);
18      staticForm.lvStatus.AutoResizeColumns(
19                      ColumnHeaderAutoResizeStyle.HeaderSize);
20  }
```

7행 lvStatus 컨트롤의 Items 속성에 값을 입력하기 위해 ListViewItem 클래스의 개체를 생성하는 문장이다.

8행 staticForm.lvStatus.Items.Add() 메서드를 이용하여 lvStatus 컨트롤에 모니터링 대상의 호스트 정보를 나타내는 작업을 수행한다.

10-15행 lvStatus 컨트롤의 SubItems 값을 입력하는 작업으로, 초기값을 0으로 채우거나 널(null) 값으로 채운다.

16-19 staticForm.lvStatus.AutoResizeColumns() 메서드를 이용하여 입력된 콘텐츠 길이에 따라 Columns 사이즈를 결정하며, 입력된 콘텐츠의 길이가 길면 자동으로 늘리는 작업을 수행한다.

다음의 tslcbTime_Click() 이벤트 핸들러는 tslcbTime 컨트롤을 더블클릭하여 생성한 프로시저로, tslcbTime 컨트롤을 클릭하고 선택하는 값에 따라 Timer 컨트롤의 Interval 속성을 변경하는 작업을 수행한다.

```
private void tslcbTime_Click(object sender, EventArgs e)
{
   switch (this.tslcbTime.Text)
   {
      case "5 초":
         this.Timer.Interval = 5000;
         break;
      case "10 초":
         this.Timer.Interval = 10000;
         break;
      case "15 초":
         this.Timer.Interval = 15000;
         break;
      case "20 초":
         this.Timer.Interval = 20000;
         break;
      case "30 초":
         this.Timer.Interval = 30000;
         break;
   }
}
```

다음의 tlsBar_ItemClicked() 이벤트 핸들러는 tlsBar 컨트롤을 더블클릭하여 생성한 프로시저로, 각 이미지 아이콘 버튼에 대한 명령을 수행한다.

```
private void tlsBar_ItemClicked(object sender, ToolStripItemClickedEventArgs e)
{
   string itemname = e.ClickedItem.Text;
   switch (itemname)
   {
      case "AddHost":
         Form2 frm2 = new Form2();
         frm2.ShowDialog();
         break;
      case "Start":
         this.Timer.Enabled = true;
         tsslblStatus.Text = "Status : Start ";
         break;
      case "Stop":
         this.Timer.Enabled = false;
         tsslblStatus.Text = "Status : Stop ";
         break;
   }
}
```

3행 e.ClickedItem.Text 속성을 이용하여 클릭된 메뉴의 Text 속성값을 가져와 switch 문을 통해 해당하는 작업을 수행한다.

6-9행 [호스트 추가] 아이콘 버튼을 클릭하였을 때 Form2를 호출하는 작업을 수행한다.

10-13행 [Start] 아이콘 버튼을 클릭하였을 때 Timer 컨트롤의 Enabled 속성값을 true 값으로 설정하여 네트워크 검사를 시작한다.

다음의 Timer_Tick() 이벤트 핸들러는 Timer 컨트롤을 더블클릭하여 생성한 프로시저로, Timer 컨트롤의 Interval 속성값에 따라 주기적으로 수행되며 lvStatus 컨트롤에 나타난 호스트 대상으로 네트워크 이상 유무를 검사하여 결과를 lvStatus 컨트롤에 나타내는 작업을 수행한다.

```
private void Timer_Tick(object sender, EventArgs e)
{
    if (this.lvStatus.Items.Count == 0)
    {
        MessageBox.Show("체크할 IP 정보가 없습니다.", "알림",
              MessageBoxButtons.OK, MessageBoxIcon.Error);
        this.Timer.Enabled = false;
    }
    else
    {
        Byte[] buffer = Encoding.ASCII.GetBytes(data);
        options.DontFragment = true;

        for (int i = 0; i < this.lvStatus.Items.Count; i++)
        {
            PingReply reply = pingSender.Send(this.lvStatus.Items[i].
                            SubItems[0].Text, timeout, buffer, options);

            for (int column = 2; column < 7; column++)
            {
                if (reply.Status == IPStatus.Success)
                {
                    this.lvStatus.Items[i].BackColor = Color.Yellow;
                    string[] PingResult = new string[] {
                      DateTime.Now.ToString(), reply.Buffer.Length.ToString() +
                      " Bytes", reply.RoundtripTime.ToString() +
                      " ms", reply.Options.Ttl.ToString() };
                    if (column < 6)
                        this.lvStatus.Items[i].SubItems[column].Text =
                                 PingResult[column - 2];
                    else
                        this.lvStatus.Items[i].SubItems[column].Text = "성공";
                }
                else
```

```
33                 {
34                     if (column < 6)
35                         this.lvStatus.Items[i].SubItems[column].Text =
36                                 (0).ToString();
37                     else
38                         this.lvStatus.Items[i].SubItems[column].Text = "실패";
39                     this.lvStatus.Items[i].BackColor = Color.Red;
40                     SoundPlayThread = new Thread(SoundPlayGo);
41                     SoundPlayThread.Start();
42                 }
43             }
44         }
45         this.lvStatus.AutoResizeColumns(
46                 ColumnHeaderAutoResizeStyle.ColumnContent);
47         this.lvStatus.AutoResizeColumns(
48                 ColumnHeaderAutoResizeStyle.HeaderSize);
49     }
50 }
```

11행 Ping 테스트를 위해서 네트워크에 보낼 기본 패킷을 위한 Byte 배열의 buffer 변수를 생성한다.

12행 PingOptions.DontFragment 속성은 원격 호스트로 보낼 데이터의 조각화(fragmentation)를 제어하는 Boolean 값을 설정하는 것으로 패킷을 전송하는 데 사용되는 라우터 및 게이트웨이의 MTU(최대 전송 단위)를 테스트하려는 경우에 유용하게 사용된다. 이 속성의 값을 true로 설정하는 것은 데이터를 여러 패킷으로 보낼 수 없도록 한다.

15-16행 pingSender.Send() 메서드(TIP "pingSender.Send() 메서드" 참고)를 이용하여 지정된 컴퓨터에 ICMP(Internet Control Message Protocol) Echo 메시지와 지정된 데이터 버퍼를 보내고 해당 컴퓨터로부터 이에 대응하는 ICMP Echo Reply 메시지를 받는 작업을 수행하기 위하여 ICMP Echo Reply 메시지를 받는 경우 이 메시지에 대한 정보를 제공하고 메시지를 받지 못한 경우에는 오류의 원인을 제공하는 PingReply 클래스의 reply 개체에 정보를 저장한다.

19행 PingReply.Status 속성(TIP "IPStatus 열결형" 참고)을 이용하여 ICMP(Internet Control Message Protocol) Echo Request를 보내고 이에 대응하는 ICMP Echo Reply 메시지를 받으려고 시도한 결과 상태를 가져온다. 만약, ICMP Echo Reply 메시지를 받으려고 시도한 결과 상태가 성공적이라면 20~31행을 실행하여 lvStatus 컨트롤에 성공 결과를 출력한다. 만약 실패하면 32~42행을 실행하며 실패 정보를 lvStatus 컨트롤에 나타내고, 40행과 41행에서 스레드를 생성하여 Wav 파일을 실행하여 네트워크 장애를 알린다.

22-25행 PingReply.Buffer.Length 속성을 이용하여 버퍼 크기를 얻고, PingRepl. RoundtripTime 속성을 이용하여 ICMP Echo Request를 보내고 이에 대응하는 ICMP Echo Reply 메시지를 받는 데 걸린 시간(밀리 초)을 가져온다, PingOptions.Ttl 속성을 이용하여 Ping 데이터가 삭제되기 전에 이 데이터를 전달할 수 있는 라우팅 노드의 수를 가져오는 작업을 수행한다.

TIP

Ping.Send(hostNameOrAddress, timeout, buffer, options) 메서드

지정된 컴퓨터에 ICMP(Internet Control Message Protocol) Echo 메시지와 지정된 데이터 버퍼를 보내고 해당 컴퓨터로부터 이에 대응하는 ICMP Echo Reply 메시지를 받으려고 시도한다.

- **hostNameOrAddress** : ICMP Echo 메시지의 대상 컴퓨터를 식별하는 String으로 이 매개변수에 지정된 값은 호스트 이름 또는 IP 주소의 문자열 표현
- **timeout** : ICMP Echo 메시지를 보낸 후 ICMP Echo Reply 메시지를 기다리는 최대 시간(밀리초)을 지정하는 Int32 값
- **buffer** : ICMP Echo 메시지와 함께 보내지고 ICMP Echo Reply 메시지에 담겨 반환되는 데이터가 포함된 Byte 배열로 배열은 65,500바이트를 초과할 수 없음
- **options** : ICMP Echo 메시지 패킷의 조각화 및 Time-to-Live 값을 제어하는 데 사용되는 PingOptions 개체

TIP

IPStatus 열거형

컴퓨터에 ICMP(Internet Control Message Protocol) Echo 메시지를 보낸 결과 상태를 나타낸다.

멤버 이름	설명
Success	ICMP Echo Request에 성공했으며 ICMP Echo Reply를 받음. 이 상태 코드가 표시되는 경우 다른 PingReply 속성에는 유효한 데이터가 들어 있다.
DestinationNetworkUnreachable	대상 컴퓨터가 포함된 네트워크에 연결할 수 없어서 ICMP Echo Request에 실패
DestinationHostUnreachable	대상 컴퓨터에 연결할 수 없어서 ICMP Echo Request에 실패
DestinationProtocolUnreachable	ICMP Echo 메시지에 지정된 대상 컴퓨터가 패킷의 프로토콜을 지원하지 않아 대상 컴퓨터에 연결할 수 없기 때문에 ICMP Echo Request에 실패
DestinationPortUnreachable	대상 컴퓨터의 포트를 사용할 수 없어서 ICMP Echo Request에 실패
DestinationProhibited	대상 컴퓨터와의 연결이 관리자에 의해 금지되어 있어서 ICMP Echo Request에 실패
NoResources	네트워크 리소스가 부족해서 ICMP Echo Request에 실패
BadOption	잘못된 옵션이 들어 있어서 ICMP Echo Request에 실패

HardwareError	하드웨어 오류로 인해 ICMP Echo Request에 실패
PacketTooBig	요청이 들어 있는 패킷이 소스와 대상 사이에 있는 노드(라우터 또는 게이트웨이)의 MTU(최대 전송 단위)보다 커서 ICMP Echo Request에 실패
TimedOut	할당된 시간 내에 ICMP Echo Reply를 받지 못함.
BadRoute	소스 컴퓨터와 대상 컴퓨터 간에 올바른 경로가 없어서 ICMP Echo Request에 실패
TtlExpired	TTL(Time to Live) 값이 0에 도달하여 전달 노드(라우터 또는 게이트웨이)에서 패킷을 삭제했기 때문에 ICMP Echo Request에 실패
TtlReassemblyTimeExceeded	패킷을 조각화하여 전송했는데 리어셈블리에 할당된 시간 내에 모든 조각을 받지 못해서 ICMP Echo Request에 실패
ParameterProblem	패킷 헤더를 처리하는 중 노드(라우터 또는 게이트웨이)에 문제가 발생해서 ICMP Echo Request에 실패
SourceQuench	패킷이 삭제되어서 ICMP Echo Request에 실패
BadDestination	대상 IP 주소에서 ICMP Echo Request를 받을 수 없거나 대상 IP 주소가 IP 데이터그램의 대상 주소 필드에 나타났기 때문에 ICMP Echo Request에 실패
DestinationUnreachable	ICMP Echo 메시지에 지정된 대상 컴퓨터에 연결할 수 없기 때문에 ICMP Echo Request에 실패
TimeExceeded	TTL(Time to Live) 값이 0에 도달하여 전달 노드(라우터 또는 게이트웨이)에서 패킷을 삭제했기 때문에 ICMP Echo Request에 실패
BadHeader	헤더가 잘못되어서 ICMP Echo Request에 실패했습니다.
UnrecognizedNextHeader	Next Header 필드에 인식할 수 있는 값이 들어 있지 않아서 ICMP Echo Request에 실패
IcmpError	ICMP 프로토콜 오류로 인해 ICMP Echo Request에 실패
DestinationScopeMismatch	ICMP Echo 메시지에 지정된 소스 주소와 대상 주소가 동일한 범위에 있지 않아서 ICMP Echo Request에 실패
Unknown	알 수 없는 이유로 ICMP Echo Request에 실패

다음의 SoundPlayGo() 메서드는 SoundPlayThread 스레드에서 실행되는 메서드로 SoundPlay 클래스에 선언되어 있는 PlaySoundStart() 메서드를 호출하여 Wav 사운드 파일을 실행한다.

```
private void SoundPlayGo()
{
   SoundPlay.PlaySoundStart(Application.StartupPath +
         @"\Sound\ping.wav",
          new System.IntPtr(), SoundPlay.PlaySoundFlags.SND_SYNC);
   SoundPlayThread.Abort();
}
```

1.3 호스트 추가(Form2) 디자인

프로젝트 이름을 마우스 오른쪽 버튼으로 클릭하여 표시되는 단축 메뉴에서 [추가]-[Windows Form] 메뉴 항목을 클릭하여 Form2를 생성한 뒤에, 다음 그림과 같이 윈도우 폼에 필요한 컨트롤을 위치시켜 폼을 디자인하고, 각 컨트롤의 속성값을 설정한다.

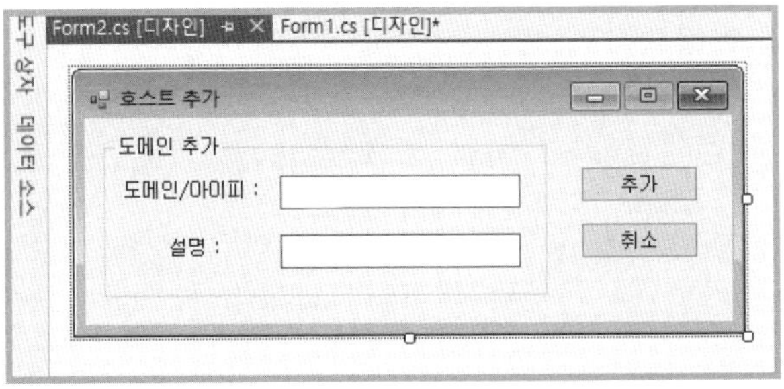

폼 디자인에 사용된 컨트롤의 주요 속성값은 다음과 같다.

폼 컨트롤	속 성	값
Form2	Name	Form2
	Text	호스트 추가
	FormBorderStyle	FixedSingle
	MaximizeBox	False
	StartPosition	CenterScreen
GroupBox1	Name	gbConfig
	FlatStyle	System
	Text	도메인 추가
Label1	Name	lblHost
	Text	도메인/아이피 :
Label2	Name	lblDesc
	Text	설명 :
TextBox1	Name	txtHostName
TextBox2	Name	txtHostDescription

Button1	Name	btnAdd
	Text	추가
Button2	Name	btnClose
	Text	취소

1.4 호스트 추가(Form2.cs) 코드 구현

다음과 같이 using 키워드를 이용하여 필요한 네임스페이스를 추가한다.

```
using System.IO;
```

다음의 btnAdd_Click() 이벤트 핸들러는 [추가] 버튼을 더블클릭하여 생성한 프로시저로, 시스템 설정 파일이 없으면 'ICMPConfig.ini' 파일을 생성한 다음 AddHost() 메서드를 호출하여 입력된 호스트 정보를 'ICMPConfig.ini' 파일에 저장하는 작업을 수행한다.

```
private void btnAdd_Click(object sender, EventArgs e)
{
    if (File.Exists("ICMPConfig.ini") == true)
    {
        AddHost();
    }
    else
    {
        FileStream file = new FileStream("ICMPConfig.ini",
            FileMode.Create, FileAccess.ReadWrite);
        file.Close();
        AddHost();
    }
}
```

다음의 AddHost() 메서드는 StreamWriter 클래스를 이용하여 'ICMPConfig.ini' 파일에 추가된 호스트 정보를 읽어, Form1.AddList() 메서드를 이용하여 Form1의 lvStatus 컨트롤에 입력된 호스트 정보를 추가한다.

```
private void AddHost()
{
    FileStream file = new FileStream("ICMPConfig.ini",
                        FileMode.Append, FileAccess.Write);
    StreamWriter sw = new StreamWriter(file);

    sw.WriteLine("[" + this.txtHostName.Text + "]");
    sw.WriteLine(this.txtHostName.Text);
```

```
07        sw.WriteLine(this.txtHostDescription.Text);
08        sw.Close();

09        Form1.AddList(this.txtHostName.Text, this.txtHostDescription.Text);

10        file.Close();
11        this.Close();
12    }
```

9행 추가된 호스트 정보에 대해 Form1의 lvStatus 컨트롤에 나타내기 위해 Froml.AddList() 메서드를 호출한다.

다음의 btnClose_Click() 이벤트 핸들러는 [Cancel] 버튼을 더블클릭하여 생성한 프로시저로, this.Close() 메서드를 이용하여 폼을 닫는 작업을 수행한다.

```
private void btnClose_Click(object sender, EventArgs e)
{
    this.Close();
}
```

1.5 SoundPlay 클래스 추가 및 코드 구현

솔루션 탐색기에서 프로젝트 이름을 마우스 오른쪽 버튼으로 클릭하여 표시되는 단축 메뉴에서 [추가]-[클래스] 항목을 클릭하여 'SoundPlay.cs' 클래스를 생성한다.

다음과 같이 using 키워드를 이용하여 필요한 네임스페이스를 추가한다.

```
using System.Runtime.InteropServices;
```

다음과 같이 wav 파일을 재생할 수 있도록 'winmm.DLL' 라이브러리 선언문을 클래스 내부에 추가한다.

```
[DllImport("winmm.DLL", EntryPoint = "PlaySound", SetLastError = true)]
public static extern bool PlaySoundStart(
        string szSound, System.IntPtr hMod, PlaySoundFlags flags);
public enum PlaySoundFlags : int
{
    SND_SYNC = 0x0000,
    SND_ASYNC = 0x0001,
    SND_NODEFAULT = 0x0002,
    SND_LOOP = 0x0008,
    SND_NOSTOP = 0x0010,
```

```
    SND_NOWAIT = 0x00002000,
    SND_FILENAME = 0x00020000,
    SND_RESOURCE = 0x00040004
}
```

1.6 네트워크 체크 예제 실행

다음 그림은 네트워크 체크 예제를 F5를 눌러 실행한 화면이다.

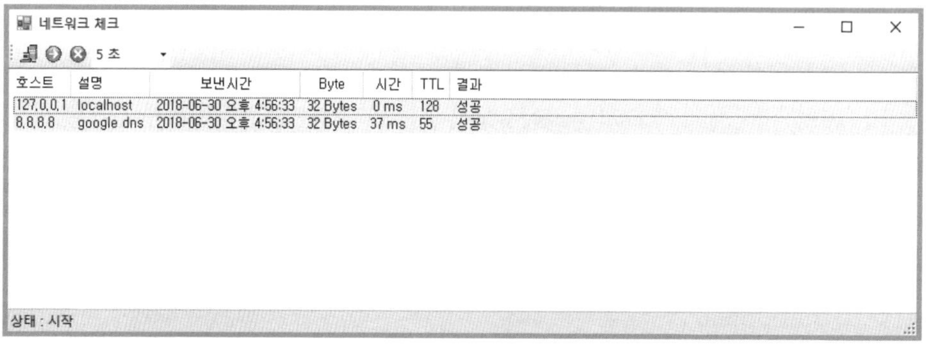

2. 포트 스캐너

이 절에서 알아볼 포트 스캐너 애플리케이션 예제는 관리하는 시스템에 대해서 어떤 포트가 열려 있고 닫혀 있는지 모니터링할 수 있는 관리적 측면의 도구다. 또한, 이 기능을 활용하면 해킹하기에 앞서 시스템에 대하여 사전 분석을 목적으로 하는 해킹 도구로도 사용할 수 있다.

이 절에서 알아보는 포트 스캔 예제는 로컬에서만 테스트하고 실제 시스템에 대해서는 사용하지 않도록 한다.

다음 그림은 포트 스캐너 애플리케이션을 구현하고 실행한 결과 화면이다.

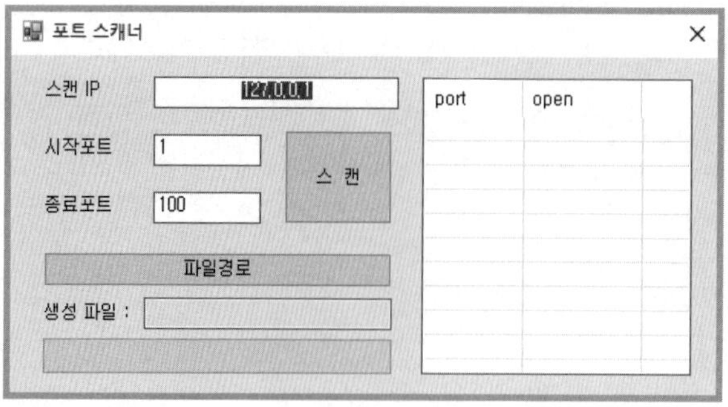

[결과 미리 보기]

2.1 포트 스캐너 디자인

프로젝트 이름을 'mook_PortScanner'로 하여 'C:\CSharpProject\Chap08' 경로에 새 프로젝트를 생성한다. 다음 그림과 같이 윈도우 폼에 필요한 컨트롤을 위치시켜 폼을 디자인하고, 각 컨트롤의 속성값을 설정한다.

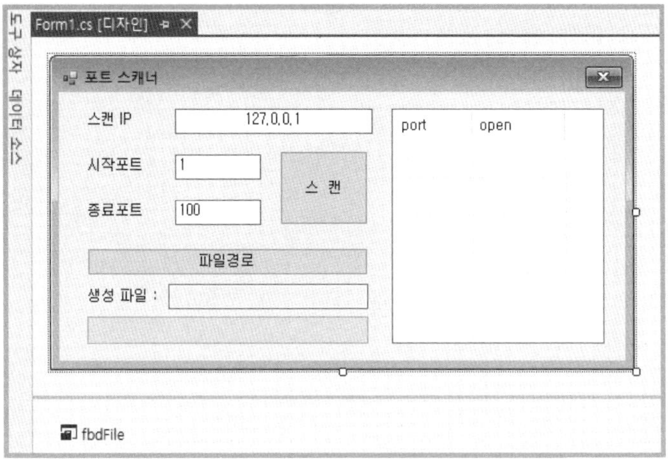

폼 디자인에 사용된 컨트롤의 주요 속성값은 다음과 같다.

폼 컨트롤	속 성	값
Form1	Name	Form1
	Text	포트 스캐너
	FormBorderStyle	FixedSingle
	MaximizeBox	False
	MinimumBox	False
Label1	Name	lblIp
	Text	스캔 IP
Label2	Name	lblStart
	Text	시작포트
Label3	Name	lblEnd
	Text	종료포트
Label4	Name	lblFile
	Text	생성 파일 :
TextBox1	Name	txtIp
	Text	127.0.0.1
TextBox2	Name	txtStart
	Text	1

TextBox3	Name	txtEnd
	Text	100
TextBox4	Name	txtPath
	ReadOnly	True
Button1	Name	btnStart
	Text	스 캔
Button2	Name	btnFile
	Text	파일경로
Progress1	Name	pgbScan
	Maximum	50
	Minimum	0
	Step	1
ListView1	Name	lvScan
	GridLines	True
	View	Details
FolderBrowserDialog1	Name	fbdFile

lvScan 컨트롤을 선택하고 속성 목록 창에서 Columns 항목의 ...(컬렉션) 버튼을 클릭하여 ColumnHeader 컬렉션 편집기 창을 열어, 다음 그림과 같이 두 개의 멤버를 추가하고 속성값을 설정한다.

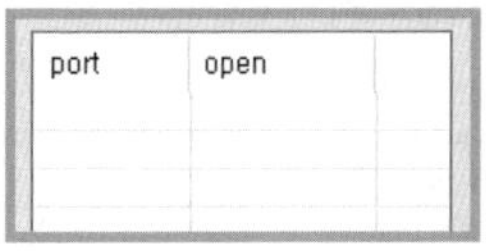

추가된 두 개 멤버의 주요 속성값은 다음과 같다.

폼 컨트롤	속 성	값
ColumnHeader1	Name	chPort
	Text	port
	Width	70
ColumnHeader2	Name	chOpen
	Text	open
	Width	80

2.2 포트 스캐너 코드 구현

다음과 같이 using 키워드를 이용하여 필요한 네임스페이스를 추가한다.

```
using System.Net;
using System.Net.Sockets;
using System.IO;
using System.Threading;
using System.Diagnostics;
```

System.Net와 System.Net.Sockets 네임스페이스는 소켓 통신, 네트워크 관련 클래스 메서드 등 인터페이스를 제공한다.

다음과 같이 멤버 개체 및 변수를 클래스 내부 상단에 추가한다.

```
01  private IPAddress scanIp = null;
02  private string strFile = null;   // 파일 경로
03  string IPAddre = "";             // 아이피 정보
04  int StartNum = 0;                // 시작 포트
05  int EndNum = 0;                  // 마지막 포트
06  Thread PortScan = null;
07  private delegate void OnPortDeletegate(string a, string b, bool f);
08  private OnPortDeletegate OnPort = null;
09  private delegate void OnProgressDeletegate(int i);
10  private OnProgressDeletegate OnProgress = null;
```

7-8행 델리게이트를 선언하는 문장으로 포트 스캔 결과를 lvScan 컨트롤에 나타내는 작업을 수행한다.

9-10행 델리게이트를 선언하는 문장으로 포트 스캔의 진행률을 프로그레스 바에 나타내는 작업을 수행한다.

다음의 Form1_Load() 이벤트 핸들러는 폼을 더블클릭하여 생성한 프로시저로, 델리게이트 개체를 초기화하는 작업을 수행한다.

```
private void Form1_Load(object sender, EventArgs e)
{
   OnPort = new OnPortDeletegate(OnPortScan);
   OnProgress = new OnProgressDeletegate(OnProStatus);
}
```

다음의 OnPortScan() 메서드는 OnPortDeletegate 델리게이트에서 수행되는 메서드로 매개변수 f에 따라 lvScan 컨트롤 Item에 값을 입력하거나, Button 컨트롤의 Enabled 속성을 변경하는 작업을 수행한다.

```
01  private void OnPortScan(string a, string b, bool f)
02  {
03      if(f == true)
04      {
05          this.lvScan.Items.Add(new ListViewItem(new string[] {a, b}));
06      }
07      else
08      {
09          this.btnStart.Enabled = true;
10          this.btnFile.Enabled = true;
11      }
12  }
```

3-6행 포트 스캔 진행 중에 실행되며 lvScan에 스캔 결과를 나타내는 작업을 수행한다.

7-11행 포트 스캔이 완료되었을 때 실행되며 버튼의 Enabled 속성을 true로 설정한다.

다음의 OnProStatus() 메서드는 OnProgressDeletegate 델리게이트에서 수행되는 메서드로 pgbScan 컨트롤의 Value 속성을 변경하는 작업을 수행한다.

```
private void OnProStatus(int i)
{
    this.pgbScan.Value = i;
}
```

다음의 btnFile_Click() 이벤트 핸들러는 [파일경로] 버튼을 더블클릭하여 생성한 프로시저로, [폴더 찾아보기] 대화상자를 호출하여 파일이 저장될 경로를 설정하는 작업을 수행한다.

```
private void btnFile_Click(object sender, EventArgs e)
{
    if (this.fbdFile.ShowDialog() == DialogResult.OK)
        strFile = this.fbdFile.SelectedPath +
                    @"\포트스캔(" + this.txtIp.Text + ").txt";
}
```

다음의 btnStart_Click() 이벤트 핸들러는 [스 캔] 버튼을 더블클릭하여 생성한 프로시저로, 포트 스캔을 진행할 스레드 PortScan을 생성한다.

```
private void btnStart_Click(object sender, EventArgs e)
{
    if (strFile != null)
    {
        IPAddre = this.txtIp.Text;
        StartNum = Convert.ToInt32(this.txtStart.Text);
        EndNum = Convert.ToInt32(this.txtEnd.Text);
        this.pgbScan.Minimum = Convert.ToInt32(this.txtStart.Text);
        this.pgbScan.Maximum = Convert.ToInt32(this.txtEnd.Text);
        this.btnStart.Enabled = false;
        this.btnFile.Enabled = false;

        this.lblFile.Text = "생성파일 : " + strFile;

        PortScan = new Thread(PortScanner);
        PortScan.Start();
    }
}
```

다음의 PortScanner() 메서드는 지정된 포트 정보에 따라 순차적으로 서비스가 열려 있는지에 대한 확인을 진행하며 결과를 델리게이트 호출 및 로그 파일로 저장한다.

```
private void PortScanner()
{
    StreamWriter sw = new StreamWriter(strFile);
    scanIp = IPAddress.Parse(IPAddre);
    sw.WriteLine("************ 스캔 시작 ************ " + DateTime.Now);
    sw.WriteLine();
    for (int i = StartNum; i <= EndNum; i++)
    {
        Invoke(OnProgress, i);
        try
        {
            IPEndPoint endpoint = new IPEndPoint(scanIp, i);
            Socket sSocket = new Socket(AddressFamily.InterNetwork,
                                        SocketType.Stream, ProtocolType.Tcp);
            sSocket.Connect(endpoint);
            sw.WriteLine("ScanPort {0} 열려있음", i);
            Invoke(OnPort, i.ToString(), "open", true);
            continue;
        }
        catch (SocketException ex)
        {
            if (ex.ErrorCode != 10061)
                sw.WriteLine("에러 : {0}", ex.Message);
        }
        sw.WriteLine("ScanPort {0} 닫혀있음", i);
```

```
26            Invoke(OnPort, i.ToString(), "close", true);
27         }
28         sw.WriteLine();
29         sw.WriteLine("************ 스캔 종료 ************ " + DateTime.Now);
30         sw.Close();
31         Invoke(OnPort, "", "", false);
32         MessageBox.Show("포트 스캔을 완료하였습니다.", "알림",
33               MessageBoxButtons.OK, MessageBoxIcon.Information);
34         Process myProcess = new Process();
35         myProcess.StartInfo.FileName = strFile;
36         myProcess.Start();
37         PortScan.Abort();
38      }
```

3행 로그 파일을 생성하기 위하여 StreamWriter 클래스의 개체 sw를 생성하는 문장으로 StreamWriter 클래스의 생성자에 파일 경로를 전달한다.

4행 IPAddress.Parse() 메서드를 이용하여 IP 문자열을 scanIp 변수에 저장한다.

5행 sw.WriteLine() 메서드를 이용하여 스캔 시작을 알리는 문자열과 시간을 로그 파일에 기록한다.

7-27행 포트 번호의 시작과 끝에 맞추어 for 문을 수행하면서 포트에 대하여 열림과 닫힘을 체크하는 문장이다.

9행 Invoke() 메서드를 통해 OnProgress 델리게이트를 호출하여 포트 스캔의 진행률을 프로그레스 바에 나타낸다.

10-24행 try ~ catch 문으로 블록 내부에 원격 호스트에 연결을 시도하여 연결이 완료되면 16행을 실행하여 파일에 열린 포트의 정보를 기록한다. 또한, 17행의 Invoke() 메서드를 통해 OnPort 델리게이트를 호출하여 포트 스캔의 결과를 lvScan에 나타낸다. 만약 서비스가 닫혀 있었다면 25행을 실행하여 닫힌 포트 정보를 로그 파일에 기록하는 작업을 수행한다.

12행 IPEndPoint 생성자에 호스트 IP와 포트 정보를 입력하여 개체를 생성한다.

13-14행 Socket 생성자(TIP "Socket 생성자" 참고)를 이용하여 Socket 클래스의 개체 sSocket을 생성한다.

15행 소켓 인터페이스에 12행에서 생성한 IPEndPoint 개체를 입력한 다음 Connect() 메서드를 이용하여 원격 호스트에 연결을 시도한다. 만약 연결이 정상적으로 수행되면 17행을 실행하여 델리게이트를 통해 열린 포트 정보를 파일에 기록하고, 18행 continue 문을 통해 for 문의 처음으로 다시 이동한다.

20-24행 소켓 연결 시도할 때 에러가 발생하면 에러에 대한 정보를 파일에 쓰는 작업을 수행한다.

25-26행 try ~ catch 문이 정상적으로 실행되지 않았을 때 포트가 닫힌 것으로 간주하여 닫힌 포트 정보를 파일에 기록하는 기록하는 작업을 수행한다.

34-36행 Process 클래스의 개체인 myProcess를 이용하여 생성된 파일을 실행하는 작업을 수행한다.

37행 PortScan.Abort() 메서드를 이용하여 스레드를 종료하는 작업을 수행한다.

TIP

Socket(AddressFamily, SocketType, ProtocolType) 생성자

지정된 주소 패밀리, 소켓 종류 및 프로토콜을 사용하여 Socket 클래스의 개체를 생성한다.

- AddressFamily : AddressFamily 값 중 하나
- SocketType : SocketType 값 중 하나
- ProtocolType : ProtocolType 값 중 하나

AddressFamily 열거형 : 주소 지정 체계 지정

멤버 이름	설명
AppleTalk	AppleTalk 주소
Atm	Native ATM 서비스 주소
Banyan	Banyan 주소
Ccitt	X.25와 같은 CCITT 프로토콜에 대한 주소
Chaos	MIT CHAOS 프로토콜에 대한 주소
Cluster	Microsoft 클러스터 제품들에 대한 주소
DataKit	Datakit 프로토콜에 대한 주소
DataLink	직접 데이터 링크 인터페이스 주소
DecNet	DECnet 주소
Ecma	ECMA(European Computer Manufacturers Association) 주소
FireFox	FireFox 주소
HyperChannel	NSC Hyperchannel 주소
Ieee12844	IEEE 1284.4 작업 그룹 주소
ImpLink	ARPANET IMP 주소
InterNetwork	IP 버전 4.에 대한 주소
InterNetworkV6	IP 버전 6.에 대한 주소
Ipx	IPX 또는 SPX 주소
Irda	IrDA 주소
Iso	ISO 프로토콜에 대한 주소
Lat	LAT 주소
Max	MAX 주소
NetBios	NetBios 주소

NetworkDesigners	Network Designers OSI 게이트웨이 사용 프로토콜에 대한 주소
NS	Xerox NS 프로토콜에 대한 주소
Osi	OSI 프로토콜에 대한 주소
Pup	PUP 프로토콜에 대한 주소
Sna	IBM SNA 주소
Unix	호스트에 대한 로컬 Unix 주소
Unknown	알 수 없는 주소 패밀리
Unspecified	지정되지 않은 주소 패밀리
VoiceView	VoiceView 주소

SocketType 열거형 : 소켓의 종류 지정

멤버 이름	설명
Dgram	고정된 최대 길이(대개 작음)의 신뢰할 수 없고 연결 없는 메시지인 데이터그램을 지원 메시지가 손실되거나 중복될 수 있으며 메시지 순서가 잘못될 수도 있음 Dgram 종류의 Socket은 데이터를 보내고 받기 전에 연결하지 않고도 여러 피어와 통신할 수 있음 Dgram은 Datagram Protocol과 InterNetwork AddressFamily를 사용함
Raw	내부 전송 프로토콜에 대한 액세스를 지원 SocketTypeRaw를 사용하면 Internet Control Message Protocol 및 Internet Group Management Protocol 같은 프로토콜을 사용하여 통신할 수 있음
Rdm	연결 없고, 메시지 지향적이고, 신뢰성 있게 배달되는 메시지를 지원하고, 데이터 내의 메시지 경계를 유지함 Rdm을 사용하여 Socket을 초기화하면 데이터를 보내고 받기 전에 원격 호스트에 연결하지 않아도 됨
Seqpacket	네트워크를 통해 연결 지향적이고, 양방향으로 신뢰성 있게 전송되며, 순서가 지정된 바이트 스트림을 제공함 Seqpacket은 데이터를 중복하지 않고 데이터 스트림 내의 경계를 유지함 Seqpacket 종류의 Socket은 단일 피어와 통신하며 통신을 시작하기 전에 원격 호스트에 연결해야 함
Stream	데이터 중복이나 경계 유지 없이 신뢰성 있는 양방향 연결 기반의 바이트 스트림을 지원 이 종류의 Socket은 단일 피어와 통신하며 이 소켓을 사용할 경우 통신을 시작하기 전에 원격 호스트에 연결해야 함 Stream은 Transmission Control Protocol ProtocolType 및 InterNetworkAddressFamily를 사용함
Unknown	알 수 없는 Socket 종류를 지정

ProtocolType 열거형 : 프로토콜 지정

멤버 이름	설명
Ggp	Gateway To Gateway 프로토콜
Icmp	Internet Control Message 프로토콜

IcmpV6	IPv6용 Internet Control Message Protocol
Idp	Internet Datagram 프로토콜
Igmp	Internet Group Management 프로토콜
IP	인터넷 프로토콜
IPSecAuthenticationHeader	IPv6 Authentication 헤더
IPSecEncapsulatingSecurityPayload	IPv6 Encapsulating Security Payload 헤더
IPv4	인터넷 프로토콜 버전 4
IPv6	IPv6(인터넷 프로토콜 버전 6)
IPv6DestinationOptions	IPv6 Destination Options 헤더
IPv6FragmentHeader	IPv6 Fragment 헤더
IPv6HopByHopOptions	IPv6 Hop-by-Hop Options 헤더
IPv6NoNextHeader	IPv6 No Next 헤더
IPv6RoutingHeader	IPv6 Routing 헤더
Ipx	Internet Packet Exchange 프로토콜
ND	Net Disk 프로토콜(비공식)
Pup	PARC Universal Packet 프로토콜
Raw	Raw IP Packet 프로토콜
Spx	Sequenced Packet Exchange 프로토콜
SpxII	Sequenced Packet Exchange 버전 2 프로토콜
Tcp	Transmission Control 프로토콜
Udp	User Datagram 프로토콜
Unknown	알 수 없는 프로토콜
Unspecified	지정되지 않은 프로토콜

2.3 포트 스캐너 예제 실행

다음 그림은 포트 스캐너 예제를 F5를 눌러 실행한 화면이다. 스캔을 시작할 시작포트 번호와 종료포트 번호를 입력하고, [파일경로] 버튼을 클릭하여 로그 파일이 생성될 폴더 위치를 지정한 뒤에 [스캔] 버튼을 클릭하여 포트 스캔을 시작한다.

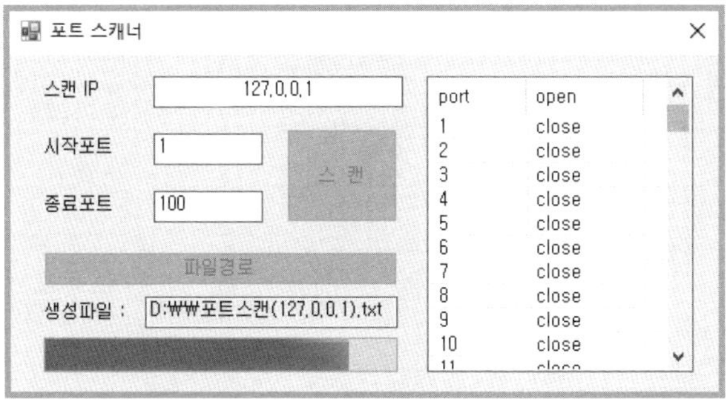

포트 스캔이 완료되면 스캔 결과가 작성된 로그 파일이 자동으로 열려 결과를 확인할 수 있다.

3. NetStat

로컬 컴퓨터가 네트워크에 연결되어 있을 때 어느 원격지에 연결되어 있는지 어떤 포트를 사용하는지 확인하기 위해서 윈도우에 기본으로 내장된 NetStat 명령어를 사용한다. 이 NetStat 명령어를 애플리케이션으로 구현한 예제로 로컬 네트워크 감시, 네트워크 분석 등에 다양한 용도로 사용된다. 로컬주소와 외부주소 및 포트 정보, 연결 상태를 나타내며 현재 상태를 파일로 저장하는 기능으로 구현된 예제를 살펴보도록 한다.

다음 그림은 NetStat 애플리케이션을 구현하고 실행한 결과 화면이다.

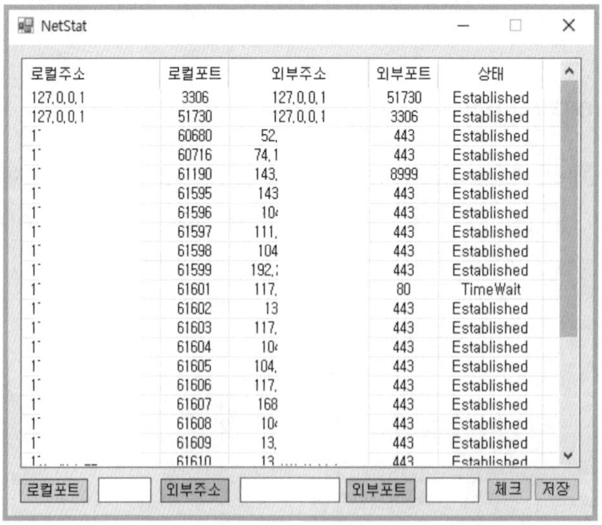

[결과 미리 보기]

3.1 NetStat 디자인

프로젝트 이름을 'mook_NetStat'로 하여 'C:\CSharpProject\Chap08' 경로에 새 프로젝트를 생성한다. 다음 그림과 같이 윈도우 폼에 필요한 컨트롤을 위치시켜 폼을 디자인하고, 각 컨트롤의 속성값을 설정한다.

폼 디자인에 사용된 컨트롤의 주요 속성값은 다음과 같다.

폼 컨트롤	속 성	값
Form1	Name	Form1
	Text	NetStat
	FormBorderStyle	FixedSingle
	MaximizeBox	False
ListView1	Name	lvNetState
	GridLines	True
	View	Details
Label1	Name	lblLocPort
	Text	로컬포트
	BackColor	GreenYellow
	BorderStyle	FixedSingle

Label2	Name	lblForAdd
	Text	외부주소
	BackColor	LightPink
	BorderStyle	FixedSingle
Label3	Name	lblForPort
	Text	외부포트
	BackColor	Aqua
	BorderStyle	FixedSingle
TextBox1	Name	txtLocPort
TextBox2	Name	txtForAdd
TextBox3	Name	txtForPort
Button1	Name	btnCheck
	Text	체크
Button2	Name	btnSave
	Text	저장
SaveFileDialog1	Name	sfadFile
	DefaultExt	txt
	Filter	텍스트 파일 (*.txt)|*.txt

lvNetState 컨트롤을 선택하고 속성 목록 창에서 Columns 항목의 [...](컬렉션) 버튼을 클릭하여 ColumnHeader 컬렉션 편집기를 실행하고, [추가] 버튼을 클릭하여 5개의 멤버를 추가하고, 속성값을 설정한다.

추가된 5개 멤버의 주요 속성값은 다음과 같다.

폼 컨트롤	속 성	값
ColumnHeader1	Name	clhLocalIP
	Text	로컬주소
	Width	120
ColumnHeader2	Name	clhLocalPort
	Text	로컬포트
	TextAlign	Center
	Width	60

ColumnHeader3	Name	clhRemoteIP
	Text	외부주소
	TextAlign	Center
	Width	120
ColumnHeader4	Name	clhRemotePort
	Text	외부포트
	TextAlign	Center
	Width	60
ColumnHeader5	Name	clhState
	Text	상태
	TextAlign	Center
	Width	90

3.2 NetStat 코드 구현

다음과 같이 using 키워드를 이용하여 필요한 네임스페이스를 추가한다.

```
using System.Net.NetworkInformation;
using System.Threading;
using System.IO;
```

다음과 같이 클래스 내부 제일 상단에 개체를 생성한다.

```
01  IPGlobalProperties ipProperties = IPGlobalProperties.GetIPGlobalProperties();

02  Thread NetThread = null;
03  string LocPort, RemoAdd, RemoPort;   // 포트 정보 저장
04  bool CheckBool = true;               // 입력 컨트롤 Enabled
05  private delegate void OnNetStatDelegate(
06          string a, string b, string c, string d, string e, int i, bool f, bool En);
07  private OnNetStatDelegate OnNetSate = null;
```

1행 IPGlobalProperties.GetIPGlobalProperties() 메서드를 이용하여 로컬 컴퓨터의 네트워크 연결 및 트래픽 통계에 대한 정보를 제공하는 개체를 생성한다.

5-7행 NetStat에 모니터링 결과를 lvNetState 나타내는 작업을 수행하는 델리게이트 선언 문장이다.

다음의 Form1_Load() 이벤트 핸들러는 폼을 더블클릭하여 생성한 프로시저로, 델리게이트 초기화 및 새로운 스레드를 생성하여 네트워크 상태를 체크하는 메서드를 실행하는 작업을 수행한다.

```
private void Form1_Load(object sender, EventArgs e)
{
   OnNetSate = new OnNetStatDelegate(NetStatView);
   NetThread = new Thread(NetView);
   NetThread.Start();
}
```

다음의 NetStatView() 메서드는 OnNeStatDelegate 델리게이트에 의해 수행되는 메서드로 lvNetState 컨트롤에 NetStat 결과를 나타내는 작업을 수행한다.

```
01   private void NetStatView(string a, string b, string c,
02                           string d, string e, int i, bool f, bool En)
03   {
04      if(f == true)
05      {
06         this.lvNetState.Items.Add(a);
07         this.lvNetState.Items[i].SubItems.Add(b);
08         this.lvNetState.Items[i].SubItems.Add(c);
09         this.lvNetState.Items[i].SubItems.Add(d);
10         this.lvNetState.Items[i].SubItems.Add(e);

11         if (b == LocPort)
12            this.lvNetState.Items[i].SubItems[0].BackColor = Color.GreenYellow;
13         if (c == RemoAdd)
14            this.lvNetState.Items[i].SubItems[0].BackColor = Color.LightPink;
15         if (d == RemoPort)
16            this.lvNetState.Items[i].SubItems[0].BackColor = Color.Aqua;
17      }
18      else
19      {
20         if (En == false)
21            this.lvNetState.Items.Clear();
22         NCheck();
23      }
24   }
```

4-17행 매개변수 f의 값이 true일 때 lvNetState 컨트롤의 SubItems 속성값을 Add() 메서드로 추가하는 작업과 선택된 로컬 포트, 원격 IP 및 포트에 대한 Items의 BackColor 속성을 설정하는 작업을 수행한다.
※ a : 로컬주소, b : 로컬포트, c : 외부주소, d : 외부포트, e : 상태

11-16행 지정한 로컬포트, 외부주소, 외부포트와 각각 일치하면 행의 색상을 변경하는 작업을 수행한다.

18-23행 NCheck() 메서드를 호출하여 CheckBool 값에 따라 컨트롤의 Enabled 속성값을 변경하는 작업, En 매개 변수의 값이 false일 때 lvNetState 컨트롤의 Items 속성값을 초기화하는 작업을 수행한다.

다음의 NetView() 메서드는 주기적으로 while 반복문을 실행하면서 네트워크 상태 정보를 lvNetState에 나타내는 작업을 수행한다.

```
01    private void NetView()
02    {
03       while (true)
04       {
05          this.CheckBool = true;
06          Invoke(OnNetSate, “”, “”, “”, “”, “”, 0, false, false);
07          TcpConnectionInformation[] tcpConnections =
08                   ipProperties.GetActiveTcpConnections();
09          int i = 0;
10          foreach (TcpConnectionInformation NetInfo in tcpConnections)
11          {
12             Invoke(OnNetSate, NetInfo.LocalEndPoint.Address.ToString(),
13               NetInfo.LocalEndPoint.Port.ToString(),
14               NetInfo.RemoteEndPoint.Address.ToString(),
15               NetInfo.RemoteEndPoint.Port.ToString(),
16               NetInfo.State.ToString(), i, true, false);
17             i++;
18          }
19          this.CheckBool = false;
20          Invoke(OnNetSate, “”, “”, “”, “”, “”, 0, false, true);
21          Thread.Sleep(30000);
22       }
23    }
```

6행 Invoke() 메서드의 7번째와 8번째 매개 변수의 값으로 false를 지정하여 lvNetState 컨트롤의 Items 속성을 초기화하는 작업과 입력 컨트롤의 Enabled 속성을 false로 지정하는 작업을 수행한다.

7-8행 IPGlobalProperties.GetActiveTcpConnections() 메서드(TIP “ConnectionInformation 속성” 참고)를 이용하여 로컬 컴퓨터의 IPV4 및 IPv6 TCP 연결에 대한 정보를 TcpConnectionInformation 배열의 개체 tcpConnections에 반환한다.

10-18행 foreach 문을 이용하여 7~8행에서 작업된 TcpConnectionInformation 배열의 개체 tcpConnections에 저장된 로컬 컴퓨터의 IPV4 및 IPv6 TCP 연결에 대한 컬렉션 정보를 가져와 델리게이트를 이용하여 lvNetState 컨트롤에 나타내는 작업을 수행한다.

12-16행 NetInfo.LocalEndPoint.Address 속성을 이용하여 TCP 연결의 로컬 아이피 주소와 NetInfo.LocalEndPoint.Port 속성을 이용하여 TCP 연결의 로컬 포트, NetInfo.RemoteEndPoint.Address 속성을 이용하여 TCP 연결의 로컬 원격지 아이피 주소,, NetInfo.RemoteEndPoint.Port 속성을 이용하여 TCP 연결의 원격지 포트 그리고 NetInfo.State 속성의 TCP 연결 상태를 Invoke() 메서드를 통해 OnNetState 델리게이트를 이용하여 lvNetState 컨트롤의 Items에 설정한다.

20행 Invoke() 메서드를 이용하여 7번째와 8번째 매개 변수를 false와 true로 대입하여 입력 컨트롤의 Enabled 속성을 true로 설정하는 작업을 수행한다.

TIP

TcpConnectionInformation 속성

이름	설명
LocalEndPoint	TCP 연결의 로컬 끝점
RemoteEndPoint	TCP 연결의 원격 끝점
State	TCP 연결의 상태

TIP

TcpState 열거형

멤버 이름	설명
Closed	TCP 연결이 닫혀 있음
CloseWait	TCP 연결의 로컬 끝점에서 로컬 사용자로부터의 연결 종료 요청을 기다리고 있음
Closing	TCP 연결의 로컬 끝점에서 이전에 보낸 연결 종료 요청의 승인을 기다리고 있음
DeleteTcb	TCP 연결에 대한 TCB(Transmission Control Buffer)가 삭제됨
Established	TCP 핸드셰이크가 완료되었습니다. 연결이 설정되었으므로 데이터를 보낼 수 있음
FinWait1	TCP 연결의 로컬 끝점에서 원격 끝점으로부터의 연결 종료 요청 또는 이전에 보낸 연결 종료 요청의 승인을 기다리고 있음
FinWait2	TCP 연결의 로컬 끝점에서 원격 끝점으로부터의 연결 종료 요청을 기다리고 있음
LastAck	TCP 연결의 로컬 끝점에서 이전에 보낸 연결 종료 요청의 최종 승인을 기다리고 있음

Listen	TCP 연결의 로컬 끝점에서 원격 끝점으로부터의 연결 요청을 수신하고 있음
SynReceived	TCP 연결의 로컬 끝점에서 연결 요청을 보내고 받았으며 승인을 기다리고 있음
SynSent	TCP 연결의 로컬 끝점에서 원격 끝점에 동기화(SYN) 제어 비트 집합과 함께 세그먼트 헤더를 보냈으며 일치하는 연결 요청을 기다리고 있음
TimeWait	TCP 연결의 로컬 끝점에서 원격 끝점이 연결 종료 요청의 승인을 받았는지 확인하는 데 충분한 시간이 경과하기를 기다리고 있음
Unknown	TCP 연결 상태를 알 수 없음

다음의 btnCheck_Click() 이벤트 핸들러와 NCheck() 메서드는 입력 컨트롤 및 버튼 컨트롤의 Enabled 속성값을 false로 설정하는 작업을 수행한다. 이는 네트워크 연결 상태를 검사할 때 입력 컨트롤 및 버튼 컨트롤 조작을 하지 못 하게 하기 위함이다.

```
private void btnCheck_Click(object sender, EventArgs e)
{
    this.LocPort = this.txtLocPort.Text;
    this.RemoAdd = this.txtForAdd.Text;
    this.RemoPort = this.txtForPort.Text;
    NCheck();
}
private void NCheck()
{
    if (CheckBool)
    {
        this.txtLocPort.Enabled = false;
        this.txtForPort.Enabled = false;
        this.txtForAdd.Enabled = false;
        this.btnCheck.Enabled = false;
        this.btnSave.Enabled = false;
    }
    else
    {
        this.txtLocPort.Enabled = true;
        this.txtForPort.Enabled = true;
        this.txtForAdd.Enabled = true;
        this.btnCheck.Enabled = true;
        this.btnSave.Enabled = true;
    }
}
```

다음의 btnSave_Click() 이벤트 핸들러는 [저장] 버튼을 더블클릭하여 생성한 프로시저로, 네트워크 연결 상태를 파일로 저장하는 작업을 수행한다.

```
01 private void btnSave_Click(object sender, EventArgs e)
02 {
03     if (this.sfdFile.ShowDialog() == DialogResult.OK)
04     {
05         StreamWriter sw = new StreamWriter(this.sfdFile.FileName);
06         sw.WriteLine("파일생성 : " +  DateTime.Now);
07         sw.WriteLine();
08         sw.WriteLine("로컬주소 로컬포트 외부주소 외부포트 상태");
09         for(int i =0 ; i < this.lvNetState.Items.Count -1 ; i++)
10         {
11             sw.WriteLine(this.lvNetState.Items[i].SubItems[0].Text + "      " +
12                 this.lvNetState.Items[i].SubItems[1].Text + "      " +
13                 this.lvNetState.Items[i].SubItems[2].Text + "      " +
14                 this.lvNetState.Items[i].SubItems[3].Text + "      " +
15                 this.lvNetState.Items[i].SubItems[4].Text);
16         }
17         sw.WriteLine();
18         sw.WriteLine("파일생성 종료 : " + DateTime.Now);
19         sw.Close();
20     }
21 }
```

5행 StreamWriter 클래스의 개체 sw를 생성하는 문장으로 매개 변수에 파일 경로가 지정된다.

9-16행 for 문을 통해 lvNetState 컨트롤의 Items 값을 sw.WriteLine() 메서드로 스트림에 쓰는 작업을 수행한다.

다음의 Form1_FormClosing() 이벤트 핸들러는 폼을 선택 후 FormClosing 항목을 더블클릭하여 생성한 프로시저로, 폼이 종료 될 때 생성한 NetThread 스레드를 종료하는 작업을 수행한다.

```
private void Form1_FormClosing(object sender, FormClosingEventArgs e)
{
    if (NetThread != null)
        NetThread.Abort();
    Application.ExitThread();
}
```

3.3 NetStat 예제 실행

다음 그림은 NetStat 예제를 F5를 눌러 실행한 화면이다.

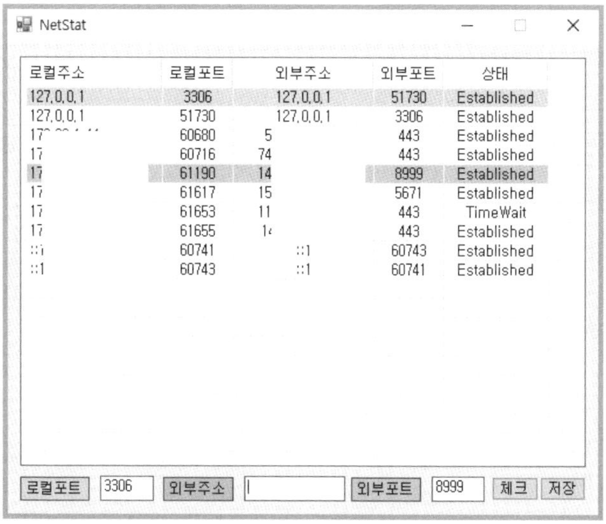

4. 네트워크 드라이브

이 절에서는 'mpr.dll' 라이브러리에 정의된 WNetCancelConnection 함수와 WNetCancelConnection2 함수를 이용하여 네트워크 드라이브를 연결하고 해제하는 방법에 대해 살펴보도록 한다.

WNetCancelConnection 함수는 네트워크 드라이브를 연결하는 작업을 수행하고, WNetCancelConnection2 함수는 연결된 네트워크 드라이브를 해제하는 데 사용된다.

다음 그림은 네트워크 드라이브 애플리케이션을 구현하고 실행한 결과 화면이다.

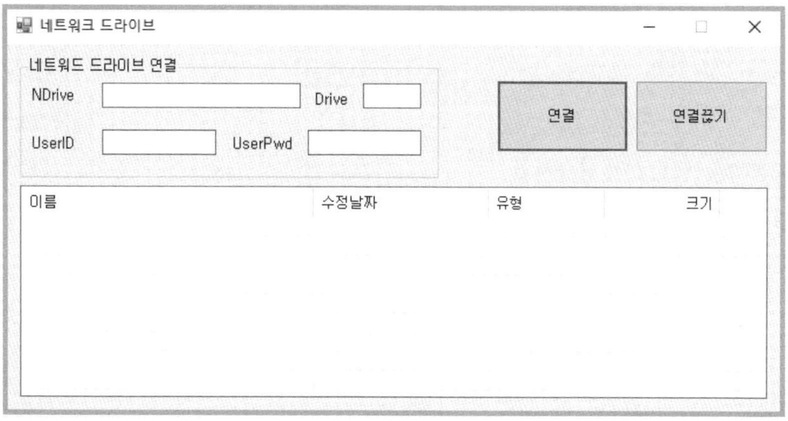

[결과 미리 보기]

4.1 네트워크 드라이브 설정

네트워크 드라이브를 설정하기 위해서 필자의 경우에는 D 드라이브에 'NetDriveTest'라는 폴더를 만들고, 폴더의 속성을 열어 [공유]-[고급 공유] 버튼을 눌러 다음과 같이 설정한다.

- **사용 권한** : 모든 권한
- **사용자 아이디/비밀빌번호** : mook / p12345 (현재 윈도우 계정으로 사용 가능)

4.2 네트워크 드라이브 디자인

프로젝트 이름을 'mook_NetDrive'로 하여 'C:\CSharpProject\Chap08' 경로에 새 프로젝트를 생성한다. 다음 그림과 같이 윈도우 폼에 필요한 컨트롤을 위치시켜 폼을 디자인하고, 각 컨트롤의 속성값을 설정한다.

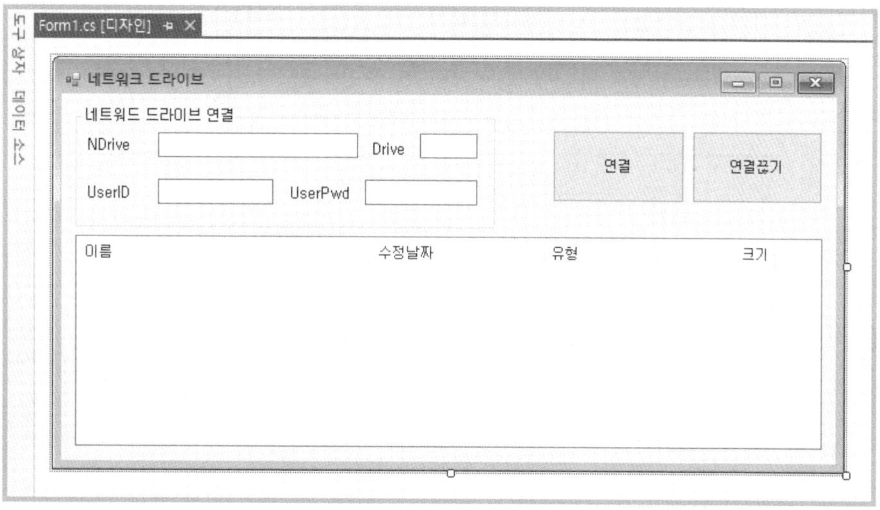

폼 디자인에 사용된 컨트롤의 주요 속성값은 다음과 같다.

폼 컨트롤	속 성	값
Form1	Name	Form1
	Text	네트워크 드라이브
	FormBorderStyle	FixedSingle
	MaximizeBox	False
GroupBox1	Name	gbConfig
	Text	네트워크 드라이브 연결
Label1	Name	lblNDrive
	Text	NDrive
Label2	Name	lblDrive
	Text	Drvie
Label3	Name	lblId
	Text	UserID
Label4	Name	lblPwd
	Text	UserPwd
TextBox1	Name	txtNDrive
TextBox2	Name	txtDrive
TextBox3	Name	txtUserID
TextBox4	Name	txtUserPwd
Button1	Name	btnConnector
	Text	연결
Button2	Name	btnDisConn
	Text	연결 끊기

ListView1	Name	lvFile
	FullRowSelect	True
	GridLines	True
	View	Details

lvFile 컨트롤의 선택하고 속성 목록 창에서 [Columns] 속성의 ...(컬렉션) 버튼을 클릭하여 Co,umnHeader 란을 컬렉션 편집기 창을 열어 다음 그림과 같이 4개의 멤버를 추가한다.

추가된 4개 멤버의 주요 속성값은 다음과 같다.

폼 컨트롤	속 성	값
ColumnHeader1	Name	chName
	Text	이름
	Width	250
ColumnHeader2	Name	chDate
	Text	수정날짜
	Width	150
ColumnHeader3	Name	chType
	Text	유형
	Width	100
ColumnHeader4	Name	chSize
	Text	크기
	Width	100
	TextAlign	Right

4.3 네트워크 드라이브 코드 구현

다음과 같이 using 키워드를 이용하여 필요한 네임스페이스를 추가한다.

```
using System.IO;
using System.Runtime.InteropServices;
using System.Threading;
```

네트워크 드라이브 연결 및 연결 끊기를 구현하기 위해서는 윈도우에서 제공하는 'mpr.dll' 라이브러리에 정의되어 있는 WNetUseConnection 함수와 WNetUseConnection2

함수를 사용하기 위해서 DllImport 문을 이용하여 함수 호출 문을 선언한다.

```
01  [DllImport(“mpr.dll”, CharSet = CharSet.Auto)]
02  public static extern int WNetUseConnection(
03          IntPtr hwndOwner,
04          [MarshalAs(UnmanagedType.Struct)] ref NETRESOURCE lpNetResource,
05          string lpPassword,
06          string lpUserID,
07          uint dwFlags,
08          StringBuilder lpAccessName,
09          ref int lpBufferSize,
10          out uint lpResult);

11  [DllImport(“mpr.dll”)]
12  public static extern int WNetCancelConnection2(
13                      string lpName, Int32 dwFlags, bool fForce);
14  private const int CONNECT_UPDATE_PROFILE = 0x1;
15  private const int NO_ERROR = 0;

16  [StructLayout(LayoutKind.Sequential, CharSet = CharSet.Auto)]
17  public struct NETRESOURCE
18  {
19      public uint dwScope;
20      public uint dwType;
21      public uint dwDisplayType;
22      public uint dwUsage;
23      public string lpLocalName;
24      public string lpRemoteName;
25      public string lpComment;
26      public string lpProvider;
27  }
```

1행 DllImport 문을 이용하여 'mpr.dll' 라이브러리를 사용할 수 있도록 지정하는 문장이다.

2-10행 'mpr.dll' 라이브러리에 선언된 WNetUseConnection() 함수로 네트워크 드라이브를 연결하기 위해 선언하는 함수이다.

12-13행 'mpr.dll' 라이브러리에 선언된 WNetCancelConnection2() 함수로 연결된 네트워크 드라이브의 연결을 해제하는 작업을 수행한다.

16-27행 네트워크 드라이브 연결을 위한 구조체를 선언하는 문장이다.

다음의 InternetGetConnectedState() 메서드는 네트워크 연결 즉, 물리적 네트워크 연결이 정상적으로 되어 있는지를 확인할 수 있으며, 'wininet.dll' 라이브러리에 정의되어 있다.

```
01  [DllImport("wininet.dll")]
02  public extern static bool InternetGetConnectedState(
03                          out int description, int reservedValue);
```

2-3행 InternetGetConnectedState() 메서드는 네트워크 연결이 정상적이면 true 값을 반환한다.

다음과 같이 멤버 변수 및 개체를 클래스 내부 상단에 추가한다.

```
string NetDrive = "";       // 네트워크 드라이브
string NDrive = "";         // 네트워크 드라이브
string UserID = "";         // 사용자 아이디
string UserPwd = "";        // 사용자 비밀번호
string Drive = "";          // 드라이브

Thread ConnThre = null;
private delegate void OnDelegateConn(bool Flag);
private OnDelegateConn OnConn = null;

Thread FileThre = null;
private delegate void OnDelegateFile(string fn, string fd, string ft, double fs);
private OnDelegateFile OnFile = null;
```

다음의 Form1_Load() 이벤트 핸들러는 폼을 더블클릭하여 생성한 프로시저로, 델리게이트 개체를 초기화하는 작업을 수행한다.

```
01  private void Form1_Load(object sender, EventArgs e)
02  {
03      OnConn = new OnDelegateConn(OnDelConn);
04      OnFile = new OnDelegateFile(OnDelFile);

05      while (true)
06      {
07          if (IsConnected()) break;
08          Thread.Sleep(1000);
09      }
10  }
```

5-9행 폼을 로드할 때 while 문을 이용하여 1초마다 IsConnected() 메서드를 호출하여 네트워크 연결을 체크하고, 연결이 완료되면 while 문을 종료한다.

다음의 IsConnected()는 네트워크 연결 체크를 위한 WinAPI인 InternetGet ConnectedState() 메서드를 호출한다.

```
public bool IsConnected()
{
    int description;
    return InternetGetConnectedState(out description, 0);
}
```

다음의 btnConnector_Click() 이벤트 핸들러는 [Connector] 버튼을 더블클릭하여 생성한 프로시저로, 입력된 네트워크 드라이브 설정 정보를 멤버 변수에 저장하고, ConnThre 스레드를 초기화하여 네트워크 드라이브를 연결하는 작업을 수행한다.

```
private void btnConnector_Click(object sender, EventArgs e)
{
    NDrive = this.txtNDrive.Text;
    UserID = this.txtUserID.Text;
    UserPwd = this.txtUserPwd.Text;
    Drive = this.txtDrive.Text;
    NetDrive = Drive + @"\";

    ConnThre = new Thread(NetDriveCheck);
    ConnThre.Start();
}
```

다음의 NetDriveCheck() 메서드는 WNetUseConnection 함수를 호출하여 네트워크 드라이브를 연결하는 작업을 수행한다.

```
private void NetDriveCheck()
{
    int capacity = 64;
    uint resultFlags = 0;
    uint flags = 0;
    string strRemoteConnectString = NDrive;
    string strRemoteUserID = UserID;
    string strRemotePWD = UserPwd;
    StringBuilder sb = new StringBuilder(capacity);
    NETRESOURCE ns = new NETRESOURCE();
    ns.dwType = 1;                // 공유 디스크
    ns.lpLocalName = Drive;    // 로컬 드라이브 지정하지 않음
    ns.lpRemoteName = strRemoteConnectString;
    ns.lpProvider = null;
    int result = 100;
    while (true)
    {
```

```
18            result = WNetUseConnection(IntPtr.Zero, ref ns,
19                    strRemotePWD, strRemoteUserID, flags,
20                    sb, ref capacity, out resultFlags);
21            if (result == 0)
22            {
23                break;
24            }
25            Thread.Sleep(100);
26        }
27        Invoke(OnConn, true);
28        ConnThre.Abort();
29    }
```

3-15행 네트워크 드라이브를 연결하는 위한 네트워크 드라이브 이름, 아이디, 비밀번호 등의 정보를 변수에 설정하는 문장이다.

12행 ns.lpLocalName 속성에 드라이브 명(예 : D:)을 대입한다.

13행 ns.lpRemoteName 속성에 네트워크 드라이브 연결문(예 : "\\127.0.0.1\\test")을 대입한다.

16-26행 wile 문을 이용하여 네트워크 드라이브가 연결이 완료될 때까지 WNetUseConnection() 함수(TIP "WnetUseconnection() WinAPI 함수" 참고)를 호출하여 네트워크 드라이브를 연결하는 작업을 수행한다.

18-20행 WNetUseConnection() 함수를 호출하여 네트워크 드라이브를 연결하는 함수를 호출하는 문장이다.

21행 WNetUseConnection() 함수의 결과값이 0일 때 네트워크 드라이브가 연결된 것으로, 23행의 break 문을 이용하여 while 문을 벗어난다.

27행 Invoke 메서드를 통해 OnConn 델리게이트를 호출하여 네트워크 드라이브에 존재하는 파일의 정보를 lvFile 컨트롤에 나타내는 작업을 수행한다.

26행 ConnThre 스레드를 Abort() 메서드를 호출하여 종료하는 작업을 수행한다.

TIP

WNetUseConnection(a, b, c, d, e, f, g, h) WinAPI 함수

- a(소유자 윈도우 핸들) : IntPtr.Zero
- b(네트워크 리소스) : 구조체 NETRESOURCE
- c : 비밀번호
- d : 아이디
- e(플래그) : 0
- f(액세스명) : StringBuilder
- g(버퍼크기) : 64
- h(결과 코드) : 0

다음의 OnDelConn() 메서드는 델리게이트에서 호출하며 네트워크 드라이브가 연결되면 FileThre 스레드를 실행하여 연결된 네트워크 드라이브에 있는 파일 정보를 lvFile 컨트롤에 나타내는 작업을 수행한다.

```
private void OnDelConn(bool Flag)
{
    if (Flag == true)
    {
        FileThre = new Thread(FileList);
        FileThre.Start();
    }
    else
        MessageBox.Show("네트워크 드라이브 연결에 실패하였습니다.", "알림",
            MessageBoxButtons.OK, MessageBoxIcon.Error);
}
```

다음의 FileList() 메서드는 연결된 네트워크 드라이브의 파일 속성을 lvFile 컨트롤에 나타내는 작업을 수행한다.

```
01  private void FileList()
02  {
03      DirectoryInfo di = new DirectoryInfo(NetDrive);
04      foreach(var fs in di.GetFiles())
05      {
06          Invoke(OnFile, fs.Name,
07                      fs.LastWriteTime.ToString(),
08                      fs.Extension, (double)fs.Length);
09      }
10      FileThre.Abort();
11  }
```

3행 디렉터리에 존재하는 파일의 정보를 가져오기 위해서 DirectoryInfo 클래스의 개체 di를 생성하고 NetDrive 변수 즉, 네트워크 드라이브 경로를 지정하여 di 개체를 초기화한다.

4-9행 foreach 문을 이용하여 di 개체에 포함된 파일의 속성값을 가져오는 작업을 수행한다. di.GetFiles() 메서드를 이용하여 FileInfo 개체 fs에 정보를 저장한다.

6-8행 Invoke() 메서드를 이용하여 델리게이트를 호출하고 매개 변수에 fs.Name, fs.LastWriteTime, fs.Extension, fs.Length 속성을 전달하여 파일의 이름과 수정날짜, 확장자, 파일 사이즈 정보를 가져와 lvFile 컨트롤에 나타내는 작업을 수행한다.

다음의 OnDelFile() 메서드는 델리게이트에서 호출되며, lvFile.Items.Add() 메서드를 호출하여 파일 정보를 lvFile에 추가하는 작업을 수행한다.

```
private void OnDelFile(string fn, string fd, string ft, double fs)
{
    string FSize = GetFileSize(fs);
    this.lvFile.Items.Add(new ListViewItem(new string[] { fn, fd, ft, FSize }));
}
```

다음의 GetFileSize() 메서드는 파일의 사이즈를 정규화하는 문장으로 String.Format() 메서드를 이용하여 파일의 사이즈 범위에 맞춰 정규화한다.

```
private string GetFileSize(double byteCount)
{
    string size = “0 Bytes”;
    if (byteCount >= 1073741824.0)
        size = String.Format(“{0:##.##}”, byteCount / 1073741824.0) + “ GB”;
    else if (byteCount >= 1048576.0)
        size = String.Format(“{0:##.##}”, byteCount / 1048576.0) + “ MB”;
    else if (byteCount >= 1024.0)
        size = String.Format(“{0:##.##}”, byteCount / 1024.0) + “ KB”;
    else if (byteCount > 0 && byteCount < 1024.0)
        size = byteCount.ToString() + “ Bytes”;
    return size;
}
```

다음의 btnDisConn_Click() 이벤트 핸들러는 [DisConnector] 버튼을 더블클릭하여 생성한 프로시저로, WNetCancelConnection2 함수를 호출하여 연결된 네트워크 드라이브의 연결을 끊는 작업을 수행한다.

```
private void btnDisConn_Click(object sender, EventArgs e)
{
    Drive = this.txtDrive.Text;
    int result = WNetCancelConnection2(Drive, CONNECT_UPDATE_PROFILE, true);
    if(result == 0)
    {
        this.lvFile.Items.Clear();
        MessageBox.Show(“네트워크 드라이브가 정상적으로 끊어졌습니다.”,
                “알림”, MessageBoxButtons.OK, MessageBoxIcon.Information);
    }
    else
        MessageBox.Show(“장애가 발생하였습니다.”, “알림”,
                MessageBoxButtons.OK, MessageBoxIcon.Error);
}
```

4행 'wininet.dll' 라이브러리에 선언된 WNetCancelConnection2() 함수를 호출하여 연결된 네트워크 드라이브를 해제하는 작업을 수행한다. 결과는 int 타입으로 반환되며 0일 경우는 네트워크 드라이브 연결을 해제하는 작업이 정상적으로 수행된 것이며, 0이 아닌 경우 네트워크 드라이브 해제 작업이 에러가 발생한 것이다.

4.4 네트워크 드라이브 예제 실행

다음 그림은 네트워크 드라이브 예제를 F5를 눌러 실행한 화면이다. NDrive 입력란에 네트워크 공유가 설정된 디렉터리의 네트워크 경로를 입력하고, Drive 입력란에 네트워크 드라이브를 연결할 드라이브 문자를 지정하고, UsrID와 UserPwd 항목의 입력란에 각각 ID와 패스워드를 입력하고 [연결] 버튼을 클릭하여 연결된 네트워크 드라이브의 파일 목록을 확인한다.

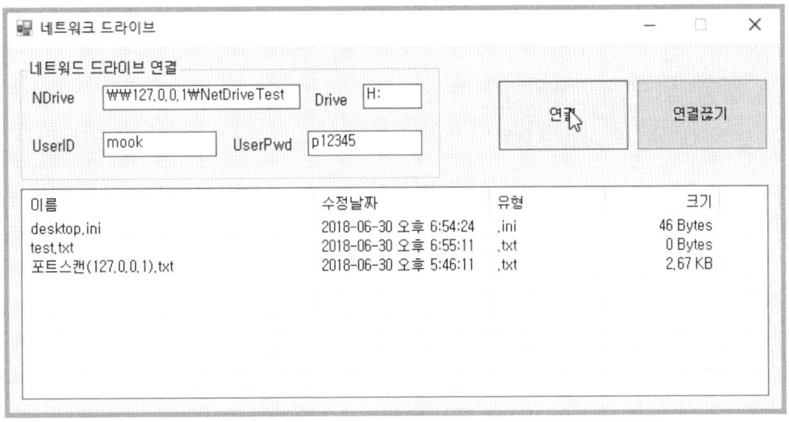

다음 그림은 위의 결과에서 사용한 네트워크 드라이브를 파일 탐색기를 이용하여 다음과 같이 네트워크 드라이브 연결이 정상적으로 되어 있는 것을 확인할 수 있다.

다음과 같이 [연결끊기] 버튼을 누르고, 파일 탐색기를 이용하여 확인해 보면 연결된 네트워크 드라이브가 해제된 것을 확인할 수 있다.

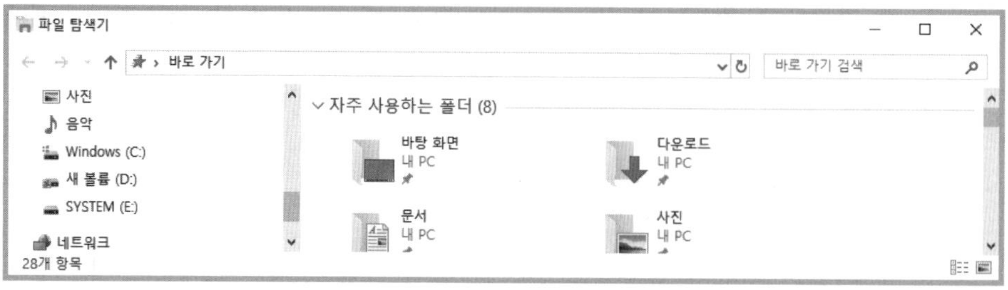

5. 1:1 채팅

이 절의 예제는 1:1 채팅 애플리케이션을 구현한다. 채팅 애플리케이션은 인터넷을 사용하는 독자라면 한 번쯤은 사용해 보았을 것으로 생각된다. 이 예제는 간단하게 구현되었지만, 채팅 애플리케이션을 구현하는데 필요한 핵심 기능을 대부분 갖추고 있기 때문에 기능을 좀 더 보강한다면 더욱 멋진 채팅 애플리케이션을 구현할 수 있으리라 생각한다.

다음 그림은 1:1 채팅 애플리케이션을 구현하고 실행한 결과 화면이다.

[결과 미리 보기]

5.1 1:1 채팅 디자인

프로젝트 이름을 'mook_Message'로 하여 'C:\CSharpProject\Chap08' 경로에 새 프로젝트를 생성한다. 다음 그림과 같이 윈도우 폼에 필요한 컨트롤을 위치시켜 폼을 디자인하고, 각 컨트롤의 속성값을 설정한다.

폼 디자인에 사용된 컨트롤의 주요 속성값은 다음과 같다.

폼 컨트롤	속 성	값
Form1	Name	Form1
	Text	1:1 채팅
	FormBorderStyle	FixedSingle
	MaximizeBox	false
ToolStrip1	Name	tsBar
StatusStrip1	Name	ssBar
RichTextBox1	Name	rtbText
	BackColor	White
	BorderStyle	None
	ReadOnly	true
	TabStop	false
Panel1	Name	plOption
	BorderStyle	Fixedsingle
	BackColor	AliceBlue
	Visible	False
Panel2	Name	plGroup
	BackColor	RoyalBlue
Panel3	Name	plMessage
	BackColor	White

Label1	Name	lblIp
	Text	IP :
Label2	Name	lblId
	Text	ID :
Label3	Name	lblPort
	Text	PORT :
TextBox1	Name	txtIp
	BorderStyle	FixedSingle
TextBox2	Name	txtId
	BorderStyle	FixedSingle
TextBox3	Name	txtPort
	Text	62000
	BorderStyle	FixedSingle
	ReadOnly	True
TextBox4	Name	txtMessage
	BackColor	White
	BorderStyle	None
	Enabled	false
Button1	Name	btnSave
	Text	설정
	BackColor	white
	FlatStyle	Flat
Button2	Name	btnClose
	Text	닫기
	BackColor	white
	FlatStyle	Flat
Button3	Name	btnSend
	Text	보내기
	BackColor	white
	FlatStyle	Flat
	Enabled	false
CheckBox1	Name	cbServer
	Text	서버실행

tsBar 컨트롤을 선택하고 1개의 DropDownButton 컨트롤과 2개의 버튼 컨트롤을 추가하고, 추가된 컨트롤의 속성값을 설정한다.

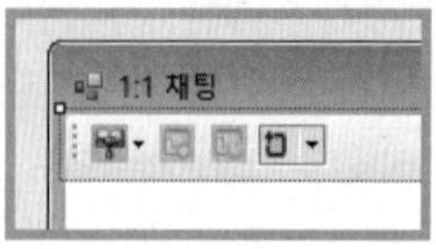

추가된 컨트롤의 주요 속성값은 다음과 같다.

폼 컨트롤	속 성	값
ToolStripDropDownButton1	Name	tsddbtnOption
	Text	1:1 환경설정
	DisplayStyle	Image
	Image	[설정]
ToolStripButton1	Name	tsbtnConn
	Text	연결
	Enabled	False
	DisplayStyle	Image
	Image	[설정]
	ToolTipText	연결
ToolStripButton2	Name	tsbtnDisconn
	Text	끊기
	Enabled	False
	DisplayStyle	Image
	Image	[설정]
	ToolTipText	끊기

tsBar 컨트롤에 추가된 tsddbtnOption 컨트롤을 선택하여 다음 그림과 같이 메뉴를 추가한다.

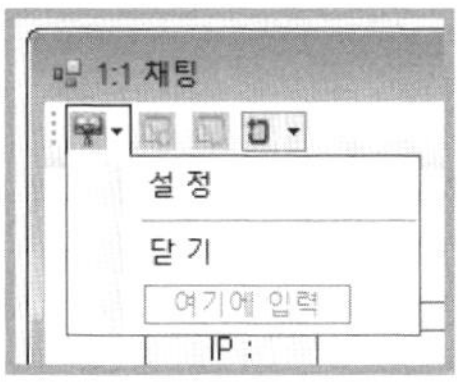

ssBar 컨트롤을 선택하여 StatusLabel 컨트롤을 추가하고 속성값을 설정한다.

추가된 StatusLabel 컨트롤의 주요 속성값은 다음과 같다.

폼 컨트롤	속 성	값
ToolStripStatusLabel1	Name	tsslblTime
	Text	메시지 받은 시간 출력

애플리케이션에서 사용할 아이콘 이미지 파일을 저장하기 위해서 솔루션 탐색기에서 프로젝트 이름을 마우스 오른쪽 버튼을 클릭하여 표시되는 단축메뉴에서 [추가]-[새 폴더] 항목을 선택한다. 'img' 폴더를 생성하고 프로젝트에서 사용할 이미지 파일을 저장하여 활용할 수 있도록 한다.

5.2 1:1 채팅 코드 구현

다음과 같이 using 키워드를 이용하여 필요한 네임스페이스를 추가한다.

```
using System.Net;                // IPAddress
using System.Net.Sockets;        // TcpListener 클래스 사용
using System.Threading;          // 스레드 클래스 사용
using System.IO;                 // 파일 클래스 사용
using Microsoft.Win32;           // 레지스트리 클래스 사용
using System.Runtime.InteropServices;    // 폼 깜박임 구현
```

다음과 같이 멤버 개체 및 변수를 클래스 내부 상단에 추가한다.

```
private TcpListener Server;     // TCP 네트워크 클라이언트에서 연결 수신
// TCP 네트워크 서비스에 대한 클라이언트 연결 제공
private TcpClient SerClient, client;
private NetworkStream myStream;   // 네트워크 스트림
private StreamReader myRead;      // 스트림 읽기
private StreamWriter myWrite;     // 스트림 쓰기
private Boolean Start = false;    // 서버 시작
private Boolean ClientCon = false;  // 클라이언트 시작
private int myPort;               // 포트
private string myName;            // 별칭
private Thread myReader, myServer;   // 스레드
private Boolean TextChange = false;   // 입력 컨트롤의 데이터입력 체크
private RegistryKey key = Registry.LocalMachine.OpenSubKey(
    "SOFTWARE\\Microsoft\\.NETFramework", true); // 레지스트리 쓰기,읽기
private delegate void AddTextDelegate(string strText);  // 델리게이트 개체 생성
private AddTextDelegate AddText = null;                 // 델리게이트 개체 생성
```

다음의 WinAPI FlashWindow() 메서드는 메시지를 받으면 창을 깜박이게 하는 작업을 수행한다.

```
01  [DllImport("User32.dll")]
02  private static extern bool FlashWindow(IntPtr hwnd, bool bInvert);
```

2행 WinAPI FlashWindow() 메서드를 호출하여 윈도우 태스크 바의 애플리케이션을 깜박거리게 해주며, 매개 변수로 애플리케이션의 핸들 값과 true를 전달한다.

다음의 Form1_Load() 이벤트 핸들러는 폼을 더블클릭하여 생성한 프로시저로, 지정된 레지스트리의 값을 가져오는 작업을 수행한다.

```
01  private void Form1_Load(object sender, EventArgs e)
02  {
03      if ((string)key.GetValue(“Message_name”) == “”)
04      {
05          this.myName = this.txtId.Text;
06          this.myPort = Convert.ToInt32(this.txtPort.Text);
07      }
08      else
09      {
10          try
11          {
12              this.myName = (string)key.GetValue(“Message_name”);
13              this.myPort = Convert.ToInt32(key.GetValue(“Message_port”));
14          }
15          catch
16          {
17              this.myName = this.txtId.Text;
18              this.myPort = Convert.ToInt32(this.txtPort.Text);
19          }
20      }
21  }
```

3-7행 GetValue() 메서드를 이용하여 레지스트리에 키값이 설정되어 있지 않다면 txtId, txtPort 컨트롤의 Text 속성값을 가져와 변수에 값을 저장하는 작업을 수행한다.

8-20행 GetValue() 메서드를 이용하여 레지스트리 키값이 설정되어 있을 때 변수에 값을 저장하는 작업을 수행한다. 즉, 이름과 포트를 가져온다.

다음은 [설정] 메뉴를 더블클릭하여 생성한 프로시저로, 별칭, 포트 번호를 입력하는 설정 창을 나타내주는 작업을 수행한다.

```
private void 설정ToolStripMenuItem_Click(object sender, EventArgs e)
{
    this.설정ToolStripMenuItem.Enabled = false;
    this.plOption.Visible = true;
    this.txtId.Focus();
    this.txtId.Text = (string)key.GetValue(“Message_name”);    // 별칭 입력
    this.txtPort.Text = (string)key.GetValue(“Message_port”);  // 포트 입력
}
```

6-7행 RegistryKey.GetValue() 메서드를 이용하여 지정된 레지스트리 키에서 지정된 이름에 연결된 값을 검색하고 지정된 키에 해당 이름이 없으면 사용자가 제공한 기본값으로 null 값이 반환된다. Message_name, Message_port에 매칭되는 레지스트리의 키값을 가져와 입력 컨트롤에 각각 값을 나타낸다.

다음의 btnSave_Click() 이벤트 핸들러는 [설정] 버튼을 더블클릭하여 생성한 프로시저로, 각 입력 컨트롤의 입력 값 유효성 검사를 하는 코드를 수행 후 ControlCheck() 메서드를 호출한다.

```
private void btnSave_Click(object sender, EventArgs e)
{
   if (this.cbServer.Checked == true)
   {
      ControlCheck();
   }
   else
   {
      if (this.txtIp.Text == "")
      {
         this.txtIp.Focus();
      }
      else
      {
         ControlCheck();
      }
   }
}
private void ControlCheck()
{
   if (this.txtId.Text == "")
   {
      this.txtId.Focus();
   }
   else if (this.txtPort.Text == "")
   {
      this.txtPort.Focus();
   }
   else
   {
      try
      {
         var name = this.txtId.Text;
         var port = this.txtPort.Text;
         key.SetValue("Message_name", name);
         key.SetValue("Message_port", port);
         this.plOption.Visible = false;
         this.설정ToolStripMenuItem.Enabled = true;
```

```
39              this.tsbtnConn.Enabled = true;
40           }
41           catch
42           {
43              MessageBox.Show("설정이 저장되지 않았습니다.", "에러",
44                    MessageBoxButtons.OK, MessageBoxIcon.Error);
45           }
46        }
47     }
```

21-28행 각 입력 컨트롤의 Text 속성값 유효성을 검사하는 if 문이다.

35-36행 RegistryKey.SetValue() 메서드를 이용하여 지정된 이름으로 레지스트리에 키와 값을 설정한다.

37-39행 각 컨트롤의 Visible 속성과 Enabled 속성값을 설정하는 문장이다.

다음의 cbServer_CheckedChanged() 이벤트 핸들러는 cbServer 컨트롤을 더블클릭하여 생성한 프로시저로, 서버 또는 클라이언트 모드로 전환하는 작업을 수행한다.

```
private void cbServer_CheckedChanged(object sender, EventArgs e)
{
   if (this.cbServer.Checked)         // 서버 또는 클라이언트 체크 해제
   {
      this.txtIp.Enabled = false;     // 서버 모드 전환
   }
   else
   {
      this.txtIp.Enabled = true;      // 클라이언트 모드 전환
   }
}
```

다음의 Form1_FormClosing() 이벤트 핸들러는 폼을 선택 후 이벤트 목록 창에서 [FormClosing] 항목을 더블클릭하여 생성한 프로시저로, 서버 모드 및 클라이언트 종료 메서드를 호출하여 애플리케이션을 종료하는 작업을 수행한다.

```
private void Form1_FormClosing(object sender, FormClosingEventArgs e)
{
   try { ServerStop(); }             // 서버 종료 메서드 호출
   catch { Disconnection(); }    // 클라이언트 종료 메서드 호출
}
```

다음의 tsbtnConn_Click() 이벤트 핸들러는 tsbtn 컨트롤 아이콘을 더블클릭하여 생성한 프로시저로, 델리게이트를 초기화하고 지정된 로컬 IP 주소와 포트 번호에서 들어오는 연결 시도를 수신하는 TcpListener 클래스의 개체를 초기화하는 문이 메서드 블록 내부에 추가되어 있다.

```
private void tsbtnConn_Click(object sender, EventArgs e)
{
   AddText = new AddTextDelegate(MessageView);
   if (this.cbServer.Checked == true)
   {
      var addr = new IPAddress(0);
      try
      {
         this.myName = (string)key.GetValue("Message_name");
         this.myPort = Convert.ToInt32(key.GetValue("Message_port"));
      }
      catch
      {
         this.myName = this.txtId.Text;
         this.myPort = Convert.ToInt32(this.txtPort.Text);
      }

      if (!(this.Start))
      {
         try
         {
            Server = new TcpListener(addr, this.myPort);
            Server.Start();

            this.Start = true;
            this.txtMessage.Enabled = true;
            this.btnSend.Enabled = true;
            this.txtMessage.Focus();
            this.tsbtnDisconn.Enabled = true;
            this.tsbtnConn.Enabled = false;
            this.cbServer.Enabled = false;

            myServer = new Thread(ServerStart);
            myServer.Start();

            this.설정ToolStripMenuItem.Enabled = false;
         }
         catch
         {
            Invoke(AddText, "서버를 실행할 수 없습니다.");
         }
      }
```

```
39            else
40            {
41               ServerStop();      // ServerStop() 함수 호출
42            }
43         }
44         else
45         {
46            if (!(this.ClientCon))
47            {
48               this.myName = (string)key.GetValue("Message_name"); // 별칭 설정
49               // 서버 측 포트 설정
50               this.myPort = Convert.ToInt32(key.GetValue("Message_port"));
51               ClientConnection();      // ClientConnection() 함수 호출
52            }
53            else
54            {
55               this.txtMessage.Enabled = false;
56               this.btnSend.Enabled = false;
57               Disconnection(); //함수 호출
58            }
59         }
60      }
```

3행 앞에서 선언한 string 타입의 인자를 가진 델리게이트를 초기화하는 문장으로 string 타입의 인자를 가진 MessageView() 메서드를 선언하였다. AddText 대리자가 호출되면 아래 MessageView() 메서드가 실행된다.

4행 cbServer 컨트롤의 Checked 속성값을 체크하는 문장으로 체크시 서버로 애플리케이션이 실행된다.

6행 IPAddress() 클래스 생성자에 지정된 주소를 사용하여 IPAddress 클래스의 개체를 초기화한다. 매개 변수가 0 값으로 입력이 되었기 때문에 로컬 단말의 아이피를 가져온다.

7-16행 레지스트리의 매칭 값을 가져와 myName, myPort 변수에 저장하거나 입력 컨트롤에 입력된 값을 저장한다.

21행 TcpListener 클래스 생성자를 이용하여 지정된 로컬 IP 주소와 포트 번호에서 들어오는 연결 시도를 수신하는 TcpListener 클래스의 개체 Server를 초기화한다.

22행 TcpListener.Start() 메서드를 이용하여 들어오는 연결 요청의 수신을 시작한다.

30행 Thread 클래스 생성자를 이용하여 스레드가 시작될 때 스레드로 개체가 전달될 수 있도록 하는 대리자를 지정하여 Thread 클래스의 개체 myServer를 초기화한다. 대리자는 ServerStart() 메서드로 클라이언트의 수신과 네트워크 스트림의 값을 수신하는 작업을 새로 생성한 스레드에서 수행한다.

36행 21~32행의 코드에서 에러가 발생할 때 AddText 대리자를 호출하여 메시지를 출력하는 작업을 수행한다. Invoke() 메서드는 개체에서 작업하는 메서드와 속성에 대한 액세스를 제공한다.

44-59행 클라이언트 애플리케이션을 실행하는 문장으로 변수에 레지스트리 값을 가져오고 ClientConnection() 메서드를 호출하는 작업을 수행한다.

다음의 MessageView() 메서드는 rtbText 컨트롤에 메시지를 출력하는 대리자에 대입된 메서드이다.

```
01  private void MessageView(string strText)
02  {
03     this.rtbText.AppendText(strText + "\r\n");
04     this.rtbText.Focus();
05     this.rtbText.ScrollToCaret();
06     this.txtMessage.Focus();
07  }
```

3행 AppendText() 메서드는 rtbText 컨트롤에 텍스트를 추가하여 이어 쓰는 효과를 준다.

5행 ScrollToCaret() 현재 컨트롤의 내용을 현재 캐럿 위치까지 스크롤한다.

다음의 ServerStart() 메서드는 생성한 스레드에서 실행되는 메서드로 클라이언트의 접속 및 클라이언트에서 보낸 데이터를 수신하는 작업을 수행한다.

```
private void ServerStart()
{
   Invoke(AddText, "서버 실행 : 챗 상대의 접속을 기다립니다...");
   while (Start)
   {
      try
      {
         SerClient = Server.AcceptTcpClient();
         Invoke(AddText, "챗 상대 접속..");
         myStream = SerClient.GetStream();
         myRead = new StreamReader(myStream);
         myWrite = new StreamWriter(myStream);
         this.ClientCon = true;

         myReader = new Thread(Receive);
         myReader.Start();
      }
      catch { }
   }
}
```

3행 AddText 대리자를 실행시켜 화면상에 메시지를 출력하는 작업을 수행한다.

4-18행 while 문으로 Start 변수가 false 값이 될 때까지 6~17행의 무한 루프를 돌면서 클라이언트의 접속을 대기하고 네트워크 스트림에서 데이터를 주고받기 작업을 담당하는 클래스 개체 생성과 외부 스레드에 데이터를 받는 메서드를 대입한다.

8행 Server.AcceptTcpClient() 메서드를 이용하여 보류 중인 연결 요청을 받아들여 TcpClient 개체 SerClient에 대입한다.

9행 8행이 실행되면 클라이언트가 접속한 것으로 간주될 수 있기 때문에 AddText 대리자를 이용하여 메시지를 출력한다.

10행 데이터를 보내고 받는 데 사용한 NetworkStream을 반환하여 myStream 개체에 대입한다.

11행 StreamReader 클래스의 생성자를 이용하여 지정된 스트림에 대한 StreamReader 클래스의 개체 myRead를 초기화한다.

12행 스트림에 데이터를 쓰기 위해 myWirte 개체를 초기화 하는 작업을 수행한다.

14행 Thread 클래스의 생성자를 이용하여 myReader 개체를 생성하는 문장으로 메시지를 읽어와 출력하는 작업을 실행하는 Receive() 메서드를 지정하여 대리자 역할을 수행한다.

다음의 ClientConnection() 메서드는 위의 ServerStart() 메서드와 거의 유사한 코드를 가진 클라이언트 모드에서 실행되는 메서드이다.

```
private void ClientConnection()
{
    try
    {
        client = new TcpClient(this.txtIp.Text, this.myPort);
        Invoke(AddText, "서버에 접속 했습니다.");
        myStream = client.GetStream();

        myRead = new StreamReader(myStream);
        myWrite = new StreamWriter(myStream);
        this.ClientCon = true;
        this.tsbtnConn.Enabled = false;
        this.tsbtnDisconn.Enabled = true;
        this.txtMessage.Enabled = true;
        this.btnSend.Enabled = true;
        this.txtMessage.Focus();

        myReader = new Thread(Receive);
        myReader.Start();
    }
    catch
    {
```

```
21            this.ClientCon = false;
22            Invoke(AddText, "서버에 접속하지 못 했습니다.");
23        }
24    }
```

5행 TcpClient 클래스의 개체를 초기화하고 지정된 호스트 및 포트를 연결한다. 호스트 및 포트 정보는 레지스트리 값을 가져오거나 입력 컨트롤의 입력 값이다.

7행 client.GetStream() 메서드를 이용하여 데이터를 보내고 받는 데 사용한 NetworkStream을 반환하여 myStream 개체에 대입한다.

8행 지정된 네트워크 스트림에 대한 StreamReader 클래스의 개체 myRead를 초기화하고 스트림을 읽을 준비를 한다.

9행 지정된 네트워크 스트림에 대한 StreamWriter 클래스의 개체 myWrite를 초기화하고 스트림에 문자를 쓸 준비를 한다.

다음의 Receive() 메서드는 서버 및 클라이언트 모드에서 myReader 스레드 개체에서 실행되는 메서드로 메시지를 받은 데이터를 화면에 출력하는 작업을 수행한다.

```
private void Receive()
{
    try
    {
        while (this.ClientCon)
        {
            if (myStream.CanRead)
            {
                var msg = myRead.ReadLine();
                var Smsg = msg.Split('&');
                if (Smsg[0] == "S001")
                {
                    this.tsslblTime.Text = Smsg[1];
                }
                else
                {
                    if (msg.Length > 0)
                    {
                        FlashWindow(this.Handle, true);
                        Invoke(AddText, Smsg[0] + " : " + Smsg[1]);
                    }
                    this.tsslblTime.Text = "마지막으로 받은 시각:" + Smsg[2];
                }
            }
        }
    }
    catch { }
}
```

5-25행 while 문을 이용하여 ClientCon 변수값이 false가 될 때까지 무한 루프를 돌면서 메시지를 수신하는 작업을 수행한다.

7행 myStream.CanRead 속성은 NetworkStream이 읽기를 지원하는지를 나타내는 값을 가져오는 문장으로 스트림에서 데이터를 읽을 수 있으면 true이고, 그렇지 않으면 false 값을 반환한다.

9행 myRead.ReadLine() 메서드를 이용하여 myRead 개체에 값을 줄 단위로 string 타입의 변수에 저장한다.

11행 읽을 데이터가 있고 첫 번째 구분자 'S001'라면 상대방의 입력 여부 정보를 tsslblTime 컨트롤에 출력하고, 그렇지 않으면 구분자 '&'를 기준으로 명칭과 메시지를 화면에 출력하고 날짜는 tsslblTime 컨트롤에 출력한다. 명칭과 메시지 출력은 20행의 Invoke() 메서드를 호출하여 메시지 출력을 담당하는 MessageView() 메서드를 대신 호출하는 델리게이트 대리자를 실행하여 화면에 출력시킨다.

19행 FlashWindow() 메서드를 호출하여 메시지가 수신되었을 때 폼을 상태 바에 있는 폼이 깜박이게 하는 문장이다.

다음의 txtMessage_KeyPress() 이벤트 핸들러는 txtMessage 컨트롤을 선택한 후 이벤트 창의 [KeyPress] 란을 더블클릭하여 생성한 프로시저로, 메시지 입력 후 엔터키를 눌렀을 때 메시지를 전송하는 작업을 수행한다.

```
01  private void txtMessage_KeyPress(object sender, KeyPressEventArgs e)
02  {
03      if (e.KeyChar == (char)13)     // 엔터 키를 누를 때
04      {
05          e.Handled = true;          // 소리 없앰
06          if (this.txtMessage.Text == "")
07          {
08              this.txtMessage.Focus();
09          }
10          else
11          {
12              Msg_send();            // Msg_send() 함수 호출
13          }
14      }
15  }
```

3행 e.KeyChar 속성을 이용하여 (char)13 즉, 엔터키 값이 입력될 때 if 문 내부 코드를 수행하는 작업을 수행한다.

5행 e.Handled 속성을 true로 지정하면 엔터키를 눌렀을 때 발생하는 시스템 알람 소리를 없애는 작업을 수행한다.

다음의 btnSend_Click() 이벤트 핸들러는 [보내기] 버튼을 더블클릭하여 생성한 프로시저로 입력된 메시지를 전송하는 작업을 수행한다.

```
private void btnSend_Click(object sender, EventArgs e)
{
    if (this.txtMessage.Text == "")
    {
        this.txtMessage.Focus();
    }
    else
    {
        Msg_send(); //Msg_send()함수 호출
    }
}
```

다음의 Msg_send() 메서드는 txtMessage 컨트롤에 입력된 데이터를 myWrite 개체에 쓰는 작업을 수행한다.

```
01  private void Msg_send()
02  {
03      try
04      {
05          var dt = Convert.ToString(DateTime.Now);
06          myWrite.WriteLine(this.myName + "&" +
07                        this.txtMessage.Text + "&" + dt);
08          myWrite.Flush();
09          MessageView(this.myName + ": " + this.txtMessage.Text);
10          this.txtMessage.Clear();
11      }
12      catch
13      {
14          Invoke(AddText, "데이터를 보내는 동안 오류가 발생하였습니다.");
15          this.txtMessage.Clear();
16      }
17  }
```

6-7행 구분자 '&'를 이용하여 명칭, 메시지, 일시를 WriteLine() 메서드를 이용하여 myWrite 개체에 쓰는 작업을 수행한다.

8행 myWrite.Flush() 메서드를 이용하여 버퍼에 써진 데이터를 내부 스트림에 쓰는 작업과 버퍼를 모두 지우는 작업을 수행한다. 1:1 채팅 상대방의 개체에 메시지가 써지면 외부 스레드에서 실행되고 있는 Receive() 메서드에 의하여 전송 및 화면에 출력된다.

다음의 tsbtnDisconn_Click() 이벤트 핸들러는 tsbtnDisconn 컨트롤을 더블클릭하여 생성한 프로시저로, 연결된 개체를 끊는 작업을 수행한다.

```
01  private void tsbtnDisconn_Click(object sender, EventArgs e)
02  {
03      try
04      {
05          if (this.cbServer.Checked)
06          {
07              if (this.SerClient.Connected)
08              {
09                  var dt = Convert.ToString(DateTime.Now);
10                  myWrite.WriteLine(this.myName + "&" +
11                              "채팅 APP가 종료되었습니다." + "&" + dt);
12                  myWrite.Flush();
13              }
14          }
15          else
16          {
17              if (this.client.Connected)
18              {
19                  var dt = Convert.ToString(DateTime.Now);
20                  myWrite.WriteLine(this.myName + "&" +
21                              "채팅 APP가 종료되었습니다." + "&" + dt);
22                  myWrite.Flush();
23              }
24          }
25      }
26      catch { }
27      ServerStop();
28      this.설정ToolStripMenuItem.Enabled = true;
29  }
```

7행 SerClient.Connected 속성을 이용하여 TcpClient의 내부 Socket이 원격 호스트에 연결되어 있는지를 나타내는 값을 가져와 연결되어 있으면 9~12행을 실행하여 클라이언트에 서버가 종료되었다는 메시지를 출력시킨다.

17행 client.Connected 속성을 이용하여 TcpClient의 연결되어 있는지를 나타내는 값을 가져와 연결되어 있으면 19~22행을 실행하여 서버에 클라이언트가 종료되었다는 메시지를 출력시킨다.

다음의 ServerStop() 메서드는 서버 모드를 종료하는 작업을 수행하며, 서버 모드에서 생성된 개체의 리소스를 해제한다.

```
private void ServerStop() // 서버 모드 종료
{
    this.Start = false;
    this.txtMessage.Enabled = false;
    this.txtMessage.Clear();
    this.btnSend.Enabled = false;
    this.tsbtnConn.Enabled = true;
    this.tsbtnDisconn.Enabled = false;
    this.cbServer.Enabled = true;
    this.ClientCon = false;

    if (!(myRead == null))
    {
        myRead.Close();    // StreamReader 클래스 개체 리소스 해제
    }
    if (!(myWrite == null))
    {
        myWrite.Close();    // StreamWriter 클래스 개체 리소스 해제
    }
    if (!(myStream == null))
    {
        myStream.Close(); // NetworkStream 클래스 개체 리소스 해제
    }
    if (!(SerClient == null))
    {
        SerClient.Close();  // TcpClient 클래스 개체 리소스 해제
    }
    if (!(Server == null))
    {
        Server.Stop();        // TcpListen 클래스 개체 리소스 해제
    }
    if (!(myReader == null))
    {
        myReader.Abort(); // 외부 스레드 종료
    }
    if (!(myServer == null))
    {
        myServer.Abort();  // 외부 스레드 종료
    }
    if (!(AddText == null))
    {
        Invoke(AddText, "연결이 끊어졌습니다.");
    }
}
```

다음의 Disconnection() 메서드는 서버 모드를 종료하는 작업을 수행하며, 클라이언트 모드에서 생성된 개체의 리소스를 해제한다.

```
private void Disconnection()
{
    this.ClientCon = false;
    try
    {
        if (!(myRead == null))
        {
            myRead.Close();     // StreamReader 클래스 개체 리소스 해제
        }
        if (!(myWrite == null))
        {
            myWrite.Close();     // StreamWriter 클래스 개체 리소스 해제
        }
        if (!(myStream == null))
        {
            myStream.Close();  // NetworkStream 클래스 개체 리소스 해제
        }
        if (!(client == null))
        {
            client.Close();        // TcpClient 클래스 개체 리소스 해제
        }
        if (!(myReader == null))
        {
            myReader.Abort();  // 외부 스레드 종료
        }
    }
    catch
    {
        return;
    }
}
```

다음의 tx.tMessage_TextChanged() 이벤트 핸들러는 txtMessage 컨트롤을 더블클릭하여 생성한 프로시저로, 상대방이 데이터 입력 창에 문자를 입력하는지를 체크하여 상대방에게 정보를 보내준다.

```
private void txtMessage_TextChanged(object sender, EventArgs e)
{
    if (TextChange == false)
    {
        TextChange = true;
        myWrite.WriteLine("S001" + "&" +
                    "상대방이 메시지 입력중입니다." + "&" + " ");
```

```
08            myWrite.Flush();
09         }
10         else if (this.txtMessage.Text == "" && TextChange == true)
11         {
12            TextChange = false;
13         }
14      }
```

3-9행 txtMessage 컨트롤에 문자가 입력되면 상대방에게 정보를 보내는 작업을 수행한다.

6-7행 구분자 '&'를 이용하여 구분 코드와 문자열을 WriteLine() 메서드를 이용하여 myWrite 개체에 쓰는 작업을 수행한다. 일반 메시지일 때는 명칭과 문자열 그리고 일시를 보내지만, 상대방의 메시지 입력 정보를 나타내는 것으로 구분 코드 'S001'을 입력하여 메시지를 받을 때 tsslblTime 컨트롤에 출력되게 한다.

8행 myWrite.Flush() 메서드를 이용하여 현재 writer의 모든 버퍼를 지우면 버퍼링된 모든 데이터가 내부 스트림에 써진다.

다음의 btnClose_Click() 이벤트 핸들러와 닫기ToolStripMenuItem_Click() 이벤트 핸들러는 [닫기] 버튼 및 [닫기] 메뉴를 더블클릭하여 생성한 프로시저로, 호스트 및 포트 정보 설정 창과 애플리케이션을 종료하는 작업을 수행한다.

```
private void btnClose_Click(object sender, EventArgs e)
{
   this.설정ToolStripMenuItem.Enabled = true;   // 설정 메뉴 활성화
   this.plOption.Visible = false;               // 입력창 닫기
   this.txtMessage.Focus();
}

private void 닫기ToolStripMenuItem_Click(object sender, EventArgs e)
{
   this.Close();                                // 폼 닫기
}
```

5.3 1:1 채팅 예제 실행

다음 그림은 1:1 채팅 예제를 관리자 권한으로 F5를 눌러 실행한 화면이다. 서버 역할과 클라이언트 역할로 두 개의 애플리케이션을 실행해야 한다. 파일 탐색기를 이용하여 "mook_Message.exe" 파일을 찾아 관리자 권한으로 실행한다.

- **서버** : 상단 도구 메뉴에서 [환경설정] 아이콘을 클릭한 뒤에 표시되는 메뉴에서 [설정]을 선택한다. 환경설정 창에서 [서버실행] 항목에 체크하고, ID 항목에는 "서버", Port 항목에는

62000을 입력한 뒤에 [설정] 버튼을 클릭하여 설정 창을 닫는다. 상단 도구 메뉴에서 [연결] 아이콘을 클릭하여 채팅 서버를 준비한다.

- **클라이언트** : 상단 도구 메뉴에서 [환경설정] 아이콘을 클릭한 뒤에 표시되는 메뉴에서 [설정]을 선택한다. 환경설정 창의 IP 항목에는 "127.0.0.1"을 입력하고, ID 항목에는 "클라이언트", Port 항목에는 62000을 입력한 뒤에 [설정] 버튼을 클릭하여 설정 창을 닫는다. 클라이언트에서 [서버실행] 항목은 체크가 해제되어 있어야 한다. 상단 도구 메뉴에서 [연결] 아이콘을 클릭하면 채팅 클라이언트가 준비된다.

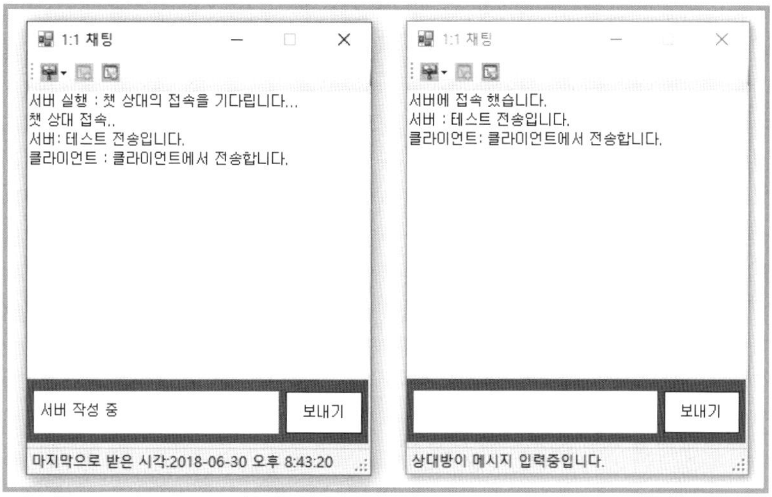

6. 네트워크 파일 보내기/받기

이 절에서는 네트워크 스트림을 이용하여 파일을 전달하는 네트워크 파일 보내기/받기 예제를 구현한다.

네트워크 스트림을 통해 파일을 보내고 받기 위해서는 파일을 보내는 애플리케이션(mook_NetFileSender)과 파일을 받는 애플리케이션(mook_NetFileReceiver)이 별도로 구현되어야 하며, 데이터를 전송하기 위해 개체 직렬화 개념을 사용해야 한다. 개체 직렬화는 파일을 전송하기 위해 바이트 스트림으로 개체를 변환하는 프로세스를 말하며 이를 위해 'mook_packet.dll' 라이브러리를 생성하여 사용한다.

파일 전송은 다음 그림과 같은 과정을 거쳐 전송된다.

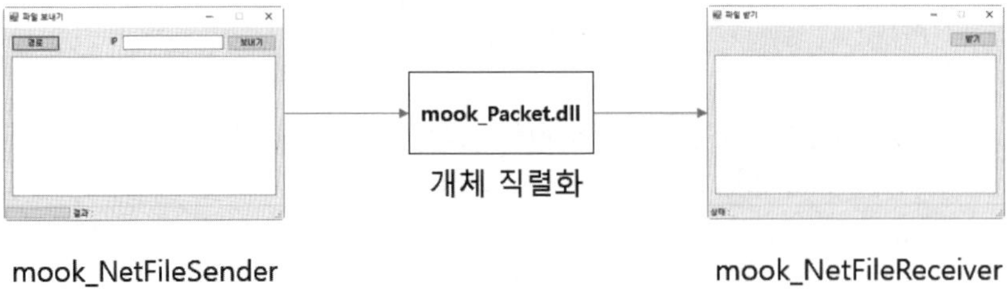

다음 그림은 네트워크 파일 보내기 애플리케이션을 구현하고 실행한 결과 화면이다.

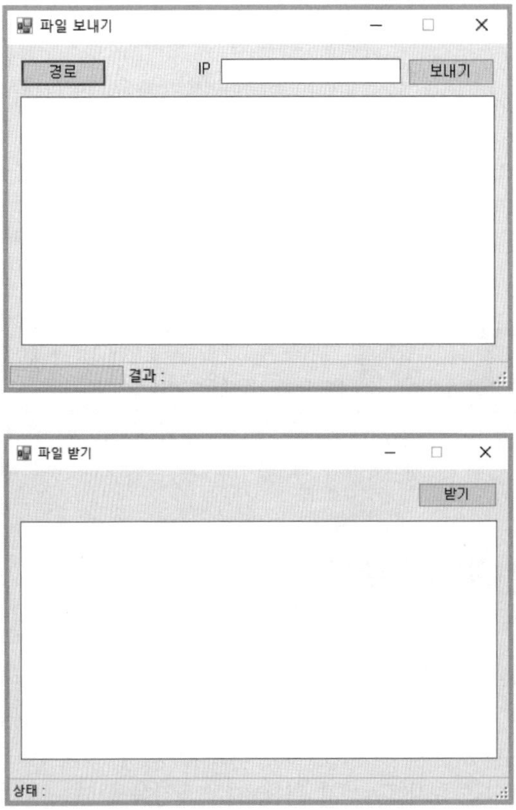

[결과 미리 보기]

6.1 파일 보내기 디자인

프로젝트 이름을 'mook_NetFileSender'로 하여 'C:\CSharpProject\Chap08' 경로에 새 프로젝트를 생성한다. 다음 그림과 같이 윈도우 폼에 필요한 컨트롤을 위치시켜 폼을 디자인하고, 각 컨트롤의 속성값을 설정한다.

폼 디자인에 사용된 컨트롤의 주요 속성값은 다음과 같다.

폼 컨트롤	속 성	값
Form1	Name	Form1
	Text	파일 보내기
	FormBorderStyle	FixedSingle
	MaximizeBox	False
Button1	Name	btnPath
	Text	경로
Button2	Name	btnSend
	Text	보내기
Label1	Name	lblIp
	Text	IP
TextBox1	Name	txtIp
ListBox1	Name	lbFileList
StatusStrip1	Name	ssBar
FolderBrowserDialog1	Name	fbdFolder

ssBar 컨트롤을 선택하여 ProgressBar와 StatusLable 컨트롤 멤버를 추가하고 추가된 멤버의 속성값을 설정한다.

추가된 멤버 컨트롤의 주요 속성값은 다음과 같다.

폼 컨트롤	속 성	값
ToolStripProgressBar1	Name	tspgrBar
	Size	100, 16
ToolStripStatusLabel1	Name	tsslblMsg
	Text	결과 :

'mook_Packet.dll' 라이브러리(TIP "mook_Packet.dll" 참고)를 참조하기 위해서 솔루션 탐색기에서 [참조] 항목을 마우스 오른쪽 버튼으로 클릭하여 표시되는 단축메뉴에서 [참조 추가] 메뉴를 클릭하여 [참조 관리자] 대화상자를 연다. [참조 관리자] 대화상자에서 [찾아보기] 버튼을 눌러 다음 그림과 같이 참조 추가한다. 'mook_Packet.dll' 라이브러리 파일 생성은 6.3 절에서 설명하며, 이 절의 코드 구현을 위해 순서가 변경 되었으니 참고하기 바란다.

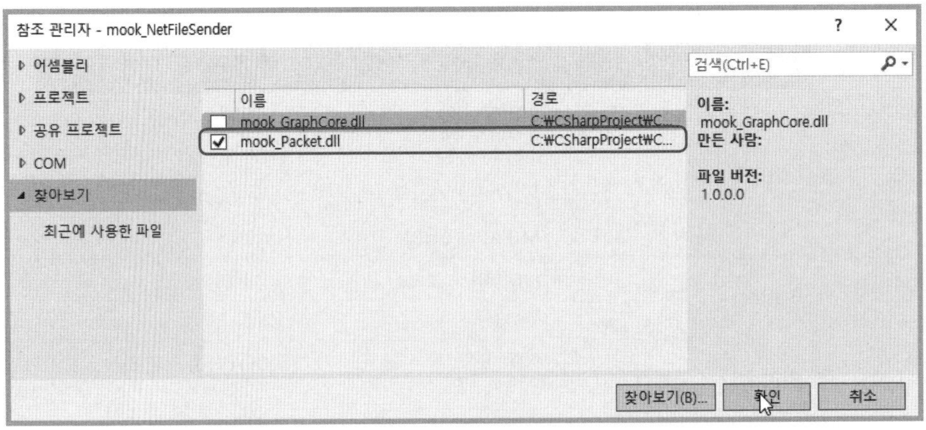

6.2 파일 보내기 코드 구현

다음과 같이 using 키워드를 이용하여 필요한 네임스페이스를 추가한다.

```
using System.IO;
using System.Threading;
using System.Net;
using System.Net.Sockets;
using System.Runtime.Serialization.Formatters.Binary;
```

다음의 멤버 개체 및 변수를 클래스 내부 상단에 추가한다.

```
01    private IPAddress ip = null;
02    private int port = 63000;
03    private string filename = String.Empty;
04    private string FilePath = String.Empty;
05    private TcpClient client;
06    private FileStream fs;
07    private StreamReader myRead;        // 스트림 읽기
08    private NetworkStream ns;
09    private Thread myReader;
10    private Thread FileSendThre = null;
11    private delegate void OnMessageDelegate(string s);
12    private OnMessageDelegate OnMsg = null;
13    private delegate void OnCountDelegate(int i);
14    private OnCountDelegate OnCount = null;
15    List<string> FileList = new List<string>();
16    bool Flag = true;
17    int Count = 0;
```

1행 IPAddress 클래스의 개체 ip를 선언하는 문장이다.

5행 TCP 네트워크 서비스에 대한 클라이언트 연결을 제공하기 위해 TcpClient 클래스의 개체 client를 선언하는 문장이다.

6-8행 스트림을 이용하여 파일을 전송하기 위한 스트림 관련 개체를 선언하는 문장이다.

9-14행 파일 전송을 위한 스레드와 델리게이트를 선언하는 문장이다.

다음의 Form1_Load() 이벤트 핸들러는 폼을 더블클릭하여 생성한 프로시저로, 델리게이트 개체를 초기화하는 작업을 수행한다.

```
private void Form1_Load(object sender, EventArgs e)
{
    OnMsg = new OnMessageDelegate(OnMsgRun);
    OnCount = new OnCountDelegate(OnCountRun);
}
```

다음의 OnCountRun(), OnMsgRun() 메서드는 델리게이트에 대입되어 호출 시 프로그레스 바를 통한 파일 전송률과 파일 전송 완료 메시지를 나타내는 작업을 수행한다.

```
01  private void OnCountRun(int i)
02  {
03      this.tspgrBar.Value = i;
04  }

05  private void OnMsgRun(string s)
06  {
07      this.tsslblMsg.Text = String.Format(“결과 : {0} 전송 완료”, s);
08      Flag = false;
09  }
```

8행 파일 전송이 완료되고 'mook_NetFileReceiver'에서 수신 완료 메시지 전달받았을 때 다음 파일을 전송하기 위한 플래그 값을 설정하여 다음 파일 전송을 진행한다.

다음의 btnPath_Click() 이벤트 핸들러는 [경로] 버튼을 더블클릭하여 생성한 프로시저로, 선택된 파일 경로를 lbFileList 컨트롤과 FileList 개체에 저장하는 작업을 수행한다.

```
01  private void btnPath_Click(object sender, EventArgs e)
02  {
03      FileList.Clear();
04      this.lbFileList.Items.Clear();
05      if (this.fbdFolder.ShowDialog() == DialogResult.OK)
06      {
07          FilePath = this.fbdFolder.SelectedPath + @”₩”;
08          DirectoryInfo di = new DirectoryInfo(FilePath);
09          foreach(FileInfo fi in di.GetFiles())
10          {
11              this.lbFileList.Items.Add(fi.FullName);
12              FileList.Add(fi.FullName);
13              Count++;
14          }
15      }
16      this.tspgrBar.Maximum = Count;
17  }
```

5-15행 fbdFolder.ShowDialog() 메서드를 이용하여 [폴더 찾아보기] 대화상자를 호출하고 [폴더 찾아보기] 대화상자에서 선택된 폴더 하위의 파일을 lbFileList 컨트롤과 FileList 개체에 저장하는 작업을 수행한다.

다음의 btnSend_Click() 이벤트 핸들러는 [보내기] 버튼을 더블클릭하여 생성한 프로시저로, 파일을 전송하기 위한 FileSendThre 스레드를 초기화하고 시작하는 작업을 수행한다.

```
private void btnSend_Click(object sender, EventArgs e)
{
    ip = IPAddress.Parse(this.txtIp.Text);
    FileSendThre = new Thread(FileSendThreRun);
    FileSendThre.Start();
}
```

다음의 FileSendThreRun() 메서드는 파일을 보내는 작업을 수행한다.

```
private void FileSendThreRun()
{
    int n = 1;
    foreach (string f in FileList)
    {
        Flag = true;
        FileInfo fi = new FileInfo(f);
        filename = fi.Name;
        string date = System.DateTime.Now.ToString("yyyy/MM/dd HH:mm:ss");
        fs = new FileStream(f, FileMode.Open, FileAccess.Read);
        byte[] buf = new byte[fs.Length];
        fs.Read(buf, 0, buf.Length);
        fs.Close();
        mook_Packet.Packet mypacket =
              new mook_Packet.Packet(filename, buf.Length, buf, date);
        client = new TcpClient();
        client.Connect(ip, port);
        ns = client.GetStream();
        myRead = new StreamReader(ns);
        myReader = new Thread(Receive);
        myReader.Start();
        BinaryWriter writer = new BinaryWriter(ns);
        byte[] data = ObjectToBytes(mypacket);
        writer.Write(data.Length);
        writer.Write(data);
        Invoke(OnCount, n);
        while(true)
        {
            if (!Flag) break;
            Thread.Sleep(1);
        }
        n++;
    }
}
```

4-33행 foreach 문을 통해 FileList 개체에 저장된 파일 경로를 이용하여 파일을 전송하는 작업을 수행한다.

10행 지정된 경로와 생성 모드 그리고 읽기/쓰기 권한을 사용하여 FileStream 클래스의 개체 fs를 초기화한다.

11행 버퍼를 만들기 위해 byte[] 배열을 선언하면서 배열의 크기를 fs 개체의 길이로 지정한다.

12행 fs.Read() 메서드(TIP "FileStream.Read() 메서드" 참고)를 이용하여 스트림에서 바이트 블록을 읽어서 해당 데이터를 제공된 버퍼에 쓰는 작업을 수행한다.

13행 fs.Close() 메서드를 이용하여 현재 스트림을 닫고 현재 스트림과 관련된 소켓과 파일 핸들 등의 리소스를 모두 해제한다.

14-15행 mook_Packet.Packet 클래스의 개체 mypacket을 생성하고 파일 이름, 버퍼 사이즈, 버퍼, 날짜를 대입하여 초기화한다. 네트워크 스트림을 통해 파일을 전달하기 위해서는 mypacket 개체에 값을 저장하여 개체 자체를 전달한다. 따라서 다음 절에서 구현할 'mook_Packet' 클래스는 'mook_NetFileSender'과 'mook_NetFileReceiver'에서 동일하게 참조해야 파일 보내기 받기 기능이 정상적으로 구현된다.

16-17행 TCP 네트워크 서비스에 대한 클라이언트 연결을 제공하기 위한 TcpClient 클래스의 개체 client를 초기화하고, 지정된 IP 주소와 포트 번호를 사용하여 원격 TCP 호스트에 클라이언트를 연결한다.

18행 client.GetStream() 메서드를 이용하여 데이터를 보내고 받는 데 사용되는 NetworkStream을 반환한다.

19행 네트워크 스트림에서 데이터를 읽기 위해서 StreamReader 생성자에 ns를 전달하여 myRead 개체를 초기화한다.

20-21행 myReader 스레드를 초기화하고 실행하는 문장으로 파일을 전송하고 정상적인 수신이 완료됨을 알리는 메시지를 수신하기 위한 작업을 수행한다.

22행 지정된 스트림(NetworkStream)을 기반으로 UTF-8 인코딩을 사용하여 BinaryWriter 클래스의 개체 writer를 초기화한다.

23행 전송할 파일의 정보(파일 이름, 버퍼 사이즈, 버퍼, 날짜)가 저장된 mypacket 개체를 바이트 배열로 생성하기 위해 ObjectToBytes() 메서드를 호출한다.

25행 writer.Write() 메서드를 이용하여 바이트 배열을 내부 스트림에 쓴다.

26행 Invoke() 메서드를 통해 OnCount 델리게이트를 이용하여 파일 전송률을 나타낸다.

27-31행 파일을 전송하고 수신 완료 메시지를 대기하는 while 문장이다.

TIP

FileStream.Read(array, offset, count) 메서드

스트림에서 바이트 블록을 읽어서 해당 데이터를 제공된 버퍼에 쓴다.

- array : 지정된 바이트 배열의 값이 offset과 (offset + count – 1) 사이에서 현재 원본으로부터 읽어온 바이트로 교체된 상태로 반환
- offset 읽은 바이트를 넣을 array의 바이트 오프셋
- count : 읽을 최대 바이트 수

다음의 ObjectToBytes() 메서드는 개체를 바이트 배열로 변환하는 작업을 수행한다.

```
01  private byte[] ObjectToBytes(object obj)
02  {
03      BinaryFormatter bf = new BinaryFormatter();
04      MemoryStream ms = new MemoryStream();
05      bf.Serialize(ms, obj);
06      return ms.ToArray();
07  }
```

3행　　개체 또는 연결된 개체를 이진 형식으로 serialize 및 deserialize 하기 위해 BinaryFormatter 클래스의 개체 bf를 생성하는 작업을 수행한다.

4행　　개체를 네트워크 스트림으로 전달하기 위해서 이진 형식으로 직렬화하기 위해 bf.Serialize() 메서드를 이용하여 지정된 스트림(ms)과 지정된 된 개체(obj)의 이진 형태로 직렬화한다.

다음의 Receive() 메서드는 파일 전송이 완료되었을 때 'mook_NetFileReceiver'에서 전달한 수신 완료 메시지를 모니터링하는 작업을 수행한다.

```
private void Receive()
{
    while (true)
    {
        Thread.Sleep(1);
        if (ns.CanRead)
        {
            string msg = "";
            try
            {
                msg = myRead.ReadLine();
                Invoke(OnMsg, msg);
            }
            catch { }
```

```
15            }
16        }
17    }
```

6행 ns.CanRead 속성값이 true, 즉 네트워크 스트림이 읽을 수 있는 수신된 메시지가 있다면 11행에서 myRead.ReadLine() 메서드를 이용하여 메시지를 읽는다.

12행 Invoke() 메서드를 통해 OnMsg 델리게이트를 호출하는 작업을 수행한다.

다음의 Form1_FormClosing() 이벤트 핸들러는 폼을 선택 후 이벤트 목록 창에서 [FormClosing] 항목을 더블클릭하여 생성한 프로시저로, 폼을 종료할 때 client 개체 리소스 해제 및 FileSendThre 스레드를 종료하는 작업을 수행한다.

```
private void Form1_FormClosing(object sender, FormClosingEventArgs e)
{
    if (client != null) client.Close();
    if (FileSendThre != null) FileSendThre.Abort();
}
```

6.3 mook_Packet.dll 프로젝트 생성 및 코드 구현

솔루션 탐색기의 솔루션 이름을 마우스 오른쪽 버튼으로 클릭하여 표시되는 단축메뉴에서 [추가]-[새 프로젝트] 메뉴를 클릭하여 다음 그림과 같이 프로젝트 유형을 클래스 라이브러리(.NET Framework) 타입을 선택하고, 프로젝트 이름을 'mook_Packet'으로 하여 새 프로젝트를 생성한다. 'mook_packet' 프로젝트를 생성한 자동으로 부여된 클래스 이름을 'Class1'에서 'Packet.cs'로 변경한다.

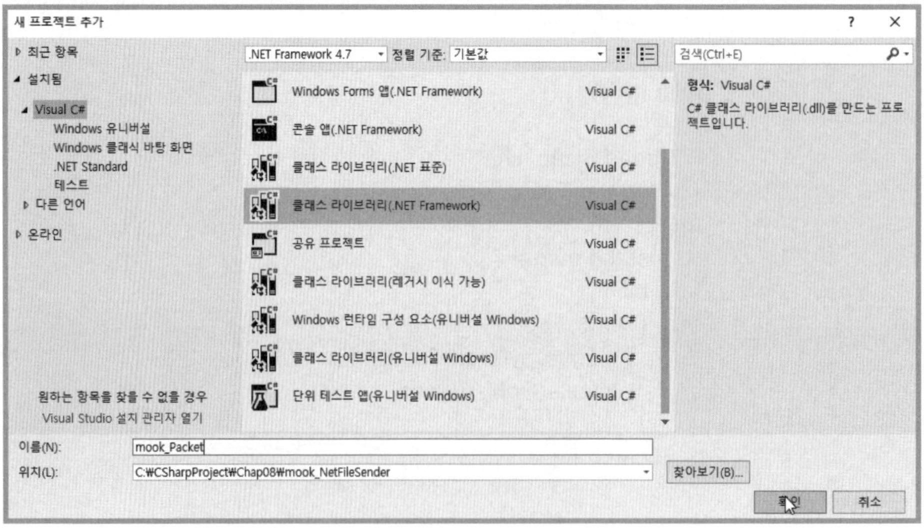

다음의 Packet 클래스에 파일 정보를 저장할 접근자를 선언한다.

```
01  [Serializable]
02  public class Packet
03  {
04     public byte[] Data
05     {
06        get;
07        private set;
08     }
09     public string FileName
10     {
11        get;
12        private set;
13     }
14     public int Size
15     {
16        get;
17        private set;
18     }
19     public string Date
20     {
21        get;
22        private set;
23     }
24     public Packet(string filename, int filelength, byte[] buf, string date)
25     {
26        FileName = filename;
27        Size = filelength;
28        Data = buf;
29        Date = date;
30     }
31  }
```

1행 Packet 클래스가 serialize를 지원한다는 의미로, 이는 해당 객체의 모든 필드 값이 직렬화 형태로 저장되었다가(serialize) 역직렬화(deserialize)를 통해 원래 객체와 같은 필드 값을 갖는 객체를 다시 생성해 낼 수 있으며, 내부적으로 메모리 주소만 다른 동일한 객체를 생성해 내는 효과가 있다.

4-23행 4~8행은 버퍼를 저장하는 Data 접근자, 9~13행은 파일 이름을 저장하는 FileName 접근자, 14~18행은 파일 사이즈를 저장하는 Size 접근자, 19~23행은 날짜를 저장하는 Date 접근자이다.

24-30행 외부에서 접근하기 위한 Packet() 메서드 즉, 생성자를 정의한다.

6.4 mook_Packet.dll 생성

클래스 라이브러리(.Net Framework) 타입의 'mook_Packet' 프로젝트를 빌드하여 'mook_Packet.dll' 라이브러리를 생성하기 위해서 Ctrl+Shift+B를 눌러 빌드한다. 파일 탐색기를 이용하여 확인하면, 'mook_Packet.dll' 라이브러리 파일을 찾아볼 수 있다.

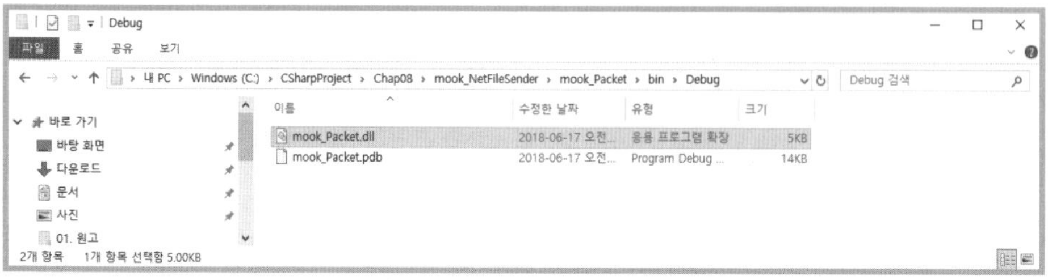

6.5 파일 받기 프로젝트 생성 및 디자인

프로젝트 이름을 'mook_NetFileReceiver'로 하여 'C:\CSharpProject\Chap08' 경로에 새 프로젝트를 생성한다. 다음 그림과 같이 윈도우 폼에 필요한 컨트롤을 위치시켜 폼을 디자인하고, 각 컨트롤의 속성값을 설정한다.

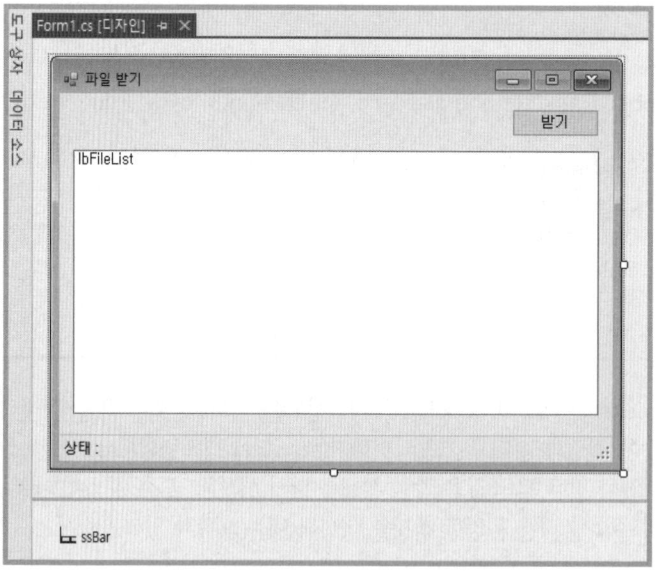

폼 디자인에 사용된 컨트롤의 주요 속성값은 다음과 같다.

폼 컨트롤	속 성	값
Form1	Name	Form1
	Text	파일 받기
	FormBorderStyle	FixedSingle
	MaximizeBox	False
Button1	Name	btnReceive
	Text	받기
ListBox1	Name	lbFileList
StatusStrip1	Name	ssBar

ssBar 컨트롤을 선택하여 StatusLabel 멤버 컨트롤을 추가하고 추가된 멤버의 속성값을 설정한다.

추가된 StatusLabel 멤버 컨트롤의 주요 속성값은 다음과 같다.

폼 컨트롤	속 성	값
ToolStripStatusLabel1	Name	tsslblConn
	Text	상태 :

6.6 파일 받기 코드 구현

다음과 같이 using 키워드를 이용하여 필요한 네임스페이스를 추가한다.

```
using System.IO;
using System.Net;
using System.Net.Sockets;
using System.Threading;
using System.Runtime.Serialization.Formatters.Binary;
using System.Runtime.Serialization;
```

다음의 멤버 개체 및 변수를 클래스 내부 상단에 추가한다.

```
01 private TcpListener server;
02 private IPAddress ip = new IPAddress(0);
03 private StreamWriter myWrite; // 스트림 쓰기
04 private TcpClient servClient;
05 private NetworkStream ns;
06 private BinaryReader reader;
07 private Thread thread = null;
08 delegate void OnFileDelegate(string d, string s);
09 OnFileDelegate OnFile = null;
```

1행 TCP 네트워크 클라이언트에서 연결에 대한 수신을 대기하기 위해 TcpListener 클래스 개체를 선언한다.

2행 IPAddress 클래스의 생성자에 0을 전달하여 로컬 시스템의 아이피를 가져온다.

8-9행 파일을 수신할 때 lbFileList 컨트롤에 일시와 파일명을 나타내기 위한 델리게이트 선언 문장이다.

다음의 Form1_Load() 이벤트 핸들러는 폼을 더블클릭하여 생성한 프로시저로, 델리게이트 초기화 및 전달 받은 파일이 저장될 디렉터리 생성 작업을 수행한다.

```
private void Form1_Load(object sender, EventArgs e)
{
    OnFile = new OnFileDelegate(OnFileRun);
    if (!Directory.Exists(Application.StartupPath + @"\File"))
        Directory.CreateDirectory(Application.StartupPath + @"\File");
}
```

다음의 OnFileRun() 파일이 수신되면 lbFileList 컨트롤에 일시와 파일명을 나타내는 델리게이트 호출 메서드이다.

```
private void OnFileRun(string d, string s)
{
    string data = String.Format("[{0}] : {1}", d, s);
    this.lbFileList.Items.Add(data);
}
```

다음의 btnReceive_Click() 이벤트 핸들러는 [받기] 버튼을 더블클릭하여 생성한 프로시저로, 클라이언트의 연결 요청을 수신 대기하고 파일 수신 메서드를 스레드에서 실행한다.

```
01 private void btnReceive_Click(object sender, EventArgs e)
02 {
03     server = new TcpListener(ip, 63000);
04     server.Start();
05     thread = new Thread(AcceptFile);
06     thread.Start();
07     this.tsslblConn.Text = “상태 : 파일 받기 작동”;
08 }
```

3행 TcpListener 클래스의 개체 server를 초기화하는 문장으로 아이피와 포트를 매개 변수로 대입한다.

4행 server.Start() 메서드를 이용하여 들어오는 연결 요청에 대한 수신 대기를 시작한다.

5-6행 파일 수신을 위한 스레드 초기화하고 실행하는 작업을 수행한다.

다음의 AcceptFile() 메서드는 ‘mook_NetFileSender’에서 전송되는 파일을 수신하는 작업을 수행한다.

```
private void AcceptFile()
{
    while (true)
    {
        try
        {
            servClient = server.AcceptTcpClient();
            ns = servClient.GetStream();
            myWrite = new StreamWriter(ns);
            reader = new BinaryReader(ns);
            int length = reader.ReadInt32();
            byte[] packet = reader.ReadBytes(length);
            mook_Packet.Packet mypacket = BytesToObject(packet);
            FileStream fs = new FileStream(Application.StartupPath +
                        @“\File\” + mypacket.FileName, FileMode.Create);
            fs.Write(mypacket.Data, 0, mypacket.Size);
            fs.Close();
            Invoke(OnFile, mypacket.Date, mypacket.FileName);
            myWrite.WriteLine(mypacket.FileName);
             myWrite.Flush();
        }
        catch { }
    }
}
```

7행 server.AcceptTcpClient() 메서드를 이용하여 보류 중인 연결 요청을 수락한다.

8행 servClient.GetStream() 메서드를 이용하여 데이터를 보내고 받는데 사용되는 NetworkStream을 반환받는다.

10행 BinaryReader 클래스의 생성자에 ns 스트림을 전달하여 reader 개체를 초기화한다.

11행 현재 스트림에서 4바이트 정수를 읽고 스트림의 현재 위치를 4바이트 앞으로 이동하는 작업을 수행한다.

12행 reader.ReadBytes() 메서드를 이용하여 현재 스트림에서 지정된 바이트 수만큼 바이트 배열로 읽어오고 현재 위치를 해당 바이트 수만큼 앞으로 이동하는 작업을 수행하며, 이는 전달 받은 네트워크 스트림(파일 정보 저장 개체의 바이트 데이터)을 byte[] 타입의 packet에 저장하는 작업을 수행한다.

13행 BytesToObject() 메서드에 packet을 매개 변수로 전달하여 mook_Packet.Packet 클래스의 개체 타입으로 변화하는 작업을 수행한다.

14-15행 파일을 생성하기 위해서 FileStream 클래스의 개체 fs를 초기화하는 문장이다.

16행 fs.Write() 메서드를 이용하여 내부 스트림에 데이터를 쓰는 작업을 수행한다.

17행 fs.Close() 메서드를 호출하여 fs 스트림의 리소스를 해제하는 작업을 수행한다.

18행 Invoke() 메서드를 통해 OnFile 델리게이트를 호출하여 전달받은 파일명과 일시를 lbFileList 컨트롤에 나타내는 작업을 수행한다.

19-20행 myWrite.WriteLine()와 myWrite.Flush() 메서드를 이용하여 'mook_NetFileSender'에 수신 완료 메시지(수신 파일명)를 전송한다.

다음의 BytesToObject() 메서드는 byte 배열을 'mook_Packet.Packet' 클래스의 개체 타입으로 변환하는 작업을 수행한다.

```
01  private mook_Packet.Packet BytesToObject(byte[] data)
02  {
03      MemoryStream ms = new MemoryStream();
04      IFormatter bf = new BinaryFormatter();
05      ms.Write(data, 0, data.Length);
06      ms.Seek(0, SeekOrigin.Begin);
07      object obj = bf.Deserialize(ms) as object;
08      return obj as mook_Packet.Packet;
09  }
```

4행 BinaryFormatter 클래스의 생성자를 이용하여 바이트 데이터에 대한 역직렬화를 위해서 IFormatter 개체 bf를 생성한다.

5행 ms.Write() 메서드를 이용하여 메모리 스트림 내부에 전달받은 data를 쓴다.

6행 ms.Seek() 메서드를 이용하여 현재 스트림 내의 위치를 지정된 값으로 설정한다.

7-8행 bf.Deserialize() 메서드를 이용하여 메모리 스트림 데이터를 'mook_Packet.Packet' 타입으로 변환하여 반환한다.

다음의 Form1_FormClosing() 이벤트 핸들러는 폼을 선택한 후 이벤트 목록 창에서 [FormClosing] 항목을 더블클릭하여 생성한 프로시저로, 생성한 개체의 리소스 해제 및 스레드 종료 작업을 수행한다.

```
private void Form1_FormClosing(object sender, FormClosingEventArgs e)
{
    if (servClient != null) servClient.Close();
    if (server != null) server.Stop();
    if (thread != null) thread.Abort();
}
```

6.7 네트워크 파일 보내기/받기 예제 실행

다음 그림과 같이 파일 보내기와 파일 받기 예제를 각각 F5를 눌러 실행하여 파일을 전송하고 받기를 실행한다. 파일을 전송하기에 앞서 [파일 받기] 애플리케이션의 [받기] 버튼을 눌러 파일 수신 기능이 활성화되어 있어야 한다.

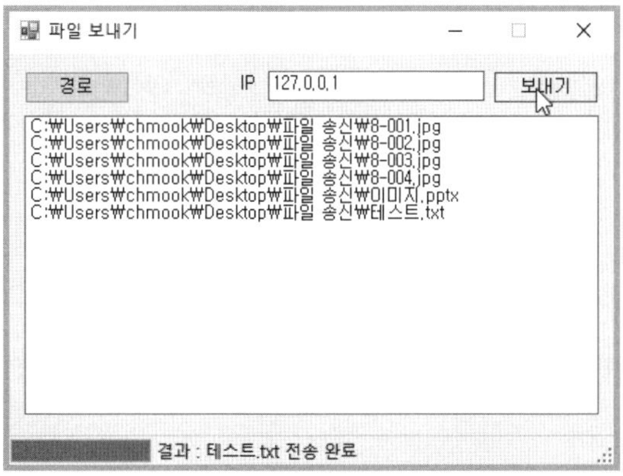

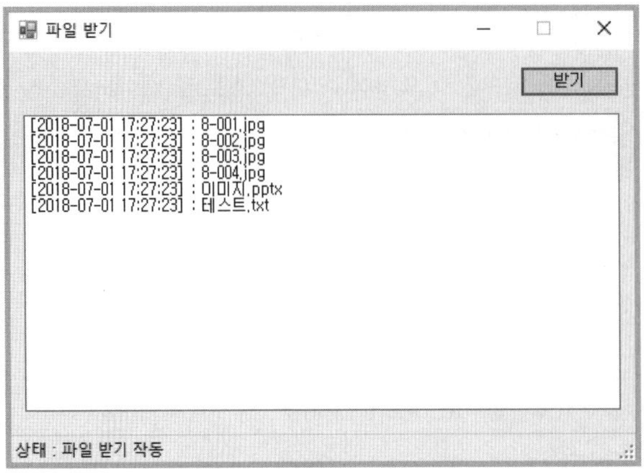

다음 그림과 같이 'mook_NetFileSender'에서 전달된 파일이 정상적으로 수신된 것을 파일 탐색기를 이용해 확인할 수 있다.

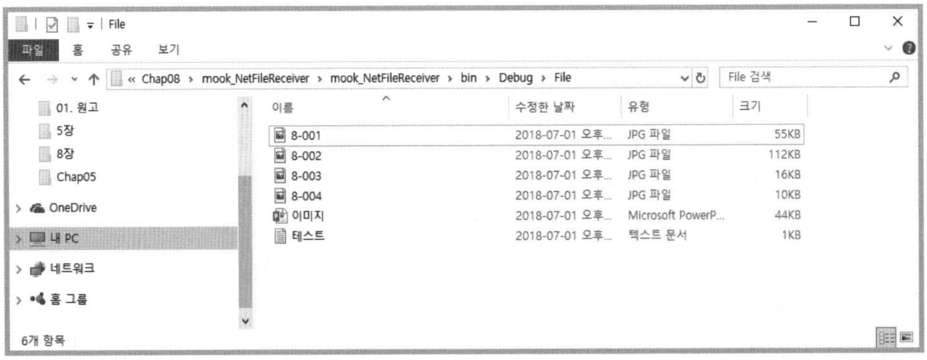

7. XML 파서

이 절에서 살펴볼 XML 파서는 네트워크에 연결된 윈도우 응용 애플리케이션 하단에 나타나는 광고와 같은 기능을 구현한 것이다.

광고를 데이터베이스와 연동하여 나타내 줄 수도 있지만, 웹서버의 XML를 이용하면 데이터베이스를 이용하지 않아도 쉽게 광고 데이터를 만들 수 있다. 또한, 관심이 있는 광고를 클릭하면 해당하는 홈페이지로 연결할 수 있기 때문에 XML 파싱을 통해 대부분 광고 기능을 구현한다.

이 절에서는 로컬 웹서버의 XML 파일을 파싱하여 데이터를 가져오는 기능과 기상청 웹사이트에서 제공하는 지역별 날씨 정보 XML 파일을 파싱하여 애플리케이션 하단에 나타내는 기능을 구현하는 것을 살펴본다.

다음 그림은 XML 파서 애플리케이션을 구현하고 실행한 결과 화면이다.

[결과 미리 보기]

7.1 인터넷 정보 서비스 설치 및 실행

로컬 시스템에 웹 서버를 설치하여 XML 파일을 실행하기 위해서는 다음 그림과 같이 [제어판]–[프로그램 및 기능] 메뉴를 실행한다. 프로그램 및 기능 창의 왼쪽 메뉴 목록에서 [Windows 기능 켜기/끄기] 메뉴를 선택하여 [Windows 기능] 대화상자를 호출한다. 나열된 목록 중 [인터넷 정보 서비스] 항목을 체크하고 [확인] 버튼을 클릭하여 선택된 기능의 설치를 진행한다.

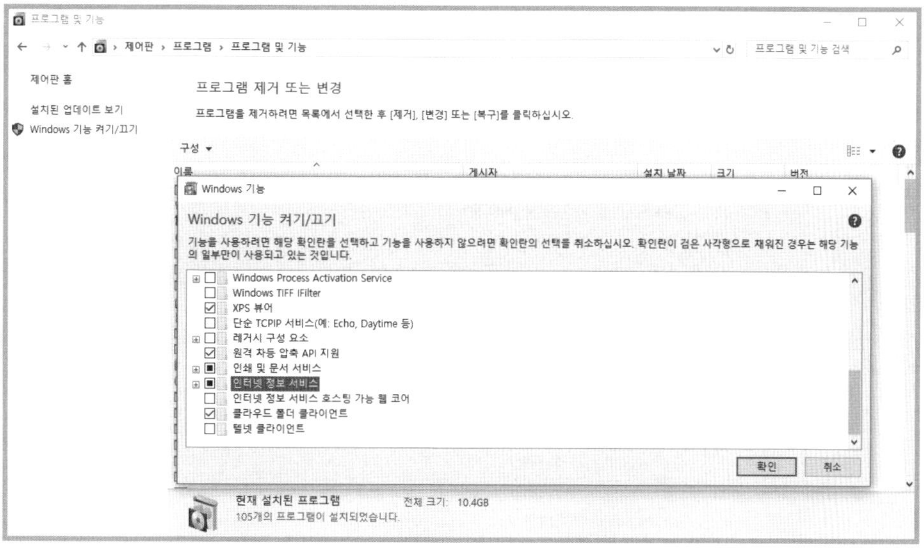

다음 XML 파일을 웹서버 기본 최상위 경로(윈도우 IIS 기준으로 "C:\inetpub\wwwroot\")에 파일 이름을 'WebXml.xml'로 하여 저장한다.

```
<?xml version="1.0" encoding="UTF-8"?>
<xml_reply>
<human>
   <human_entry>
      <title Name="조호묵" />
   </human_entry>
   <human_entry>
      <title Name="박기범" />
   </human_entry>
   <human_entry>
      <title Name="조문성" />
   </human_entry>
   <human_entry>
      <title Name="김난화" />
   </human_entry>
   <human_entry>
      <title Name="박대영" />
   </human_entry>
</human>
</xml_reply>
```

인터넷 정보 서비스(IIS)가 정상적으로 설치되었으면, 인터넷 익스플로러(IE)를 이용하여 'WebXml.xml' 파일을 열면 다음 그림과 같이 XML 코드가 웹 브라우저에 출력된다.

7.2 XML 파서 디자인

프로젝트 이름을 'mook_WebXMLParser'로 하여 'C:\CSharpProject\Chap08' 경로에 새 프로젝트를 생성한다. 다음 그림과 같이 윈도우 폼에 필요한 컨트롤을 위치시켜 폼을 디자인하고, 각 컨트롤의 속성값을 설정한다.

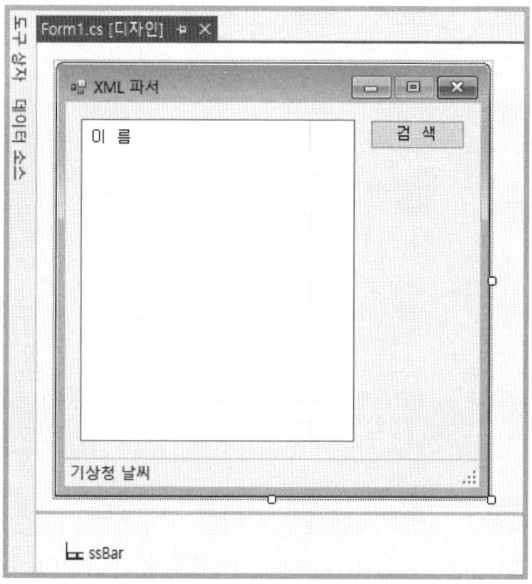

폼 디자인에 사용된 컨트롤의 주요 속성값은 다음과 같다.

폼 컨트롤	속 성	값
Form1	Name	Form1
	Text	XML 파서
	FormBorderStyle	FixedSingle
	MaximizeBox	False
ListView1	Name	lvXml
	GridLines	True
	View	Details
Button1	Name	btnSearch
	Text	검 색
StatusStrip1	Name	ssBar

ssBar 컨트롤을 선택하여 StatusLabel 멤버 컨트롤을 추가하고, 추가된 멤버의 속성값을 설정한다.

추가된 멤버 컨트롤의 주요 속성값은 다음과 같다.

폼 컨트롤	속 성	값
ToolStripStatusLabel1	Name	tsslblNews
	ForeColor	Blue
	Text	기상청 날씨

7.3 XML 파서 코드 구현

다음과 같이 using 키워드를 이용하여 필요한 네임스페이스를 추가한다.

```
using System.Net;          // WebClient 컨트롤 사용
using System.Xml;          // XML 파일 검색
using System.IO;
using System.Threading;
using System.Diagnostics;
```

System.Net 네임스페이스는 WebClient 컨트롤을 이용하는 데 필요하고, System.Xml 네임스페이스는 XML 문서, 조각, 노드 또는 노드 집합의 관리 방식에 관련된 표현을 제공한다.

다음과 같이 클래스 전체에서 참조할 수 있도록 멤버 개체 및 변수를 클래스 내부 상단에 추가한다.

```
01  const string LocalURL = "http://localhost/";
02  const string WeatherURL =
03      "http://www.kma.go.kr/XML/weather/sfc_web_map.xml";
04  Dictionary<string, string> DictNews = new Dictionary<string, string>();
05  Thread NewsChkThre = null;
06  delegate void OnXmlDelegate(string k, string v);
07  OnXmlDelegate OnXml = null;
```

4행 기상청의 일기예보와 그에 따른 링크 주소를 저장하기 위해 제네릭 형식인 Dictionary 클래스의 개체를 생성하는 문장이다. Dictionary 클래스의 개체는 다음 표와 같이 사용할 수 있다.

문	설명
DictNews.Add("조호묵", "개발자")	DictNews 개체의 내부에는 다음과 같이 문자 데이터를 요소로 추가한다. news.Key : 조호묵 news.Value : 개발자

다음의 Form1_Load() 이벤트 핸들러는 폼을 더블클릭하여 생성한 프로시저로, 기상청의 일기예보 XML 정보를 검색하여 Dictionary 클래스 개체에 저장하고 tsslblNews 컨트롤에 정보를 출력하기 위한 스레드를 시작하는 작업을 수행한다.

```
01  private void Form1_Load(object sender, EventArgs e)
02  {
03      OnXml = new OnXmlDelegate(OnXmlRun);
04      GetXMLNews();
05      NewsChkThre = new Thread(DisplayNews);
06      NewsChkThre.Start();
07  }
```

4행 기상청의 일기예보 XML 정보를 검색하기 위한 메서드를 호출하는 문장이다.

5-6행 tsslblNews 컨트롤에 XML 정보를 실시간 반영하기 위하여 스레드를 초기화하고 시작하는 작업을 수행한다.

다음의 OnXmlRun() 메서드는 델리게이트에서 실행되며, 기상청의 일기예보 XML 정보를 tsslblNews에 나타내는 작업을 수행한다.

```
private void OnXmlRun(string k, string v)
{
    this.tsslblNews.Text = k;
    this.tsslblNews.ToolTipText = v;
}
```

다음의 DisplayNews() 메서드는 스레드에서 동작하며, foreach 문을 이용하여 DictNews 정보를 델리게이트에 전달하는 작업을 수행한다.

```
01  private void DisplayNews()
02  {
03      while(true)
04      {
05          foreach(KeyValuePair<string, string> news in DictNews)
06          {
07              Invoke(OnXml, news.Key, news.Value);
08              Thread.Sleep(3000);
09          }
10      }
11  }
```

5행 foreach 문을 이용하여 DictNews 즉, 기상청 일기예보 XML 정보를 가져와 7행의 Invoke() 메서드를 통해 OnXml 델리게이트에 전달하여 tsslblNews 컨트롤에 나타내는 작업을 수행한다.

다음의 GetXMLNews() 메서드는 기상청의 XML 정보를 가져오기 작업을 수행하며, Dictionary 클래스 개체에 정보를 저장하는 작업을 수행한다.

```
01  private void GetXMLNews()
02  {
03      XmlDocument xd = new XmlDocument();
04      xd.Load(WeatherURL);
05      XmlNode xnd = xd.DocumentElement;
06      foreach(XmlNode xn in xnd.FirstChild.ChildNodes)
07      {
08          string XmlDataKey = String.Format("지역 : {0} / {1} / {2}",
09                              xn.InnerText, xn.Attributes["desc"].Value,
10                              xn.Attributes["ta"].Value);
11          string XmlDataValue =
12                "http://www.weather.go.kr/weather/forecast/mid-term_01.jsp";
13          DictNews.Add(XmlDataKey, XmlDataValue);
14      }
15  }
```

3행 XmlDocument 클래스의 개체를 생성하여 XML 문서의 탐색 및 편집을 할 수 있도록 한다.

4행 xd.Load() 메서드를 이용하여 지정된 URL에서 XML 문서를 로드한다.

5행 XML 문서 트리의 루트(root)를 나타내는 XmlElement 요소를 가져와 노드 분석을 위한 XmlNode 클래스의 개체 xnd에 저장한다.

6-14행 foreach 문을 이용하여 각 요소를 추출하여 Dictionary 클래스 개체인 news에 저장하는 작업을 수행한다. 각 실행 구성은 다음 그림과 표를 통해 이해하도록 하자.

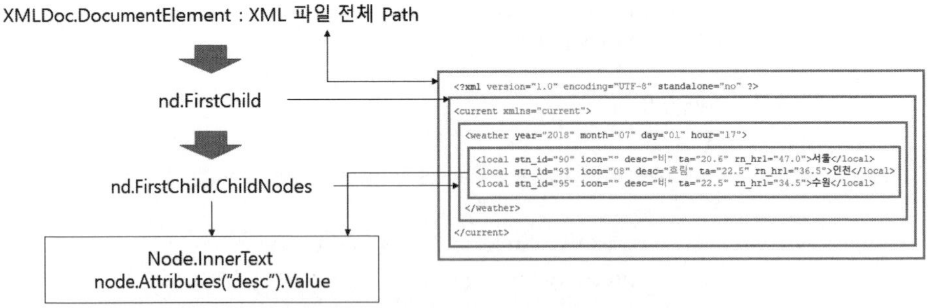

문	값
node.InnerText	서울
node.Attributes("desc").Value	비

13행 DictNews.Add(A, B) 메서드를 이용하여 제너릭 형식의 DictNews 개체에 XML에서 추출된 정보가 저장된다. 정보는 다음 표와 같이 저장된다.

매개 변수	설명

A :
String.Format("지역 : {0} / {1} / {2}",
  xn.InnerText,
  xn.Attributes["desc"].Value,
  xn.Attributes["ta"].Value)
	지역, 날씨, 온도 정보를 출력

B : http://www.weather.go.kr/weather/forecast/mid-term_01.jsp	기상청 웹 페이지 주소

다음의 [검색] 버튼을 더블클릭하여 생성한 프로시저로, WebClient 클래스를 이용하여 지정된 주소에서 XML 파일을 분석하고 노드를 검색한다.

```
01  private void btnSearch_Click(object sender, EventArgs e)
02  {
03      this.lvXml.Items.Clear();
04      WebClient wc = new WebClient();
05      string WebData =
06              wc.DownloadString(String.Format("{0}WebXml.xml", LocalURL));
07      wc.Dispose();
08      StringReader sr = new StringReader(WebData);
09      XmlDocument xd = new XmlDocument();
10      xd.Load(sr);
11      sr.Close();
12      XmlNodeList subNodes =
13              xd.SelectNodes("xml_reply/human/human_entry");
14      foreach(XmlNode node in subNodes)
15      {
16          this.lvXml.Items.Add(new ListViewItem(
17                  new string[] { GetNodeValue(node, "title") }));
18      }
19  }
```

3행 lvFile.Items.Clear() 메서드를 이용하여 lvFile 컨트롤에 저장된 Items 요소를 초기화하는 문장으로 Clear() 메서드를 실행하면 Items 요소가 모두 삭제된다.

4행 WebClient 클래스의 생성자를 이용하여 WebClient 클래스의 개체를 생성한다. WebClient 클래스의 개체는 URI로 식별되는 리소스에 데이터를 보내고 이 리소스에서 데이터를 받기 위한 공용 메서드를 제공한다.

5-6행 wc.DownloadString(String) 메서드는 요청한 리소스를 String으로 다운로드하고 다운로드할 리소스는 URI를 포함하는 String 타입으로 지정된다. 이 메서드는 리소스를 다운로드한 후 Encoding 속성에 지정된 인코딩을 사용하여 리소스를 String 타입으로 반환한다.

7행 wc.Dispose() 문을 이용하여 생성한 WebClient 클래스의 개체 wc의 리소스를 해제한다.

8행 지정된 문자열에서 데이터를 읽어오기 위한 StringReader 클래스의 새 개체를 생성한다.

9행 XmlDocument 클래스는 XML 문서를 내부적으로 인메모리(캐시) 트리로 작성하고 해당 문서의 탐색 및 편집을 가능하게 해준다. 새 개체를 초기화하고 9행의 XmlDocument.Load() 메서드를 이용하여 지정된 StringReader에서 doc 개체에 XML 문서를 로드한다.

11행 StringReader.Close() 메서드를 이용하여 생성된 StringReader 개체를 닫는다.

12-18행 XmlDocument.SelectNodes(String) 메서드를 이용하여 XPath 식 즉, XML의 각 노드별 문자열과 일치하는 노드의 목록을 선택하고 XmlNodeList 클래스의 개체 subNodes에 저장한다. 개체에 저장된 XML 요소를 foreach 문을 이용하여 분석하여 정보를 가져오기 위한 GetNodeValue() 사용자 메서드를 호출한다. 다음 그림을 참고하여 코드를 이해하도록 하자.

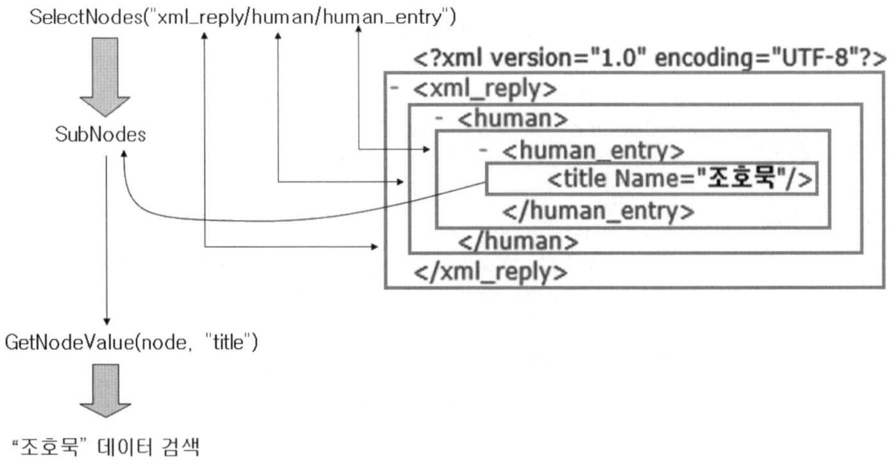

다음의 GetNodeValue() 메서드는 XmlNode(XmlNodeList) 타입의 인자와 string 타입의 문자열을 가지고 노드 값을 검색하여 string 타입의 문자열로 반환하는 작업을 수행한다.

```
private string GetNodeValue(XmlNode parent, string strXML)
{
    string Result = String.Empty;
    XmlAttribute attr = parent.SelectSingleNode(strXML).Attributes["Name"];
    if (attr.Value != "")
        Result = attr.Value;
    return Result;
}
```

4행 XmlNode.SelectSingleNode(String) 메서드를 이용하여 XPath 식 'title'과 일치하는 첫 번째 XmlNode를 선택하고 Attributes 속성을 이용하여 'Name' 값을 검색하여 XmlAttribute 타입으로 반환한다.

문	설명
parent.SelectSingleNode(strXML).Attributes("Name")	**parent** : XML 파일과 SubNodes의 XmlNode 타입의 전체 경로(full path) **SelectSingleNode(strXML)** : 'title' 노드를 가져옴 **Attributes("Name")** : Name 값에 저장된 XML 정보를 추출함

7행 Attributes.Value 속성을 이용하여 XmlAttribute 타입의 변수에 저장된 값을 String 타입으로 반환한다.

다음의 이벤트 핸들러는 tsslblNews 컨트롤을 선택하고 이벤트 목록 창에서 [MouseEnter]와 [MouseLeave] 그리고 [Click] 항목을 각각 더블클릭하여 생성한 프로시저로, 클릭된 것을 나타내기 위해 마우스 커서를 변경하고, 지정된 URL에 접속하기 위해 웹 브라우저를 실행하는 작업을 수행한다.

```
01  private void tsslblNews_MouseEnter(object sender, EventArgs e)
02  {
03      this.Cursor = Cursors.Hand;
04  }

05  private void tsslblNews_MouseLeave(object sender, EventArgs e)
06  {
07      this.Cursor = Cursors.Default;
08  }

09  private void tsslblNews_Click(object sender, EventArgs e)
10  {
11      Process p = new Process();
12      p.StartInfo.FileName = tsslblNews.ToolTipText;
13      p.Start();
14   }
```

1-4행 마우스 커서가 tsslblNews에 접근하면 커서를 손 모양으로 변경한다.

5-8행 마우스 커서가 tsslblNews에서 벗어나면 원래의 커서 모양으로 변경한다.

다음의 Form1_FormClosing() 이벤트 핸들러는 폼을 선택하고 이벤트 목록 창에서 [FormClosing] 항목을 더블클릭하여 생성한 프로시저로, 스레드를 종료하기 위한 문장이다.

```
private void Form1_FormClosing(object sender, FormClosingEventArgs e)
{
    if (NewsChkThre != null) NewsChkThre.Abort();
}
```

7.4 XML 파서 예제 실행

다음 그림은 XML 파서 예제를 F5를 눌러 실행한 화면이다. 창의 왼쪽 아래에 기상정보가 출력되는 것을 확인한다.

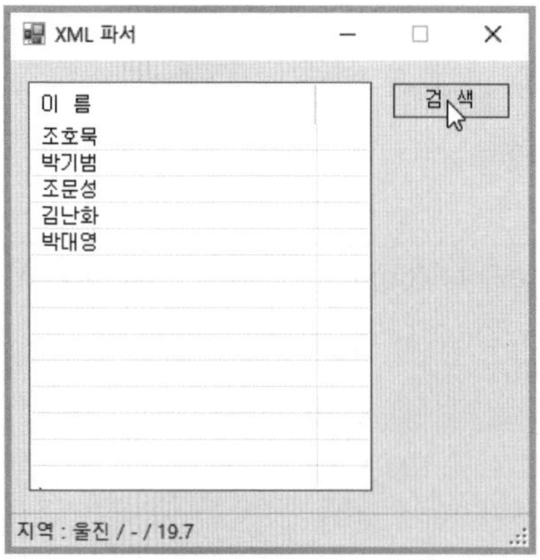

8. 정적 웹크롤러

이 절에서 알아볼 정적 웹크롤러 애플리케이션 예제는 웹사이트를 방문하여 다양한 정보를 획득하기 위한 기능을 구현한 것이다.

웹크롤러는 정적인 방법과 동적인 방법으로 구현할 수 있는데, 이를 통해 웹사이트의 정보 추출하거나 악성 웹사이트 탐지, 웹사이트 위변조 등 다양하게 활용할 수 있다. 이 절에서는 HTTP Request/Response 인터페이스를 이용하여 홈페이지에 접근하여 홈페이지가 정상적으로 접근할 수 있는지를 판단하고 접근이 정상적이지 않을 때 응답 코드를 추출하는 기능을 구현한다.

다음 그림은 정적 웹크롤러 애플리케이션을 구현하고 실행한 결과 화면이다.

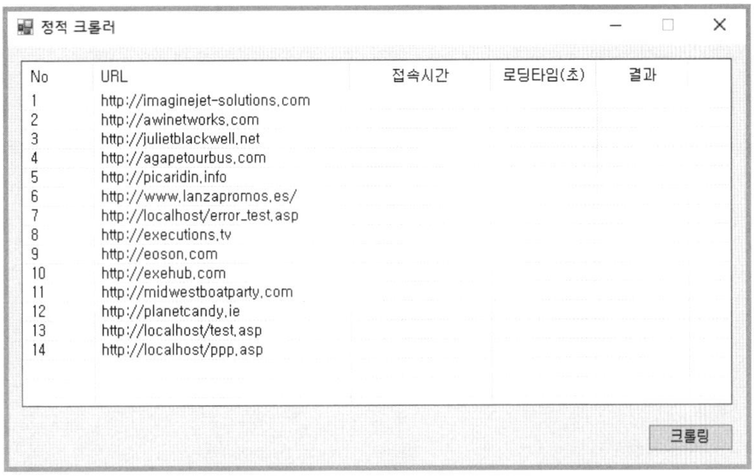

[결과 미리 보기]

8.1 데이터베이스 테이블 생성

7장에서 MS Server 2017을 이용하여 생성한 'mook' 데이터베이스 하위에 크롤링에 필요한 seed(URL)와 크롤링의 결과값을 저장할 테이블 't_url'을 다음 표와 같이 생성한다.

테이블 이름 : t_url

테이블 구조 :

필드 이름	데이터 형식	필드 크기	비고
id	int		기본 값 "1" 추가
url	varchar	100	
chk_date	datetime		
load_time	datetime		
chk_result	varchar	10	

8.2 정적 웹크롤러 디자인

프로젝트 이름을 'mook_StaticCrawler'로 하여 'C:\CSharpProject\Chap08' 경로에 새 프로젝트를 생성한다. 다음 그림과 같이 윈도우 폼에 필요한 컨트롤을 위치시켜 폼을 디자인하고, 각 컨트롤의 속성값을 설정한다.

폼 디자인에 사용된 컨트롤의 주요 속성값은 다음과 같다.

폼 컨트롤	속 성	값
Form1	Name	Form1
	Text	정적 크롤러
	FormBorderStyle	FixedSingle
	MaximizeBox	False
ListView1	Name	lvUrlList
Button1	Name	btnCrawling
	Text	크롤링

lvUrlList 컨트롤을 선택하고 속성 목록 창에서 Columns 속성의 ...(컬렉션) 버튼을 클릭하여 [ColumnHeader 컬렉션 편집기] 대화상자를 연다. 다음 그림을 참고하여 5개의 멤버를 추가하고 추가된 멤버의 속성값을 설정한다.

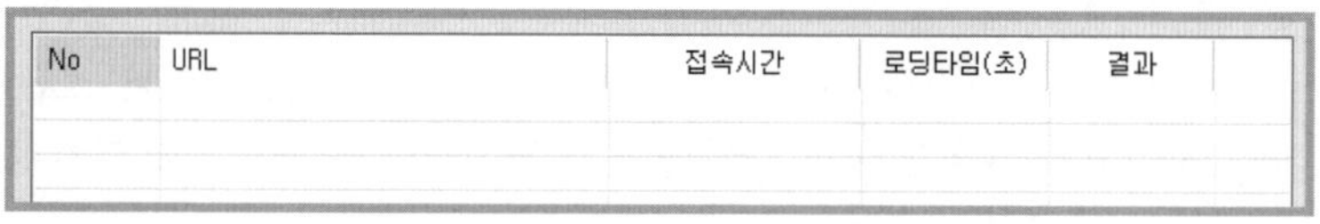

lvUrlList 컨트롤에 추가된 멤버의 주요 속성은 다음과 같다.

폼 컨트롤	속 성	값
ColumnHeader1	Name	chId
	Width	60
	TextAlign	Left
	Text	No
ColumnHeader2	Name	chUrl
	Width	220
	TextAlign	Left
	Text	URL
ColumnHeader3	Name	chDatetime
	Width	120
	TextAlign	Center
	Text	접속시간
ColumnHeader4	Name	chLoad
	Width	90
	TextAlign	Center
	Text	로딩타임(초)
ColumnHeader5	Name	chResult
	Width	80
	TextAlign	Center
	Text	결과

8.3 정적 웹크롤러 코드 구현

다음과 같이using 키워드를 이용하여 필요한 네임스페이스를 추가한다.

```
using System.Data.SqlClient;
using System.Threading;
using System.Net;
```

다음의 SQL 연결문, 멤버 개체 및 변수를 클래스 상단에 추가한다.

```
// SQL Server 연결 문자열 설정
private string Constr =
        "server=localhost;uid=mook;pwd=p12345!@;database=mook";
List<string> UrlList = new List<string>();
bool Flag = true;
Thread CrawlerThr = null;
Thread WebChkThre = null;
delegate void OnCrawlerDelegate(string nt, string dt, string r, int i);
OnCrawlerDelegate OnCrawler = null;
```

다음의 Form1_Load() 이벤트 핸들러는 폼을 더블클릭하여 생성한 프로시저로, SQL Server 2017에서 데이터를 가져와 lvUrlList에 나타내는 작업을 수행한다.

```
01  private void Form1_Load(object sender, EventArgs e)
02  {
03      OnCrawler = new OnCrawlerDelegate(OnCrawlerRun);
04      var Conn = new SqlConnection(Constr);
05      Conn.Open();
06      var Comm = new SqlCommand(“Select id, url from t_url”, Conn);
07      var myRead = Comm.ExecuteReader();
08      while (myRead.Read())
09      {
10          this.lvUrlList.Items.Add(new ListViewItem(new string[] {
11                  myRead[0].ToString(), myRead[1].ToString(), “”, “”, “”, “” }));
12          UrlList.Add(myRead[1].ToString());
13      }
14      myRead.Close();
15      Conn.Close();
16  }
```

3행 크롤링 결과를 SQL Server 2017에 저장하는 작업과 lvUrlList에 나타내는 작업을 수행하는 델리게이트를 초기화하는 문장이다.

4행 SqlConnection 클래스의 개체 Conn을 초기화하는 문장이다.

6행 ‘t_url’ 테이블에서 seed URL을 가져오기 위해 SELECT 쿼리문과 Conn 개체를 매개 변수로 하여 SqlCommand 클래스의 개체 Comm을 초기화한다.

7행 Comm.ExecuteReader() 메서드를 이용하여 SELECT 쿼리문을 실행하고 데이터를 myRead 개체에 저장한다.

8-13행 while 문을 이용하여 myRead 개체에 저장된 ‘id’와 ‘url’ 정보를 lvUrlList 컨트롤과 UrlList 개체에 저장하는 작업을 수행한다.

다음의 OnCrawlerRun() 메서드를 델리게이트에 의해 호출되며 크롤링 결과를 데이터베이스와 lvUrlList 컨트롤에 저장하는 작업을 수행한다.

```
private void OnCrawlerRun(string nt, string dt, string r, int i)
{
    var Conn = new SqlConnection(Constr);
    Conn.Open();
    var strSQL = “update t_url set chk_date = ‘” + nt + “’, load_time = ‘” +
            dt + “’, chk_result = ‘” + r + “’ where id = “ + (i + 1) + “”;
    var myCom = new SqlCommand(strSQL, Conn);
    myCom.ExecuteNonQuery();
    Conn.Close();
    this.lvUrlList.Items[i].SubItems[2].Text = nt;
```

```
11         this.lvUrlList.Items[i].SubItems[3].Text = dt;
12         this.lvUrlList.Items[i].SubItems[4].Text = r;
13     }
```

5-6행 UPDATE 쿼리문으로 크롤링 결과값(접속시간, 로딩타임, 초)을 SQL Server 2017에 반영한다.

8행 myCom.ExecuteNonQuery() 메서드를 호출하여 5~6행의 UPDATE 쿼리문을 실행한다.

10-12행 크롤링 결과값을 lvUrlList 컨트롤에 나타내는 작업을 수행한다.

다음의 btnCrawling_Click() 이벤트 핸들러는 [크롤링] 버튼을 더블클릭하여 생성한 프로시저로, 크롤링을 수행하는 CrawlerThrRun() 메서드를 대입하여 스레드 생성하고 실행한다.

```
private void btnCrawling_Click(object sender, EventArgs e)
{
    CrawlerThr = new Thread(CrawlerThrRun);
    CrawlerThr.Start();
}
```

다음의 CrawlerThrRun() 메서드는 foreach 문을 이용하여 각 seed에 대해 크롤링을 수행한다.

```
private void CrawlerThrRun()
{
    int i = 0;
    foreach (string u in UrlList)
    {
        Flag = true;
        object[] o = new object[] { u, i };
        WebChkThre =
              new Thread(new ParameterizedThreadStart(HTMLParser));
        WebChkThre.Start(o);
        while (true)
        {
            if (!Flag) break;
            Thread.Sleep(1000);
        }
        i++;
    }
}
```

4-17행 foreach 문으로 UrlList 저장된 seed에 대해 크롤링을 할 수 있도록 실제 크롤링을 수행하는 HTMLParser() 메서드를 새로운 스레드를 생성하여 실행한다.

8-10행 파라미터 값이 있는 WebChkThre 스레드를 호출하며 URL과 id 값을 object[] 타입으로 전달한다.

11-15행 while 문을 이용하여 현재 크롤링이 완료될 때까지 대기하도록 while 루프를 돌려 기다리는 문장이다.

다음의 HTMLParser() 메서드는 WebChkThre 스레드에서 수행되며 HTTP Request/Response 기능을 수행하여 웹페이지를 크롤링하는 작업을 수행한다.

```
private void HTMLParser(object o)
{
   string url = ((object[])o)[0].ToString();
   int i = Convert.ToInt32(((object[])o)[1]);
   string Reqtime =
         System.DateTime.Now.ToString("yyyy/MM/dd HH:mm:ss");
   string Donetime = String.Empty;
   try
   {
      HttpWebRequest request = (HttpWebRequest)WebRequest.Create(url);
      request.KeepAlive = false;
      request.Timeout = 10000;
      request.Proxy = null;
      string responseString = String.Empty;
      using (var response = (HttpWebResponse)request.GetResponse())
      {
         if (response.StatusCode == HttpStatusCode.OK)
         {
            Donetime = System.DateTime.Now.ToString(
                          "yyyy/MM/dd HH:mm:ss");
            Invoke(OnCrawler, Reqtime, Donetime, "200", i);
            Flag = false;
         }
      }
   }
   catch(WebException ex)
   {
      HttpWebResponse webResponse = ex.Response as HttpWebResponse;
      Donetime = System.DateTime.Now.ToString("yyyy/MM/dd HH:mm:ss");
      switch (webResponse.StatusCode)
      {
         case HttpStatusCode.NotFound:
            Invoke(OnCrawler, Reqtime, Donetime, "404", i);
            Flag = false;
            break;
```

```
36            case HttpStatusCode.InternalServerError:
37               Invoke(OnCrawler, Reqtime, Donetime, "500", i);
38               Flag = false;
39               break;
40            default:
41               Invoke(OnCrawler, Reqtime, Donetime, "etc", i);
42               Flag = false;
43               break;
44         }
45      }
46   }
```

5-6행 해당 URL에 대해 크롤링을 수행하는 시작 시간을 저장하는 문장이다.

10행 크롤링을 위하여 지정된 URI 체계에 대한 HttpWebRequest 클래스의 개체 request를 생성하고 초기화하는 작업을 수행한다.

11행 request.KeepAlive 속성을 이용하여 인터넷 리소스에 영구 연결을 할 것인지를 나타내는 값을 설정한다.

12행 request.Timeout 속성을 이용하여 GetResponse 및 GetRequestStream 메서드의 제한 시간 값을 밀리초 단위로 설정하는 작업을 수행한다.

13행 request.Proxy 속성을 이용하여 요청에 대한 프록시 정보를 설정하는 작업을 수행한다.

15행 request.GetResponse() 메서드를 이용하여 인터넷 리소스의 응답을 반환받아 HttpWebResonse 클래스의 개체 response를 초기화하는 작업을 수행한다.

17행 sponse.StatusCode 열거형(TIP "HttpWebResponse.StatusCode 열거형" 참조)이 'OK'일 경우 정상적으로 접속이 이루어진 것으로 21행의 Invoke() 메서드를 통해 크롤링 결과를 OnCrawler 델리게이트에 전달한다.

26-45행 HTTP Request/Response 기능을 수행할 때 에러가 발생하면 처리하는 try ~ catch 문이다.

30행 webResponse.StatusCode 열거형에 따라 'NotFound(404)', 'InternalServerErrpr(500)' 등의 에러를 구분하여 확인한다.

TIP

HttpWebResponse.StatusCode 열거형

HttpWebResponse.StatusCode 열거형은 HTTP에 대해 정의된 상태 코드의 값

멤버 이름	설명
Accepted	HTTP 202 상태 Accepted 추가 처리를 위해 요청 승인 된 것
BadGateway	HTTP 상태 502 BadGateway 중간 프록시 서버는 다른 프록시 서버 또는 원본 서버에서 잘못 된 응답을 받음
Forbidden	HTTP 상태 403 Forbidden 요청을 처리하는 서버를 거부하는 것을 나타냄
InternalServerError	HTTP 상태 500 InternalServerError 서버에 일반 오류가 발생
NotFound	HTTP 상태 404 NotFound 요청된 페이지가 서버에 존재하지 않는 것
OK	HTTP 200 상태 OK 요청이 성공한 것
RequestTimeout	HTTP 상태 408 RequestTimeout 클라이언트 서버에서 예상한 시간 내에 요청을 전송하지 않은 것
Unauthorized	HTTP 상태 401 Unauthorized 요청된 된 리소스에 인증 필요함

8.4 정적 웹크롤러 예제 실행

다음 그림은 정적 웹크롤러 예제를 F5를 눌러 실행한 화면이다. 애플리케이션을 실행하여 [크롤링] 버튼을 클릭하면 각 사이트에 대한 크롤링 결과를 확인할 수 있다.

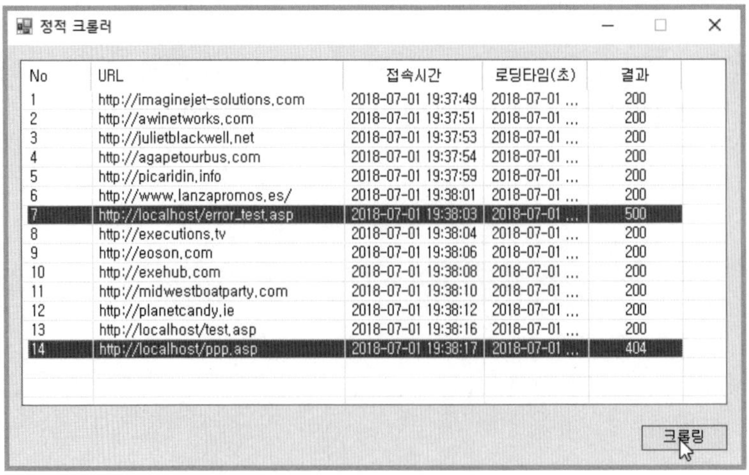

No	URL	접속시간	로딩타임(초)	결과
1	http://imaginejet-solutions.com	2018-07-01 19:37:49	2018-07-01 ...	200
2	http://awinetworks.com	2018-07-01 19:37:51	2018-07-01 ...	200
3	http://julietblackwell.net	2018-07-01 19:37:53	2018-07-01 ...	200
4	http://agapetourbus.com	2018-07-01 19:37:54	2018-07-01 ...	200
5	http://picaridin.info	2018-07-01 19:37:59	2018-07-01 ...	200
6	http://www.lanzapromos.es/	2018-07-01 19:38:01	2018-07-01 ...	200
7	http://localhost/error_test.asp	2018-07-01 19:38:03	2018-07-01 ...	500
8	http://executions.tv	2018-07-01 19:38:04	2018-07-01 ...	200
9	http://eoson.com	2018-07-01 19:38:06	2018-07-01 ...	200
10	http://exehub.com	2018-07-01 19:38:08	2018-07-01 ...	200
11	http://midwestboatparty.com	2018-07-01 19:38:10	2018-07-01 ...	200
12	http://planetcandy.ie	2018-07-01 19:38:12	2018-07-01 ...	200
13	http://localhost/test.asp	2018-07-01 19:38:16	2018-07-01 ...	200
14	http://localhost/ppp.asp	2018-07-01 19:38:17	2018-07-01 ...	404

9. 동적 웹크롤러

이 절에서 알아볼 동적 웹크롤러 애플리케이션 예제는 앞서 살펴본 정적 웹크롤러와 유사하지만, HTTP Request/Response 인터페이스를 이용하는 것이 아닌 실제 브라우저를 제어하여 웹사이트에 접속하고 웹사이트 정보를 추출하는 기능을 가진다.

실제 동적 웹크롤러는 IE, Chrome, Safari 등 웹 브라우저를 이용하지만 이 절에서 설명하는 예제는 .Net Framework에서 제공하는 WebBrowser 컨트롤을 이용하여 웹사이트에 접속하고 정보를 획득하는 기능을 구현한다.

다음 그림은 동적 웹크롤러 애플리케이션을 구현하고 실행한 결과 화면이다.

[결과 미리 보기]

9.1 동적 웹크롤러 디자인

프로젝트 이름을 'mook_DynamicCrawler'로 하여 'C:\CSharpProject\Chap08' 경로에 새 프로젝트를 생성한다. 다음 그림과 같이 윈도우 폼에 필요한 컨트롤을 위치시켜 폼을 디자인하고, 각 컨트롤의 속성값을 설정한다.

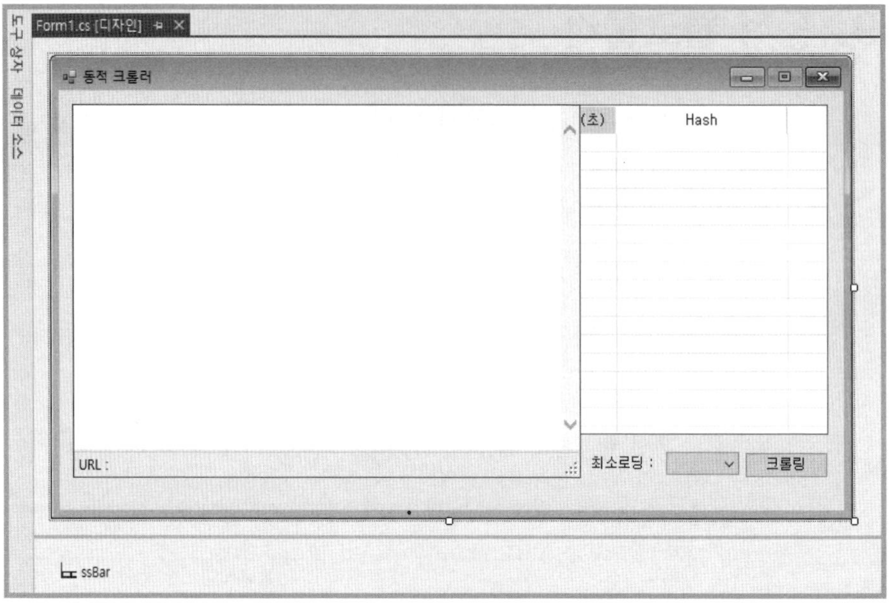

폼 디자인에 사용된 컨트롤의 주요 속성값은 다음과 같다.

폼 컨트롤	속 성	값
Form1	Name	Form1
	Text	동적 크롤러
	FormBorderStyle	FixedSingle
	MaximizeBox	False
ListView1	Name	lvUrlList
Label1	Name	lblLoad
	Text	최소로딩 :
ComboBox1	Name	cbLoadTime
	DropDownStyle	DropDownList
Button1	Name	btnCrawling
	Text	크롤링
Panel1	Name	plGroup
WebBrowser1	Name	wbBrowser
StatusStrip1	Name	ssBar

lvUrlList 컨트롤을 선택하고 속성 목록 창에서 Columns 항목의 ...(컬렉션) 버튼을 클릭하여 ColumnHeader 컬렉션 편집기를 연다. 각 열의 제목을 설정하기 위해 [추가] 버튼을 클릭하여 5개의 멤버를 추가하고 속성값을 설정한다.

추가된 멤버의 주요 속성값은 다음과 같다.

폼 컨트롤	속 성	값
ColumnHeader1	Name	chId
	Width	60
	TextAlign	Left
	Text	No
ColumnHeader2	Name	chUrl
	Width	220
	TextAlign	Left
	Text	URL
ColumnHeader3	Name	chDatetime
	Width	120
	TextAlign	Center
	Text	접속시간
ColumnHeader4	Name	chLoad
	Width	90
	TextAlign	Center
	Text	로딩타임(초)
ColumnHeader5	Name	chHash
	Width	155
	TextAlign	Center
	Text	Hash

cbLoadTime 컨트롤을 선택하고 속성 목록 창에서 Items 속성의 ...(컬렉션) 버튼을 클릭하여 문자열 컬렉션 편집기를 실행하고, [문자열 컬렉션 편집기] 대화상자에서 다음 그림과 같이 문자열을 입력한다.

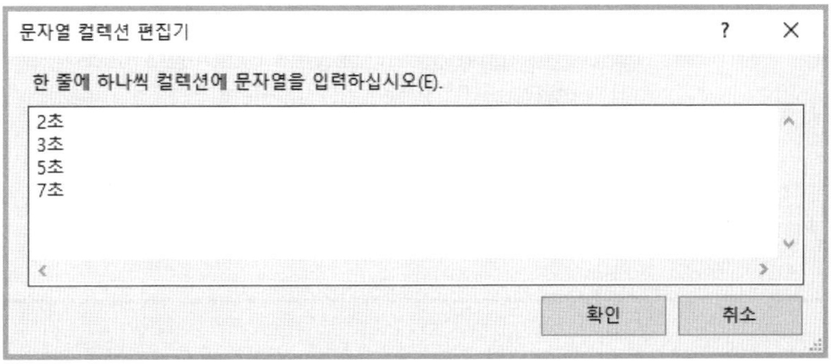

9.2 동적 웹크롤러 코드 구현

다음과 같이 using 키워드를 이용하여 필요한 네임스페이스를 추가한다.

```
using System.Data.SqlClient;
using System.Threading;
```

다음의 SQL 연결문과 멤버 개체 그리고 변수를 클래스 내부 상단에 추가한다.

```
// SQL Server 연결 문자열
private string Constr =
        “server=localhost;uid=mook;pwd=p12345!@;database=mook”;
List<string> UrlList = new List<string>();
bool Flag = true;
int LoadTime = 2000;
int i = 0;
string Accesstime = String.Empty;
string Donetime = String.Empty;
Thread CrawlerThr = null;
delegate void OnCrawlerDelegate(bool f, string u);
OnCrawlerDelegate OnCrawler = null;
```

다음의 Form1_Load() 이벤트 핸들러는 폼을 더블클릭하여 생성한 프로시저로, 델리게이트 선언 및 SQL Server 2017에서 접속 대상 URL을 가져와 lvUrlList 컨트롤과 UrlList에 저장하는 작업을 수행한다.

```
private void Form1_Load(object sender, EventArgs e)
{
    this.cbLoadTime.Text = “2초”;
    this.wbBrowser.ScriptErrorsSuppressed = true;
    OnCrawler = new OnCrawlerDelegate(OnCrawlerRun);
    var Conn = new SqlConnection(Constr);
    Conn.Open();
    var Comm = new SqlCommand(“Select id, url from t_url”, Conn);
    var myRead = Comm.ExecuteReader();
    while (myRead.Read())
    {
        this.lvUrlList.Items.Add(new ListViewItem(new string[] {
                    myRead[0].ToString(), myRead[1].ToString(), “”, “”, ““}));
        UrlList.Add(myRead[1].ToString());
    }
    myRead.Close();
    Conn.Close();
}
```

4행 이 예제에서 사용하는 wbBrowser 컨트롤이 .Net Framework에서 제공하는 웹 브라우저 컨트롤이기 때문에 우리가 실제 사용하는 웹 브라우저의 모든 기능을 충족하지 못하여 자바스크립트를 실행할 때 간혹 에러가 발생한다. 따라서 wbBrowser.ScriptErrorsSuppressed 속성값을 true로 설정하여 에러가 발생할 때 무시하는 작업을 수행한다.

다음의 OnCrawlerRun() 메서드는 OnCrawler 델리게이트에서 실행되며 크롤링 시작 또는 결과를 나타내는 작업을 수행한다.

```
01 private void OnCrawlerRun(bool f, string u)
02 {
03     this.plGroup.Visible = f;
04     if (f)
05     {
06         this.wbBrowser.Navigate(u);
07         this.tsslblUrl.Text = String.Format("결과 : {0}", u);
08     }
09     else
10         this.tsslblUrl.Text = "결과 :";
11 }
```

6행 wbBrowser.Navigate() 메서드를 이용하여 지정된 URL에 대해 브라우징하는 작업을 수행한다.

다음의 btnCrawling_Click() 이벤트 핸들러는 [크롤링] 버튼을 더블클릭하여 생성한 프로시저로, 스레드를 생성하면서 크롤링을 수행하는 CrawlerThrRun() 메서드를 매개 변수로 전달하여 스레드를 실행한다.

```
private void btnCrawling_Click(object sender, EventArgs e)
{
    CrawlerThr = new Thread(CrawlerThrRun);
    CrawlerThr.Start();
}
```

다음의 CrawlerThrRun() 메서드는 CrawlerThr 스레드에서 실행되며 크롤링을 작업을 수행한다.

```
private void CrawlerThrRun()
{
    i = 0;
    Accesstime = System.DateTime.Now.ToString("yyyy/MM/dd HH:mm:ss");
    foreach (string u in UrlList)
    {
        Flag = true;
```

```
08            Invoke(OnCrawler, true, u);
09            while (true)
10            {
11                if (!Flag) break;
12                Thread.Sleep(1000);
13            }
14            i++;
15            Thread.Sleep(LoadTime);
16            Invoke(OnCrawler, false, "");
17        }
18    }
```

5-17행 foreach 문을 통해 UrlList에 저장된 seed url에 접속할 수 있도록 8행의 Invoke() 메서드를 이용하여 OnCrawler 델리게이트를 호출한다.

9-13행 현재 url에 대해 크롤링이 완료될 때까지 대기하기 위한 문장이다.

다음의 wbBrowser_DocumentCompleted() 이벤트 핸들러는 wbBrowser 컨트롤을 선택하고 이벤트 목록 창에서 [DocumentCompleted] 항목을 더블클릭하여 생성한 프로시저로, 웹 페이지에 접속하여 페이지 로딩이 완료되면 발생하는 이벤트를 처리하는 작업을 수행한다.

```
01    private void wbBrowser_DocumentCompleted(object sender,
02                        WebBrowserDocumentCompletedEventArgs e)
03    {
04        if (this.wbBrowser.ReadyState != WebBrowserReadyState.Complete)
05            return;
06        else
07        {
08            Donetime = System.DateTime.Now.ToString("yyyy/MM/dd HH:mm:ss");
09            this.lvUrlList.Items[i].SubItems[2].Text = Accesstime;
10            this.lvUrlList.Items[i].SubItems[3].Text = Donetime;
11            this.lvUrlList.Items[i].SubItems[4].Text =
12                GetStringSha256Hash(this.wbBrowser.Document.Body.InnerHtml);
13            Flag = false;
14        }
15    }
```

4행 웹 페이지 로딩이 완료되었는지를 판단하는 if 문으로 wbBrowser 컨트롤의 ReadyState 속성의 값이 WebBrowserReadyState 열거형 중 'Complete'와 같으면 7~14행을 수행한다.

7-14행 크롤링 결과값(접속시간, 로딩시간, hash)을 lvUrlList 컨트롤에 나타내는 작업을 수행한다.

11-12행 GetStringSha256Hash() 메서드를 호출하여 HTML 코드에 대한 해시값을 얻는

문장으로, wbBrowser.Document.Body.InnerHtml 속성은 wbBrowser에 로드된 HTML 코드의 〈body〉 부분의 HTML 코드를 가져오는 작업을 수행한다.

다음의 GetStringSha256Hash() 메서드는 문자열(HTML 코드)을 SHA-256으로 변환하는 작업을 수행한다.

```
01  private string GetStringSha256Hash(string text)
02  {
03     if (String.IsNullOrEmpty(text))
04        return String.Empty;
05     using (var sha = new System.Security.Cryptography.SHA256Managed())
06     {
07        byte[] textData = System.Text.Encoding.UTF8.GetBytes(text);
08        byte[] hash = sha.ComputeHash(textData);
09        return BitConverter.ToString(hash).Replace("-", String.Empty);
10     }
11  }
```

5행　SHA256Managed 클래스의 개체 sha를 생성하고 초기화하는 작업을 수행한다.

7행　Encoding.UTF8.GetBytes() 메서드를 이용하여 HTML 문자열을 byte[] 타입으로 변환한다.

8행　sha.ComputeHash() 메서드를 이용하여 SHA-256 값으로 변환한다.

다음의 cbLoadTime_SelectedIndexChanged() 이벤트 핸들러는 cbLoadTime 컨트롤을 더블클릭하여 생성한 프로시저로, 다음 웹페이지로 넘어가 크롤링할 때 중간 시간을 설정하는 작업을 수행한다.

```
private void cbLoadTime_SelectedIndexChanged(object sender, EventArgs e)
{
   switch(this.cbLoadTime.SelectedText)
   {
      case "2초":
         LoadTime = 2000;
         break;
      case "3초":
         LoadTime = 3000;
         break;
      case "5초":
         LoadTime = 5000;
         break;
      case "7초":
         LoadTime = 6000;
         break;
   }
}
```

9.3 동적 웹크롤러 예제 실행

다음 그림은 동적 웹크롤러 예제를 F5를 눌러 실행한 화면이다. 애플리케이션을 실행하여 [크롤링] 버튼을 클릭하면, 크롤링된 사이트의 모습을 볼 수 있다.

동적 웹크롤러 예제 구현을 끝으로 이 책을 마무리한다. 필자는 책에서 다양한 예제를 다뤄 윈도우 애플리케이션을 좀 더 쉽고 빠르게 구현할 수 있도록 도움을 주고자 했다. 하지만 책이라는 제약사항으로 인해 설명의 부족한 부분도 있고 다루지 못한 기능 또한 많이 있다.

아쉬운 부분과 부족한 부분은 여러분의 몫으로 남기고 계속 발전하는 독자가 되길 바라며, 마지막까지 열심히 공부한 독자 여러분께 박수를 보낸다.

C#7.0 프로그래밍

실·전·프·로·젝·트

인쇄 일자 : 2020년 9월 15일 초판 2쇄 인쇄
발행 일자 : 2020년 9월 22일 초판 2쇄 발행

펴낸곳 : 가메출판사(http://www.kame.co.kr)
발행인 : 이병렬
저 자 : 조호묵
주소 : 서울시 마포구 양화로 56, 504호(서교동 동양한강트레벨)
전화 : 02) 322-8317
팩스 : 02) 323-8311

ISBN : 978-89-8078-300-7
등록번호 : 제313-2009-264호

정가 : 24,000원